"十三五"普通高等教育本科部委级规划教材

纺织机械概论

（第2版）

陈　革　杨建成　主编

U0279684

中国纺织出版社有限公司

内 容 提 要

本书详细介绍了纺纱机械、织造机械、针织机械、非织造机械、染整机械、化纤机械的基本工艺原理、核心技术和关键设备，简要介绍了国内外纺织机械制造业的现状、光机电一体化技术在纺织机械上的应用情况、现代纺织机械设计的新理念，以及纺织智能制造的基本概念和发展现状。

本书适用于高等院校纺织机械和纺织工程相关专业研究生和本科生的教学，也可作为纺织(机械)行业技术人员、管理人员、营销人员的参考用书。

图书在版编目(CIP)数据

纺织机械概论/陈革,杨建成主编. --2版. --
北京:中国纺织出版社有限公司,2021.1(2025.5重印)
"十三五"普通高等教育本科部委级规划教材
ISBN 978-7-5180-7956-8

Ⅰ.①纺… Ⅱ.①陈… ②杨… Ⅲ.①纺织机械—高等学校—教材 Ⅳ.①TS103

中国版本图书馆CIP数据核字(2020)第196210号

责任编辑:朱利锋 孔会云   责任校对:江思飞
责任印制:何 建

中国纺织出版社有限公司出版发行
地址:北京市朝阳区百子湾东里A407号楼 邮政编码:100124
销售电话:010—67004422   传真:010—87155801
http://www.c-textilep.com
中国纺织出版社天猫旗舰店
官方微博 http://weibo.com/2119887771
北京虎彩文化传播有限公司印刷 各地新华书店经销
2025年5月第5次印刷
开本:787×1092 1/16 印张:22.75
字数:420千字 定价:68.00元

第 2 版前言

随着我国纺织机械科学技术的发展以及纺织高等院校专业设置的改革,我国纺织类高校对纺织机械概论的教材更新有迫切需求。本书在第 1 版的基础上,完善了纺纱机械、织造机械、针织机械、非织造机械、染整机械、化纤机械的基本工艺原理、核心技术和关键设备,尤其补充了新型纺纱装置、静电纺丝技术、圆织机、纺织机械多电机同步控制系统等内容,介绍了最新的国内外纺织机械制造业的现状、现代纺织机械设计的新理念,补充介绍了纺织智能制造的基本概念和发展现状。

本书在保持第 1 版每章开头的"本章知识点"、每章末尾的"思考题"的基础上,在每章末尾增加了"本章主要专用词汇的英汉对照"的内容。

本书由东华大学陈革、天津工业大学杨建成主编,全书由陈革统稿。各章编写人员如下:第一章、第三章、第六章、第八章由陈革编写;第二章由天津工业大学杨建成、赵永立、袁汝旺编写;第四章由河南工程学院张一平编写;第五章由天津工业大学杨建成、周国庆、刘健编写;第七章由东华大学冯培编写。

由于纺织工艺和装备技术的发展十分迅速,编者水平有限,本书在反映新工艺、新技术、新装备方面可能会有所疏漏和错误,不当之处恳请读者指正。本书参考了其他教材和论文的内容,编者谨在此对相关作者表示感谢。

编　者

2020 年 5 月

第1版前言

随着我国纺织机械科学技术的发展以及纺织高等院校专业设置的改革,我国纺织类高校对基于大纺织范畴的纺织机械相关教材有迫切的需求,纺织类高校开设的"新型纺织机械""纺织机械概论"等课程没有现成的教材。本书的出版可以补充这一空缺,使纺织类高校的专业教学适应大纺织相关学科综合、交叉的特点,是纺织机械和纺织工程方向的本科生和研究生的必要教材。

本书介绍了纺织机械的分类,分析了纺纱机械、织造机械、针织机械、非织造机械、染整机械、化纤机械的基本工艺原理、核心技术、关键设备,还简要介绍了国内外纺织机械制造业的现状、光机电一体化技术在各类纺织机械上的应用情况以及现代纺织机械设计的发展趋势。

本书注意理论与实践相结合,内容系统(针对学校),实用性强(针对企业)。教材各章开头设有"本章知识点",每章末尾增加了"思考题",便于学生总结、理解和记忆各章节的内容。本书可用于纺织机械专业方向的专业课学习,为现代纺织机械的设计打下基础。本书还可作为纺织工程专业的选修课用书。

本书由东华大学陈革主编、统稿。各章编写人员如下:第一章、第三章由东华大学陈革编写;第二章第一节~第四节,第五章第一节、第二节、第六节~第九节由天津工业大学杨建成编写;第二章第五节~第八节由天津工业大学袁汝旺编写;第四章由河南工程学院张一平编写,第五章第三节~第五节由天津工业大学周国庆编写;第六章由中原工学院邓大立编写,第七章由东华大学杨重倡编写,第八章由东华大学陈革、薛文良、周其洪编写。

由于纺织工艺和装备技术的发展十分迅速,编者的水平有限,本书在反映新工艺、新技术、新装备方面可能会有所疏漏和错误,不当之处恳请读者指正。本书参考了其他教材和论文的内容,编者谨在此表示感谢。

编　者

2011 年 1 月

☞ 课程设置指导

本课程设置意义 本课程可使学生掌握纺织机械的分类、工艺过程、工作原理、核心技术、关键设备，了解近年纺织机械的新装备和新技术，特别是机电一体化在纺织机械中的应用，为现代纺织机械的设计和使用奠定基础。

本课程教学建议 本教材可作为纺织机械专业方向的专业教材，建议48课时，每课时讲授字数控制在4000字以内。

本教材还可作为纺织工程专业选修课教材，建议36课时，每课时讲授字数控制在4000字以内，选择与专业有关的内容教学。

本课程要求学生已学习机械原理和机械设计相关课程，已了解一般机械的组成以及主要的典型机构和机械零件相关知识。

本课程教学目的 现代纺织机械是集现代纺织工艺、现代设计方法、先进机械制造技术以及光机电控制于一体的机电一体化产品。通过"纺织机械概论"这门课程的学习，可使学生了解现代纺织生产的基本工艺和实现这些工艺要求的相关设备及机构，并通过从特殊到一般的学习方法，使学生结合纺织机械这一载体，掌握一般机械和机电产品的分析和设计方法。

目　录

第一章　绪论

本章知识点

1. 纺织机械的分类及相应的技术特点。
2. 国际纺织机械制造业的概况。
3. 中国纺织机械制造业的概况。

第一节　纺织机械的分类和技术特点

我国是世界上最大的纺织品生产和出口大国，纺织纤维加工量占全球总量的 1/2 以上。纺织机械是我国纺织工业的装备技术基础，我国纺织机械行业为纺织工业提供大量装备的同时，行业自我发展速度也史无前例。

一、纺织机械的八个子行业及其技术发展方向

纺织机械涵盖了从纤维制备到服装成型过程中的所有加工设备，具体包括化纤机械、纺纱机械、织造机械、针织机械、非织造机械、染整机械、服装机械、纺织仪器与器材八个相对独立的纺织机械子行业，它们在纺织产业链中的关系如图1-1所示。

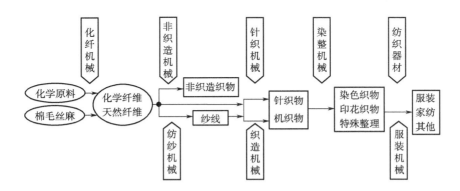

图 1-1　八个纺机子行业与纺织产业链的关系

纺织机械子行业的技术发展方向如下。

1. 化纤机械　向生产技术的高效率、短流程、连续化、数字化方向发展。

2. 纺纱机械　广泛应用电子技术、在线检测监控，使设备简单、操作方便、工艺适应性

强、质量可靠稳定，实现高速、高产、优质、高效、节能和连续化。

3. 织造机械 其中的无梭织机将更多地采用新型轻质材料，向高速、高效、高精度、高度机电一体化方向发展，进一步提高品种适应性和通用性，使单一织机可适应多种纤维和更多的品种织造。

4. 针织机械 电子技术的应用范围日益扩大，主要有电子选针、电子送经、电子卷取、电子横移、成形织物程序控制、机器故障监测等，实现单机全自动和多机台群控，此外，针织机械的可靠性问题是重点研究的方向。

5. 非织造机械 进一步简化工艺过程，扩展纤维的应用范围，提高生产速度和劳动生产率。非织造物后加工设备的有待大力开发，以满足高品位、高附加值的非织造布的生产。

6. 染整机械 重视高效短流程工艺和设备的开发，重视高效节能技术的开发与应用，向节能、环保和自动控制方向发展。机器工艺稳定性、重现性有待提高，向模块化、积木化、多功能、多形式、组合式发展，以适应小批量、多品种、快交货的要求。

7. 服装机械 缝纫机的机械传动装置将被步进电动机替代，从而提高缝纫机的可靠性和缝制速度，对线迹、长度、缝制速度进行精确控制，研发精确的拉线和线张力调整装置，发展无线缝制；服装整烫设备在系列化、多样化方面扩大应用范围，实现计算机控制，一机多功能；电脑绣花机采用先进的控制软件，广泛运用气动控制、针定位技术，实现高速化、静音化，绣花制版 CAD 系统的程序设计具有可移植性和可扩充性。

8. 纺织器材 将广泛应用新材料，或研制纺织器材专用材料，充分应用优化设计技术，采用新工艺和新的制造技术，使纺机关键零部件和纺织器材的性能进一步提高，寿命进一步增强。

二、纺织机械的分类及发展方向

纺织机械品种很多，包括各类主机、纺织仪器和配套装置、专用基础件以及软件等 600 多种产品，大致可分为纤维生产设备、纤维加工设备、印染和后整理设备三大类。这三大类纺织机械的发展方向如下。

1. 纤维生产设备 指化纤机械，主要向大容量、精细化、高精度方向发展，注重特种纤维和功能性纤维生产设备及成套工程技术的开发。

2. 纤维加工设备 主要包括纺纱机械、织造机械、针织机械和部分非织造机械，这些纤维加工设备主要向高速化、自动化、连续化、高产高质发展。

3. 印染和后整理设备 主要包括各类染整机械，向节水、节能、环保、数字化、工艺参数在线检测与控制方向发展。

总之，纺织机械装备是一种科技含量高、品种繁多、性能各异、批量中等、连续运转，集机、电、光、气、液于一体的装备。依据纺织工业的特点，纺织机械高新技术的应用还必须遵守"长效可靠"而又"物美价廉"的原则。

第二节　纺织机械制造业的概况

一、国际纺织机械制造业的概况

（一）国际纺织机械制造业的分布

在第一次工业革命浪潮中，英国成为世界纺机业的霸主，但是随着德国工业技术的飞速发展，德国纺机业于 19 世纪中期开始全面起步，到 20 世纪 20～30 年代，德国纺机业的国际竞争力已经显著提高。从当今国际纺织机械产业发展现状看，世界纺织机械工业主要集中在欧洲和亚洲。欧洲的纺织机械产量最大，主要以德国、意大利、瑞士、英国、法国为主，还有西班牙、荷兰、比利时。亚洲主要是中国、日本、韩国。从技术水平来看，先进技术主要集中在欧洲和日本。

德国是世界纺织机械生产大国，无论是从产值、市场份额还是从技术、品种和质量水平上看，德国纺机业都处于全球纺机业的最前沿，其纺机产品绝大多数是出口，出口产品覆盖全球 150 多个国家和地区；瑞士的纺织机械以纺纱设备为主，出口额占其纺织机械总产值的90% 以上，占全球市场出口份额的 10%；意大利的纺织机械制造企业主要是中小企业，生产的纺织机械以出口为主；日本的纺织机械制造水平一直处于全球先进水平，代表性的产品是无梭织机、自动络筒机、化纤机械和针织机械。

当前，亚洲已成为全球纺织机械贸易的主要市场，全球纺织机械的 1/3 在中国。中国对纺织机械的需求主要分布在浙江、江苏、山东、广东、福建和新疆，这些地区的销售总额占全国销售总额的 80% 左右。中国和东南亚地区已成为世界最大的纺织机械市场，中国是主要的纺织机械生产基地和市场中心。

（二）国际纺织智能制造技术发展现状

近年来，在新科技革命、新工业革命、"工业 4.0"、发达国家重振制造业等多重因素影响下，美国、欧盟、日本等发达国家和地区凭借其在互联网、计算机、工业大数据、工业机器人、增材制造、信息物理系统（CPS）、虚拟现实、人工智能等技术领域的综合优势，在以纺织产业智能制造为代表的新一代纺织工程科技创新中占据主导地位，处于领先水平。

（1）纺织产业智能制造支撑技术快速发展。CPS 技术得到深入应用。欧盟、美国、日本等发达国家和地区大幅度地对现有的制造过程进行优化，企业建立全球化网络，并将机器、仓储系统和生产设施都纳入 CPS 中，给企业的制造、工程、材料使用、供应链、生命周期管理等带来根本性改进；"物联网"将产品、机器、资源和人有机联系在一起，推动各环节数据共享，实现产品全生命周期和全制造流程的智能化。国外已研发出多种纺织工艺参数在线监控技术和装置。

（2）纺织装备智能化取得新发展，纺织产业全流程数字化、智能化、网络化全面推广。欧美发达国家在纺织加工数字化、智能化、网络化等方面采用组合技术，实现纺织流程中基于物联网的监控，以及高精度控制与快速柔性反应，保证纺织产品加工质量的恒定性，为个性化快速定制奠定基础，同时降低纺织企业人力成本，推动纺织产业在时间和市场的广阔空间争取效益。

（3）纺织品增材制造投入实际应用。英国的纺织品增材制造技术已经有所突破。服装增材制造技术配合 3D 人体测量、计算机辅助设计（CAD）、计算机辅助工艺过程设计（CAPP）等技术，将实现智能化的"单量单裁"，量身定制满意的衣服，是服装业期待的新技术。英国 Tamicare 公司已实现应用增材制造技术年产 300 万件服装。

二、中国纺织机械制造业的概况

（一）中国纺织机械制造业的现状

我国拥有世界最大的纺织服装生产规模，具有完整的产业链，快速进步的技术优势也逐步显现。中国纺织机械经过多年的发展，品种齐全，几乎可以生产所有类型的纺织机械装备，并占有相当大的市场份额。国有纺织机械企业实力不断提高，民营企业已经成为纺织机械行业重要的力量，大企业通过结构调整提高了竞争力，行业结构更加多元化。国内纺织机械企业走出去，实现了海外并购；国外纺织机械制造商走进来，在中国生产，部分产品的研发向中国转移。这些变化使我国纺织机械行业的发展充满活力。我国纺织机械制造业的发展趋势如下。

（1）国内市场由规模扩张型向更新改造型转变。国内纺织、化纤企业产能扩张的势头将逐步放缓，更新改造的需求将增加。

（2）行业规模由以新增企业为主向以企业兼并重组为主转变。行业结构调整以企业间的兼并重组为主，大型企业逐步形成由民营、国有、外资主导的企业集团。具有专业特色的、有活力的中小企业仍然是行业的主体，尤其是一批具有专、特、精产品以生产纺机专件、器材、配套件的企业逐步涌现。

（3）行业特征由满足内需型向扩大出口型转变。我国在进口纺机设备保持稳定的情况下，在保持全球较大纺机消费市场的同时，成为全球较大的纺机制造基地。我国纺织机械制造业已经具有较大规模，并形成较完整的产业链，原材料、配套件的采购环境逐步改善，科技进步、技术创新的能力不断加强，对国际制造商、采购商的吸引力日益加大，我国已成为世界纺织机械的制造基地。

（4）纺织机械产业布局与纺织产业区域优化布局相适应，沿海地区和中心城市适度控制棉纺、化纤常规产品的产能扩张，中西部地区充分利用资源优势承接来自中心城市、沿海地区以及国外的产业转移。

（5）纺织机械产业发展满足纺织业的原料结构调整，实现原料的多元化。大力发展家用和产业用纺织品，加速实现高新技术纤维和复合材料的产业化，充分利用可再生生物质纤维及综合开发利用的产业化。行业调整的重点是提高产品附加价值，满足水利、交通、建筑、新能源、农业、环保和医疗等新领域的需求，这就要求纺机行业必须要加快产业用纺织品设备的开发。

（6）印染等行业节能减排、清洁生产、可循环利用设备亟待开发。节能减排，实现清洁生产、绿色生产，需要相应的技术装备服务和配合。

（二）中国纺织智能制造技术发展现状

随着计算机技术、网络和通信及相关的软硬件技术、装备制造技术的发展，尤其在《中国制造2025》的推动下，我国纺织产业制造技术从自动化、数字化不断向智能化方向发展，主要体现在以下四个方面。

1. 共性技术为发展纺织智能制造奠定基础 在纺织设备互联互通以及高速通信技术方面，部分企业已实现企业管理系统通过以太网、互联网远程实时获取设备运转情况，通过对数据进行分析与处理，对每台设备进行故障统计与效率评价；在数据采集与传输技术方面，现场总线应用于连接智能化设备和控制室，通过对机器所产生的各种数据自动采集、统计、分析和反馈，将结果用于优化制造过程，大大提高了制造过程的柔性化和集成化；在信息融合技术方面，通过构建整个纺织生产流程的信息模型，融合纺织工艺数据、纺织设备状态数据、纺织加工过程数据、纺织物流控制数据，为生产活动提供决策和支持；在智能执行技术方面，部分纺织企业已建立生产过程实时数据库，与过程控制、生产管理系统实现集成，并能够对生产计划和调度实现生产模型化分析，进行过程的量化管理和成本的在线动态跟踪；在智能运营技术方面，ERP系统得到广泛应用，纺织生产车间已实现生产数据的分布式采集，决策信息的集中式管理，实现从制订生产计划到分配生产任务，从生产过程监控到对设备运行状态和生产质量管理，为企业的生产管理者提供真实、可靠的数据依据。

2. 智能制造试验车间等示范性试点覆盖纺织产业链 我国化纤、纺纱、织造、印染、服装制造的自动化、数字化、智能化水平都有相当程度提升，国内已经拥有化纤全流程自动化和智能化长丝车间，智能化纺纱工厂、针织内衣工厂和筒子纱车间，筒子纱数字化自动染色生产线等。适应纺织行业管理特点的企业管理信息系统在棉纺、毛纺、针织、印染、服装等行业已进入应用阶段，不同程度覆盖了销售、采购、仓储、研发设计、生产、分销、能源、财务等业务管理环节。

3. 数字化、智能化纺织装备和工艺有突破 大量数控新技术进入我国纺织机械领域，新型纺织装备基本实现数控化，并向智能化装备发展，国产纺织装备数字化普及率达到80%以上，生产效能全面提升；三维人体测量设备及三维虚拟试衣系统技术的研制取得了较大进展；服装增材制造技术研发取得持续进展，已开展3D打印服装的设计与制作，推出了3D打印服装、配饰、裙子等；在成衣智能化缝制设备技术方面，铺布和裁剪使用新型激光技术提高裁剪速度，借助图像分析技术协助排版，提高面料的利用率和裁剪的准确性；国产缝纫设备实现半自动化操作，工人规模达到350人以上的服装企业大部分都采用了智能服装吊挂系统。

4. 纺织智能制造新模式探索成效明显 纺织服装产品线上营销日趋成熟。电子商务

（B2B）、移动电子商务在行业得到了快速发展，线上线下联动（O2O）成为纺织服装行业电子商务的重要经营模式。国内服装企业的个性化定制服务进入快速成熟阶段，出现了一些领军企业。大规模个性化定制系统凭借款式数据、工艺数据、流行元素数据等海量数据，能满足超过万万亿种设计组合，员工在互联网云端上获取数据，与市场和用户实时对话，零距离服务，整个企业具备满足个性化定制需求能力，效率、质量大大提升；物联网推动家纺产品个性化定制，国产纺织品印染和整理生产资源管控系统（PRCS）对相关的物料、能源、工艺等进行实时在线监控、检测、管控，实现纺织品印染和整理智能化生产，并通过商业网络平台对接，实现产品个性化定制，大规模生产。

本章主要专用词汇的英汉对照

专用词汇	英文	专用词汇	英文
纺织机械	textile machinery	染整机械	dyeing and finishing machinery
纤维机械	fibre machinery	非织造机械	nonwoven machinery
化纤机械	chemical fibre machinery	服装机械	clothing machinery
纺纱机械	spinning machinery	纺织仪器	textile instrument
织造机械	weaving machinery	纺织器材	textile accessories
针织机械	knitting machinery	智能制造	intelligent manufacturing

☞ **思考题**

1. 简述纺织机械的分类及技术发展方向。
2. 简述国内外纺织机械制造业的概况。
3. 简述国内外纺织智能制造的概况。

第二章　纺纱机械

本章知识点

1. 纺纱的目的，纺纱工艺流程及其相关机械。

2. 开清棉联合机工艺流程及其主要机械，抓棉机、混棉机、开棉机、给棉机及清棉成卷机的工作原理，凝棉器、配棉器、除金属杂质装置、重物分离装置及异纤分拣装置等辅助装置的工作原理。

3. 梳棉机的工艺流程；给棉与刺辊机械，锡林、盖板及道夫机械，剥棉与圈条机构的工作原理。

4. 精梳准备机械的工艺流程，精梳机的主要机构及工作原理。

5. 并条机的工艺流程，喂入机构、牵伸机构、成形机构及自调匀整装置的工作原理。

6. 粗纱机的喂入和牵伸机构、加捻机构、卷绕机构及辅助装置的工作原理。

7. 细纱机的喂入和牵伸机械、加捻卷绕机械、成形机构及自动落纱机构的工作原理。

8. 络筒机的分类，络筒机的主要机构及工作原理。

第一节　纺纱概述

把纺织纤维加工成纱的过程称为纺纱，纺纱过程是由所用原料的基本特性及成纱的用途决定的。按照加工原料的不同，纺纱工艺系统一般可分为棉纺、毛纺、麻纺、绢纺等。本章着重论述棉纺系统的纺纱工艺及相关设备。

一、纺纱的目的

纺纱是指使纤维由杂乱无章的状态变为按纵向有序排列的加工过程。纺纱之前，纤维原料经过初步加工去除了大部分杂质，但纤维的排列仍是杂乱无章的，每根纤维本身既不伸直也没有一定方向，所以，纺纱都要经过开松、梳理、牵伸、加捻与卷绕等基本过程，才能使纺出的纱线符合后道工序的加工要求。

二、纺纱工艺流程及其相关机械

进入棉纺厂的原料一般是经过初加工的棉纤维或化学纤维。为了运输和储藏方便，包装形式通常为各种压紧的棉包或化纤包，包中的纤维呈相互纠缠的紊乱状态，并含有各种杂质和疵点。要将这样的原料纺成具有一定质量要求的纱，必须经过一系列的加工过程。纺纱时经过的加工程序称为工艺流程，要根据不同的原料、不同成纱要求确定纺纱工艺流程。棉纺厂一般有粗梳和精梳两种工艺流程。

（一）粗梳工艺流程

粗梳系统又称为普梳系统，用于纺制质量要求一般的纱线，主要经过开清棉、梳棉、并条、粗纱、细纱等工序。具体的粗梳纺纱工艺流程如图2-1所示。

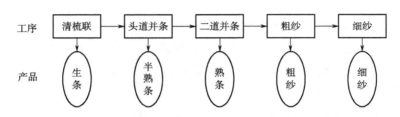

图2-1　粗梳纺纱工艺流程

（二）精梳工艺流程

精梳系统主要用于纺制质量要求高或线密度较低的高档棉纱、特种工业用纱等，主要经过开清棉、梳棉、精梳、并条、粗纱、细纱等工序。通过精梳系统纺制的纱线具有结构均匀、强力高、毛羽少和光泽好等特点。具体的精梳纺纱工艺流程如图2-2所示。

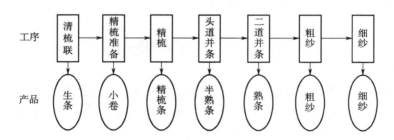

图2-2　精梳纺纱工艺流程

由于产品的销售方式和包装方式不同，纱线的后加工工序有所不同，包括络纱、并纱、捻线、摇纱和成包等。

以上两种棉纺纱系统都属于传统环锭纺系统。随着纺纱技术的发展，出现了一些新型纺纱系统，如转杯纺、喷气纺、摩擦纺等，这些新型纺纱技术采用棉条直接成纱，省掉了粗纱工序，工艺流程缩短，产量大幅度提高。

（三）纺纱机械的组成

纺纱生产工艺流程中所用设备主要包括抓棉机、混棉机、开棉机、给棉机清棉成卷机、梳棉机、精梳机、并条机、粗纱机、细纱机以及络纱机、并纱机、捻线机、摇纱机等。

第二节 开清棉机械

开清棉是纺纱生产的第一步,主要完成短纤维的喂入、开松、除杂及混合。由于纺纱生产使用的原料范围广、性能差异大,所以应根据所加工纤维原料的特性来确定开清棉工序的工艺流程和相应设备。

成包的短纤维是以压紧的棉包形式进入开清棉工序,开清棉工序应完成下列任务。

(1)开松。通过开清棉联合机中各单机的角钉、打手的撕扯和打击作用,将棉包或化纤包中压紧的块状纤维松解成小棉束,为除杂和混合创造条件。

(2)除杂。在开松的同时去除原棉中50%~60%的杂质,尤其是棉籽、籽棉、不孕籽、砂土等大杂质。

(3)混合。使各种成分的原棉均匀混合。

(4)均匀成卷。制成一定规格(即一定长度和重量、结构良好、外形正确)的棉卷或化纤卷,以满足搬运、梳棉机的加工等需要。若采用清梳联合机,则不需成卷,而是直接输出棉流到梳棉机的储棉箱中。

一、开清棉联合机工艺流程

开清棉联合机是由若干台单元机组成的,根据加工原料不同,有多种组合形式。以目前使用较多的 LFA010C 型开清棉联合机(L——联合机的代号,FA——棉纺类机械的代号,0——开清棉工序的代号,10C——型号)为例,其工艺流程如图2-3所示。

```
FA002型自动抓棉机 ┐
                  ├→ FA121型自动混棉机 → (FA1044型六滚筒开棉机) → (FA106型豪猪开棉机)
FA002A型自动抓棉机 ┘

→ (FA106型豪猪开棉机) → A062型电气配棉机 ┬ A092AST型双棉箱给棉机(A045R)
                                      └ A092AST型双棉箱给棉机(A045B)

┌→ A076型清棉成卷机
├→ A076型清棉成卷机
```

图2-3 LFA010C 型开清棉联合机的工艺流程

二、开清棉联合机的主要机构

开清棉工序的任务是通过开清棉联合机完成的。现行的开清棉机械,按其作用和在流程中所处的位置可分为抓棉机、混棉机、开棉机、给棉机、清棉成卷机和辅助装置六类。

(一)抓棉机

抓棉机又称自动喂棉机,是喂入、开松、混合联合机的第一台单机,将预定配比的纤维依次抓取,喂入机器混合。

目前，使用较多的自动抓取机有两类。一类为往复式抓棉机，即抓取小车往复直行进行抓棉，如 FA006 型自动抓棉机；另一类为圆盘式抓棉机，即抓取小车环行进行抓棉，如 FA002 型自动抓棉机。抓棉按其抓取形式可分上抓式、下抓式和侧抓式三类。前两种形式较为多见。侧抓式抓棉机通常将棉包铺放在输棉帘上，由输棉帘输送向前，抓棉机构位于棉包正前方，由角钉帘或罗拉组成，这种形式的抓棉机产量较高，但抓取的棉块较大，混合比例难以控制，占地面积大，所以在目前实际生产中应用较少，并有被淘汰趋势。

1. 圆盘式抓棉机 常见的圆盘式抓棉机有 A002D 型和 FA002 型两种。其中，FA002 型如图 2-4 所示，该机由小车、中心轴、伸缩管、地轨和外围墙板等组成。A002D 型单台使用，FA002 型可两台并联使用。圆盘抓棉机适合于抓取棉纤维和棉型化纤。

抓棉打手由许多形状相同或相似的刀片组成，其结构如图 2-5 所示。打手回转时，刀片依次进入抓棉区，从肋条之间抓取棉块。刀片伸出肋条的距离可以调节。在某些抓棉机上，刀尖并不伸出肋条之外，而是由于肋条的压力使棉块被迫进入肋条之间的空间，向上凸出而被刀片撕分，分离出棉块，这样可以使抓取棉块更小，提高开松程度。同一圆盘上的相邻刀片应相互错开，使抓取点均匀分布，得到大小均匀的棉块。对于小车回转式圆形抓棉机，在抓棉小车回转过程中，距小车回转中心较远的刀片（即外圆盘上的刀片）在相同时间内走过的行程较长，为了做到抓取的棉块大小均匀，应使各刀片的抓取弧长基本相等，为此，需要将外圆盘上刀片密度加大。在 FA002 型自动抓棉机上，打手由三种锯齿圆盘组成，刀片呈内稀外

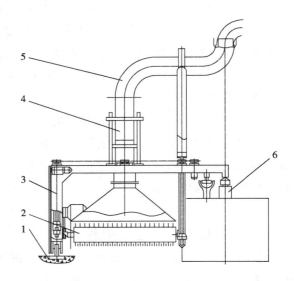

图 2-4 FA002 型圆盘式抓棉机

1—地轨 2—打手 3—支架
4—伸缩管 5—输棉管 6—中心轴

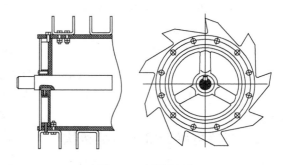

图 2-5 抓棉打手

密分布，分成三段，各段圆盘上的刀片由内向外依次为 9 齿/片、12 齿/片和 15 齿/片。

在一定生产条件下，提高抓棉机的生产率，会降低开松度，因此在台时产量较高的情况下，除应适当加密刀片和齿数之外，还应合理配置工艺参数，以保证对原棉的开松程度。

2. 往复式抓棉机　在往复抓棉机中，间歇下降的抓棉打手随转塔作往复运动，对棉包作顺序抓取，被抓取的纤维束经输棉风机和输棉管道，依靠前方凝棉器或风机的抽吸，送至前方棉箱内。常用的往复式抓棉机有 FA006 系列。

（二）混棉机

自动混棉机类型较多，常见的有 A00B 型和 FA016A 型。其中，A00B 型自动混棉机的结构如图 2-6 所示。该机一般位于自动抓棉机的前方，与凝棉器联合使用。原料靠储棉箱上方的凝棉器 1 吸入本机，通过翼式摆斗 2 的左右摆动，将棉块横向往复铺放在输棉帘 5 上，形成一个多层混合的棉堆；压棉帘 13 将棉堆适当压紧，因其速度和输棉帘相同，故棉堆被两者上下夹持而喂给角钉帘 7，角钉帘对棉堆进行垂直抓取，并携带棉块向上运动，当遇到压棉帘的角钉时，由于角钉帘的线速度大于压棉帘，于是棉块在两帘子之间受到撕扯作用，从而获得初步开松。被角钉帘抓取的棉块向上运动时，与均棉罗拉 12 相遇，因均棉罗拉的角钉与角钉帘的角钉运动方向相反，棉块在此处既受撕扯作用又受打击作用。较大的棉块被撕成小块，一部分被均棉罗拉击落在压棉帘上，重新送回储棉箱与棉堆混合；一部分小而松的棉块被角钉帘上的角钉带出，由剥棉打手 11 击落在尘格 9 上。在打手和尘棒的共同作用下，棉块松解成小块后输入前方机械，继续加工，而棉块中部分较大的杂质如棉籽、籽棉等，通过尘棒间隙下落。

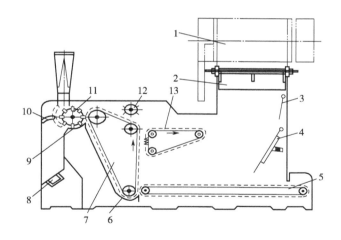

图 2-6　A00B 型自动混棉机

1—凝棉器　2—摆斗　3—摇栅　4—混棉比斜板　5—输棉帘　6—尘棒　7—角钉帘
8—磁铁　9—尘格　10—间道隔板　11—剥棉打手　12—均棉罗拉　13—压棉帘

均棉罗拉与角钉帘之间的隔距可根据需要进行调节，使角钉帘上的棉块经均棉罗拉作用后，可以输出较均匀的棉量。储棉箱内的摇栅 3（或光电管）能控制棉箱内的储棉量。当储棉量超过一定高度时，通过电气系统使抓棉小车停止运行，停止给棉；反之，当棉箱内的储棉量低于一定水平时，电气系统使抓棉小车运行，继续给棉。在出棉部分装有间道装置，可以根据工艺要求改变出棉方向。间道隔板10位于虚线位置时为上出棉，位于实线位置时为下出棉。A006C型自动混棉机用于纺化纤，设有磁铁装置，用以吸除原棉中的铁杂质，以防事故发生。

（三）开棉机

1. 六滚筒开棉机 图2-7所示为FA104A型六滚筒开棉机，它由储棉箱、滚筒、打手及尘格等组成。后方机台输出的纤维流在凝棉器4的作用下落入储棉箱5，经U型刀片打手6打击后喂给六只直径为455mm的角钉滚筒1。六只滚筒呈45°倾斜角排列，旋转方向相同，进行无握持自由打击开松。滚筒速度自下而上依次递增，以适应纤维块由下而上经开松后体积逐渐增大的要求。六只滚筒的下方装有扁钢振动尘棒，

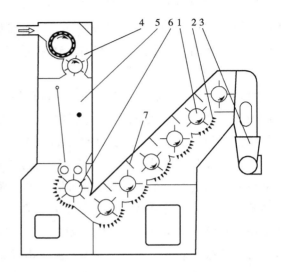

图2-7　FA104A型六滚筒开棉机

1—滚筒　2—尘格　3—出棉口　4—凝棉器

5—储棉箱　6—刀片打手　7—剥棉刀

利用纤维块飞行中对尘棒的撞击及尘棒的阻击、振荡，使纤维团块渐增开松，杂质和短绒从尘棒间隙落入尘箱，并由输杂帘将杂物导出机外，由吸落棉系统收集处理。

尘棒受纤维块撞击后产生振动，有利于开松和除杂。与固定尘棒比较，振动式尘棒具有籽棉和棉籽等较大杂质不嵌塞尘棒的优点。每只滚筒上装有四排角钉，每排有多只锥形角钉。由于机内纤维块在自由状态下受到打击，作用较缓和，因而纤维损伤小，且杂质不易碎裂，适用于对原料的初步开松与除杂。若采用鼻形角钉，对纤维的打击作用更柔和。

FA104B型六滚筒开棉机无储棉箱，与自动混棉机安装在一起组成联合机组。

2. 豪猪式开棉机 图2-8所示为FA106型豪猪式开棉机，它由凝棉器、调节板、储棉箱、光电管、木罗拉、给棉罗拉、豪猪打手、尘格、吸落棉装置等组成。凝棉器借助气流作用，将六滚筒开棉机输

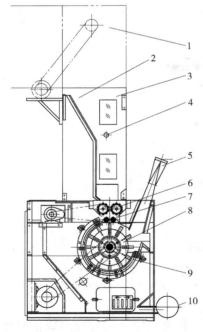

图2-8　FA036型豪猪式开棉机

1—凝棉器　2—调节板　3—储棉箱　4—光电管

5—出棉口　6—木罗拉　7—给棉罗拉

8—豪猪打手　9—尘格　10—吸落棉装置

出的棉块吸引过来，喂入储棉箱。储棉箱内装有摇栅和调节板。

当箱内储棉量过多或过少时，可通过摇栅和水银开关，使后方机台停止或重新给棉，以保持箱内一定的储棉高度。改变调节板的位置，可以调节储棉箱输出棉层的厚度。在正常工作时，箱内原棉依靠自重缓缓落下，经一对木罗拉和一对弹簧加压的给棉罗拉握持输出，受到豪猪打手的剧烈打击、分割和撕扯，被撕下的棉块沿打手圆弧的切线方向撞击在尘棒上，由于打手与尘棒的共同作用以及气流的配合，使棉块进一步开松和除杂并输出机外，被分离的杂质则通过尘棒间隙落下。在出棉口处装有剥棉刀，可防止打手返花。

豪猪打手对棉层具有打击、分割作用，图2-9所示为豪猪打手机构示意图。打手轴上装有19个圆盘，每一圆盘上有矩形刀片12片，刀厚6mm。为使刀片对棉层整个横向都能打击1~2次，每个圆盘上的12片刀片不是与圆盘在一个平面上，而是以不同的距离向圆盘的两侧弯曲，图中数字表示每个刀片距圆盘表面的距离，单位为毫米（mm）。由于12把刀片的厚度之和（72mm）大于相邻两圆盘的距离（54mm），因此在刀片边缘部分的棉层，在打手一转内可能受到两次打击作用。

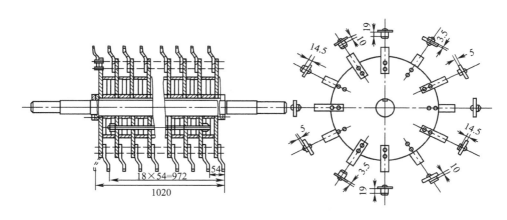

图2-9　豪猪打手结构示意图

（四）给棉机

图2-10所示为A092AST型棉箱给棉机，主要作用是均匀给棉。后部为储棉箱，其上方附有凝棉器，将原料吸入本机，箱内有调节板4，可调节储棉箱容量，使之与前方机台的产量相适应。摇板根据箱内储棉高度的变化，通过水银开关控制电气配棉器的进棉斗活门的启闭，使储棉高度保持一定。棉块由输棉帘7喂入中储棉箱。根据中储棉箱内存棉的多少，通过摇板联动的一套拉把机构，控制后储棉箱下方的一对角钉导棉罗拉6给棉或停止给棉。输棉帘7喂入的棉块被角钉帘9抓取。当遇到均棉罗拉2时，部分较大棉块被击落，返回棉箱与输棉帘7喂入的棉块重新混合。角钉帘9与均棉罗拉2之间有一定隔距，可根据产量需要，在机外用手轮调节。均棉罗拉上残留的棉块被清棉罗拉3清除。角钉帘9带出的棉块则被剥棉打手剥取，落入振动棉箱。回击罗拉使箱内过多的棉块返回中储棉箱，以控制棉箱内棉量

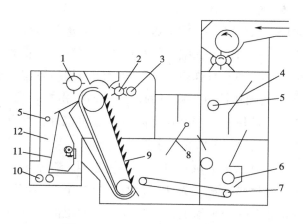

图 2-10　A092AST 型棉箱给棉机

1—输出罗拉　2—均棉罗拉　3—清棉罗拉　4—调节板
5—光电管　6—角钉导棉罗拉　7—输棉帘　8—摇板
9—角钉帘　10—输出罗拉　11—振动板　12—振动棉箱

保持一定的水平高度。

目前常用的棉箱给棉机还有 A092A 型和 FA406A 型两种。A092A 型在输出部位依靠 V 形帘强迫夹持棉层喂入成卷机，棉层横向均匀度较差；FA406A 型振动棉箱给棉机是在 A092AST 型基础上改进而成的，其振动频率和振幅可调节，以适应不同原料的加工工艺要求。

（五）清棉成卷机

清棉成卷机的作用是继续开松、均匀、混合原料；继续清除叶屑、破籽、不孕籽等杂质和部分短纤维；控制和提高棉层纵向、横向的均匀度，制成一定规格的棉卷或棉层。

图 2-11 所示为 FA141 型单打手清棉成卷机，主要包括开松除杂机构、均匀机构和成卷机构，其工艺过程是：原料由振动板双棉粗给棉机输出后，均匀地喂在输棉帘上，经角钉罗拉 15 引导，在天平罗拉 14 和天平曲杆 16 的握持下，接受高速回转的综合打手 12 的打击、撕扯、分割和梳理作用，纤维抛向尘格 13，部分杂质落入尘箱。纤维块凝聚在回转的尘笼 10 表面，形成纤维层，同时细小尘杂和短绒透过尘笼网眼被排除。在剥棉罗拉 9 的引导下，经防粘罗拉 8、紧压罗拉 7、导棉罗拉 6 及棉卷罗拉 5 后成卷。

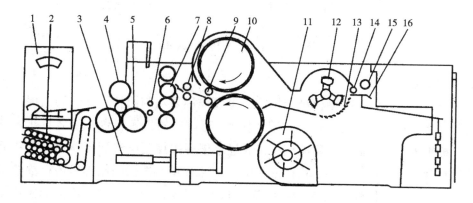

图 2-11　FA141 型单打手清棉成卷机

1—棉卷秤　2—存放扦装置　3—渐增加压装置　4—压卷罗拉　5—棉卷罗拉　6—导棉罗拉
7—紧压罗拉　8—防粘罗拉　9—剥棉罗拉　10—尘笼　11—风机　12—综合打手
13—尘格　14—天平罗拉　15—角钉罗拉　16—天平曲杆

（六）辅助装置

辅助装置主要包括凝棉器、配棉器、除金属装置、重物分离装置及异纤分拣装置等。

1. 凝棉器　开清棉工序是多机台生产，在整个工艺流程中，通过凝棉器把每一个单机互相衔接起来，利用管道气流输棉，组成一套连续加工的系统。凝棉器由尘笼、剥棉打手和风扇组成，主要作用是输送棉块、排除短绒和细杂、排除车间中部分含尘气流。

如图2-12所示，凝棉器借助风机产生的气流，将前一台输出的原料经输棉管吸附在尘笼表面，由剥棉打手或光罗拉剥下，落入储棉箱。凝棉器尘笼内的负压使尘笼表面原料中的细小杂质、短绒和尘土等被吸入管道，排至滤尘室。

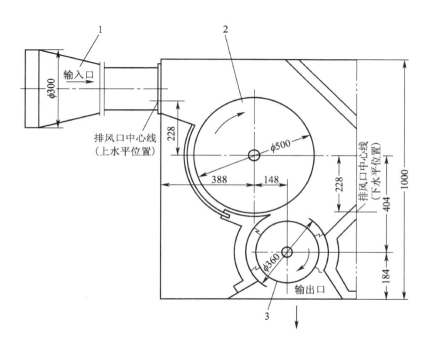

图 2-12　凝棉器
1—输棉管　2—尘笼　3—剥棉打手

2. 配棉器　由于开棉机和清棉机的产量不平衡，一般需要借助配棉器将开棉机输出的原料均匀地分配给2~3台清棉机，以保证连续生产并获得均匀的棉卷或纤维流。配棉器有电器配棉器和气流配棉器两种形式。

两路电器配棉器（图2-13）由配棉头2和进棉斗1等组成，采用吸棉的方式将原料分配给两台清棉机。联结两台清棉机的配棉头2呈Y形三通，配棉头部分为方形管道。为了调节棉量的分配，管道内设有调节板，改变调节板的位置，可以调整原料的均匀分配。进棉斗（图2-14）位于双棉箱给棉机的上部，与凝棉器相连接，由一个二级扩散管2、重锤杠杆3、进棉活门和电磁吸铁5等组成，活门由给棉机棉箱中的光电管通过电磁吸铁控制启闭。当任

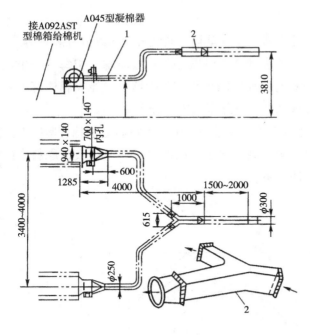

图 2-13　配棉器

1—进棉斗　2—两路配棉头

一台给棉机棉箱原料充满时，箱内光电管起作用，电磁吸铁断电，活门由重锤杠杆自动关闭，原料停止喂入。若两台给棉机棉箱均充满原料时，通过电气控制装置，使各进棉斗的活门全部开启，同时停止豪猪开棉机的给棉，使管道内的余棉和惯性棉分别进入两台给棉机的后储棉箱，然后，活门全部关闭。当任一台给棉机再需要原料时，光电管起作用，该机台的进棉活门开启，豪猪开棉机恢复给棉，而另一台给棉机的进棉活门仍然关闭。

3. 除金属杂质装置　混杂在原棉中的金属碎物应及早清除，以免轧坏机件和引发火灾。FA121 型除金属杂质装置如图 2-15 所示。

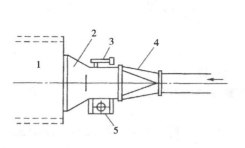

图 2-14　进棉斗

1—凝棉器　2—二级扩散管　3—重锤杠杆
4—一级扩散管　5—电磁吸铁

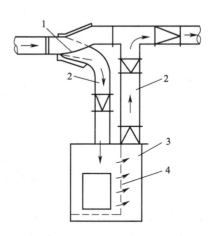

图 2-15　FA121 型除金属杂质装置

1—活门　2—支管道
3—收集箱　4—筛网

在输棉管的某段装有电子探测装置（图中没画出），当探测到棉流中含有金属杂质时，由于对磁场起干扰作用，发出信号并通过放大系统使输棉管专门设置的活门 1 短暂开放（图中虚线位置），使夹带金属的棉块通过支管道 2，落入收集箱 3 内，然后活门立即复位，恢复水平管道的正常输棉，棉流仅中断2～3s。而经过收集箱的气流透过筛网4进入另一支管道2，汇入主棉流。该装置灵敏度较高，棉流中的金属杂质可基本排除干净，防止金属杂质带入下台机器而损坏机件和引起火灾。

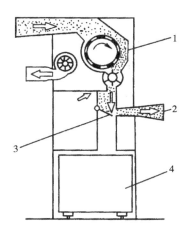

图2-16　TF30型重物分离装置

1—凝棉器　2—输棉管　3—排杂口　4—集杂箱

4. 重物分离装置　重物分离装置的结构较简单，但效果显著。图2-16所示为TF30型重物分离装置，该装置的上部是凝棉器1，由于连续吸引后方机台输出的棉块，这些棉块在下行过程中受到从管道侧口（主要的）和活门排杂口3补入气流的作用，经下方的输棉管2形成新的输出棉流。在棉流输送过程中，重的杂物则从活门排杂口（大小可调节）落入集杂箱4。

5. 异纤分拣装置　异纤检测方法大体分为CCD检测法和光电传感器检测法，或另加超声波检测法。

CCD异纤分拣系统检测原理如图2-17所示，主要由高速线阵CCD摄像机、光学系统、计算机图像信号采集处理系统、棉花输送装置以及高速电磁阀等组成。

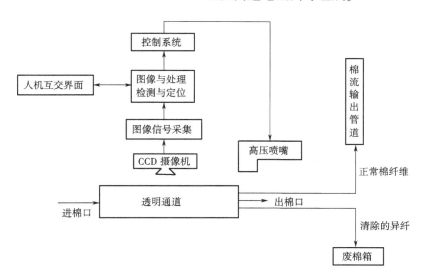

图2-17　CCD异纤分拣系统检测原理

充分开松的原棉在气流的带动下，经过转接管道形成薄棉层，进入由透光玻璃构成的扁平检测通道。检测通道两边的高亮度光源将棉层和异纤均匀照亮，两边的高速CCD摄像机对经过的棉花和异纤图像进行扫描，并将采集的图像信号传送至采集处理硬件电路。图像处理系统根据预先设计的模式识别处理图像信号，判别是否存在异纤。一旦发现异纤，即对异纤所处区域进行定位，将异纤位置信息转换成相应的控制信号，驱动气动装置在异纤经过清除区域时，开启对应的快速高压气阀，喷射高压气体将异纤吹出传送管道，落入废棉收集箱中。

图 2-18 所示为 JWF0011A 型异纤分拣机，它依靠高品质彩色线阵 CCD 和基于高速图像处理的 DSP 系统实时处理棉流中的图像信息，实现棉流中的异纤检测。CCD 对棉流进行 4 次水平扫描检测，如果发现有色或白色异纤，则高速气阀开启，将异纤吹入废棉箱，排出的异纤定期被排杂风机抽走。该检测装置采用非接

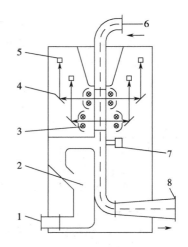

图 2-18　JWF0011A 型异纤分拣机

1—废棉出口　2—废棉箱　3—光源　4—反光镜
5—CCD 传感器　6—棉流入口　7—喷嘴排　8—棉流出口

触检测，不损伤棉纤维，不增加短绒，稳定高效去除棉流中的有色和白色异纤，清除效率可达 85% 以上。

第三节　梳棉机械

经过开清棉工序的加工，棉卷或纤维流中的纤维多数呈松散棉块、棉束状态，并含有 1% 左右的杂质，其中多数为较小的带纤维或黏附性较强的杂质和棉结，需要采用梳棉机进一步处理。梳棉工序的具体任务如下。

（1）梳理纤维束，将其分离成单纤维状态。

（2）继续清除残留在棉层中的杂质和疵点。

（3）进行较细致的均匀混合。

（4）将短纤维制成符合一定规格和质量要求的棉条，即制成生条。

一、梳棉机的工艺流程

将棉卷的块状和束状的纤维，大致分离成单根纤维状态，是梳棉工序的核心作用。分离成单纤维的程度，不仅影响生条的质量，并且和后道工序的成纱质量和断头有密切关系。在分离纤维的同时，去除黏附性较强的细小杂质和疵点，除杂效率一般可达 90% 左右，使生条中的杂质含量降低到 0.1% 左右。在分离成单纤维的前提下，对不同形态唛头的单根纤维进行充分的混合，可使生条短片段条干不匀率降到 14%~18%。

常用的国产梳棉机有 FA231 型和 FA201 型。FA231 型梳棉机如图 2-19 所示，该机由给

棉、刺辊部分，锡林、盖板、道夫部分和出条部分组成。棉卷置于棉卷罗拉 1 上，并借其与棉卷罗拉间的摩擦而逐层缓慢退解，沿给棉板 3 进入给棉罗拉 2 与给棉板之间，在两者的握持下，棉层因给棉罗拉的回转而喂给刺辊 4 并接受开松与分梳。刺辊下方的除尘刀和刺辊分梳板 5，一方面托持纤维、排除尘杂与短绒，另一方面起附加分梳作用。被刺辊抓取的纤维经分梳板 5 后，与锡林 7 相遇，锡林将刺辊表面的纤维剥取下来，经后固定盖板 6 进入锡林、盖板工作区，在盖板 8 与锡林 7 的针齿共同作用下，将棉束梳理成单纤维并充分混合，清除细小杂质。盖板针面上充塞的纤维和杂质在离开工作区时，被斩刀剥下成为斩刀棉，被剥取纤维的盖板经毛刷刷清后，由车后刺辊上方重新进入工作区。被锡林针齿携带的纤维，离开锡林、盖板工作区，通过前上罩板、抄针门，被前固定盖板 9 整理后，经过前下罩板与道夫 10 相遇，部分纤维凝聚到道夫表面，而残留于锡林表面的纤维，经大漏底与新喂入的纤维一起再进入锡林、盖板工作区。道夫表面所凝聚的纤维层被剥棉罗拉 11 剥下后，通过导棉装置 12 进入喇叭口集拢成条并通过大压辊 13，然后在圈条器 14 作用下，规则地圈放在棉条筒中。

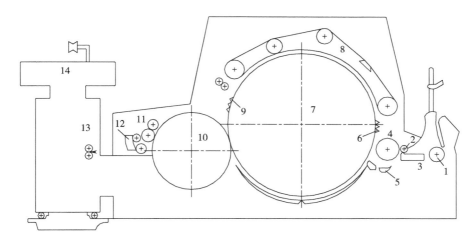

图 2-19 FA231 型梳棉机

1—棉卷罗拉 2—给棉罗拉 3—给棉板 4—刺辊 5—分梳板 6—后固定盖板 7—锡林
8—盖板 9—前固定盖板 10—道夫 11—剥棉罗拉 12—导棉装置 13—大压辊 14—圈条器

清梳联合机中梳棉机后部由喂棉箱喂棉，实现自动化、连续化喂棉。棉箱具体结构如图 2-20 所示。在棉箱中风机的作用下将清棉机处理后的纤维形成均匀筵棉层，再送入梳棉机中梳理，确保连续而均匀地供棉，实现纺纱工艺连续化，对提高生条质量起到非常重要的作用。其中，加湿器 14 在纺化纤时具有防静电功能。

二、梳棉机的主要机构

（一）给棉与刺辊部分

给棉与刺辊部分主要由给棉罗拉、给棉板、刺辊、除尘刀、分梳板或小漏底等组成。给

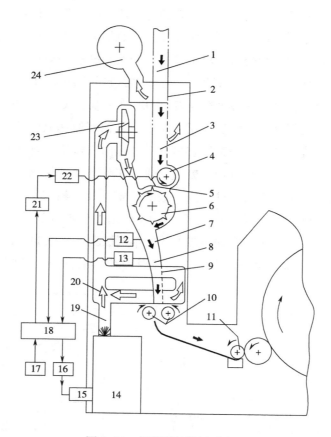

图 2-20 棉箱喂棉装置示意图

1—输棉管 2—上储棉箱气流出口 3—上储棉箱 4—给棉罗拉 5—给棉板 6—开松辊 7—过棉通道
8—下储棉箱 9—下储棉箱气流出口 10—送棉罗拉 11—喂棉罗拉 12—压力传感器 13—湿度传感器
14—加湿器 15—超声波换能器 16—驱动器 17—电源 18—PLC 控制器（可编程控制器） 19—湿气输送通道
20—气流循环通道 21—变频器 22—给棉罗拉电动机 23—风机 24—排尘风管

棉罗拉和给棉板用来喂给并握持棉层，由刺辊对棉层进行分梳除杂；除尘刀用来托持纤维，并切割气流而除杂；而分梳板则梳理由刺辊抓取的纤维尾端，起预分梳的作用，以降低盖板区的梳理负荷，如图 2-21 所示。

1. 棉卷架和棉卷罗拉 棉卷置于棉卷罗拉上，棉卷的回转轴心（即棉卷扦）嵌在左右两个棉卷架的竖槽内，棉卷罗拉通过摩擦带动棉卷退解棉层。棉卷直径变小后，为弥补退卷摩擦力的不足，棉卷扦沿着向后倾斜的斜槽下滑，以增加棉层与棉卷罗拉的接触面积，减少棉层的意外伸长。

2. 给棉罗拉和给棉板 给棉罗拉与给棉板对棉层形成强有力的握持钳口，依靠摩擦作用，将棉层喂给刺辊，使刺辊在整个棉层的横向进行开松与分梳。给棉罗拉直径为 70mm，为增加给棉罗拉表面和棉层的摩擦力，使握持牢靠，喂给均匀，在给棉罗拉表面有齿形沟槽，并在罗拉两端施加压力。FA201 型梳棉机的给棉罗拉加压采用机上杠杆偏心式弹簧加压机构，如图 2-22 所示。加压手柄 2 按下，弹簧 1 压缩的回弹力通过加压杠杆 3 传递至给棉罗拉 4，实现棉层加压，抬起手柄即可卸压。加压范围为 34.32~55.9N/cm。

为了保证给棉罗拉与给棉板对棉层强有力的握持，使刺辊逐步刺入棉层，给棉板设计成如图 2-23 所示的形状。给棉罗拉和给棉板间的隔距自入口到出口应逐渐缩小，使棉层在圆弧段逐渐被压缩，握持逐渐增强。FA201 型梳棉机的给棉板工作面长度有 28mm、30mm、32mm、46mm、60mm 五种规格。加工的纤维越长，选用的给棉板工作面越长。

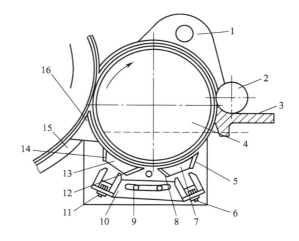

图 2-21　FA201 型梳棉机给棉和刺辊部分

1—刺辊吸尘罩　2—给棉罗拉　3—给棉板　4—刺辊

5—第一除尘刀　6—分梳板调节螺杆　7—第一分梳板

8—第一导棉板　9—托脚螺　10—双联托脚

11—分梳板调节螺丝　12—第二除尘刀　13—第二分梳板

14—第二导棉板　15—大漏底　16—三角小漏底

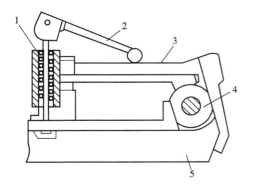

图 2-22　机上杠杆偏心式弹簧加压机构

1—弹簧　2—加压手柄　3—加压杠杆

4—给棉罗拉　5—给棉板

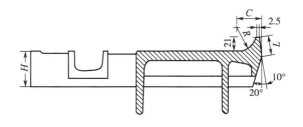

图 2-23　给棉板截面图

3. 刺辊　刺辊主要由筒体（俗称铁胎）和包覆物（锯条）组成，结构如图 2-24 所示。筒体是铸铁制成的圆筒，表面有 10 头螺旋沟槽，用以嵌入锯条。沟槽的螺距为 2.54mm，导程为 25.4mm，裸状沟底直径为 239mm，用专用包卷机在沟槽内镶嵌刺辊锯条，形成刺辊。筒体两端用堵头 4（法兰盘）和锥套 3 固定在刺辊轴上，沿堵头内侧圆周有槽底大、槽口小的梯形沟槽。平衡铁螺丝可沿沟槽在整个圆周移动。校验平衡时，平衡铁 5 可固紧在需要的位置。平衡后再装上镶盖 2 封闭筒体。由于刺辊转速较高，同相邻机件的隔距很小，因此，对刺滚筒体与针齿面的圆整度，刺辊圆柱针齿面与刺辊轴的同心度，以及整个刺辊的静、动平衡等，都有较高要求。

4. 小漏底 小漏底一般为尘棒网眼混合式结构，如图 2-25 所示，它由圆弧形锌板制成，入口处有两根尘棒，其余部分为网眼板，网眼直径为 4mm，以供排尘。小漏底入口处的导流板引导入口处溢出的气流向下流动，以免干扰小漏底的尘棒和网眼部分排除杂质。小漏底与刺辊间有一定的隔距，自入口至出口逐步缩小，使高速回转刺辊形成的气流排出。小漏底的圆弧半径略大于刺辊半径，其弦长及其与刺辊间的隔距大小直接影响落棉数量。FA201 型梳棉机的小漏底弦长有 200mm 和 175.6mm 两种规格，前者适于纺化纤，后者适于纺棉。

（二）锡林、盖板和道夫部分

梳棉机的梳理部分主要有锡林、道夫、盖板、前后罩板和大漏底等组成。在中、高产梳棉机回转盖板的前后方还装有若干根前后固定盖板。这些盖板与锡林共同组成分梳区，对锡林针齿携带进来的纤维进行细致的梳理，彻底分解棉束，并将除去的细杂和短绒集聚成盖板花排出机外。道夫将从锡林针面上转移来的纤维凝聚成纤维层，在分梳、凝聚过程中实现均匀与混合。前后罩板和大漏底分别罩住或托住锡林上的纤维，以免飞散。

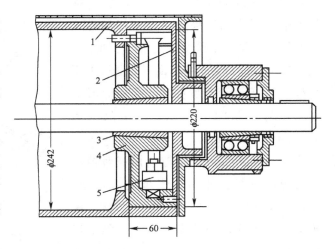

图 2-24 刺辊结构
1—筒体 2—镶盖 3—锥套 4—堵头 5—平衡铁

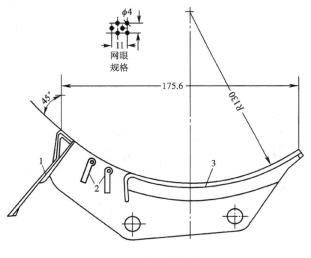

图 2-25 小漏底
1—导流板 2—尘棒 3—网眼板

1. 锡林 锡林是梳棉机的主要机件，其作用是将刺辊剥取下来的纤维带向盖板，做进一步梳理分解、均匀混合，并将部分纤维转给道夫。锡林由滚筒和针布组成，滚筒（铁胎）的结构如图 2-26 所示，滚筒上包有针布，在滚筒 1 两端，用堵头 3（法兰盘）和裂口轴套 5 将滚筒和滚筒轴 4 连接在一起。由于锡林直径大，转速高（360r/min），同相邻机件的隔距很小，为保证锡林回转平稳、隔距准确，对锡林的圆整度，滚筒与轴的同心度，以及锡林滚筒的静、动平衡等要求很高。

2. 道夫 道夫由滚筒和针布组成，其结构和锡林相似，直径较小，转速较低，因而对其动平衡、包卷针布后的变形及轴承的要求都比对锡林的要求低。

道夫的作用是将锡林上的纤维通过分梳部分转移凝聚到道夫表面，使纤维获得梳理及均匀混合效果。道夫与锡林之间是利用两针面分梳过程中的转移作用来实现纤维从锡林往道夫转移的。由于道夫与锡林的表面速比为 1：（20~30），故一般称这

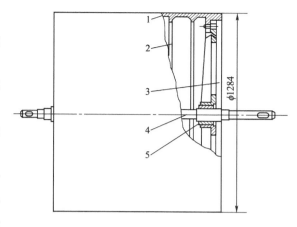

图 2-26 锡林结构图
1—滚筒 2—环形筋 3—堵头 4—滚筒轴 5—轴套

种纤维转移为"凝聚"。在分梳过程中，由于两个针面都有握持纤维的能力，使得锡林在每一回转中，不可能将其针面上的所有纤维一次全部转移到道夫上去，而当有相当一部分纤维经过大漏底后，与刺辊新带的纤维混合在一起，再次回到盖板工作区，进行重复梳理。锡林向道夫转移纤维的能力与棉网分梳质量有密切关系，应该重视。道夫转移率表示锡林上的纤维转移至道夫的能力。具体计算式如下。

$$\gamma = \frac{q}{Q} \times 100\%$$

式中：γ ——道夫的转移率，%；

$\quad q$ ——锡林回转一周转移给道夫的纤维量，g；

$\quad Q$ ——锡林走出盖板工作区带向道夫时，针面负荷折算成锡林一周针面上的纤维量（可以用自由纤维量代替），g。

3. 盖板

（1）回转盖板。由链条连接多根盖板形成回转盖板。盖板由盖板铁骨和盖板针布组成。盖板铁骨的结构如图 2-27（a）所示，它是一狭长铁条，工作面包覆盖板针布，针面宽 22mm。为了增加刚性，保证盖板、锡林两针面间隔距准确，盖板铁骨的截面呈 T 形，且铁骨两端各有一段圆脊，相当于链条的滚子，以接受盖板传动机构的推动。盖板铁骨两端的扁平部搁在曲轨上，曲轨支持面叫踵趾面。为使每根盖板与锡林两针面间的隔距入口大于出口，踵趾面与盖板针面（或铁骨平面）不平行，所以扁平部截面的入口一侧（趾部）较厚，而出口一侧（踵部）较薄［图 2-27（b）］，这种厚度差叫踵趾差。踵趾差的作用是使蓬松的纤维层在锡林盖板两针面间逐渐受到分梳，使锡林、盖板两针面间的平均隔距缩小，提高锡林盖板间的分梳效能。

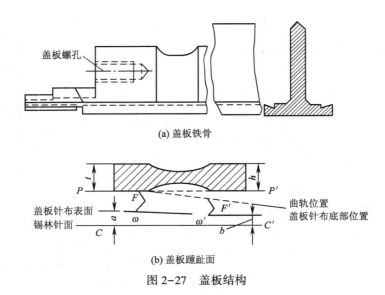

(a) 盖板铁骨

(b) 盖板踵趾面

图 2-27　盖板结构

（2）固定盖板和棉网清洁器。新型梳棉机多采用固定盖板和棉网清洁器配合使用，应用在刺辊、锡林和道夫上，使梳棉机产量大幅提升，图 2-28 和图 2-29 所示为特吕茨勒公司 DK903 型梳棉机盖板配置。

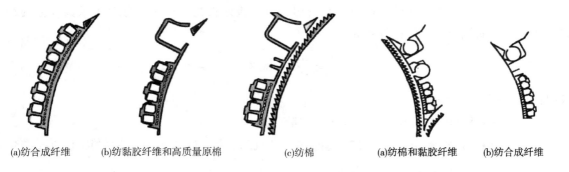

(a)纺合成纤维　　(b)纺黏胶纤维和高质量原棉　　(c)纺棉　　　　(a)纺棉和黏胶纤维　　(b)纺合成纤维

图 2-28　DK903 型梳棉机刺辊区固定盖板配置　　　图 2-29　DK903 型梳棉机道夫区固定盖板配置

（3）电子式锡林盖板隔距测量装置。考虑到盖板隔距精确度对梳理效果的重要作用，特吕茨勒公司研制了电子式锡林盖板隔距测量装置。锡林回转时，该装置在锡林的三个点和整个梳理区对锡林和盖板针布尖端之间的隔距进行电子测量，在线记录数值并以图形显示或打印出来。实验证明，隔距可以达到前所未有的精确程度。这种新型的电子式锡林盖板隔距测量装置对改善梳棉机梳理质量有很大的帮助。

（4）盖板传动的改进。国外的 C51 型、DK903 型、C501 型梳棉机配置了铝制模件制造的盖板骨，减轻了盖板重量，同时采用同步齿形带取代了链条传动，通过其上的定位销固定盖，减小盖板运行阻力，降低了盖板踵趾及曲轨的磨损。而且采用圆柱体代替盖板踵趾面，使盖板运转更加平稳，盖板针面与锡林针面间隔距校调更为精确，如图 2-30 所示。

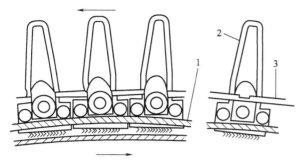

图 2-30　新型盖板及传动
1—滑动面　2—铝盖板条　3—齿形带

为了加强分梳能力，很多梳棉机采用盖板反向回转方式，其作用是使分梳负荷在锡林分梳区域内合理分配。理想的状况是锡林盖板间分梳作用逐渐加强，在锡林走出盖板区时，纤维能得到最细致的梳理，这样才能得到良好的梳理效果。在盖板正向回转时，刚进入盖板区的纤维在清洁盖板的作用下得到了较好的梳理，而在出盖板区时，由于这时的盖板充塞已接近饱和状态，纤维得不到细致的梳理，梳理效果不太理想。而盖板反转时，进入盖板区的纤维先被略有充塞的盖板粗略地梳理，在出盖板区时又被清洁的盖板细致地梳理，这样的梳理由粗到细，逐渐加强，改善了分梳的效果。采用反转盖板后棉网质量有一定的提高，成纱粗细节、棉结、杂质都有降低。

4. 锡林墙板和清洁装置　锡林墙板的结构如图 2-31 所示，由铸铁制成，是安装曲轨、短轨及盖板部分传动机构的基础。因此，对于墙板的制造和安装要求很高，左右两块墙板必须弧形正确、一致，各托脚的滑轨作用线应与锡林的法线相重合，以保证有关部件安装准确。

曲轨是由生铁制成的弧形铁轨，装在墙板上，左右各一根，表面光滑并具有弹性，可允许±0.2mm 的弹性变形。盖板在曲轨上缓慢滑行，曲轨上有短轴和槽孔，利用 5 只托脚及螺栓装在墙板上，可用调节螺丝来调节曲轨的高低位置，改变盖板与锡林间的隔距。

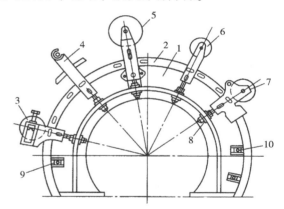

图 2-31　锡林墙板
1—墙板　2—曲轨　3—后托脚　4—盖板磨针托脚
5—中托脚　6—支撑托脚　7—前托脚　8—托脚调节螺丝
9—后罩板托脚座　10—前罩板托脚座

盖板清洁装置包括上斩刀、螺旋毛刷、小毛刷和五角绒辊等机件。上斩刀是带有锯齿的长条钢片，安装在斩刀轴的轴向截面上，它的作用是拉剥盖板花（斩刀花）。上斩刀既随斩刀轴一起上下摆动，又绕斩刀轴摆转，当上斩刀做此复合运动时，开始刀口与盖板针面逐步靠近，过某点后逐渐远离，从而刮取和拉出盖板针面上的纤维。螺旋毛刷是在一个木质圆辊表面植有鬃毛，鬃毛呈螺旋状分布，它安装在盖板星形齿轮的上方，其作用是清洁盖板针隙部分。在上斩刀和毛刷清洁残留的杂质和短纤维的同时，用小毛刷和五角绒辊清洁盖板脊背和两边踵趾部分的尘屑。

图 2-32　大漏底

5. 大漏底　在 A186 型，FA201 型，FA203 型，FA231 型梳棉机的锡林底部配置了大漏底。大漏底由铁皮和尘棒制成，分前后两页，如图 2-32 所示。大漏底的大部分弧面上是尘棒，前后两端则为平弧板，它的主要作用是托持锡林上的纤维，而部分短绒和杂质在离心力的作用下由尘格排除。大漏底的入口呈圆形，以免挂花，出口则与小漏底相接。大漏底与锡林间的隔距有三处，即入口、出口和前后两段的接口处，均可调节。一般入口隔距大，出口隔距小，中间逐步收小，使锡林带动的气流均匀地流出尘棒，这有利于短绒和细小杂质的排除。为此，大漏底的曲率半径应略大于锡林的半径。

（三）剥棉及圈条部分

凝聚在道夫针面的纤维层由剥棉装置剥取成网，再由成条装置集合成条，最后由圈条装置有规律地将其圈放在条筒内，以便搬运，供下道工序使用。

1. 剥棉装置　常见的剥棉装置为四罗拉剥棉装置、三罗拉剥棉装置和皮圈式剥棉装置。

四罗拉剥棉装置如图 2-33 所示，它由一只剥棉罗拉、一只转移罗拉和一对轧辊组成。剥棉罗拉工作直径为 85mm，表面覆着同样规格的 JT21 型"山"字形锯齿锯条。

三罗拉剥棉装置如图 2-34 所示，它由一只剥棉罗拉与一对压辊组成，其剥棉作用基本与四罗拉式相同。其上压辊直径比四罗拉式小，而下压辊的直径则较大，且有螺纹沟槽。上、下压辊呈倾斜状，目的是使下压辊接近道夫表面，并对剥棉罗拉剥下的棉网起一定的托持作用，以免棉网下坠而引起断头。剥棉罗拉与道夫的前牵伸配置是 1.0 倍，压辊与剥棉罗拉间的牵伸配置为 1.14～1.23 倍。

皮圈式剥棉装置如图 2-35 所示，由剥棉皮圈、导棉辊、皮圈辊和剥棉辊组成。皮圈由剥棉辊和皮圈辊支撑，由导棉辊传动，皮圈位置可以前后调节，使皮圈在剥棉辊的重力作用下与道夫保持 1mm 左右的间距。在皮圈与纤维间的摩擦作用下，道夫棉网从导棉辊与皮圈之间

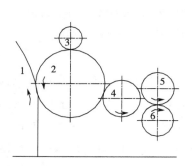

图 2-33　四罗拉剥棉装置

1—道夫　2—剥棉罗拉　3—绒辊
4—转移罗拉　5—上压辊　6—下压辊

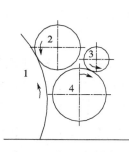

图 2-34　三罗拉剥棉装置

1—道夫　2—剥棉罗拉
3—上压辊　4—下压辊

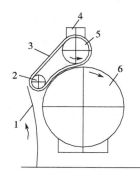

图 2-35　皮圈式剥棉装置

1—道夫　2—剥棉辊　3—剥棉皮圈
4—绒板　5—皮圈辊　6—导棉辊

输出。在皮圈辊上方有绒板，用来清洁皮圈和防止返花。皮圈与道夫间的牵伸配置为 1 倍，在大压辊与导棉辊之间配置张力牵伸，张力牵伸过大易使棉网破裂，过小又会使棉网下坠，一般为 1.35 倍左右。

上述这两种罗拉剥棉装置的特点是机构简单，对纺棉和纺化纤均能适应，新机型多采用三罗拉式，有些老厂改造多采用皮圈式。

2. 圈条装置　圈条装置可分为传统圈条、行星圈条、RTC 圈条及预牵伸圈条四种类型。FA201 型梳棉机圈条机构属传统圈条，如图 2-36 所示。由大压辊输出的棉条，经小压辊牵引，压紧，再经圈条器圈放在条筒内。圈条器由小压辊、曲线斜管齿轮和回转底盘等组成。压辊将棉条输出后，经小压辊牵引，压紧，由圈条曲线斜管导入棉条筒内。圈条曲线斜管齿轮是棉条形成的导条管，它与回转底盘有一定的偏心距，底盘与圈条盘之间有公转与自转的关系，棉条筒则随底盘旋转，因而圈放于条筒内的棉条便形成了有一定孔穴关系的环形圈条层，并有次序地储放在棉条筒里。

预牵伸圈条器与高产梳棉机（如宽幅型）配套，产量可达 150kg/h，速度可达 400m/min。JWF9503 型预牵伸圈条装置的传动系统如图 2-37 所示。路线是电动机将动力通过同步带传动水平过桥轮，该过桥轮有两个输出（预牵伸带轮 5 和输入带轮 4）。预牵伸带轮 5 通过同步带传动牵伸区的中后罗拉，后罗拉由变换同步带轮 6 调节预牵伸区（后区）的牵伸倍数。输入带轮 4 通过同步带传动蜗轮蜗杆变速箱，变速箱有一个输入（输入带轮 3），二组输出（一组输出带轮 1 和 2，另一组输出底部的地轴）。输出带轮 2

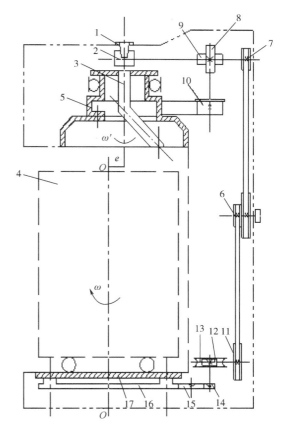

图 2-36　圈条器示意图

1—喇叭口　2—小压辊　3—斜管　4—棉条筒　5—圈条盘
6，7，11—皮带轮　8，9—螺旋齿轮　10—同步带轮
12，13—蜗杆、蜗轮　14，15，16—齿轮　17—底盘

通过同步带传动小压辊，小压辊的一端通过同步带由主牵伸带轮 7 传动前罗拉，该小压辊另一端通过同步带传动另一个小压辊，实现两个小压辊的积极传动。输入带轮 4 和 3 以及主牵伸带轮 8 用于调节主牵伸区（前区）的牵伸倍数，主牵伸带轮 8 用于调节小压辊和牵伸区的牵伸倍数。1 通过平皮带传动圈条盘，用于调节圈条盘的转速。地轴通过万向节传动圈条器

底部的三角带轮，由三角带轮传动棉条筒底盘。

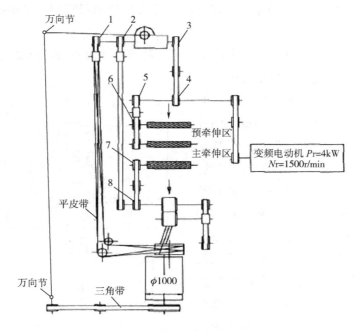

图2-37　预牵伸圈条装置的传动系统

1，2—输出带轮　3，4—输入带轮　5，6—预牵伸带轮　7，8—主牵伸带轮

（四）自调匀整装置

现代纺纱系统普遍采用自调匀整装置，以提高棉条的均匀度。自调匀整装置可改善清梳联纺出的生条重量偏差和中、长片段均匀度。目前常见的控制形式有开环、闭环和混合环三种。图2-38为混合环自调匀整装置的构成。

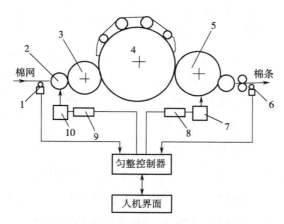

图2-38　"两检两控"混合环自调匀整装置

1—棉层厚度传感器　2—喂棉罗拉　3—刺辊　4—锡林　5—道夫　6—棉条粗细传感器

7—道夫电动机　8—道夫速度变频器　9—给棉速度变频器　10—喂棉电动机

第四节　精梳机

质量要求较高的纺织品所用的纱或线一般要经过精梳工序，精梳工序的主要任务如下。

（1）排除一定长度以下的短纤维，提高纤维长度的整齐度。

（2）进一步清除纤维间含有的棉结，杂质。

（3）使纤维进一步伸直、平行和分离。

（4）制成条干均匀的精梳棉条。

精梳的梳理方法是握持纤维的一端，借助于梳针梳理其另一端，然后握持已梳理过的一端再进行另一端的梳理。精梳是一种握持状态下的梳理，与梳棉机的自由分梳相比，梳理积极、细致、有效，有利于后继工序中牵伸过程的进行，减少牵伸过程所造成的不匀，对提高成纱品质具有明显效果。但是，精梳工序的制成率很低，生产效率低，成本较高。因此，对精梳工序，要从提高成纱质量、节约用棉、降低成本等方面综合考虑它的技术经济效果。在生产实践中，精梳纺纱系统一般用来纺制 9.7tex（60 英支）以下的特细号纱，对强力、条干和光泽要求较高的 19.4~9.7tex（30~60 英支）针织用纱，有特殊要求的工业用纱以及涤棉混纺中棉纤维部分的精梳棉条。

一、精梳准备机械

梳棉棉条中纤维排列混乱，伸直度差，具有弯钩，如直接由精梳机加工，将会使纤维在精梳过程中梳断，产生过多的落棉，从而影响精梳的制成率。因此，精梳准备工序的任务如下。

（1）制成小卷，便于精梳机的加工，小卷定量要准确，容量大，外形好，退解时不粘连毛发。

（2）小卷的纵横向结构要均匀，使棉层能在良好的握持状态下梳理。

（3）提高小卷中的纤维伸直度，以减少精梳时的纤维损伤和梳针折断，减少落棉中长纤维的含量，节约用棉。

精梳准备工序所用的各种机台是按工艺进行组合的，一般应使流程短，纤维伸直效果好，不粘卷为前提。目前常用的准备工艺有三种：梳棉棉条→并条机→条卷机（条卷工艺）；梳棉棉条→条卷机→并卷机（并卷工艺）；梳棉棉条→预并条机→并条机联合机（条并卷工艺）。

（一）条卷机

条卷机一般由喂入机构、牵伸机构及卷绕机构组成，其工艺过程如图 2-39 所示，20~24 只棉条筒 9 中的棉条在罗拉 1 与导条压辊 2 的引导下，在导条平台 3 上转过 90°呈平行排列，然后在导棉罗拉 4 的引导下进入由两对罗拉和胶辊组成的牵伸装置 5，牵伸倍数为 1.1~1.4。经牵伸后的棉层再经过一对气动紧压辊，以防粘卷。棉层最后由棉卷罗拉卷绕到筒管 7 上制成小卷。该机的落卷部分采用气动自动落卷换管装置，牵伸机构及小卷采用气动加压。

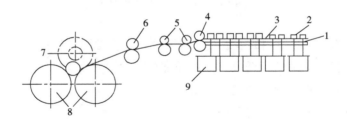

图2-39　条卷机工艺过程

1—罗拉　2—导条压辊　3—导条平台　4—导棉罗拉　5—牵伸装置　6—紧压辊　7—棉卷　8—棉卷罗拉　9—棉条筒

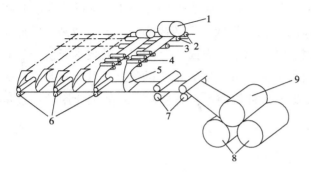

图2-40　并卷机工艺过程

1—条卷　2—喂卷罗拉　3—条卷罗拉　4—牵伸装置　5—曲面导板
6—梳棉罗拉　7—紧压罗拉　8—成卷罗拉　9—精梳小卷

（二）并卷机

并卷机工艺过程如图2-40所示，6个条卷1分别放在直径为70mm的喂卷罗拉2上，由喂卷罗拉退绕后的条卷经喂棉板和条卷罗拉3的引导而分别进入各自的牵伸装置4；牵伸后的棉网绕过光滑的棉网曲面导板5转过90°，在梳棉平台上实现6层棉网叠合，并经梳棉罗拉6输送到直径为128mm的紧压罗拉7压紧，再由一对直径为410mm的成卷罗拉8将棉层卷成精梳小卷9。该机采用三上四下曲线牵伸装置，总牵伸倍数为5.4~7.1倍，后区牵伸倍数常用1.34或1.025倍。气动加压的三根气囊贯穿六个牵伸区，通过拉杆机构使六个牵伸区同时加压、卸压，操作方便。三对罗拉上的供气压力常用6×10^5Pa。此外，该机采用自动落卷机构和自动生头以及缺条、断条、罗拉绕花、管库无筒管和储卷架满卷等自停机构。车速常为50~70m/min。

（三）条并卷联合机

条并卷联合机如图2-41所示，它将条卷机和并卷机联合而成为一台机器。

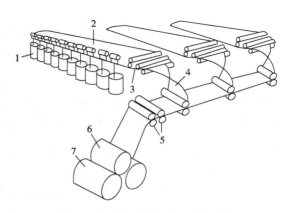

图2-41　并条卷联合机工艺过程

1—棉条筒　2—导条罗拉　3—牵伸装置　4—曲面导板
5—紧压罗拉　6—精梳小卷　7—棉卷罗拉

该机的喂入部分分为三组，每组有 16~20 根棉条喂入，各组棉条经过 V 形导条板和牵伸装置牵伸成棉网，三层棉网输出后各自经过曲面导板，转过 90° 后在机台平台上叠合再经压辊压紧后，由棉卷罗拉绕成小卷。全机总并合数为 48~60，总牵伸数为 3~4 倍。罗拉采用摇架弹簧加压，压力为 350N×60N×50N，该机的成卷加压及自动落卷和生头的过程均采用气动控制。

二、精梳机的主要机构

精梳机的结构有多种形式，但其工艺流程都是周期性的，分别梳理棉层和两端，再依次接合成棉网，连续输出。现以 FA261 型精梳机为例，如图 2-42 所示。

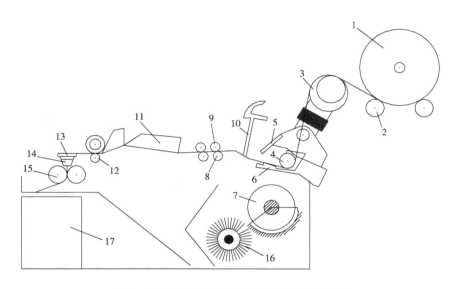

图 2-42　FA261 型精梳机的工艺过程示意图

1—小卷　2—成卷罗拉　3—偏心张力辊　4—给棉罗拉　5—上钳板　6—下钳板　7—锡林　8—分离罗拉　9—分离皮辊
10—顶梳　11—棉网托板　12—引导罗拉　13—集束器　14—喇叭口　15—导向压辊　16—毛刷　17—棉条筒

（一）钳持喂给机构

在精梳机的一个工作循环中，钳持喂给部分要发挥以下作用。

（1）定时喂入一定长度的小卷。

（2）正确及时地钳持棉层供锡林梳理。

（3）及时松开钳口，使钳口外须丛回挺伸直。

（4）正确将须丛向前输送，参与以后的分离、接合工作。

钳持喂给机构包括承卷罗拉喂给机构、给棉罗拉喂给机构和钳板摆动机构。

1. 承卷罗拉喂给机构　承卷罗拉喂给机构有两种，一种是间歇回转式，代表机型为 A201 系列精梳机；另一种是连续回转式，在国产 FA 系列新机上普遍使用。

FA269 型精梳机的承卷罗拉传动机构如图 2-43 所示。主传动油箱中的副轴通过过桥轮系和喂卷调节齿轮，以链条传动承卷罗拉回转退解棉层。由于承卷罗拉采用了这种连续回转式传动机构，当给棉罗拉不给棉时，承卷罗拉仍在喂给，加之给棉罗拉随钳板摆动，从而引起棉层张力呈周期性的波动。为了稳定棉层张力，FA269型精梳机的承卷罗拉与给棉罗拉之间装有一可调节的张力辊，如图2-44所示。张力辊2为一作匀速回转运动的偏心辊，当给棉罗拉4不给棉时，偏心辊大仍转向棉层，使承卷罗拉3输出的棉层因输送距离增加而被"储存"起来，当给棉罗拉4给棉时，偏心辊小半径转向棉层，棉层因输送距离缩短而被"释放"出来，从而补偿了因连续喂棉和钳板摆动引起的棉层长度变化，使棉层张力稳定。

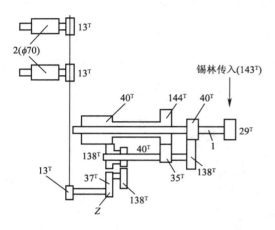

图2-43　FA269型精梳机承卷罗拉传动机构

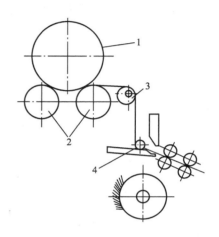

图2-44　棉层张力补偿装置

1—小卷　2—偏心张力辊　3—承卷罗拉　4—给棉罗拉

2. 给棉罗拉机构　新型精梳机均采用单给棉罗拉机构，与双给棉罗拉机构相比，对须丛的抬头、棉网的分离接合及精梳机高速运转有利。在新型精梳机上，有两种给棉方式：一种是钳板在前摆过程中给棉，称为前进给棉；另一种是后摆过程中给棉，称为后退给棉。

精梳机的给棉方式不同，给棉机构也就不同。前进给棉机构如图2-45所示，当板前进时，上钳板1逐渐开启，带动其上的棘爪3，将固装于给棉罗拉轴端的给棉棘轮4撑过一牙，使给棉罗拉转过一定角度产生给棉动作；当给棉罗拉随钳板后摆时，棘爪3在棘轮4上滑过，不产生给棉动作。

后退给棉机构如图2-46所示，当钳板后退时，上钳板1逐渐闭合，带动装于其上的棘爪3将固装于给棉罗拉轴端的给棉棘轮4撑过一牙，使给棉罗拉转过一定角度而产生给棉动作；当给棉罗拉随钳板前摆时，棘爪3

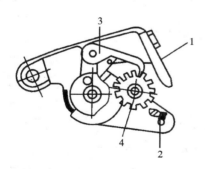

图2-45　前进给棉机构

1—上钳板　2—下钳板　3—棘爪　4—给棉棘轮

在棘轮 4 上滑过，不产生给棉动作。

3. 钳板摆动机构　钳板摆动机构由摆轴传动机构、摆动机构和上下钳板组成。FA266型精梳机钳板摆轴的传动机构如图 2-47 所示，在锡林轴 1 上固装有法兰盘 2，在离锡林轴中心 70mm 外装有滑套 3，钳板摆轴 5 上装有 L 形滑杆 4，滑杆的中心偏离钳板摆轴中心 38mm，且滑杆在滑套内。当锡林轴带动法兰盘转过一周时，通过滑套和滑杆使钳板摆轴来回摆动一次。FA266 型精梳机的钳板摆动机构如图 2-48 所示。

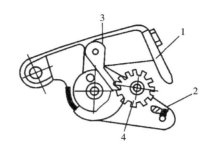

图 2-46　后退给棉机构

1—上钳板　2—下钳板　3—棘爪　4—给棉棘轮

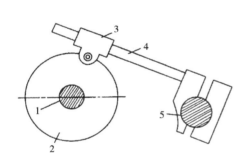

图 2-47　钳板摆轴的传动机构

1—锡林轴　2—法兰盘　3—滑套
4—滑杆　5—钳板摆轴

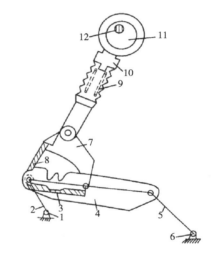

图 2-48　钳板摆动机构

1—锡林轴（摇架支点）　2—钳板前摆臂
3—下钳板　4—下钳板座　5—钳板后摆臂
6—钳板摆轴　7—上钳板架　8—上钳板
9—加压弹簧　10—导杆　11—偏心轮　12—张力轴

（二）锡林与顶梳

1. 锡林　锡林是精梳机的主要梳理机件。当上下钳板握持须丛的后部时，锡林针齿刺入须丛，由浅到深梳理须丛的前端。当钳板后退时须丛弯钩被清除，纤维平行伸直度明显提高。被锡林梳下的短纤维及杂质形成落棉。精梳锡林可分为植针式和锯齿式两大类。

FA251 型、A201 型精梳机采用梳针式锡林，国外还在开发整体梳针式锡林，如图 2-49

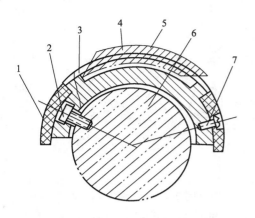

图 2-49　整体梳针式锡林

1—挡板　2—螺栓　3—术针扳　4—梳针
5—梳针板底座　6—锡林轴　7—螺钉

所示。

FA266 型精梳机采用锯齿锡林。锯齿锡林以金属锯齿代替梳针，无须植针，且强度高，使用寿命长，不嵌纤维，梳理作用强，梳理质量稳定。根据结构和装配方式不同，锯齿锡林可分为黏合式和嵌入式两种，如图 2-50 和图 2-51 所示。

2. 顶梳　当分离罗拉握持须丛的前端，顶梳刺入须丛中时，由于分离罗拉的顺转运动，须丛从顶梳中抽过；须丛中后弯钩纤维被顶梳梳理，纤维伸直平行，短绒、杂质和棉结等被顶梳阻留清除。

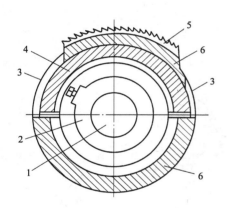

图 2-50　黏合式锯齿锡林

1—锡林轴　2—法兰　3—挡板
4—铁胎　5—锯条　6—弓形板

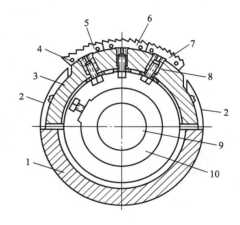

图 2-51　嵌入式锯齿锡林

1—弓形板　2—挡板　3—弧形基座　4—销轴　5—第一组齿片
6-第二组齿片　7—第三组齿片　8—嵌条　9—锡林轴　10—法兰

顶梳及梳针结构如图 2-52 所示，顶梳固装于上钳板上，由顶梳片与梳针组成，梳针焊接在顶梳片上，在顶梳片上部两端各有一只调节螺钉，用来调节顶梳的高低位置。顶梳片下部焊接梳针。梳针平面与顶梳片平面呈 6°倾角，便于梳针刺入须丛。顶梳梳针一般为扁针，顶梳植针密度一般为 26 根/10cm，植针高度一般为 5.6mm。

顶梳传动机构如图 2-53 所示，顶梳 4 由钳板摆轴 6 通过一套四连杆机构传动，当钳板轴摆动时，带动连杆机构 5 运动，连杆机构带动顶梳轴 1 摆动，则固装在顶梳轴上的顶梳摆臂 3 随之摆动，顶梳 4 也跟着一起摆动。由于顶梳和钳板都由钳板轴 7 传动，故两摆臂 3 随之摆动，于是，顶梳 4 也跟着一起摆动，两者做同步运动。

（三）分离接合机构

分离接合机构由分离罗拉、分离胶辊及其传动机构组成，其作用是在每一工作循环中，把锡林、顶梳梳理过的纤维从须丛中分离出来，并与前一工作循环形成的纤维网接合在一起，然后输出一定长度的棉网。为了实现新、旧纤维丛的分离、接合和输出棉网，在一个工作循环中，分离罗拉、分离胶辊不仅要正转、倒转，在锡林梳理阶段还要保持基本静止，而且顺转（正转）量要大于

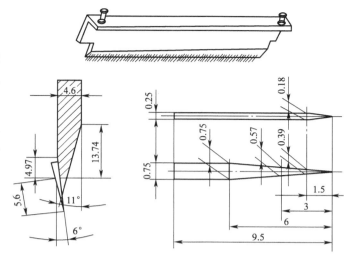

图 2-52　顶梳及梳针结构

倒转量，以保证有效输出棉网。分离罗拉运动规律由动力分配轴的恒速与连杆机构（或共轭凸轮滑块机构）产生的变速通过差动行星轮系合成。

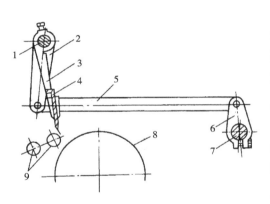

图 2-53　顶梳传动机构

1—顶梳轴　2—摆杆　3—顶梳摆臂

4—顶梳　5—连杆　6—钳板摆轴

7—钳板轴　8—锡林　9—分离罗拉

1. 分离罗拉传动机构　FA266 型精梳机的分离罗拉传动机构由平面双曲柄多连杆机构和外差动轮系组成。分离罗拉的恒速部分由锡林轴经 15^T、56^T 传动差动臂齿轮 95^T，如图 2-54（a）所示。

变速部分由平面双曲柄多连杆传动机构产生，如图 2-54（b）所示，偏心轴活套在动力配轴上，固定于墙板上静止不动；固装于锡林轴 O 上的 143^T 齿轮受动力分配轴上的 29^T 齿传动作恒速旋转。偏心轮活套在偏心轴上，而旋转体活套在偏心轮上；连杆 AB 的 A 端联结于 143^T 齿轮上偏离其中心 77mm 的 A 点，B 端联结偏心轮的 B 点；因此，143^T 齿轮恒速旋转时，通过连杆 AB，带着偏心轮在偏心轴与旋转体之间绕偏心

轴做旋转运动。由于偏心轮、旋转体的中心合一，则旋转体中心的运动规律相当于将 143^T 齿轮、偏心轴、偏心轮组合简化成一个绕偏心轴中心 O_1 旋转，其旋转半径为 O_1C 的曲柄，C 端为旋转体的中心。这样，摆杆 O_2D、曲柄 O_1C、差动摆臂 O_3F、连杆 EF 及连杆 ECD 组成一个双曲柄六连杆机构。随着摆杆 O_2D 的摆动与曲柄 O_1C 的旋转，通过压连杆 CED 与 EF，产生一个推动差动连杆 O_3F 绕 O_3 摆动运动的变速。

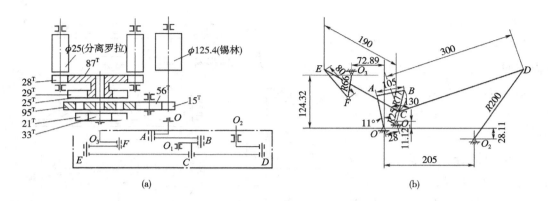

图2-54　FA266型精梳机的分离罗拉传动机构

差动行星轮系将差动臂齿轮95^{T}获取的恒速与差动摆管O_3F获取的变速合成一个变速，由分离罗拉传动齿轮输出。最终分离罗拉按"倒转—顺转—基本静止"的规律运动；一钳次中，分离罗拉的顺转量大于倒转量，顺转量与倒转量的差值称为有效输出长度。

2. 分离罗拉接合机构　图2-55所示为A201型精梳机分离接合传动机构。恒速部分由动力分配轴2通过固装在其上的偏心轮传给差动轮系。变速部分动力源为曲柄齿轮8、摆杆10、三角连杆5、曲柄齿轮组成一个四连杆机构，当曲柄齿轮旋转时，带动三角连杆绕曲柄齿轮中心旋转，这样三角连杆上的P通过PQ带动差动摆臂QH摆动，并经过与差动摆臂固装在一起的差动齿轮13将变速传入差动轮系。差动轮系将恒速与变速合成变速经分离齿轮14、分离罗拉齿轮15传给分离罗拉。

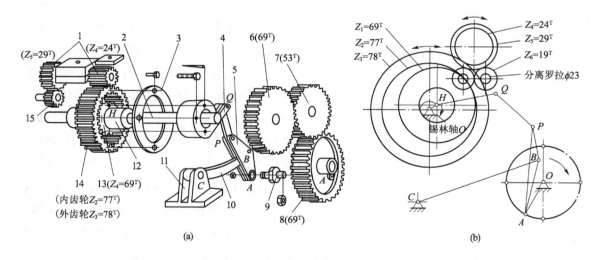

图2-55　A201型精梳机分离接合传动机构

1—分离罗拉传动齿轮　2—动力分配轴　3—挡油圈　4—连杆　5—三角连杆
6—曲柄传动齿轮　7—曲柄借轮　8—曲柄齿轮　9—曲柄轴　10—摆杆
11—摆杆托脚　12—偏心轮　13—差动齿轮　14—分离齿轮　15—分离罗拉齿轮

（四）输出落棉机构

1. 车面输出机构　图 2-56 所示为 FA261 型精梳机的车面输出机构。由分离罗拉 6 输出的棉网经过一段松弛区（导棉板 5）后由输出罗拉 4 喂入喇叭口 3 聚拢成棉条，经压辊 2 压紧后绕过导条钉 1 转 90°棉条并排进入牵伸机构。牵伸机构位于与水平面呈 60°夹角的斜面上，棉条由输送帘送入牵伸装置。

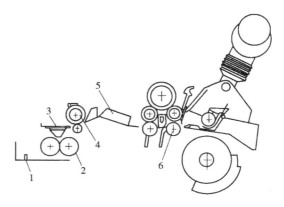

图 2-56　车面输出机构

1—导条钉　2—压辊　3—喂入喇叭口
4—输出罗拉　5—导棉板　6—分离罗拉

2. 牵伸机构　FA266 型精梳机采用倾斜布置的三上五下牵伸形式，如图 2-57 所示。直径为 50mm 的中、后胶辊分别骑跨在两个直径为 27mm 的罗拉上，使后牵伸区与主牵伸区均为曲线牵伸，加强了对牵伸区纤维运动的控制。后区牵伸倍数为 1.14～1.50，前区牵伸倍数为 7.89～10.66，总牵伸倍数为 9～16。

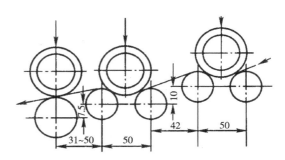

图 2-57　三上五下牵伸装置

3. 圈条机构　FA266 型精梳机采用单筒单圈条。随着精梳机产量的提高，条筒规格较大，为 ϕ600mm×1200mm，且配有自动增容装置和自动换筒装置，其容量可增加 15%～20%。

4. 落棉排除机构　FA266 型精梳机落棉经毛刷刷下，经气流作用由管道输送，集体排除落棉。有的精梳机采用单独落棉机构，它是由毛刷、风斗、尘笼、卷杂辊、车头风机、尘箱、三角气流板、小铁辊及传动机构组成，如图 2-58 所示。锡林针齿上的落棉经毛刷清洁面下落，经尘笼吸风作用凝聚在尘笼表面，并随其旋转面带出，转移卷绕在卷杂辊上。

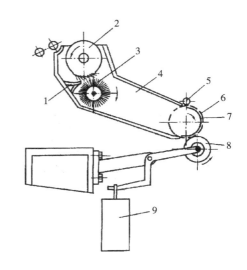

图 2-58　落棉排除机构

1—三角气流板　2—锡林　3—毛刷　4—风斗
5—小铁辊　6—尘笼　7—尘笼内胆　8—卷杂辊　9—重锤

第五节　并条机

生条的纤维经过初步定向、伸直，具备纱条的初步形态，但是不匀率很大，且生条内纤维排列紊乱，大部分纤维成弯钩状态。如果直接用生条纺纱，成纱的重量偏差及重量不匀率难以控制，细纱质量差。因此，需将梳棉生条并合，改善条干均匀度及纤维状态。并条工序的主要任务如下。

（1）并合。将6~8根棉条并合喂入并条机，制成一根棉条，由于各根棉条的粗段、细段有机会相互重合，并合后棉条集合体的均匀度不论是短片段或长片段均会得到改善。生条的重量不匀率约为4.0%，经过并合后熟条的重量不匀率应降到1%以下。

（2）牵伸。将条子抽长拉细到原来的程度，同时经过牵伸改善纤维的状态，使弯钩及卷曲纤维得以进一步伸直平行，使小棉束进一步分离为单纤维。经过改变牵伸倍数，有效地控制熟条的定量，以保证纺出细纱的重量偏差和重量不匀率符合国家标准。

（3）混合。用反复并合的方法进一步实现单纤维的混合，保证条子的混棉成分均匀，稳定成纱质量。由于各种纤维的染色性能不同，采用不同纤维制成的条子，在并条机上并合，可以使各种纤维充分混合，这是保证成纱横截面上纤维较均匀混合，防止染色后产生色差的有效手段，尤其是在化纤与棉混纺时尤为重要。

（4）成条。将并条机制成的棉条有规则地圈放在棉条筒内，以便搬运存放，供下道工序使用。

一、并条机的工艺流程

并条机由喂入、牵伸和成形卷绕三部分组成，图2-59为并条机的示意图。共有六根或八

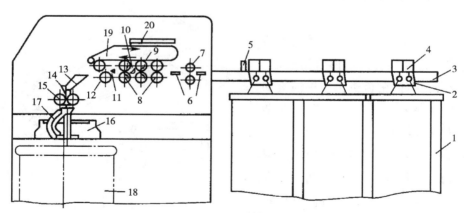

图 2-59　并条机示意图

1—喂入棉条筒　2—导条板　3—导条罗拉　4—导条压辊　5—导条柱　6—导条块　7—给棉罗拉
8—下罗拉　9—皮辊　10—压力棒　11—集束器　12—集束罗拉　13—弧形导管　14—喇叭头
15—紧压罗拉　16—圈条盘　17—圈条斜管　18—输出棉条筒　19—回转绒套　20—清洁梳

根纤维条经导条罗拉 3 和导条压辊 4 牵引,从喂入棉条筒 1 中引出,转过 90° 后在导条台上并列向前输送,由给棉罗拉 7 汇集喂入牵伸装置。牵伸装置由三列下罗拉 8、三根皮辊 9 及一根压力棒 10 组成。为了防止纤维扩散,牵伸后的纤维网经集束器 11 初步收拢后由集束罗拉 12 输出,再经一定口径的喇叭头 14 汇集成条,被紧压罗拉 15 压紧后,由圈条器 16 将纤维条有规律地圈放在机前的条筒 18 内。

二、并条机的主要机构

(一) 喂入机构

并条机的喂入机构如图 2-60 所示,一般由分条叉 1、导条辊 2、弧形导架和导条板组成。分条叉引导棉条有秩序地进入导条辊,防止棉条自棉条筒中引出后纠缠成结。导条辊的作用是把棉条从棉条筒内引出、减少意外牵伸。在导条辊到后罗拉之间有微小的张力牵伸,可使棉条在未进入牵伸机构前保持伸直状态。弧形导架的作用是使高位移动的棉条换向,并按一定的排列次序经导条板进入牵伸机构。

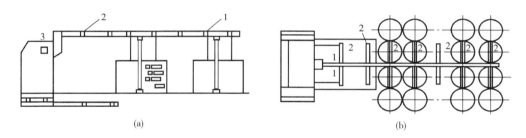

(a)   (b)

图 2-60 并条机喂入机构

1—分条叉 2—导条辊 3—光电管

(二) 牵伸机构

并条机的牵伸一般由罗拉牵伸装置完成。牵伸机构主要由罗拉、胶辊和加压机构组成。目前,并条机的牵伸形式均为曲线牵伸。曲线牵伸有三上四下、三上五下、四上五下、五上四下、四上三下、五上三下和压力棒牵伸等形式。

图 2-61 所示为三上三下压力棒加导向上罗拉牵伸机构。棉条先经过后区预牵伸,然后进入前区进行牵伸,前区为主牵伸区。压力棒为一根不回转的扇形金属棒,铣扁后放置在罗拉滑座内,在主牵伸区内形成附加摩擦力界,以加强对慢速纤

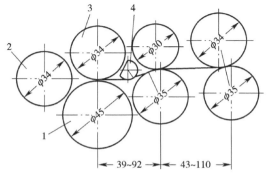

图 2-61 三上三下压力棒加导向上罗拉的牵伸机构

1—上罗拉 2—导向辊 3—前胶辊 4—压力棒

维的控制。前罗拉上方的第一根胶辊将棉网转向送入集束器集合成束状后，送入喇叭头和压辊。

1. 罗拉　罗拉是牵伸机构的重要部件，通常由钢质下罗拉与上罗拉（一般是胶辊）组成牵伸的握持钳口。为了增强握持作用，减少胶辊在罗拉上的滑溜，罗拉表面开有沟槽，如图2-62所示。罗拉是若干短节由螺纹结合而成，由导孔、导柱控制同轴度。螺纹的旋向与罗拉回转方向相反，使罗拉在回转过程中有自紧作用。下罗拉由齿轮积极传动，罗拉与罗拉座的接触部分采用滚针轴承，设有油嘴，以便定期加油。

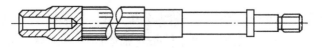

图2-62　并条机罗拉

2. 胶辊　胶辊是上罗拉的一种，胶辊一般由胶辊铁壳、弹性包覆物以及胶辊轴芯和滚针轴承组成。在胶辊轴芯外的铁壳上紧套着弹性包覆物（一般采用丁腈橡胶），胶辊轴芯的两端各自插入装有滚针轴承的轴承套内，轴承套装入罗拉轴承座的孔内，承受压力的作用。胶辊要有一定的弹性和硬度，还应耐磨损、耐老化、圆整度好，并且表面要"光、滑、燥、爽"，还应具有一定的吸湿、放湿及抗静电性能，以防止牵伸时产生绕胶辊现象。为此，需定期对胶辊表面进行磨砺和化学处理。

3. 集合器　集合器的作用是收拢须条的宽度，增进边纤维与须条的凝聚力，减少飞花和牵伸过程中纤维绕罗拉或皮辊的现象，以减少由此引起的纱疵。集合器常用于棉纺中，其开口宽度应与条子定量相适应，且安装位置应正确，不妨碍纤维的正常运动。

4. 加压机构　胶辊和罗拉组成的钳口必须对纤维有足够的握持能力，才能克服纤维间的摩擦阻力，从而使纤维间发生相对位移而形成牵伸。这种握持力是依靠对胶辊的加压而获得的。

并条机上采用的加压方式有重锤加压、弹簧摇架加压和气动摇架加压三种。目前，弹簧摇架加压和气动摇架加压两种方式较为常用。

（1）弹簧摇架加压。并条机的弹簧摇架加压机构如图2-63所示。卸压时将加压手柄2向前扳动，到加压钩3脱离加压轴1时，整个摇架自动向上抬起，并在碟形簧的作用下，使摇架臂停留在空中任意位置。加压时，将摇架轻轻压下，使加压钩3钩在加压轴1上，并将加压手柄2压下即可。

（2）气动摇架加压。气动摇架加压是利用压缩空气的压力，通过稳压弹性气囊和一套传递机构对胶辊施加压力的一种新型加压形式。优点是加压准确而稳定，不易疲劳，压力调节、加压和卸压的操作可由供气系统直接控制，简单方便。

（三）成形机构

成形机构是将集束器吐出的束状须条进一步凝聚成条，并有次序地盘入棉条筒中，便于下一工序继续加工。成形机构包括集束器、喇叭头、紧压罗拉、圈条装置、棉条筒以及条筒底盘等。并条机圈条装置与梳棉机圈条装置外形大体相同，如图2-63所示。

在高速并条机上，牵伸区内纤维运动速度快，纤维间的黏着力小，一些短纤维容易散失形成飞花，积聚的飞花很容易飞入纤维网或须条中造成绒板花等纱疵，影响产品质量。因此，普遍采用自动清洁装置，一般有摩擦式集体吸风自动清洁系统和回转绒布套与真空吸风清洁系统两种形式。

FA302型并条机摩擦式集体吸风自动清洁装置如图2-64所示。丁腈胶圈装在金属棒上组成揩拭器，

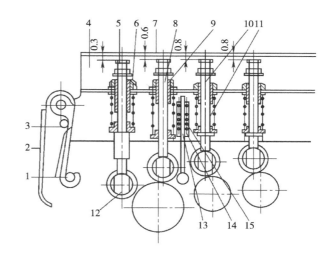

图2-63 弹簧摇架加压机构
1—加压轴 2—加压手柄 3—加压钩 4—摇架
5—自停螺钉 6—导向套 7—自停臂 8—加压轴
9—导向套螺母 10—垫圈 11—加压弹簧 12—胶辊轴承
13—压力棒加压轴 14—压力棒加压套 15—压力棒加压簧

紧贴于皮辊上方和罗拉下方作周期性摆动，使揩拭器在皮辊、罗拉表面上间歇地摩擦清除飞花、尘埃，同时集体吸风罩内的气流将飞花、尘埃吸走。

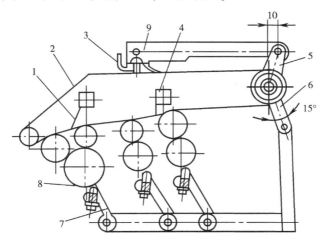

图2-64 FA302型并条机摩擦式集体吸风自动清洁装置
1—清洁绒布压板 2—绒布 3—栉梳 4—清洁绒布压板 5—栉梳摆臂
6—下清洁摆杆 7—下清洁摆臂 8—皮圈 9—栉梳固定板

回转绒布套和真空吸风清洁系统是用一圈绒布套紧贴于皮辊上部表面作间歇回转，擦拭

皮辊上的飞花、短绒和尘埃，在绒布套上固定有一套往复运动的清洁梳片，刮取积聚在绒布上的短绒、杂质，并由内吸风管吸入滤尘箱。下罗拉仍采用丁腈胶圈揩拭器进行清洁，并由下吸风管吸走短绒、杂质。

（四）自调匀整装置

自调匀整的控制可分为开环、闭环和混合环三种形式。开环系统属针对性匀整，适合短片段不匀；闭环系统适合长片段不匀；混合环系统能兼顾长短片段不匀，但机构复杂，制造精度要求很高。并条工序对控制成纱重量不匀和重量偏差指标有非常重要的把关作用，对匀整的针对性具有较高的要求。从目前的情况看，在并条机上具有良好作用的自调匀整大都属开环系统，只要其主要工艺参数（如延迟时间）设置合理，匀整效果会十分理想。

短片段自调匀整装置采用了传感器技术、计算机技术、交流伺服系统等先进的技术，是高度机电一体化的产品。该装置由检测机构、控制部件、功率驱动部件、伺服电动机、差速齿轮箱、速度传感器、人机界面和 FP 传感器等组成。自调匀整系统一般由凸凹罗拉连续检测喂入条厚度，喂入条厚度的变化使凸罗拉产生位移，位移传感器将位移转换成电信号，然后输入计算机，经计算机运算后，控制伺服电动机的转速，再通过差速齿轮箱调节牵伸倍数，达到匀整目的。图 2-65 所示为 USC 型自调匀整装置。

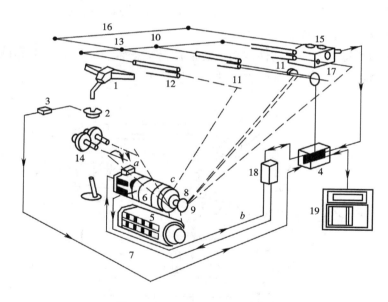

图 2-65　USC 型自调匀整装置

1—集速器　2—监测器（FP）　3—预放大器　4—电子部分　5—主电动机　6—控制传动机构　7—电动机电流
8—衡速　9—变速　10—后牵伸（常值）　11—喂入罗拉（变速）　12—输出罗拉（常速）　13—主牵伸（变值）
14—压辊（常速）　15—凸凹检测罗拉　16—延迟距离　17—测速传感器　18—电源部分　19—计算机

第六节　粗纱机

由熟条纺制成细纱，约需 150 倍的牵伸，而目前传统细纱机尚未达到采用熟条直接成纱的要求，所以在并条工序与细纱工序之间需要粗纱工序来承担纺纱过程中的一部分牵伸，以减轻细纱机的牵伸负担。

粗纱工序任务为牵伸、加捻、卷绕成形。根据粗纱机的机构和作用，全机可分为喂入、牵伸、加捻、卷绕成形等部分。悬锭式粗纱机的工艺过程如图 2-66 所示。

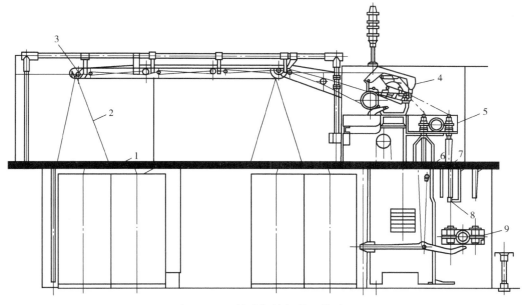

图 2-66　悬锭式粗纱机的工艺过程

1—条筒　2—熟条　3—导条辊　4—牵伸装置　5—固定龙筋　6—锭翼　7—锭子　8—压掌　9—升降龙筋

一、喂入和牵伸机构

（一）喂入机构

粗纱机均采用多列（3~6）导条辊高架喂入方式，喂入机构的作用是从棉条筒中引出熟条，并有规则地送到牵伸机构，喂入机构如图 2-67 所示。

1. 分条器和导条辊　分条器一般由铝或胶木制成，其作用是隔离棉条，防止相互纠缠。导条辊的表面速度略慢于后罗拉的表面速度，使棉条在输送中不致松垂。

2. 导条喇叭（后区集合器）　导条喇叭的作用是正确引导棉条进入牵伸装置，使棉条经过整理和压缩后，以扁平形截面且横向压力分布均匀地喂入后钳口。导条喇叭用胶木或尼龙等材料制成，应按喂入熟条定量的轻重适当选用。

（二）牵伸机构

1. 牵伸形式　棉纺粗纱机牵伸机构有三上四下曲线牵伸、双短皮圈牵伸和长短皮圈牵伸等形式。新机型普遍采用皮圈牵伸装置，如图2-68所示。

三罗拉双短皮圈牵伸由三对罗拉组成两个牵伸区，在主牵伸区设置有上、下短皮圈，上、下销，隔距块，集合器等附加元件以加强对纤维运动的控制。后牵伸区为简单罗拉牵伸或V形牵伸，起到预牵伸的作用，为前区牵伸做好准备。

四罗拉双短皮圈牵伸装置是在三罗拉双短皮圈牵伸形式的基础上，在前方加一对集束罗拉，与前罗拉构成一个整理区，将主牵伸区的集合器移到整理区，使牵伸与集束分开，实现牵伸区不集束，集束区不牵伸。

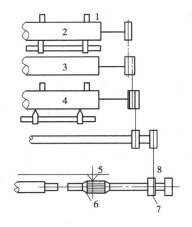

图 2-67　粗纱机的喂入机构

1—分条器　2—后导条辊　3—中导条辊
4—前导条辊　5—导条喇叭　6—后罗拉
7—链轮　8—链条

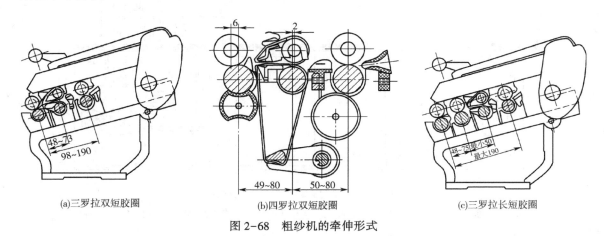

(a)三罗拉双短胶圈　　(b)四罗拉双短胶圈　　(c)三罗拉长短胶圈

图 2-68　粗纱机的牵伸形式

在双短皮圈机构中，由于各种累计误差使下皮圈过松或过紧，且在皮圈传动中，上、下皮圈工作边为松边，而牵伸过程中过松的皮圈易使工作面中凹，从而影响皮圈中部对纤维的控制力，造成突发性粗纱条干不匀和纱疵。

2. 加压装置　加压装置的作用是产生罗拉钳口压力，使它能有力握持纤维和控制纤维运动。粗纱机加压机构有弹簧摇架式、气压摇架式、重锤杠杆式等形式。现在大多采用弹簧摇架式或气压摇架式。

二、加捻机构

粗纱机的加捻机件是锭翼，根据锭翼的设置形式不同可分为悬吊式（吊锭）、竖式（托锭）和封闭式三类。

　　目前，粗纱机多采用悬吊式加捻机构，如图2-69所示，悬吊式加捻机构为粗纱机实现落纱自动化和生产连续化创造了条件。

　　如图2-70所示，竖式锭翼在落纱时需将锭翼拔出，费时费力，且易损坏锭翼，难以实现自动落纱，并限制了粗纱机技术性能的提高，已被悬吊式加捻机构所代替。

　　悬吊式加捻机构与竖锭式加捻机构的锭翼两臂皆为开式，当锭翼回转时，两臂因离心力而产生的弹性变形使下端张开，使锭翼的径向实际尺寸变大。另外，开式锭翼限制了粗纱卷装的尺寸增大，所以国外一些粗纱机上采用两端支撑的封闭式加捻机构。这种加捻机构的锭翼双臂封闭，顶部和底部均有轴承支撑，其传动有两种形式，一种是锭翼的传动轴在锭翼的上方，另一种是锭翼的传动轴在锭翼的下方。封闭式加捻机构取消了笨重的龙筋升降机构，且在高速时锭翼的变形量极小，运行平稳，特别适合高速大卷装。封闭式加捻机构如图2-71所示。

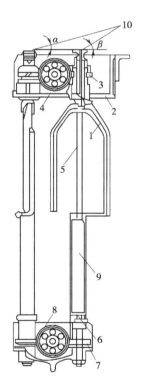

图2-69　悬吊式加捻机构

1—锭翼　2—固定龙筋

3—螺旋齿轮　4—长轴齿轮

5—锭杆　6—下部支撑

7—筒管齿轮　8—长轴齿轮

9—筒管　10—须条

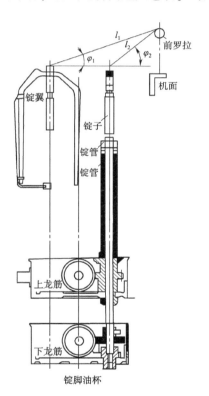

图2-70　竖锭式加捻机构

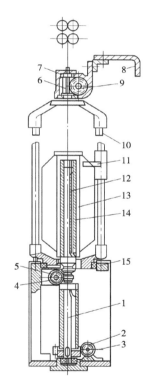

图2-71　封闭式加捻机构

1—导向轴　2，5，6—螺旋齿轮

3，4，9—传动轴　7—锭翼罩

8—导轨　10—锭翼　11—压掌

12—键　13—纱管

14—锭套筒　15—轴承座

新型棉纺粗纱机设置了高效假捻器，利用假捻的方法来增加前罗拉钳口至假捻点之间粗纱的强力，缩小无捻三角区，防止和减少粗纱纺纱段的意外伸长，提高粗纱质量。

三、卷绕机构

（一）卷绕传动系统

粗纱卷绕成形系统主要分为单电动机、三电动机、四电动机驱动等形式。单电动机驱动应用于传统粗纱机，主要由变速机构、差动装置、摆动装置、升降和换向装置以及成形装置等共同来实现。各机构间的内在联系如图 2-72 所示，代表机型有 A456 型、FA401 型、FA423 型、EJ521 型等粗纱机。

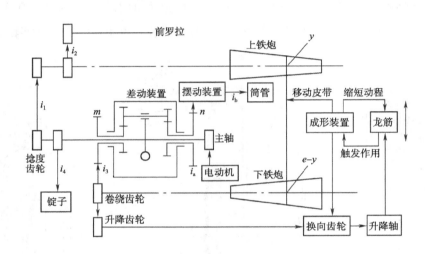

图 2-72　粗纱机传动图解

1. 变速装置　粗纱机变速机构的作用是传动筒管卷绕回转和龙筋升降运动，这两种运动的速度都共同随卷绕直径的增加而逐层递减。在传统粗纱机上采用一对锥轮（铁炮）作变速机构。筒管每绕完一层纱，锥轮皮带受成形装置棘轮的传动，向主动轮小头（或被动轮大头）方向移动一小段距离，使下锥轮转速变低，从而使筒管的卷绕转速和龙筋的升降速度都相应地降低，以满足工艺要求。锥轮按外廓形状分有曲线锥轮和直线锥轮两种。国外有一些粗纱机采用齿链式无级变速器（简称 PIV）作变速机构，如图 2-73 所示，调速规律由成形凸轮决定。

2. 差动装置　差动装置由首轮、末轮和臂等机件组成，装在粗纱机的主轴上，其主作用是将主轴的恒转速和变速机构传来的变转速合成后，通过摆动装置传向筒管，完成卷绕作用。

根据差动装置臂的传动方式，可分为臂由变速机构传动（Ⅰ型）、臂由主轴传动（Ⅱ型）和臂传动筒管（Ⅲ型）三种类型，如图 2-74 所示。图中 n_0 是主轴转速，n_y 是差动机构的变速件转速，n_z 是差动机构的输出件转速，n_H 是臂的转速。

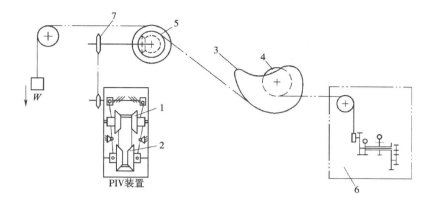

图 2-73 齿链式无级变速机构（PIV）

1—输入轴 2—输出轴 3—成形凸轮 4—链轮 5—钢丝绳轮 6—成形装置 7—调速轮

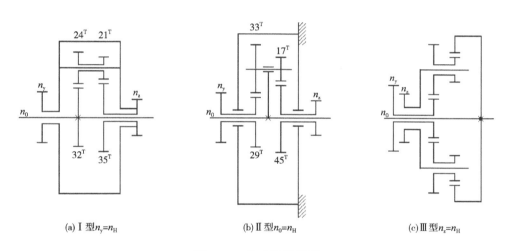

(a) Ⅰ型 $n_y=n_H$ (b) Ⅱ型 $n_0=n_H$ (c) Ⅲ型 $n_z=n_H$

图 2-74 差动装置类型

3. 摆动装置 摆动装置位于差动装置输出合成速度齿轮和筒管轴端齿轮之间，其作用是将差动装置输出的合成速度传递给筒管。新型粗纱机上则位于卷绕变速传动齿轮与筒管轴端齿轮之间，将变频器输出的变速传至筒管。筒管既要做回转运动，又要随升降龙筋上下移动，因而这套传动机构的输出端也必须随升降龙筋的升降而摆动。

传统粗纱机的摆动装置采用齿轮式或链轮式，由于龙筋升降运动会带给筒管一个附加转速，因此会影响筒管卷绕转速的正确性。新式粗纱机普遍采用万向联轴节式摆动机构，如图 2-75 所示。

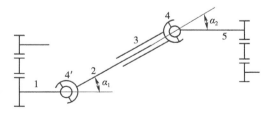

图 2-75 万向联轴节式摆动装置

1—输出轴 2—花键轴 3—花键套筒

4，4′—万向十字头 5—输入轴

4. 升降和换向装置 升降装置是将变速装置的输出转动转换为龙筋和筒管的升降移动，为了满足龙筋改变运动方向的要求，在升降传动系统中还设有换向装置。升降装置一般有链条式和齿条式两种，齿条式升降装置如图2-76所示，这种结构的优点是安装后不易走动，传动比正确，缺点是龙筋的升降动程和卷装高度受到一定限制。链条式升降装置如图2-77所示，链条式通过龙筋势能和重锤势能相互转换，使龙筋升降运动平稳，并减轻升降功率消耗。换向装置由一对换向齿轮组成，不同机型的换向齿轮设置不同，FA425型粗纱机的换向装置如图2-78所示。

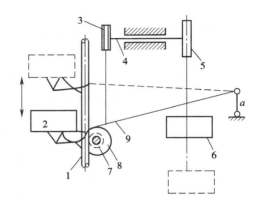

图 2-76　齿条式升降装置

1—升降齿条　2—升降龙筋　3—升降链轮

4—平衡轴　5—平衡链轮　6—平衡重锤

7—升降轴　8—齿轮　9—升降杠杆

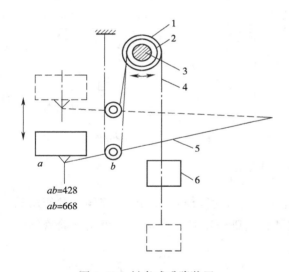

图 2-77　链条式升降装置

1—重锤链轮　2—升降链轮　3—平衡轴

4—链条　5—升降杆　6—平衡重锤

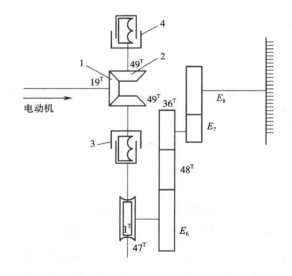

图 2-78　FA425型粗纱机的换向装置

1—齿轮　2—换向齿轮　3，4—离合器

5. 成形装置 成形装置是一种自动控制装置，种类较多，有压簧式、摇架式、机电结合式等。机电结合式成形装置如图2-79所示，完成锥轮皮带移位、上龙筋换向、升降动程缩短三个动作。龙筋升降动程缩短、锥轮皮带移位是由机械动作完成的，而改变龙筋升降方向则由机械和电气动作来完成。

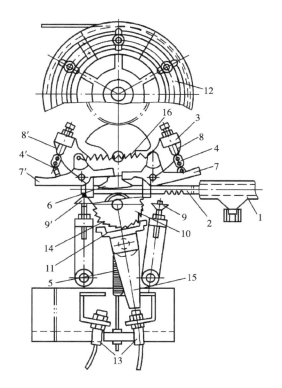

图 2-79　机电结合式成形装置

1—圆齿杆座　2—圆齿杆　3—上摇架　4, 4′—链条

5, 14, 20—拉簧　6—下摇架　7, 7′—鸟形掣子

8, 8′—调节螺钉　9, 9′—重锤　10—皮带叉　11—成形掣子

12—棘轮　13—撞头　15—齿轮　16—钢丝绳轮

（三）新型成形机构

　　三电机的粗纱机卷绕传动系统中取消了锥轮及其三自动装置以及成形、张力微调、卷绕密度变换、捻度变换等机械装置。整机采用三台变频电动机驱动，保留了差速箱和换向机构，代表机型有 FA425 型，如图 2-81 所示。

　　四电机传动系统采用 PLC 及工业计算机，通过变频、伺服系统控制多台电动机分别传动锭翼、罗拉、卷绕部分和龙筋，以代替原有的传动系统，代表机型有 FA468 型、FA491 型，如图 2-82 所示。

（二）辅助装置

　　1. 张力微调装置　粗纱张力来源于纺纱过程中纱与锭翼的摩擦和卷绕转速的变异等。张力微调装置的形式有偏心齿轮式、差动靠模板式、补偿轨式以及圆盘式等，但其作用原理都是在锥轮皮带的原有移动量基础上进行调节和补偿，从而使大、中、小纱的张力在一个落纱时间内基本一致。

　　2. 防细节装置　在实际生产中，为使粗纱具有一定的卷绕密度，实际卷绕速度一般大于前罗拉的输出速度，但这种速度差很小。当停机时，由于纱管的惯性大于牵伸罗拉，所以在前罗拉至锭翼间的这段纱条，因张力增大伸长变细，形成关车细节，严重时甚至断裂。为了防止关车细节的产生，粗纱机上均备有防细节装置，如图 2-80 所示。

　　3. 满纱自动控制装置　为了提高粗纱机的自动化，便于粗纱落纱、生头操作和粗纱成形良好，粗纱机还设有满纱自动控制装置，该装置完成满纱定长、龙筋定向、定位自停、下锥轮抬起、皮带回返以及下锥轮落下五项工作。

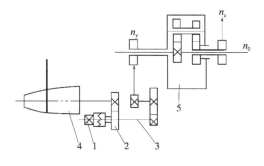

图 2-80　粗纱机防细节装置

1—电磁离合器　2—齿轮　3—传动轴

4—下锥轮　5—差动装置

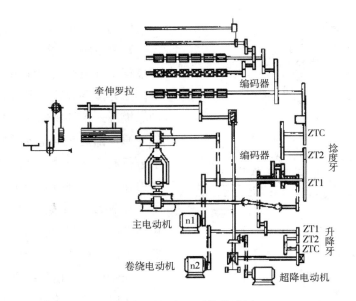

图 2-81　三电机系统传动图

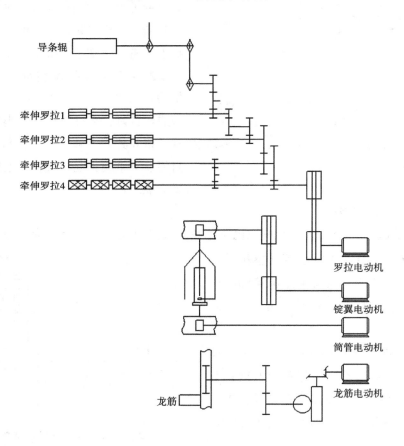

图 2-82　四电机系统传动图

　　龙筋升降采用齿轮齿条式（图2-83），由车中间部位的升降电动机带动减速器传至升降轴，通过齿轮齿条副带动龙筋做升降运动，其换向由计算机发出信号，控制升降电动机反向旋转。

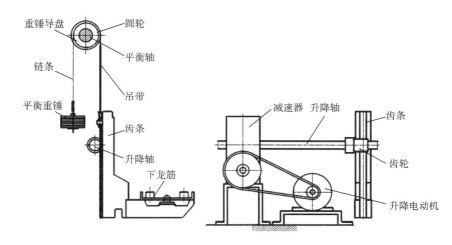

图 2-83　齿轮齿条式升降平衡装置

第七节　细纱机

　　细纱工序是纺织厂的一个重要工序，通常纺纱厂的规模就是以这个工序拥有细纱机的总锭数来表示的。在一般的纺纱工艺流程中，细纱工序前有开清棉、梳棉、并条、粗纱工序，后有络筒、并纱、捻线……成包等工序，这些工序对应的设备的配备，都是根据细纱机产量来决定的。细纱机产量的高低、产品质量的好坏，是纺纱厂生产技术管理优劣的综合表现。细纱机的工艺作用就是把粗纱纺成细纱，必须起到下列作用：牵伸、加捻、卷绕成形。

一、喂入和牵伸机构

（一）喂入机构

　　喂入机构主要包括粗纱架、筒管支持器和横动装置等。喂入机构用来排放和支持粗纱架，传统上采用双层四列粗纱放置法，但要求纱卷装直径小于细纱机锭距的两倍。采用双层六列粗纱放置法。

　　筒管支持器是粗纱从粗纱卷装上退出时，纱管应能灵活轻松地跟着回转，否则粗纱将产生附加捻回或断掉。在旧型机上普遍采用上支下托式塑料支持器，其转动灵活，但易磨损和轧煞。在新型机上采用吊锭器，如图2-84所示。

　　横动装置是在粗纱喂入牵伸装置时，使粗纱在一定范围内缓慢连续地往复横向移动，将喂入点的位置不断改变，分散了磨损部位，使罗拉表面磨损均匀，防止因磨损集中而形成凹槽后，削弱罗拉对纤维的握持控制能力。

（二）牵伸机构

1. 牵伸装置

（1）双胶圈牵伸装置。现在细纱机普遍采用三罗拉双胶圈牵伸装置，根据下胶圈长度分成双短胶圈牵伸装置、长短胶圈牵伸装置，如图2-85所示。

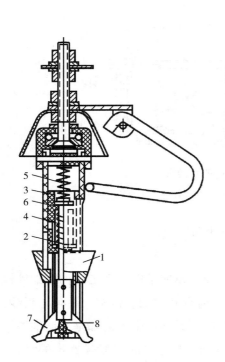

图2-84　吊锭器

1—滑盘　2—撑牙圈　3—转位齿圈　4—芯杆
5—弹簧　6—圆管外壳　7—撑爪　8—圆销

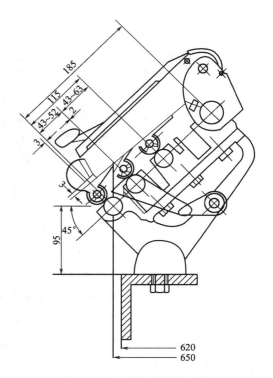

图2-85　长短胶圈牵伸装置

（2）V型牵伸装置。V形牵伸是一种先进的牵伸形式，能有效提高成纱质量。其特点是：将后牵伸区与主牵伸区位于同一平面改为后罗拉中心高于主牵伸区平面12.5mm，将中、后下罗拉隔距缩小，后上罗拉沿后下罗拉后移，后上、下罗拉中心连线与主牵伸平面成25°或28°夹角，导纱喇叭的位置与后上罗拉的特殊位置相适应，这样增加了粗纱与后下罗拉和中上罗拉的接触，从而提高后区牵伸倍数（可达2倍），同时纱条以较高的紧密度呈V形喂入主牵伸区，总牵伸倍数较传统牵伸大，故称这种牵伸为V形牵伸装置。

（3）牵伸罗拉。罗拉是牵伸装置的重要零件，它和上罗拉（胶辊）组成罗拉钳口，共同握持须条，利用前后罗拉的表面速度不同进行牵伸。罗拉的加工质量如表面粗糙度、罗拉的偏心和弯曲会对产品质量产生影响。

（4）上罗拉。上罗拉即胶辊或传动上胶圈的罗拉，由芯轴、滚动轴承和外壳组成，如图 2-86 所示。

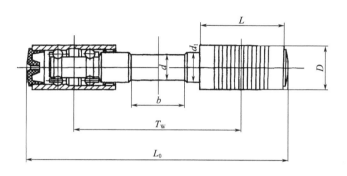

图 2-86　SL1 滚动轴承上罗拉

（5）胶圈。胶圈的工艺性能与纺纱质量密切相关。在纺纱过程中，上、下胶圈要回转灵活、有弹性，能相互组成强控制的钳口。细纱机一般都采用丁腈胶圈，在结构上由三层组合而成。

（6）罗拉座。牵伸机构的工作件如罗拉、摇架、齿轮等都安装在罗拉座上。中、后罗拉轴承座做成滑块形式，用螺钉固定在罗拉座的滑座部分，以满足罗拉中心距的调节需要。前、中、后三列罗拉呈倾斜配置，对水平面的倾角为 α。

2. 加压装置　加压装置的作用是对上罗拉加压，使上罗拉随下罗拉一起回转，两者共同组成的钳口能有效握持纤维进行牵伸。加压力的大小与牵伸形式、牵伸倍数、罗拉隔距、喂入须条定量、纤维种类等有关。

3. 牵伸传动　牵伸传动是环锭细纱机的心脏，牵伸传动机构既要满足工艺要求，也要考虑机械设计、加工条件与车头空间位置相适应，还要考虑日常生产调整、维护、保养方便。传统传动路线形式主要有：前罗拉→中罗拉→后罗拉，前罗拉→后罗拉→中罗拉，前罗拉→中间轴 →中罗拉/后罗拉，如图 2-87 所示。

如图 2-87 可知，这三种传动形式都各有设计特点，但从工艺角度来看，后两种传动路线较合理，为纺织机械制造厂普遍采用。目前，第三种传动路线已成为主流。

现代环锭细纱机的牵伸传动已与主传动分离，三组罗拉分别由变频调速同步电动机传动，电动机转速完全按照工艺牵伸设计的要求回转，实现人机对话。长车的牵伸传动靠车头车尾同步驱动，计算机集中控制的数字化牵伸传动技术已应用于现代新型细纱机。现代牵伸传动机构的共同特点是：采用高精度钢质斜齿轮，啮合好、传动链短、路线更合理，全部轴承化，载荷尽可能双面支承，以改善受力、提高稳定性，使传动平稳、轻快、维护简便。针对牵伸变换齿轮，由于传动路线不同，调换方式也不同。

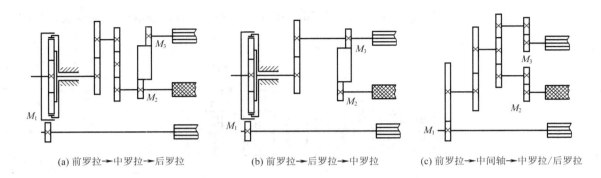

(a) 前罗拉→中罗拉→后罗拉　　　(b) 前罗拉→后罗拉→中罗拉　　　(c) 前罗拉→中间轴→中罗拉/后罗拉

图 2-87　传统传动路线

4. 电子牵伸罗拉传动装置　细纱机的电子牵伸装置包括前罗拉传动装置、中罗拉传动装置和后罗拉传动装置，如图 2-88 所示。前罗拉传动装置由前罗拉驱动电动机 1、第一同步带传动机构 2、齿轮传动箱 3、联轴器 4 和前牵伸罗拉 5 组成；中罗拉传动装置由中罗拉驱动电动机 6、第二同步带传动机构 7、中罗拉减速器 8、中罗拉齿轮传动机构 9 和中牵伸罗拉 10 组成；后罗拉传动装置由后罗拉驱动电动机 11、第三同步带传动机构 12、后罗拉减速器 13、后罗拉齿轮传动机构 14 和后牵伸罗拉 15 组成。

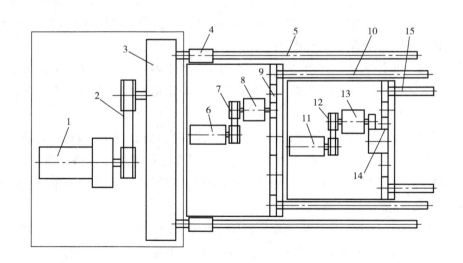

图 2-88　电子牵伸罗拉传动装置

1—罗拉驱动电动机　2—同步带　3—齿轮传动箱　4—联轴器　5—前牵伸罗拉　6—中罗拉驱动电动机

7—同步带　8—中罗拉减速器　9—中罗拉齿轮传动机构　10—中牵伸罗拉　11—后罗拉驱动电动机

12—同步带　13—后罗拉减速器　14—后罗拉齿轮传动机构　15—后牵伸罗拉

新型电子牵伸系统与传统细纱机牵伸系统相比具有以下有点：可方便快捷地调整牵伸倍

数，不需要更换齿轮，简化了操作，提高了工作效率，可实现无级变换牵伸倍数，可直接纺织竹节纱等特殊纱线，扩大了纺织品种范围。

二、加捻卷绕机构

（一）加捻卷绕元件

1. 锭子　锭子由锭杆、锭盘、上下轴承和锭脚等组成。锭杆的上轴颈部分是圆柱体，直接与滚柱轴承（无内圈的）滚动配合；下底尖做成锥角为60°带圆底的倒锥体，直接与锭底成滑动配合，转动轻快而且消耗功率少。轴颈和底尖的硬度在HRC62以上。锭杆顶部有锥度，用于插拔筒管；中部锥度则用于压配锭盘。锭盘是锭杆的传动盘，装在锭杆上的位置应使锭带张力恰通过锭杆的上轴颈部位，以利锭杆的运转。锭脚是锭杆的支座，内装上、下轴承和润滑油，锭脚被固装在龙筋上。

细纱锭子按生产应用和技术发展的速度要求，可分为普通型工作转速（12000～16000r/min）和高速型工作转速（16000～22000r/min）两类。

锭子高速化取决于锭子结构和制造水平的提高，起决定因素的是锭杆上下支撑（锭胆）结构的抗振性能。下轴承对于上轴承的装配关系有分离式和连接式两种。其中，D12系列分离式锭子支撑结构如图2-89所示。

国外新型高速锭子开发较早，著名的有德国TEXPART公司（原SKF）的CS1型、CS1S型，NOVIBRA公司（原SUESSEN）的HP-S68型和NASA HP-S68/3型。我国也积极开发新型高速锭子，有关企业推出了以D41、D51、D61、D71系列锭子。新型高速锭子的具体特点如下。

（1）采用小直径轴承，在减小摩擦力矩的同时减小了锭盘直径，实现了不用提升滚盘转速的节电目的，为保证锭杆具有足够刚性，相应缩短上下轴承之间的距离。

（2）下轴承不用传统锥底结构，锭杆底部呈球形，可减少表面接触应力。锭底分体为径向滑动轴承和平面止推轴承两部分，分别承担径向负荷和轴向负荷。止推轴承由立柱式底托支撑，具有油膜润滑、增大轴向承载能力、消除轴向窜动、磨粒难以积聚的优点。

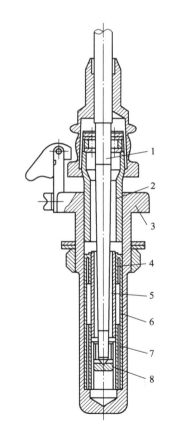

图2-89　D12系列分离式锭子支撑结构

1—锭杆　2—上轴承　3—锭脚

4—弹性圈　5—中心套管　6—定位套管

7—卷簧阻尼器　8—锭底

（3）按双振动系统设计理论，以锭子主体为主振动系统，外中心套管及锭脚（包括支撑立柱底托）为第二振动系统，通过动力减振原理，能有效抑制外源激发的振动。

（4）双弹性支撑。在下轴承弹性支撑的基础上，上轴承支撑处也附加弹性元件，使高速运转下的杆盘惯性轴与回转轴很好重合，以减小轴承受力，扩大锭子工作速度范围，达到运转稳定、噪声小、功耗低、寿命长的目的。

（5）有的锭子保持传统的锥底结构，在锭底增加螺旋压缩弹簧，使锭胆兼有纵横向吸振能力，这类锭子以 SKF 的 HP 系列为代表。

2. 钢领　钢领是钢丝圈的跑道，钢丝圈在高速运行时因离心力作用，内脚紧压在钢领圆环的内侧面（即跑道）上。目前普遍使用的棉纺钢领为平面钢领（PG 型）；近年来还生产了锥面钢领（ZM 型），其跑道的几何形状为双曲线的近似直线部分，对水平线的倾角为 55°，特点为比压小、散热好、磨损小、运行平稳。

3. 钢丝圈　钢丝圈用于各种纱线的加捻和卷绕，形式多样，区别在于几何形状、截面形状、质量大小、材料、弯脚开口大小等。

我国平面钢领配用的钢丝圈有 G 型系列、O 型系列、GS 型系列。钢丝圈的质量大小（mg/每只）常用号数表达，以每 100 只的质量大小来排队和编号，ISO 制钢丝圈号数以 1000 只钢丝圈的克数表示。

钢丝圈的质量大小决定了钢丝圈与钢领之间摩擦力的大小，而后者又决定了卷绕张力和气圈张力的大小。若钢丝圈的质量太小，则纱张力低，气圈太大，管纱卷绕太松软，使绕纱量减少；若钢丝圈质量太大，则纱张力大，会引起纺纱断头。因此，钢丝圈的质量须与纱（粗细和强力）和锭速相匹配。

4. 筒管　细纱筒管有经纱管和纬纱管两种。经纱管的上部和下部刻有沟槽，纬纱管则在全部绕纱长度上刻有沟槽，避免纱线退绕时脱圈。纬纱管下端开有探针槽孔，来控制织造时自动换管。另外，按材料分有塑料管和木管两种。筒管下端包有铜皮，可防止损坏。木筒管表面涂漆，光洁又防潮。筒管在使用中应不变形，管的顶孔与锭杆顶部配合应紧密并易拔取，要求材料均匀要好、质量偏心率小。

（二）锭子变速控制装置

实际生产中，常用的锭子变速控制装置有以下三种。

1. 锥盘变速器　在大、小纱阶段，锭速降低 8%~10%，但是该装置的皮带易坏。

2. 换极交流电动机　此电动机有 4 个极和 6 个极，通过极数转换，转速可减小到原转速的 2/3。

3. 变频调速传动装置　采用电流控制的变频器和普通异步电动机作传动源，传动效率恒定，对速度调节的响应迅速，还可进一步满足纱管逐层调速要求。

变频调速作为一项成熟的高新技术在细纱机上的应用日趋加快，其主要优势在于能够根据一落纱的大、中、小纱张力变化规律实现自动无级变速，优化纺纱条件，尽可能地保持纺纱各阶段的张力稳定，实现优质高产，降低能耗和减轻工人劳动强度。

三、成形机构

为了后道工序退绕方便，细纱采用等螺距圆锥形交叉卷绕。其中向上卷绕称为卷绕层，纱线排列比较密；向下卷绕称为束缚层，纱线排列比较疏，如图2-90所示。钢领板必须作短动程的升降运动，每次升降动程h后，钢领板还应有一个很小的升距m（级升）。

在卷绕管底部分时，每层纱的绕纱高度h和级升m都较管身部分卷绕时小，这样可使管底成凸出形状，从而使容量增大。在管底卷绕过程中，每层纱的卷绕高度及级升都由小逐渐增大，当管底成形结束时，就增至正常的h及m。

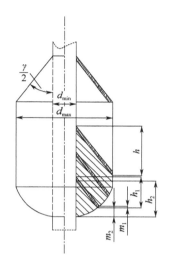

图2-90　细纱圆锥形交叉卷绕

（一）凸轮成形机构

传统细纱机的锭子、牵伸罗拉及钢领板升降都由主电动机传动，变化纺纱工艺需要对相应的零件变换调整。卷绕成形由凸轮控制钢领板的升降运动，使纱线能在管身圆锥面上绕成均匀分布的等距螺旋线，如图2-91所示。为了完成上述短动程圆锥形交叉卷绕，钢领板的运动包括：短动程升降，且要有一定的升降比；每次短动程升降后有一级升；管底成形。

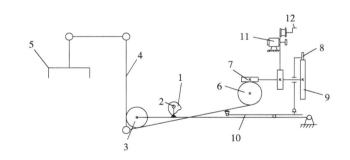

图2-91　卷绕成形机构示意图

1—成形凸轮　2—摆臂　3—链轮　4—链条　5—钢领板　6—链轮　7—蜗杆
8—撑爪　9—棘轮　10—小摆臂　11—电动机　12—手柄

1. 分配轴传动机构　细纱机分配轴传动机构由主轴、次轴传动机构组成，分别带动钢领板和导纱板，构成成形装置的一部分。如图2-92所示，主轴、次轴和位叉分别由支座装在墙板上，钢领板轮与主轴固联，导纱板轮和两个导纱板动力轮三轮一体，活套于主轴上且可绕主轴转动。主轴转动带动钢领板轮转动，钢领板轮上的牵引带带动钢领板做上下运动，完成管纱成形；主轴还通过牵引带带动次轴转动，牵引导纱板动力轮，使导纱板也做上下运动，调节气圈高度。在始纺位时，位叉撑着固定在牵引带上的销轴，与竖直面的夹角最大。

2. 牵吊式钢领板升降机构　目前国内传统细纱机钢领板的升降传动是用若干牵吊带拉动领板升降横臂上下运动，升降横臂依靠导轮支撑两面的立柱，并沿立柱上下移动，如图 2-93 所示。

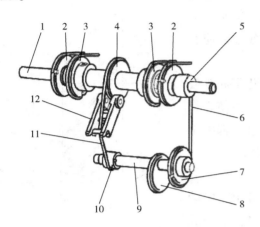

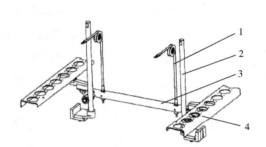

图 2-92　主—次轴传动机构

1—主轴　2—钢领板轮　3—导纱板轮

4—导纱板动力轮　5，7，10—变速轮

6，11—牵引带　8—偏心轮　9—次轴　12—位叉

图 2-93　牵吊式钢领板升降机构

1—牵吊带　2—立柱

3—升降横臂　4—钢领板

（二）电子成形机构

新型细纱机取消成形凸轮机构，由伺服电动机通过减速器带动分配轴，再带动钢领板升降，如图 2-94 所示。另一种由伺服电动机通过丝杠带动钢领板升降的方式是积极式（丝杠）升降机构，实现了细纱机纺纱全程等螺距精确卷绕，如图 2-95 所示，适用于新型电子成形细纱机。

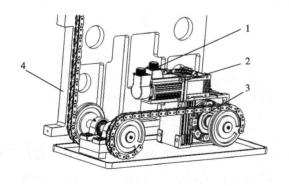

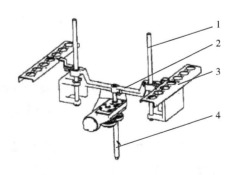

图 2-94　电子成形机构

1—牵吊带　2—立柱　3—升降横臂　4—墙板

图 2-95　积极式（丝杠）升降机构

1—立柱　2—升降横臂　3—钢领板　4—丝杠

由图 2-95 可见，该机构采用两根丝杆按比例分别传动钢领板和导纱板，升降横臂两端分别有导柱导套支撑，并上下滑动升降，两顶端支撑左右钢领板。

四、自动落纱机构

细纱机自动落纱装置有单锭落纱、组锭落纱和集体落纱。棉纺细纱机集体落纱装置能够进行自动落纱，有利于提高劳动生产率、降低劳动强度、保证成纱质量。

目前市场上生产销售的国内外最新环锭细纱机是带有集体落纱技术的细纱长机，国外具备集体落纱技术的环锭细纱机有德国 Zinser 公司及 Suessen 公司、瑞士 Rieter 公司、日本 Toyota 公司、意大利 Marzoli 公司等生产的各种机型。这些公司的产品在技术水平、制造工艺上都代表了目前纺织行业的最高水平，虽然其性能优于国内同类产品，但价格昂贵，投入成本高，故使用面难以扩大。我国已批量生产的同类细纱机有经纬纺织机械股份有限公司榆次分公司的 JWF15 系列细纱机，上海太平洋集团的 EJM178 系列细纱机，中国人民解放军第四八零六工厂的凯灵牌 ZJ15 系列细纱机等，这些产品技术成熟，制造水平高，价格符合我国国情。

环锭细纱机升级改造的集体落纱装置基本与整机的集体落纱装置一致，是一个较为复杂的系统，包括落管机构、理管、导纱板翻转、凸盘输送、电子检测装置五大部分，气缸传动和伺服驱动两动力子系统，一个电气控制系统，其主要机械机构——集体落纱装置结构示意图，如图 2-96 所示。

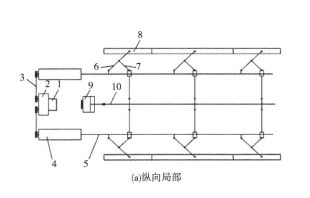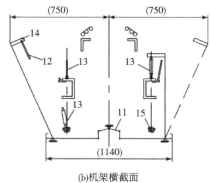

(a)纵向局部　　　　　　　　　　　　(b)机架横截面

图 2-96　集体落纱装置结构示意图

1—交流伺服电动机　2—减速机　3—同步带　4—丝杆螺母　5—传动轴　6—长人字臂　7—短人字臂　8—气架
9—气缸　10—拉杆　11—连杆机构　12—空管　13—满纱管　14—抓管器　15—导轨凸盘

在完成一次集体落纱过程中，首先，电气控制中心接到满纱信号后，伺服系统驱动落纱气架将空纱管从下导轨的凸盘上抓起放到中间位，为拔满管做好准备；然后控制电动机带动钢领板下降，接着导纱叶子板气缸翻起导纱叶子板；随后，落纱气架上升，将锭子上的满纱管拔下，放到下导轨空凸盘上，再上升到中间位，把中间位的空纱管插到锭子上，完成纱管的落管、插管；最后，导纱叶子板气缸翻落导纱叶子板，并自动开始开机纺纱。

在新的纺纱过程中，下导轨凸盘在输送气缸驱动下完成满纱管的收集，同时将理空管机分拣、整理的空纱管排布到收集完满纱管后的下导轨空凸盘上，并输送到与锭子相对的位置，等待下一次落纱的到来。

五、新型细纱机传动控制

新型细纱机采用多电动机传动，取消了棘轮机构、凸轮机构、卷绕密度变换齿轮、捻度变换齿轮和总牵伸变换齿轮。通过可编程控制器，控制多台电动机，可实现一般纺纱工艺的柔性化调整。如图2-97所示，锭子由变频器调速的主电动机M1通过主轴、滚盘传动。前罗拉、中后罗拉及钢领板升降机构分别采用交流伺服电动机M2、M3和M4通过油浴齿轮减速箱传动。

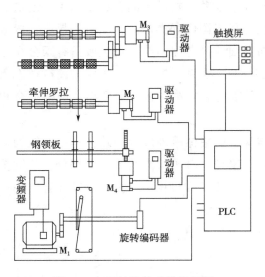

图2-97　细纱机传动数控框图

新型数控细纱机除了锭子传动用变频调速、罗拉传动、集体落纱用交流伺服外，还采用了电子凸轮替代原机械凸轮。传动路线为：伺服电动机（电子凸轮）+减速器→分配轴→钢领板、导纱板、气圈环升降。其原理为PLC或计算机控制交流伺服电动机驱动钢领板升降运动。采用了电子凸轮技术后，改变了传统的纺纱成形工艺，可根据用户纺纱品种的要求，通过参数设置，任意改变纺纱成形，以满足新产品发展的需要。

第八节　络筒机

络筒是纺纱后加工和织前准备的重要工序。对于各种纱线来说，纺纱厂供应的主要卷装形式是管纱（或绞纱）。由细纱工序下来的管纱，其容纱量很小，若直接用来整经或用于无梭织机的供纬等，就会因换管次数过多而使这些机器频繁停车，不仅影响生产速度，更重要的是影响纱线张力的均匀程度，并且不管是管纱还是绞纱，纱线上都存在着一些疵点和杂质，若不加以清除，将影响后道工序的产量和质量，因此需要进行络筒。本节着重论述络筒工艺及相关设备的结构原理及其性能特点。络筒工序的作用可以概括为以下两点。

（1）将原纱（或长丝）做成容量较大的筒子，提供给整经、卷纬、针织、无梭织机的供纬。

（2）清除纱线上的某些疵点、杂质，改善纱线品质。

一、络筒机的类型

（一）普通槽筒式络筒机

槽筒式络筒机是国内普遍使用的络筒机械，具有络筒速度快、结构简单、操作方便以及成筒质量好等特点，工艺流程如图 2-98 所示。

纱线 2 从管纱 1 上退绕后经过导纱钩 3 进入垫圈式张力装置 4 并通过清纱器 5 的缝隙，再从导纱杆 6 的下部引出，经断纱自停张力杆 7 而至槽筒 8 的螺旋沟槽中。当槽筒回转时，纱线一方面受到螺旋沟槽侧面的推动作横向往复运动；另一方面，紧贴在槽筒表面的筒子也受到槽筒的摩擦传动而回转，这样，纱线就以螺旋线形式被卷绕到筒子 9 上，槽筒安装在槽筒长轴上，由电动机带动而高速回转。筒子套在托架的弹簧锭子上，利用筒子、筒子托架以及压头的自重，使筒子紧贴于槽筒表面。

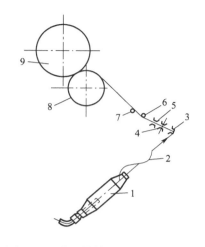

图 2-98　普通槽筒式络筒机工艺流程
1—管纱　2—纱线　3—导纱钩　4—张力装置
5—清纱器　6—导纱杆　7—断纱自停张力杆
8—槽筒　9—筒子

当纱线断头或管纱用完时，断纱自停张力杆因失去纱线张力而自动抬起，通过断纱自停装置的作用将筒子托架顶起，筒子脱离槽筒表面后因惯性而渐停，以便接头和避免多余的纱线摩擦损伤。断纱经接头处理后，按下开关手柄，筒子缓缓落下而重新回转，继续卷绕。

（二）绞纱络筒机

在某些色织厂由于纱线以绞纱形式进行染色以及丝织厂使用的天然丝和部分黏胶丝均是以绞丝形式供应，故络筒工序使用的是绞纱（丝）络筒机。其工艺过程与普通络筒机一样，只是绞纱架通常放置在机架的上方或替代管纱的位置。

（三）松式络筒机

松式络筒机是高温高压筒子染色机的配套设备，故松式筒子又称染色用筒子。为了使染液能均匀、顺利地渗入纱层内部，松式筒子卷绕密度要小且均匀。松式络筒机的工艺过程与普通络筒机极为相似，只是槽筒的技术参数、导纱运动规律，筒子的加压力和络筒张力等工艺参数各不相同。

（四）精密络筒机

精密络筒机是指在筒子成形过程中，导纱器在一个往复过程中的绕纱圈数始终保持恒定值，即为等螺距的卷绕。精密络筒机能将纱（或丝）络成密度均匀、无重叠的高质量筒子。

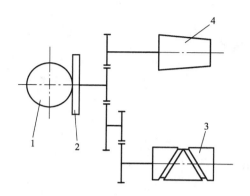

图 2-99　精密络筒机的传动系统

1—主动摩擦盘　2—被动摩擦盘

3—导丝凸轮　4—筒子

图 2-99 为常见的精密卷绕的络筒机传动系统示意图。其中被动摩擦盘 2 由主动摩擦盘 1 传动后，通过齿轮系分别传动筒子 4 和导丝凸轮 3，导丝凸轮带动导丝器作往复导丝运动。目前，精密卷绕导丝机构也有用一组拨叉组合机构完成的。

（五）自动络筒机

自动络筒机是将普通络筒机的手工操作过程改为自动控制，体现了络筒设备高水平机电一体化。其特点是络纱速度高、卷装大、筒子质量好、效率高、操作工劳动强度低。

二、络筒机的主要机构

（一）卷绕机构

络筒机卷绕机构的作用是使纱线以螺旋线的形式均匀地卷绕在筒管表面而逐渐形成筒子卷装。经过络筒制成的筒子可分为有边筒子和无边筒子两大类，每类又可分为若干种，如图 2-100 所示。

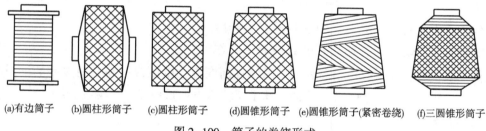

(a)有边筒子　　(b)圆柱形筒子　　(c)圆柱形筒子　　(d)圆锥形筒子　　(e)圆锥形筒子(紧密卷绕)　　(f)三圆锥形筒子

图 2-100　筒子的卷绕形式

卷绕机构的种类很多，按照筒子的传动方式可以分为由锭轴直接带动及由卷装表面摩擦传动两大类。

1. 锭轴直接传动（导纱器往复导纱）　这种卷绕机构的特点是筒管直接由锭轴带动，故筒子表面的纱线不受磨损。精密卷绕传动系统如图 2-99 所示，筒子的锭轴是积极传动的，往复的导纱机构与锭轴之间由齿轮精确传动，从而能保证在筒子从空筒到满筒的所有直径上，每一往复动程内的纱圈数保持不变。同时，为了保持恒定的卷绕速度，必须配备变速机构，使筒子转速随卷绕直径增大而减慢。天然长丝和合成长丝的络卷中多采用这种卷绕方法。

2. 卷装表面摩擦传动　这种传动方式可分成滚筒摩擦传动和槽筒摩擦传动两种。

（1）滚筒摩擦传动筒管（导纱器往复导纱）。该卷绕机构的特点是筒子在传动半径处的圆周速度始终保持不变，保证了从小筒到满筒的络卷速度和纱线张力基本稳定，从而适合于高速络卷，但是导纱器做往复运动时的惯性力却限制了络卷速度的进一步提高。

（2）槽筒摩擦传动筒管（槽筒沟槽导纱）。这种形式的卷绕特点是传动筒管和往复导纱均由槽筒本身来完成。不仅简化了机构，还消除了往复部件的惯性力，有利于络卷速度的提高。目前，几乎所有的高速络筒机都采用这种槽筒摩擦传动筒管的方式。

槽筒实际上是一个圆柱形沟槽凸轮。在槽筒的圆周面上刻制有两条首尾相互衔接的封闭螺旋沟槽，一条左旋，另一条右旋。槽筒转动时，左螺旋沟槽控制纱线向左运动，而右螺旋沟槽则控制纱线向右运动，从而完成左右往复的导纱运动；同时又利用槽筒与筒子的表面摩擦来传动筒子回转，纱线便以螺旋线卷绕在筒子上。

（二）张力装置

络筒机最常用的是圆盘式张力装置，可分为消极式张力装置和积极式张力装置。

圆盘式张力装置结构如图2-101所示，主要由活套在芯轴上的上、下金属张力盘1所组成。上盘起均匀加压和离心除尘作用，下盘转动缓慢，起清除飞花杂质的作用。张力盘所产生的摩擦制动效果主要是由两圆盘之间摩擦面积的大小来决定的。

圆盘式双张力盘结构如图2-102所示，由活塞杆1驱动活动张力盘2，给固定张力盘3施加压力。打结循环期间，主压缩空气管路给张力盘打开活塞杆4供气，使张力盘2向右打开。此张力装置为积极式张力装置。

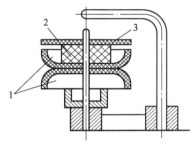

图2-101　圆盘式张力装置

1—张力盘　2—缓冲毡块　3—张力垫圈

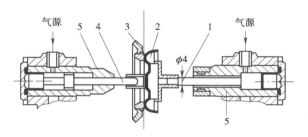

图2-102　圆盘式双张力盘

1—张力加压活塞杆　2—活动张力盘　3—固定张力盘

4—张力盘打开活塞杆　5—气缸座

另外，还有一种采用专用电动机传动张力盘的积极式张力装置，张力盘的回转方向与纱线运行方向相反。该积极式张力装置的结构如图2-103所示，右张力盘3通过步进电动机1和一对齿轮8和2传动，其回转方向与纱线运行方向相反。齿轮8同时通过齿轮7和5传动左张力盘4，其回转方向与右张力盘3相同。张力调节器可以根据不同的纱线调节两个张力盘之间的压力获得所需的纱线张力。断纱捻接期间，右张力盘通过专门机构右移打开。

（三）清纱装置

纱厂送来的管纱一般都带有粗节、绒毛及尘屑杂物等疵点，所以必须利用清纱器来对纱线进行检查和清洁。清纱器根据其原理和结构可分为机械式和电子式两大类。

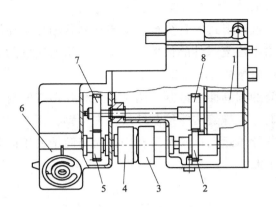

图2-103　积极式张力装置

1—步进电动机　2，5，7，8—齿轮　3—右张力盘
4—左张力盘　6—张力调节器

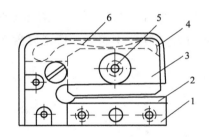

图2-104　隙缝式清纱器

1—后盖板　2—固定清纱板　3—活动清纱板
4—前盖板　5—调节螺钉　6—弹簧

机械式清纱器由金属刀片或梳针组成，它是通过接触测量纱线的粗细变化，易损伤纤维，刮毛纱线，影响纱线的弹性，尤其是当提高灵敏度时，易积聚浮游纤维、尘杂，导致断头。对扁平状和弹性好的纱疵容易漏掉，也无法感知纱疵长度和细节纱疵。清除效率一般小于50%，但结构简单，成本低，维修方便，湿度影响小。图2-104为隙缝式清纱器。

电子清纱器采用无接触检测，不会损伤和刮毛纱线，通过对纱疵的直径和长度两个参数进行检测而获得纱疵信息，再与设定值比较，当纱线某处的检测值超出标准时则切断纱线，剔除纱疵。主要分为电容式电子清纱器和光电式电子清纱器。

图2-105所示为电容式电子清纱器的工作原理。当清纱器工作时，纱线以恒速通过测量电容器的两块极板之间。无纱时，极板间介质全部是空气，电容量最小。进纱后，因纤维介电常数比空气大，电容量增加，而增加的大小与极板间纱线的质量成正比。测量电路就是要测量电容的变化，一般测量电容就是采取如图2-105所示的简单RC串联电路。通过加上一频率为40kHz的高频电压于等效的RC分压电路上，电容量即可在等效R上取出。再通过检波电路、信号调理电路、参数设定电路、比较电路等相应处理就可输出各类纱疵信号。再通过驱动电路来控制切刀动作，完成纱疵检测功能。

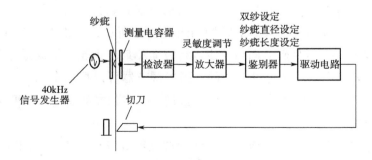

图2-105　电容式电子清纱器工作原理

（四）防叠装置

交叉卷绕时，在一个往复导纱周期内，筒子的回转数随着卷绕直径的增加而逐渐减少。这样，当达到某些卷绕直径时筒子的回转数恰好为整数，则绕在筒子上的线圈将同前一层中的纱圈重叠起来。由于槽筒和沟槽的影响，可使这种现象继续下去，从而形成条带状卷绕的疵点筒子，称为重叠筒子。所以，在络筒机上必须采取各种防叠措施。

1. 使筒子托架作周期性摆动或轴向移动　采用这种方法可以使相邻纱圈产生一定的位移角，从而避免重叠的发生。图2-106（a）所示为通过筒锭握臂在垂直方向上的摆动而有效地防止纱线的重叠现象；用于染色的松式筒子可使筒锭握臂做水平方向的摆动来防叠，如图2-106（b）所示。

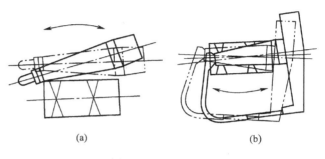

(a)　　　　　　　　(b)

图2-106　筒锭握臂的防叠装置

2. 单电动机变频传动防叠装置
单锭控制的自动络筒机，一般通过每锭一台变频器进行控制，把卷绕速度作为周期性变化曲线，输入变频器，从而使槽筒转速周期性变化，达到防叠目的。

3. 无刷直流电动机变速防叠装置　使卷绕速度的变化成为周期性变速曲线，从而使槽筒周期性变速达到防叠目的。

4. 槽筒防叠装置　利用槽筒结构的特殊设计来防叠，既简化了机构，又节省了电力，因此被槽筒式络筒机广泛采用。槽筒防叠主要有采用圈数不等的沟槽、槽筒沟槽中心线扭曲、设置虚槽和断槽、复合沟槽槽筒等方法。

三、全自动络筒机

随着无梭织机及针织机速度、产品质量的不断提高，对筒子纱的质量要求也日益增高，如喷气织机转速已达1800r/min，入纬率达3000m/min以上，因此络筒机生产的筒子纱质量要达到：筒子卷绕密度均匀、无结头、纱疵少、毛羽少四个方面的要求。普通络筒机已难满足这些要求。为了达到纱线质量控制上的需要，便有了自动络筒机的发展和应用。

（一）多电动机分部传动技术

目前，自动络筒机普遍采用单锭化、计算机控制、多电动机分部传动，电动机的使用数量越来越多，而且多使用数字化控制的步进电动机和伺服电动机。在单锭上采用多电动机分部传动，使换管、大小吸嘴、自动捻接、上蜡、张力控制、槽筒驱动等各项动作均由单独电动机直接驱动，既方便又快捷，不但取消了齿轮、凸轮、连杆等传统的机械传动系统，简化了复杂的机械结构，减少了不必要的动力消耗，从根本上降低了噪声；而且使传动系统的可靠性、控制精度和传动效率大大提高，操作和维修起来更加方便，并使络纱速度有较大提高。

（二）在线检测技术

自动络筒机对纱线的在线检测功能主要通过计算机型电子清纱器来完成，采用微处理器芯片完成纱疵电信号的模拟转换、信号数字处理以及各种逻辑判断功能。电子清纱器除了完成纱疵清除，还有很重要的一点就是控制自动络筒机的运转。因此，要求电子清纱器与主机必须高度结合，并与单锭控制器进行大量的数据交换，以满足单锭动作时序的要求。

（三）智能化及电控监测系统

1. 机电一体化有新的突破　在每只单锭上配有六只电动机，代替以往机械传动中必需的机械零部件，如防叠装置由机械改为电子，张力加压由气动改为电磁，打结循环系统由机械传动改为电动机驱动，变频直流电动机直接驱动槽筒等。

2. 监控内容不断扩大　实现了清洁装置、自动落纱、自动喂管等、槽筒变频电动机、电子防叠、纱线张力、打结循环、电子清纱、接头回丝的计算机集中处理以及单锭调控。

3. 监测质量向纵深发展　自动络筒机的智能化管理，已从数据统计、程序控制为主转向以质量控制为主；由正常卷绕控制到全程控制，从断头、换管到启动及控制，保持良好筒子成形；纱线附加张力根据退绕张力的变化而由计算机进行自动调节，保持均匀的纱线张力等，使筒纱质量进一步提高。

（四）电子定长装置

自动络筒机上普遍都装有电子定长仪。使用了定长仪后生产的筒子，整经筒脚纱线长度可以调节到经纱长度的 1.5%~2%，采用电子定长装置后可对整经实行一次性换筒，均匀了经纱张力，为提高织物质量创造了良好条件。

（五）空气捻接装置

在无结纱生产过程中，广泛使用气动捻接器。气动捻接器又称空气捻接器，其原理是运用空气动力学理论，利用压缩空气的气流使上、下两根纱头相互缠合成一体。空气捻接器的捻接过程为：两根纱头用高压空气吹松、退捻、搭接，随后再以反向高压空气吹动，使纱线捻合。空气捻接器捻接过程如图 2-107 所示。

1. 纱线引入　如图 2-107（a）所示，络筒过程中纱线发生断头以后，由抓取纱尾的吸风管分别从筒子和管纱上将两根断纱的纱头吸出，然后送到捻接器附近。两段纱线由右导纱杆 2 引导进入捻接区。其中上右导纱杆将来自筒子上的纱线引入上夹紧板 1 的钳口内，把来自管纱上的纱线带入上剪刀口；与上右导纱杆连动的下右导纱杆则把来自筒子上的纱带入下剪刀口，把来自管纱上的纱引入下夹紧板 7 的钳口内。左导纱杆 3 转动，其下两部分分别使上、下夹紧板夹住引入各自钳口中的纱线。

2. 剪断纱线尾端　如图 2-107（a）所示，两段纱线的尾端分别送入上、下两个剪刀口后，剪刀 4 和 6 同时作用，将纱线多余的尾端剪断，剪切下的纱头立即被吸走。

3. 纱尾退捻　如图 2-107（b）所示，当剪刀开始作用后，退捻孔 9 中的喷嘴 8 即向退捻孔喷入高压气流，此时退捻孔产生负压，同时上、下右导纱杆稍作后退，使纱尾吸入退捻

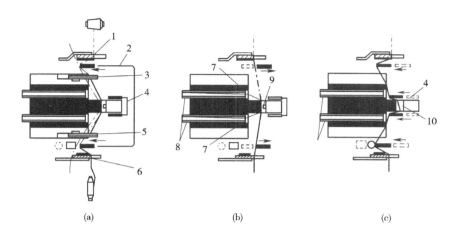

图 2-107　空气捻接器捻接过程

1—上夹紧板　2—右导纱杆　3—左导纱杆　4—上剪刀　5—纱线握持杆　6—下剪刀

7—下夹紧板　8—退捻空喷嘴　9—退捻孔　10—加捻喷嘴

孔内。纱线在退捻孔内伸直，并在高压气流作用下退去捻度，纤维间的抱合力降低，有部分
纤维被带走，纱尾端部呈锥状。

4. 纱线捻接　如图 2-107（c）所示，上、下两段纱线经过退捻后，被拉引到捻接嘴 11
内，高压气流从直径为 1mm 的加捻喷嘴 10 中以极高速度冲击捻接孔而形成高速旋转气流，
两段纱线的尾端也以高速回转-抱合，形成一根具有一定捻度的无结头纱。

本章常用词汇的汉英对照

专用词汇	英文	专用词汇	英文
开清棉机	picker	抓棉打手	cotton grab
梳棉机	carding machine	混棉箱	blending hopper
精梳机	combing machine	圈条装置	loop device
并条机	drawing frame	牵伸装置	draft device
粗纱机	speed frame	加捻装置	twister
细纱机	spinning frame	卷绕装置	winding device
络筒机	winder	自调匀整装置	auto levelling apparatus

☞ **思考题**

1. 纺纱的目的是什么？简述纺纱工艺流程及其相关机械。

2. 简述开清棉联合机工艺流程及其主要机械，抓棉机、混棉机、开棉机、给棉机及清棉
成卷机的工作原理。

3. 简述给棉辊和刺辊机构，锡林、盖板及道夫机构，以及剥棉与圈条机构的工作原理。

4. 简述精梳机的工作原理及其主要机构。

5. 简述并条机的喂入机构、牵伸机构、成形机构以及自调匀整装置的工作原理。

6. 简述粗纱机的喂入和牵伸机构、加捻机构、卷绕机构的工作原理。

7. 简述细纱机的喂入和牵伸机构、加捻卷绕机构、成形机构以及自动落纱机构的工作原理。

8. 简述络筒机的主要机构及其工作原理。

第三章　织造机械

本章知识点

1. 机织物生产的工艺流程及相应设备。

2. 整经的工艺流程，分批整经、分条整经、球经整经及分段整经的工艺流程，整经机的主要机构。

3. 穿经的方法及设备，自动结经机的结构及工作原理。

4. 浆纱机的分类、工艺流程及主要机构。

5. 开口机构的作用与分类，凸轮开口机构、曲柄连杆开口机构、多臂研口机构、提花开口机构及多梭口（多相）开口机构的工作原理。

6. 有梭引纬机构、剑杆引纬机构、喷气引纬机构、喷水引纬机构及片梭引纬机构的工作原理和特点。

7. 打纬机构的作用、要求、分类及相应的工作原理。

8. 卷取和送经机构的作用、要求、分类及相应的工作原理。

9. 圆织机的工作原理。

第一节　织造概述

纺织品按形态可分为纱、线、绳、平面织物、三维织物等。平面织物按生产方式可分为机织物、针织物、非织造织物和编织物。机织物历史悠久，在现代纺织品中占据重要的比例和地位。本章着重论述与机织物制备工艺相关设备的结构原理及性能特点。

织造工艺流程包括织前准备工程、织造工程和织物整理工程三部分，如图 3-1 所示。

一、织前准备

由于在织机上，经纱呈片状引出，根数众多。每次交织，全部经纱均须共同参与，故要求每根经纱的状态（张力、强力等）尽可能一致，性能（强力、弹性、耐磨性等）尽可能高，以获得良好的可织性。因此，经纱的织前准备较为复杂，一般包括下列工序和设备：整经（整经机）、浆纱（浆纱机）以及穿经（穿、结经机）。

纬纱准备工序和设备依据织机的引纬方式以及织物质量要求分为直接纬、间接纬和筒纬。直接纬和间接纬用于有梭织机，筒纬用于无梭织机。直接纬就是在细纱机上用纡管生产出纡

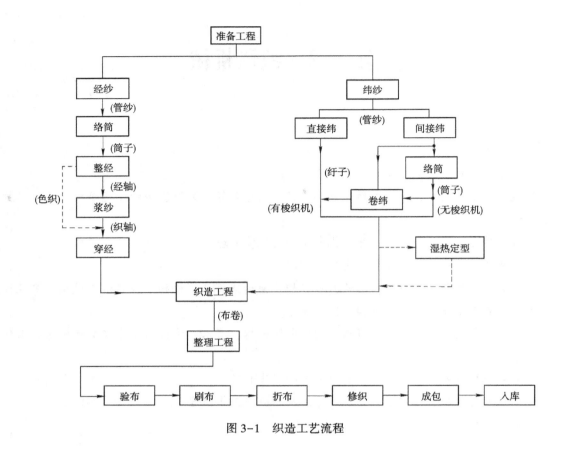

图 3-1 织造工艺流程

纱，直接供织机使用；间接纬是将细纱机上生产的管纱，经过络筒（络筒机）和热、湿定捻（加湿机、定捻锅）后，再经卷纬机卷绕成纤子；筒纬是将管纱或绞纱络成一定规格的筒子（络筒机），有时还需经过热、湿定捻（加湿机、定捻锅），供无梭织机使用。

二、织造

织机是织造生产线中的主要机械，置备的数量最多，其主要特性和技术水平对织造生产流程有着决定性的影响。不同特性的织机需配置相应的准备工序才能保证生产顺利进行，而先进的织机一定要配以相应水准的准备机械，才能发挥先进织机的生产能力。

三、织物整理

织物整理工程的主要任务是对下机的织物进行质量分等和成包，其流程大致为：将织机上制成的织物卷在布辊上，达到一定长度后（通常为 3~4 联匹，每匹长度 30~40m），就落下布卷，送到验布机上进行验布；经过验布后的织物，有时会用刷布机刷去一部分布面杂质疵点，然后由折布机（码布机）按照一定的尺寸一幅一幅折叠起来，成为一只布捆；布捆上可修织的疵点则以人工适当修补，以提高布的等级；按国家标准评等后，分别打包（打包机）、入库。

第二节 整经机

整经工序是将一定根数的经纱从筒子上同时引出，形成张力均匀、互相平行排列的经纱片，按规定的长度和宽度平行卷绕到经轴或织轴上。整经工序必须满足以下工艺要求。

（1）从空轴到满轴的整经全过程中，整经张力保持恒定。

（2）组成经纱片的各根经纱张力大小一致。

（3）经纱在经轴或织轴上分布均匀，卷绕圆整，成形良好。

（4）经纱根数、整经长度以及色纱排列完全符合工艺规定。

织造生产中的整经工序，根据不同的纱线种类和工艺要求，可分别采用分批整经、分条整经、球经整经和分段整经等方式。

一、整经的工艺流程

（一）分批整经的工艺流程

分批整经就是将全幅织物所需要的经纱总根数先分成 n 批，每批经纱根数尽可能相等，分别卷绕成 n 只经轴，然后将这 n 只经轴通过浆纱机（或并轴机）进行并合，按规定长度卷绕到织轴上，为织造工序做准备。

纱线在经轴上的名义卷绕长度等于织轴上卷绕长度的整数倍。因此，一组（n 只）经轴在浆纱机（或并轴机）并合后将先后生产出多只织轴。为了避免浆纱时出现小轴，纱线在经轴上实际卷绕长度除了要考虑浆纱伸长外，还应加上浆纱机的上机和了机的回丝长度。同时，经轴的轴向长度应稍大于织轴的轴向长度，以利于后道浆纱工序的上浆和烘干。

分批整经的优点是整经速度快（一般为 200～350m/min，高速整经可达 1300m/min），生产效率高，适于大批量生产；缺点是容易产生短码，回丝多，对于多色或不同捻向经纱的整经，色经的排列困难，因此只能用于白坯织物或单色织物的整经。其所成经轴大多数需经过浆纱工序形成织轴。

分批整经机由筒子架和整经机机头两部分组成。图 3-2（a）是普通分批整经机工艺流程，图 3-2（b）是新型分批整经机工艺流程（整经机机头部分）。

在筒子架 1 上安插圆锥形筒子 2，纱线自筒子上引出后经张力装置 3、断纱自停装置 4、导纱瓷板 5，再通过导棒 6 汇成经纱片进入整经机机头。在机头部分，经纱片穿过伸缩筘 7，绕过导纱辊 8 卷绕在经轴 9 上。对于普通分批整经机，经轴装在经轴臂 10 的轴承内，经轴臂的头端挂有加压重锤 11，使经轴紧压在大滚筒 12 上，滚筒是积极传动，通过两者的表面摩擦带动经轴完成卷取运动；对于新型分批整经机，经轴为直接传动，并采用直流电动机调速，或交流电动机变频调速，或液压无级变速器调速，由压辊13完成对经轴的加压作用。

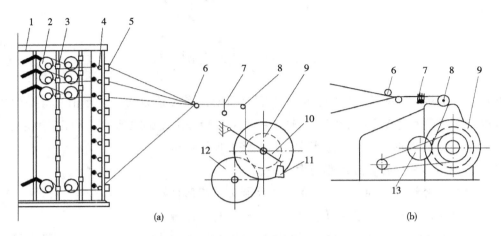

(a)　　　　　　　　　　　　　(b)

图 3-2　分批整经机工艺流程

1—筒子架　2—筒子　3—张力装置　4—断纱自停装置　5—导纱瓷板　6—导棒
7—伸缩筘　8—导纱辊　9—经轴　10—经轴臂　11—加压重锤　12—大滚筒　13—压辊

（二）分条整经的工艺流程

分条整经是将全幅织物所需的总经纱根数，根据配色循环和筒子架容量，分成根数尽可能相等的 n 份条带，按一定的幅宽（等于织轴轴向长度的 $1/n$）和长度一条挨一条平行卷绕到整经滚筒上，最后将全部经纱条带倒卷到织轴上，供织机使用。

分条整经的特点：生产效率低，但其条带数增减方便，适于宽幅和不同幅宽织物的织造；当用于多色或不同捻向经纱的整经时，排列色经较为方便，适用于小批量、多品种的生产，如色织、毛织、丝织等；可直接做成织轴，适于不需上浆的股线织造。

图 3-3 所示为一种常见的分条整经机工艺流程，可以分为条带卷绕和倒轴两部分。

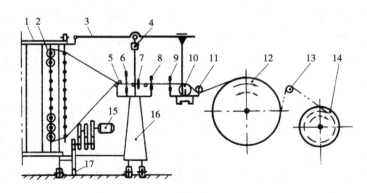

图 3-3　分条整经机工艺流程

1—筒子架　2—筒子　3—拨杆　4—倒顺转开关　5—导纱杆　6—后筘　7—断纱自停片　8—分绞筘
9—定幅筘　10—测长辊　11、13—导辊　12—整经滚筒　14—织轴　15—电动机　16—分绞架　17—固定齿条

1. 条带卷绕　锥形筒子 2 安插在筒子架 1 上，纱线从筒子上引出后，经过导纱杆 5 汇成经纱片，穿过后筘 6、断纱自停片 7、分绞筘 8 和定幅筘 9，聚成一定宽度的条带，该条带的宽度等于织轴轴向宽度除以条带总数；接着条带绕过测长辊 10、导棍 11 卷绕到积极传动的整经滚筒 12 上。当某一根条带卷绕到规定长度时，即被割断，再紧挨着该条带的侧面重新生头，平行卷绕下一条带，依次重复进行，直到绕满规定的条数为止。

纱线从筒子上引出，逐条卷绕到整经滚筒上去的过程，称作"条带卷绕"。进行条带卷绕时，为了使整经滚筒上的条带卷绕层不发生塌边现象，滚筒的一端是由若干根角状杆组成的带有一定倾角 α 的锥面，第一根条带倚靠该锥面，而卷绕到整经滚筒上，即每绕一层纱（整经滚筒回转一周），纱线沿轴向横移一个恒定的微小距离，以形成截面为平行四边形的卷绕层，如图 3-4 所示，其后各根条带则依次倚靠前一根条带的锥面卷绕到整经滚筒上。

整经滚筒回转一周，纱线沿轴向移动一个恒定的微小距离，称作"导条运动"。导条运动通常是由导条器来完成的。定幅筘、测长辊和导辊都安装在该导条器上，由丝杆驱动沿整经滚筒轴向做导条运动。

新型分条整经机一改传统的整经卷绕方式，采用逆时针方向卷绕，如图 3-5 所示，这就使从筒子架到定幅筘之间实行开口式纱线运动，而且纱线只经过一次 90° 转向，所以不仅导纱准确，并且没有绞头，无须打开任何罗拉，便能放入分绞线，经纱排列得到完整的保持，同时也使均匀压辊的功效更为显著。

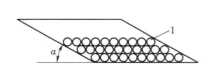

图 3-4　平行四边形的卷绕层
1—经纱　α—角状杆倾斜角

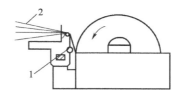

图 3-5　新型分条整经机的卷绕方式
1—均匀压辊　2—经纱

2. 倒轴　条带卷绕结束后开始"倒轴"，整经滚筒上的全部条带绕过导辊 13 倒卷成织轴 14（图 3-3），倒轴时织轴积极传动，整经滚筒则由经纱张力消极拖动。为使织轴两侧的边盘在倒轴过程中始终对齐整经滚筒上截面为平行四边形的条带退绕层，要求织轴一边回转一边做等速轴向移动。显然，织轴轴向移动和导条运动应满足以下条件：在整经滚筒回转一周的时间内，两者的位移大小相等、方向相反；织轴轴向移动的总位移量应等于导条运动的总位移量。

（三）球经整经的工艺流程

球经整经是将一定根数的筒子纱（300～450 根）聚集成束状纱条，卷绕在特制的木辊上，形成球状的纱团——球经。球经整经主要用于靛蓝牛仔布的经纱织前准备加工，属于绳状染色工艺技术。

球经整经的绳状染色技术具有染色均匀（色差小）、浆纱产量高等优点，但其工艺流程长、投资高、占地面积大，而且设备效率偏低。国内生产靛蓝牛仔布的厂家多采用平幅靛蓝染色上浆机械，采用这种装置，加工的纱线是经轴的整幅纱片，不必进行球经整经，其染色效果与绳状染色法相同。

球经整经机主要由筒子架、分绞架、聚纱测长张力架和机头等部分组成。球经整经的过程是先将全幅织物所需的经纱总根数按筒子架容量分成若干份，球经整经机将每份纱线集束成纱条，并将纱条卷绕成带网眼的球状束球；然后将束球送往绳状染色机染色，最后由纱条分批整经机将纱条展开成经纱片，并卷绕成经轴。靛蓝牛仔布绳状染色技术的工艺流程为：球经整经→靛蓝绳状染色→纱条分批整经（又称"重经"）→浆纱→穿经→织造。

（四）分段整经的工艺流程

分段整经是先将织物全幅所需经纱的一部分卷绕在狭幅小经轴上，然后将若干只狭幅小经轴同时退绕成阔幅经轴。为了织制对称花型排列的织物，可将各狭幅小经轴的转向做顺时针和逆时针的间隔配置。将若干只狭幅小经轴依次并列地穿在轴管上，便可构成供经编机用的经轴。

分段整经采用狭幅小经轴整经机，其工艺流程与分批整经机基本相同。

二、整经机的主要装置

（一）筒子架

筒子架是安置整经用筒子的支架，分左右两翼，安装在整经机的后方。筒子架上装有一定数量的筒子插座、张力装置和导纱瓷板，筒子架上的筒子容量一般为 500~600 只，最多可达 1000 只。

筒子架的作用不只是安置筒子，筒子架一般还安装纱线张力控制、断纱自停与信号指示等装置，这些装置的功能以及它的结构形式对整经张力和生产效率有直接影响，因此它是整经机的重要组成部分。

筒子架的种类很多，按筒子架框架平面布局可分为 V 形、矩形和矩形—V 形等，按有无预备筒子可分为复式和单式两种，按更换筒子的方式可分为间断式和连续式两种。

图 3-6 为单式筒子架示意图。中央立柱 1 的两侧装有筒子插座 2，工作筒子 3 插在它

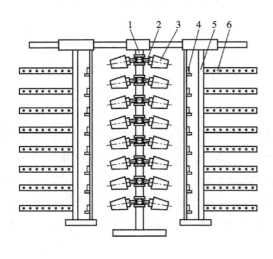

图 3-6　单式筒子架

1—中央立柱　2—筒子插座　3—工作筒子

4—张力器　5—两翼支架　6—导纱瓷板

的上面。筒子插座略向下倾斜，与立柱成 75°夹角，以减少退绕气圈与筒子上表面之间的摩擦接触。张力器 4 和导纱瓷板 6 则装在两翼支架 5 上。由于单式筒子架上仅装工作筒子，当筒子纱用完时就必须停车，换下全部空筒管，换上满卷筒子，再把筒子上的纱头与张力器一侧被摘断的纱尾连接起来，这种必须停机的换筒方式称作"间断整经"。

间断整经矩形单式筒子架的优点是：占地面积较小；整批筒子的退绕直径大致相同，因此整经纱片张力比较一致。其缺点是：需停机换筒，生产效率低；换筒时，筒管上的残余纱线产生换筒回丝，增加倒筒脚的工作。

备有预备筒子的筒子架称作复式筒子架，其上的每一个张力器均配有两套筒子插座，分别插上工作筒子和预备筒子，工作筒子的纱尾和预备筒子的纱头打结相连，当工作筒子的纱线用完后，预备筒子便自然进入工作状态。这样，拔去空筒管、换上预备筒子和连接纱尾纱头等操作都可在不停车的情况下进行，这就是"连续整经"，如图 3-7 所示。

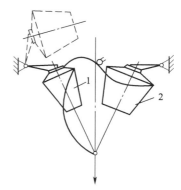

图 3-7 复式筒子架

1—工作筒子 2—预备筒子

复式筒子架的优点为：更换筒子不需停车，整经生产率高；换筒回丝少。缺点是：筒子架占地面积较大；筒子间的退绕直径相互差异较大，纱线的退绕张力也就有差异，造成了经纱片的张力不匀；工作筒子用完后转向预备筒子的瞬时，张力有突变。

（二）张力装置

在整经筒子架上一般设有张力装置，其目的是给纱线以附加张力。设置经纱张力装置的另一目的是调节片纱张力，即根据筒子在筒子架上的不同位置，分别给予不同的附加张力，抵消因导纱状态不同产生的张力差异，使全片经纱张力均匀。

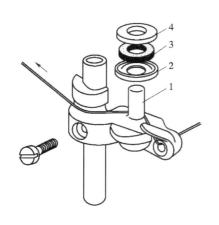

图 3-8 垫圈式张力装置

1—瓷柱 2—张力盘 3—毡圈 4—张力垫圈

普通整经机一般使用垫圈式张力装置，如图 3-8 所示，它安装在筒子架上。当纱线绕过瓷柱 1 时，其上所套的张力盘 2、毡圈 3 和张力垫圈 4 便对纱线加压，使其获得一定的张力。张力垫圈设有不同的重量规格，改变张力垫圈的重量便可达到调整整经张力的目的。毡圈起缓冲吸振作用，以减小因张力盘上下跳动而引起的张力波动。

图 3-9 为双柱压力盘式张力装置，它主要通过改变双柱压力盘之间的张力柱 4 的位置来改变纱线包围角，从而起到调节纱线张力的作用。

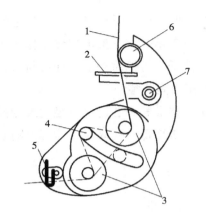

图 3-9　双柱压力盘式张力装置

1—纱线　2—挡纱板　3—压力盘　4—张力柱

5—导纱钩　6—立柱　7—调节轴

（三）断纱自停装置

断纱自停装置应该结构简单、工作灵敏，经纱一旦断头，能迅速发出停车信号。常用的断纱自停装置有电气接触式、光电式和静电感应电容式。

图 3-10 为电气接触式断纱自停装置，安装于整经机机头，其工作原理是：低压电路的一端通过墙板与断头自停装置的 U 形电极 1 连接，另一端与电极 2 连接，在电极 1、2 之间嵌入绝缘体 3，经纱 5 穿过金属停经片 4 上端的圆孔。在未出现纱线断头时，经纱张力使停经片处于悬挂状态，电极 1、2 间断路，整经机正常运转；纱线断头时，停经片下落，其内孔上方的

斜边将电极 1 和 2 接通，使自停开关器启动，整经机便停止运转。

图 3-11 为光电式断纱自停装置，它利用光电转换原理而工作，由发射器 1 发出的平行光束照到对侧的接收器 3 上，经纱 4 穿过停经片 2 上方的圆孔，每片停经片只穿一根经纱，停经片穿在停经铁条 5 上。当经纱未断头时，停经片在经纱张力作用下悬挂在光路上方，光束直射到接收器内部的光敏管上，光敏管把光信号转换成高电位信号。当经纱发生断头时，停经片落下挡住光束，光敏管便输出低电位信号，低电位信号经运算放大器的放大，输出足够大的工作电压，经反相器使振荡器起振，再由脉冲变压器输出正脉冲触发信号，使执行器中的可控硅导通，电磁铁闭合，发动关车。

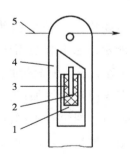

图 3-10　电气接触式断纱自停装置

1—U 形电极　2—电极　3—绝缘体　4—停经片　5—经纱

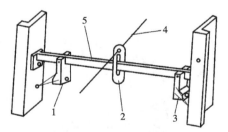

图 3-11　光电式断纱自停装置

1—发射器　2—停经片　3—接收器

4—经纱　5—停经铁条

（四）分批整经机机头部分

1. 经轴传动装置

（1）间接传动。用圆柱形滚筒摩擦传动经轴，是维持整经线速度恒定的最简单的传动方

式。交流电动机通过带传动使滚筒恒速转动，整经轴置于导轨上并受水平压力的作用紧压在滚筒表面。由于滚筒的表面线速度恒定，所以整经轴亦以恒定的线速度卷绕纱线，达到恒张力卷绕的目的。优点是：结构简单、启动缓和，能避免开车时因经纱张力突然增加而造成大量断头，但是，它不能适应高速整经，因为在快速启动和制动时，经轴由于自身的回转惯性而在滚筒表面打滑，使纱线遭受额外的摩擦而易损伤，并造成测长不准。

（2）直接传动。整经机的经轴两端为内圆锥齿轮，它工作时与两端的外圆锥齿轮啮合，接受传动。采用经轴直接传动后，为了获得恒定的整经线速度，需随着经轴卷绕直径的增大，逐渐降低经轴的转速。常用的变速方法有直流电动机调速、交流电动机变频调速、液压无级变速器调速等。

2. 制动装置　整经机制动装置的作用是在经纱断头或经轴满轴时，使经轴或传动经轴的滚筒迅速制停，从而避免因断头卷入而引起的缺经和因一批经轴的经纱长度不等而造成的回丝浪费。对于新型高速整经机，除经轴制动外，还需对压辊、测长辊进行制动，而且要求三者同步制动。整经机制动装置一般可采用钢带式、内胀环式、圆盘钳制式和电磁式等形式。

内胀环式摩擦制动装置（图3-12）广泛用于普通整经机和高速整经机上，在制动时，迫使胀环3向外张开，使其上的摩擦片2同制动盘1相接触，利用摩擦作用使滚筒停转。其按加压性质分，有机械凸轮加压［图3-12（a）］和液压（或气压）加压［图3-12（b）和（c）］两类；按结构形式分，有可逆转式［图3-12（a）和（b）］和不可逆转式［图3-12（c）］两类。所谓"可逆转式"，即制动盘不论正转还是反转，胀环对制动盘的制动力矩保持不变；而"不可逆转式"则当制动盘做反向转动时，胀环对制动盘的制动力矩将显著降低，不过在相同的结构参数和加压力下，不可逆转式做正向转动时的制动力矩较可逆转式的制动力矩要大得多。

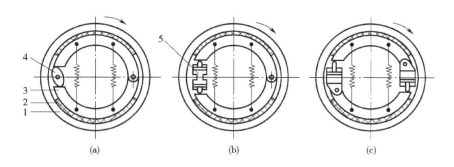

图3-12　内胀环式摩擦制动装置

1—制动盘　2—摩擦片　3—胀环　4—凸轮　5—液压缸或气压缸

3. 经轴加压装置　整经时必须对经轴施加一定的压力，以达到工艺所要求的卷绕密度，并使经轴表面平滑圆整、内外密度均匀、松紧适度。常用的经轴加压装置有悬臂式重锤加压和压辊式液压加压等。

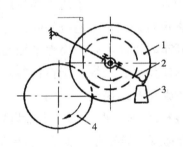

图3-13　悬臂式重锤加压装置
1—经轴　2—经轴臂　3—加压重锤　4—滚筒

（1）悬臂式重锤加压装置。如图3-13所示，经轴1安置在经轴臂2的轴承内，经轴臂的头端挂有加压重锤3。经轴本身连同经轴臂和加压重锤构成一个加压系统，压向滚筒4，滚筒对经轴的反作用力即为经轴所受的加压力。加压力的大小主要取决于经轴自重和加压重锤对经轴臂铰支点的合力矩大小。显然，随着经轴卷绕直径的增加，不仅经轴重量逐渐增大，而且经轴和加压重锤对经轴臂铰支点的力臂也在逐渐增大，因此，在空轴到满轴的整经全过程中，经轴所受的加压力是逐渐增加的，虽然可通过及时调节加压重锤的重量来改善加压力的增大趋势，但不能完全保持加压力的恒定，这是悬臂式重锤加压装置的缺点。

（2）压辊式液压加压装置。三种常见的压辊式液压加压装置如图3-14所示。压力油进入油缸的加压腔，推动活塞，再通过摆杆［图3-14（a）、（b）］或滑块［图3-14（c）］，使压辊2压向经轴1，从而对经轴加压。压辊式液压加压装置，按压辊的根数分为单压辊式［图3-14（a）和（c）］和双压辊式［图3-14（b）］两类。单压辊的轴向长度等于经轴幅宽；双压辊则采用两根轴向长度均短于经轴幅宽的压辊，利用它们沿轴向的不对齐伸缩排列，可以很方便地实现对不同幅宽的经轴的全幅加压。

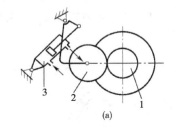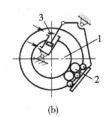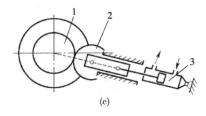

（a）　　　　　　　　（b）　　　　　　　　（c）

图3-14　压辊式液压加压装置
1—经轴　2—压辊　3—油缸

压辊式液压加压装置的优点是：加压力与卷绕过程中经轴的重量的变化无关，从而能在空轴到满轴的整经全过程中保持加压力恒定；经轴刹停时，能迅速完成压辊回退、离开经轴的动作，从而避免对经纱的意外损伤。为了进一步避免这样的损伤，近代整经技术还采用经轴与压辊同步制动等技术。

显然，压辊式液压加压装置优于悬臂式重锤加压装置，是一种比较理想的加压方式。但这种加压装置的压辊要占据一定的空间位置，影响了它在滚筒摩擦传动经轴整经机上的应用，所以仅用于经轴直接传动的整经机上，并可利用图3-14（a）和（c）中的大直径单压辊，作为经轴直接传动调速装置的测速元件，或作为计长装置的测长元件。

4. 计长和满轴自停装置　计长和满轴自停装置的作用是测定并指示出经轴上的绕纱长度。当经轴绕满工艺规定的经纱长度时，发出整经机停机信号。常用的计长和满轴自停装置有机械式和电子式两种。

图 3-15 是一种数字盘机械式计长和满轴自停装置传动轮系，在滚筒轴 3 的左端装有传动齿轮 Z_1，再经齿轮 Z_2 和链轮 Z_3、Z_4 传向齿轮 Z_5、Z_6。齿轮 Z_6 活套在计长表 1 的主轴 2 上，从而将滚筒表面转过长度输入计长表。假设滚筒与经轴之间没有相对滑移，则 Z_6 每转一圈，经轴的绕纱长度 L 为：

$$L = \frac{Z_6 Z_4 Z_2}{Z_5 Z_3 Z_1} \times \pi D$$

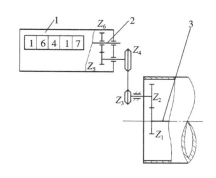

图 3-15　数字盘机械式计长和满轴自停
装置传动轮系
1—计长表　2—主轴　3—滚筒轴

式中：L——经轴绕纱长度，mm；

　　　　D——滚筒直径，mm；

　　$Z_1 \sim Z_6$——齿轮齿数。

L 值的大小取决于各齿轮齿数及滚筒直径 D。设 $Z_1 = 64$，$Z_2 = 40$，$Z_3 = 14$，$Z_4 = 28$，$Z_5 = 12$，$Z_6 = 24$，$D = 509.6$mm，则 $L = 4$m。

第三节　浆纱机

在织造过程中，经纱要承受多种力的作用，发生复杂的变形。

（1）开口运动时，经纱在综眼处弯曲成折线，发生与梭口高度平方成正比的伸长，经纱在综眼内滑移，产生摩擦；开口运动中上下经纱升降交替时，相互间还发生剧烈的摩擦。

（2）引纬运动时，有梭织机的梭子以梭口为依托，在其间穿行摩擦，尤其是进出梭口时对边部经纱有很大程度的挤压，引起弯曲、伸长和摩擦；无梭织机的导纬部件对经纱也有相当大的摩擦。

（3）打纬运动时，梭口前部的经纱受往复运动的筘齿摩擦；由于织缩的原因，筘齿与边部经纱的挤压摩擦作用更为剧烈；在织口打纬区中，每次打纬引起的前后移动，都会增加经纱与综眼的摩擦。

当外界负荷超过纱线的弹性极限和断裂强度时，纱线的结构即遭到破坏而解体，导致纱线断裂。为减少经纱断头，在织前准备过程中使用某些特制的浆液涂于经纱表面，为经纱上浆，以提高纱线的抗拉强度和抗摩擦能力。上浆以后，一部分浆液渗透到纱线内部的纤维之间，使纤维互相黏结，增加了纤维间的抱合力，提高了纱线的抗拉强度；一部分浆液被覆在纱线表面，使松散突出于纱线表面的纤维绒头贴服在纱线上，这层浆液经烘干后形成一层称为浆膜的坚韧薄膜，增强了纱线的耐磨性。

浆纱工序包括调浆和上浆两部分。调浆前首先要根据经纱情况和织物品种合理地选用浆料，确定浆液配方和适宜的上浆率，然后进行浆液的调制。上浆就是把一定数量的浆液黏附在经纱上，经烘燥后形成浆膜。

一、浆纱机分类

按原纱品种分，有短纤纱、长丝和色纱用三种浆纱机。目前欧美各国趋向长丝、短纤纱共用一种机型，而通过采用标准系列单元的不同组合来满足各品种的要求；按烘燥方式分，有热风式、烘筒式及热风烘筒联合式三种浆纱机；按上浆方式分，有单浆槽和多浆槽、单浸单压、单浸双压和双浸双压等浆纱机。加压机构的形式有机械式、液压式和气动式等。

按工艺过程分类，大致有以下几种。

1. 轴经浆纱机　这是浆纱机中最基本的类型，是将若干个经轴上的经纱先并合后再进行上浆、烘燥，而后绕成织轴。这种方式适用于短纤纱、有捻长丝及织物经纱密度低且大批量生产的经纱上浆，是目前国内应用较广泛的一种浆纱机。

2. 单轴浆纱机　将整经后的经轴单个进行上浆，在烘燥、卷绕后再通过并轴机并成织轴，适用于小批量色织物的经纱或特种纱线的上浆。

3. 整浆联合机　在整经的同时进行上浆、烘燥并绕成分轴，然后再将若干个分轴由并轴机按要求重新卷成织轴。这类浆纱机的供纱方法有两种：一是直接由筒子架供给；另一种则由整经机卷取的经轴供给。

4. 分条整浆联合机　采用筒子直接供纱，在分条整经机筒子架前使经纱上浆、烘燥，最终卷绕成织轴。它适用于较大批量色纱的经纱上浆。

5. 染浆联合机　又称染浆一步法，机上设有染漂槽和浆槽，经纱通常先染色后上浆，实现染浆工艺的联合。

6. 溶剂浆纱机　经纱自经轴引出后，进入密封良好的溶剂浆槽中浸渍，将溶解在挥发性有机溶剂（如四氯乙烯或三氯乙烯）中的浆料涂于经纱上，经压浆后再将纱片分层引向热风烘房，使溶剂挥发，随后与两个烘筒接触进行最后烘干，再经双面上蜡并冷却后绕成织轴。

7. 熔融上浆机　利用熔融状态的聚合物浆料均匀涂布在经纱表面，经冷却凝固后即能完成上浆工艺，不需烘燥，可适用于合纤长丝的上浆。

二、浆纱工艺流程

（一）热风式浆纱机的工艺流程

图3-16所示为国内应用较普遍的热风喷射式浆纱机的工艺流程。经纱从若干只经轴1上退绕引出和并合后，在引纱辊4的拖引下进入浆槽5内，出浆槽后由湿分绞棒10进行湿分

绞，然后进入烘房 11。湿浆纱经热风喷射后大部分水分被汽化，使浆纱达到规定的含水率并在表面形成浆膜。被烘干的浆纱受到车头拖引辊 18 的牵引，出烘房后，卷绕在织轴 20 上。排气管 21 将烘房内和浆槽上方的湿气排向室外。这类浆纱机适用于 9.5~58tex 的纯棉及棉与化纤混纺纱的上浆，其烘房的烘燥能力与烘筒烘燥相比较，效率较低，随着生产技术的发展，将逐渐被淘汰。

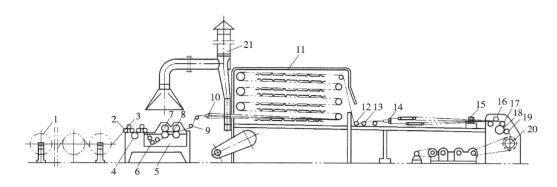

图 3-16　热风喷射式浆纱机工艺流程

1—经轴　2，9，13，19—导纱辊　3—张力补偿辊　4—引纱辊　5—浆槽　6—浸没辊

7，8—上浆、压浆辊　10—湿分绞棒　11—烘房　12—张力调节辊　14—分纱棒　15—伸缩筘

16—平纱辊　17—测长辊　18—拖引辊　20—织轴　21—排气管

（二）烘筒式浆纱机的工艺流程

图 3-17 所示为烘筒式浆纱机工艺流程。经纱从经轴 1 引出，进入浆槽 8 中上浆，经纱在拖引辊 12 的拖引下引出浆槽后，经过湿分绞棒 7，进入预烘房 9 和烘房 10 以达到所需的回潮率，最后被卷绕到织轴 14 上。烘筒式浆纱机的烘燥效率高，浆纱速度快，品种适应性也较强，在欧美国家应用较广泛。

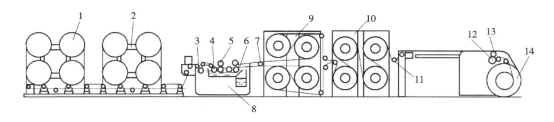

图 3-17　烘筒式浆纱机工艺流程

1—经轴　2—经轴架　3—引纱辊　4—浸没辊　5—压浆辊　6—上浆辊　7—湿分绞棒

8—浆槽　9—预烘房　10—烘房　11—张力辊　12—拖引辊　13—测长辊　14—织轴

（三）热风烘筒联合式浆纱机的工艺流程

国产 GA301 型双浆槽联合式浆纱机的工艺流程如图 3-18 所示。经纱自双层抽架上引出，

分两层进入上下两个浆槽。两层纱片出浆槽后分别经湿分绞棒 6 平行进入热风预烘烘房 7，烘房内由喷嘴将热空气喷射到湿浆纱表面，以初步形成浆膜，再进入烘筒烘房，由烘筒 8 预烘，随后合并为纱片，由四只烘筒 9 烘燥，达到工艺要求的回潮率。

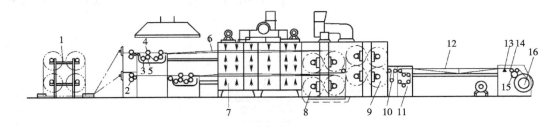

图 3-18　双浆槽联合式浆纱机工艺流程

1—双层轴架　2—引纱辊　3—浸压辊　4—压浆辊　5—上浆辊　6—湿分绞棒　7—热风预烘烘房　8—预烘烘筒
9—烘燥烘筒　10—张力辊　11—双面上蜡装置　12—分纱棒　13—伸缩筘　14—测长辊　15—拖引辊　16—织轴

三、浆纱机的主要机构

（一）经轴架

经轴架简称轴架，用来放置经轴，位于浆纱机的后方。经纱从若干经轴上引出合并，以达到工艺要求的总经根数。根据品种需要，轴架上最多可配置 12 ~ 16 只经轴，具体用量要根据整经根数和总经根数确定。经轴架的设计要求如下。

（1）经纱退绕时，经轴回转灵活，退绕张力小而均匀。

（2）便于实现退绕张力的自动控制，经轴制动稳定可靠，在浆纱机减速或制动时经轴不产生惯性回转而引起经纱松弛、紊乱。

（3）轴架宽度可调，以适应不同品种的要求。

（4）操作方便，占地面积小。

（二）上浆装置

上浆装置的作用是让经纱按规定的浸浆路线通过浆槽，使浆液浸透纱线并黏附于其上，再经过压浆辊挤压出多余的浆液，使被覆量与浸透量达到所需比例，获得一定的上浆率。上浆装置主要包括浆槽、引纱辊、浸压辊、循环浆箱、湿分绞及排湿气等部分。

纱线上浆一般采用单浸单压、单浸双压、双浸双压和沾浆等方式，如图 3-19 所示。

图 3-20 为一种双浸双压上浆装置的工艺流程。纱线由引纱辊 1 引入浆槽，第一浸没辊 2 把纱线浸入浆液中吸浆，然后经第一上浆辊 3 和第一压浆辊 4 浸浆压浆，将纱线中空气压出，部分浆液压入纱线内部，并挤掉多余浆液。此后，又经第二浸没辊 5、第二上浆辊 6 和第二压浆辊 7 做再次浸浆与压浆。通过两次逐步浸、压的纱线出浆槽后，由湿分绞棒将其分成几层（图中未画出），再进入燥房烘燥。蒸汽从蒸汽管 8 通入浆槽，对浆液加热，使其维持一

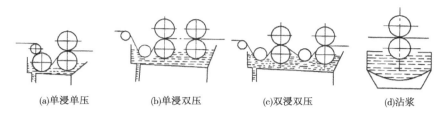

(a)单浸单压　　　(b)单浸双压　　　(c)双浸双压　　　(d)沾浆

图 3-19　浸压方式

定温度。循环浆泵 9 不断地把浆箱 10 中的浆液输入浆槽，浆槽中过多的浆液从溢流口 11 流回浆箱，保持一定的浆槽液面高度。

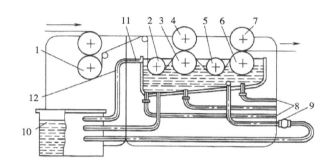

图 3-20　双浸双压上浆装置的工艺流程

1—引纱辊　2—第一浸没辊　3—第一上浆辊　4—第一压浆辊　5—第二浸没辊　6—第二上浆辊
7—第二压浆辊　8—蒸汽管　9—循环浆泵　10—浆箱　11—溢流口　12—溢流管

（三）烘燥装置

烘燥装置的任务是去除湿浆纱上的多余水分，达到工艺要求的回潮率，固化浆纱上黏覆的浆液，使其形成黏结内部纤维、贴伏表面毛羽的浆膜。

对烘燥装置的要求是提高烘燥效率，减少能量消耗，充分利用热能，降低生产成本；烘房内各导纱机件安装平、直，回转灵活，烘筒采用积极传动，尽量减少对经纱弹性的损伤；烘房的排湿、隔热性能良好，保障工人的操作环境；结构简单，操作方便。

1. 热风式烘燥装置　热风式烘燥属对流加热法或对流烘燥法，它利用加热的空气吹向浆纱表面而传递热量，从浆纱中汽化出来的水分，也由热蒸汽带走。普通热风式烘房已淘汰。

图 3-21 是国内普遍使用的热风喷射式烘房简图。湿浆纱由导纱辊 13 引进烘房，经过导纱辊 6 和导纱笼 10 的反复引导，并多次受到由喷嘴 8 以 10m/s 的高速喷射出的干燥热空气的作用，从而逐渐被烘干，最后由活动门 7 经张力导纱辊 5 引向卷绕装置。设在烘房后下侧的离心式通风机 2 将空气吸入，通过风道送进蒸汽散热器 3，加热到 120℃ 左右。随着水分的汽化，空气的湿度不断增大，大部分热湿空气再同新鲜空气混合，送进加热器加热回用；少量

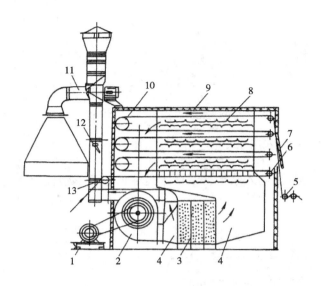

图3-21　热风喷射式烘房

1—电动机　2—离心式通风机　3—散热器　4—风道

5—张力导纱辊　6、13—导纱辊　7—活动门　8—喷嘴

9—隔热层　10—导纱笼　11—排风管　12—调节风门

的热湿空气则由排风管11排出烘房。热风喷射式烘燥加热均匀，纱线圆整度好，粘连少；缺点是烘燥效率低，纱线意外伸长大，断头难处理，烘房复杂。

2. 烘筒式烘燥装置　烘筒式烘燥装置是以热传导为主的烘燥装置，通常由7只、9只、11只、13只金属烘筒组成，筒内腔充满高压蒸汽。湿浆纱直接包覆在烘筒的灼热表面上，通过烘筒表面热量的传递使浆纱内所含水分不断被汽化，从而达到烘干的目的。烘筒式烘燥效率高，温度和经纱张力容易控制，烘房简单，其缺点是浆纱圆整度差，浆膜易撕破。

烘筒烘燥装置主要部件是烘筒，包括进汽接头、排冷凝水的虹吸管，还有烘筒传动机构、排气罩壳和必要的配件仪表等。

贝林格浆纱机的烘筒结构如图3-22所示。烘筒1的最大工作压力0.5MPa，一般工作压力0.35MPa。虹吸管2用来排放冷凝水，从柔性软管6流出，到冷凝水排放装置7排放，温度传感器探测头5插入旋转接头3（即密封压盖箱）检测烘筒温度，当烘筒冷却、内压太低时，外部空气可从真空阀4通入，避免烘筒损坏。

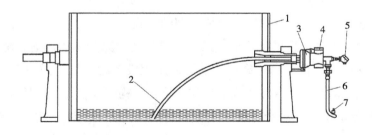

图3-22　贝宁格浆纱机的烘筒结构

1—烘筒　2—烘筒冷凝水及虹吸管　3—旋转接头　4—真空阀

5—温度传感器探测头　6—柔性软管　7—冷凝水排放装置

3. 热风和烘筒联合式烘燥装置　该烘燥装置主要有两种配置方式，一种是将热风烘房与烘筒分为两个区段，浆纱先经热风烘房，使其回潮率降低到40%～50%，然后再经烘筒烘燥；

另一种是以多烘筒为主，前加热风预烘装置，它与前者的区别是热风预烘装置仅把浆纱较小部分的水分蒸发掉，使它初步形成浆膜，以免浆纱发生相互粘并，大部分水分主要是依靠烘筒烘燥来蒸发，故烘筒表面必须采取防粘措施。

（四）车头装置

浆纱机车头部分由测湿、张力检测、上蜡、分纱、浆纱牵引、织轴卷绕及测长打印等装置组成，其主要作用是保证纱线排列均匀，纱片不偏斜；织轴卷绕张力均匀，松紧适度；打印计匹准确；落轴灵活，车速调节方便。

1. 张力装置　主要用来检测拖引辊与上浆辊或与烘筒之间浆纱片纱的张力大小和波动状况。如图3-23所示，张力辊12两端的轴承座安装在升降齿条上，同时又与弹簧11相连接，经纱5从张力辊下方绕过，当经纱张力变化时，在与弹簧力共同作用下使张力辊升降，经齿条带动齿轮，再通过链轮传动指针摆动，指示读数。

2. 上蜡装置　经纱上浆后，尤其上浆率较高时，为了增加浆膜的柔软性和耐磨性而采用上蜡工艺，同时能达到克服静电、增加光滑、开口清晰、减少断头及织疵的目的。

上蜡分为固体上蜡和乳液上蜡两种。图2-23所示是一种可对浆纱的正、反两面进行上蜡的装置，它与单面上蜡比较，具有涂蜡面积大、毛羽贴伏、浆膜软化等优点。

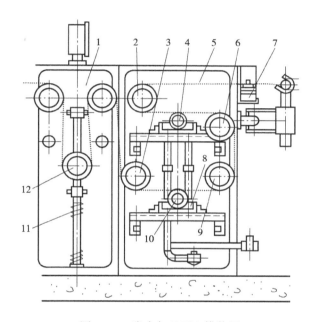

图3-23　张力与双面上蜡装置

1—张力装置　2，3，6，9—导纱辊　4，10—上蜡辊　5—经纱
7—打印装置　8—蜡槽　11—弹簧　12—张力辊

3. 分纱装置　该装置的作用是借助分纱棒分开浆纱，消除粘连。分纱棒也称分绞棒，其根数等于经轴数减1。图3-24所示为六只经轴，故采用A、B、C、D、E五根分纱棒。此外，还有1~6六根小分纱棒继续将六层纱分为十二层，提高了分纱效果，被称为"复分绞"，这种配置方式主要用于质量要求较高的品种。上蜡辊7是分绞的依托，为了避免分绞造成上层纱片托空，未能与蜡辊接触上蜡，通常用一根压纱辊8压在纱片上层，使纱片完成上蜡以后再分开。

（五）平纱辊、拖引辊、测长辊与布纱辊

如图3-25所示，平纱辊2和3采用偏心结构，每转动一周，就使纱片上下运动一次，起

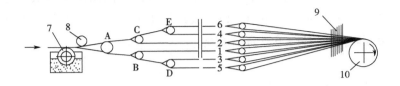

图 3-24　浆纱干分绞装置

A—中心绞棒　B，C，D，E—干分绞棒　1，2，3，4，5，6—复分绞棒

7—上蜡辊　8—压纱辊　9—伸缩筘　10—测长加压辊

到布平纱线、避免定点磨损伸缩筘以及清洁筘齿的作用；抬纱杆 7 仅在上机时使用。抬起抬纱杆 7，浆纱片不通过伸缩筘，待纱片排布均匀后放下抬纱杆，纱片落入筘齿中，进行正常卷绕。

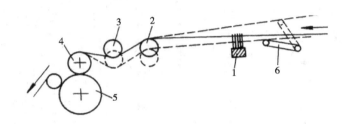

图 3-25　平纱辊及片纱抬起装置

1—伸缩筘　2，3—偏心平纱辊　4—测长辊　5—拖引辊　6—布纱辊

拖引辊 5 负责牵引全幅浆纱向前运动，是浆纱过程中纱线运动的动力源。传统浆纱机的拖引辊是由铸铁空心辊经车削外表面再包布后形成的，其直径是决定浆纱伸长率的主要因素之一。拖引辊的表面线速度大于上浆辊的表面线速度，以维持浆纱的一定张力。目前，新型浆纱机的拖引辊多用无缝钢管，外表面包覆橡胶。

测长辊 4 为空心辊，紧压在拖引辊表面，依靠摩擦回转，从而给测长打印装置提供计长信号。布纱辊 6 实际上是一个导纱辊，但兼有确定纱片对拖引辊的摩擦包角、分布纱线、提供织轴卷绕的功能。为此，在实际生产中，布纱辊应紧靠拖引辊。

第四节　穿结经

穿经的目的是按照织物组织的工艺要求，把织轴上的全部经纱依次穿过停经片、综丝和钢筘，如图 3-26 所示。停经片的作用是当经纱断头时发动织机停车；综丝的作用是使经纱能形成梭口，以便引入纬纱与经纱进行交织，同时按穿经顺序获得相应的织物组织；钢筘的作用是使经纱保持规定的密度和幅宽。

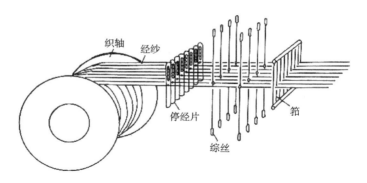

图 3-26　穿经示意图

如果了机织物与即将上机的织物的织物组织、幅宽和总根数完全相同，也可采用结经的方法，用自动结经机将新织轴上经纱与了机织轴上的经纱逐根打结，然后将结头拉过停经片、综眼和筘齿至机前，这种方法生产效率高，其应用也越来越普遍。

穿结经是穿经和结经的统称，是经纱准备的最后一道工序。穿结经工作除少数因经纱密度大、线密度小、织物组织比较复杂的织物还保留手工穿结经外，现代纺织厂里大都采用机械和半机械穿结经，以减轻工人劳动强度，提高劳动生产率。

一、穿经

手工穿经是在穿筘架上进行，由人工分经纱，用穿经钩［图 3-27（a）］勾取织轴上的经纱，拉过停经片和综丝的综眼，再用插筘刀［图 3-27（b）］将经纱穿过钢筘。

手工穿经劳动强度较大，生产效率低，每人每小时可穿 1000~1400 根经纱。手工穿经简便灵活，能适应任何织物组织，穿经质量高。

(a)穿经钩　　　　　　　　　　　　(b)插筘刀

图 3-27　手工穿经的工具

半自动穿经机是在手工穿经架上加装自动分经纱器、自动吸停经片器、自动插筘器，可代替手工穿经的部分操作，劳动强度低，效率高，质量高，生产中广泛使用。采用半自动穿经机，每人每小时可穿 1500~2000 根经纱。

自动分纱器的关键零件是螺旋分纱杆，结构如图 3-28 所示。它自右至左分成锥体区 1、特细螺纹沟槽区 2、第一道平槽区 3、较细螺纹沟槽区 4、第二道平槽区 5、细螺纹沟槽区 6、不等距螺纹沟槽区 7。当螺旋分纱杆向着纱片推进时，锥体区 1 首先使不整齐排列的纱片的张力增大；当纱片进入特细螺纹沟槽区 2 时，纱片在张力作用下，其不整齐排列被初步梳理整齐。

第一道平槽区 3 将初步梳理整齐的纱片进一步调整排列，以减少重叠纱；然后，较细螺纹沟槽区 4 和第二道平槽区 5 使纱片排列再次得到梳理；细螺纹沟槽区 6 则起精梳作用，最后由不等距螺纹沟槽区 7 将梳理后的纱片逐根分开。为了确保分纱有条不紊，在螺旋分纱杆前加装一根挡纱杆，以增加其包围角，防止已分理好的经纱滑出沟槽。

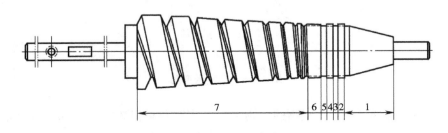

图 3-28　螺旋分纱杆

1—锥体区　2—特细螺纹沟槽区　3—第一道平槽区　4—较细螺纹沟槽区
5—第二道平槽区　6—细螺纹沟槽区　7—不等距螺纹沟槽区

二、结经

在有的织造厂，旧织轴了机后，将经纱在后梁处剪断，将新织轴的纱头与旧织轴的纱头由人工一一对结起来，然后将结头拉过停经片、综眼及钢筘，可以代替手工穿经，这种方法称为结经。自动结经机就是在这个基础上发展起来的。使用自动结经机，打结由结经机自动完成，每小时结经可高达 10000 根，劳动强度大大降低，具有广泛的应用前景。使用结经机，结经织物品种必须相同。由于织轴织造过程中有的经纱会变换位置，多次使用结经机会使经纱相互扭绞；另外，综、筘、停经片也需修理或更换。因此，目前一般使用三次接经机接经之后，改用手工穿经一次，以利于解决上述问题。

自动结经机的机构比较复杂，包括挑纱机构、前聚纱钳、压纱和剪纱机构、后聚纱钳、打结机构。各个机构的运动相互配合，首先将新旧经纱分为两层夹牢，打结时，挑纱针从上下纱层中各挑出一根经纱，交给推纱叉送到打结处。前后聚纱钳握住经纱，以确定其位置，然后夹纱器夹纱，剪刀剪去纱头，最后打结。

第五节　织机

织造过程是指两组纱线按一定的组织规律形成织物的过程，而织物是由两组相互垂直的纱线交织而成。实现织造过程所使用的机器称为织机。根据引纬方式的不同，织机可分为有梭织机和无梭织机两大类。

无梭织机的引纬方式多种多样，有喷射（喷气、喷水）、剑杆、片梭、多梭口（多相）引纬等。喷射引纬是利用气流和水流带引纬纱穿越梭口；剑杆引纬是运用刚性剑杆或挠性剑杆带夹持、导引纬纱；片梭引纬则是以带夹子的小型片状梭子夹持纬纱，投射引纬；多梭口引纬可以在织机上同时形成多个梭口，并用多个引纬器将纬纱引入梭口，是一种低速高效的引纬方法，前景较好。这些方法的基本特点是将纬纱卷装从梭子中分离出来，或是仅携带约相当于一次引纬长度的纬纱，以小而轻的引纬器代替大而重的梭子，相应降低梭口的高度，为高速引纬提供了有利条件；在纬纱的供给上，可直接采用筒子卷装，使织机摆脱了频繁的补纬动作，对于少出疵点、改进织物质量和提高织机的效率具有重要的意义。

织造织物时，织机需完成开口、引纬、打纬、送经、卷取等运动。开口机构完成开口运动，使经纱按一定规律分成上、下两片，形成梭口；引纬机构将纬纱引入梭口；打纬机构将引入梭口的纬纱打向织口；送经机构均匀地从织轴上送出具有一定张力的经纱；卷取机构将织成的织物按一定速率引离织口，并卷取织物。五个主要机构的运动统称为织机的五大运动。

此外，织造织物时，为了保证上述主要运动的顺利进行，预防织疵和工作机件的损坏，提高织造性能，织机上还设置有一系列辅助机构和装置，如启制动机构、织机传动机构、供纬（补纬、贮纬）机构、选色机构、织边机构、电气控制机构、经纱保护装置、找纬装置、织口控制装置、集中加油系统、喷水织机的抽吸系统或织物脱水系统、喷气织机的空气压缩站等。辅助机构不直接参与形成织物，但与主要机构配合，可以提高织物的产量和质量水平。

一、开口机构

在织前准备工序中，经纱按照穿综图的次序穿入综丝的综眼，并随综框、筘等一起送到织机上，当综丝随着综框升降时，整幅经纱便同时分为上下两层，形成一个能使梭子或引纬器、引纬介质通过的通道即梭口，以便引入纬纱；当纬纱引入以后，两层经纱开始闭合，再上下交替以形成新的梭口，如此不断反复循环，从而实现经、纬纱的交织。经纱随综框上下分开形成梭口的过程即为开口运动，开口机构的作用便是完成经纱的开口，同时还应根据织物上机图所设定的顺序，控制综框的升降次序，使织物获得所需要的组织结构。

织机主轴每转一周，经纱便形成一次梭口，每次经纱（综框）运动都要经历三个阶段。

（1）开口时期。两片经纱离开综平位置，上下分开形成梭口，直至梭口满开。

（2）静止时期。梭口满开后经纱（综框）有一段时间静止不动，以使引纬器有一定时间通过梭口。

（3）闭合时期。引纬器通过梭口后，经纱从梭口满开口位置返回综平位置，使梭口完全闭合。

上述三个阶段构成一个开口周期，并不断循环重复，使织造连续进行。在开口运动中，一般以综平位置作为初始时刻，称为综平时间或开口时间。

开口机构具有多种类型，以织制不同种类的织物，通常有曲柄连杆开口机构、凸轮开口机构、多臂开口机构、提花开口机构以及多相（多梭口）开口机构五种。

（一）凸轮开口机构

图3-29是织斜纹底灯芯绒的内侧式共轭凸轮开口机构。在综框下方装着凸轮轴9，轴上有多对共轭开口凸轮。每一对凸轮由主凸轮6和副凸轮8组成，控制一页综框。当主凸轮6与转子10的接触由小半径转向大半径时，便将转子杆11向左推动，通过提综杆1、5和连杆2、4使综框3在导轨内下降。这时副凸轮8与转子7的接触则是由大半径转向小半径，此后该副凸轮接触半径再由小变大时，主凸轮6与转子10的接触则由大半径转向小半径，将转子杆11向右推动，迫使综框在导轨内上升。这种结构的凸轮可按各种织物组织变化来设计，增加了织物的花色品种，并且它是无上梁结构，对操作和提高布面质量都有利。又由于这种内侧式开口机构的凸轮是在综框下方，故可减小占地面积，但在翻改品种时，调换凸轮的操作则不方便。

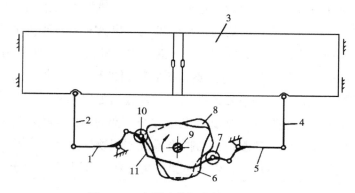

图3-29　内侧式共轭凸轮开口机构

1，5—提综杆　2，4—连杆　3—综框　6—主凸轮　7—转子　8—副凸轮　9—凸轮轴　10—转子　11—转子杆

（二）曲柄连杆式开口机构

连杆式开口机构是由许多刚性杆件采用低副连接而成的机构，由于连杆式开口机构的两机件之间为面接触，单位面积所受的压力较少，便于润滑，磨损较小，杆件制造、加工方便。但从动力学角度看，其有动态积累误差较大、惯性力难以平衡等缺点，妨碍了连杆开口机构在高速、重载方面的应用。另外，由于其综框的运动受各杆件长短、位置影响，可变参数多，分析较困难，综框运动规律较难选择。因此，该开口机构的设计计算比其他机构复杂。

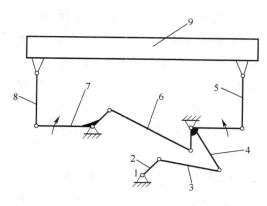

图3-30　四连杆开口机构

1—轴　2—曲柄　3，6，7—连杆
4—三臂杆　5，8—推综杆　9—综框

图3-30为四连杆开口机构，由曲柄2、连杆3、三臂杆4及机架组成。其运动情况为曲柄2绕轴1做整周转动，通过连杆3、4，带动推综杆5、8上下移动，使综框9上下运动。

（三）多臂开口机构

当纬纱循环数 R_W 大于 5 时，一般就要采用多臂开口。多臂机构适用于小花纹组织的织造，如提花府绸、床单、浴巾等，尤其适合织制各种毛料织物，通常其可控制的综框数为 8~20 页，多的可达 24~32 页。

图 3-31 所示为单动消极式多臂开口机构。拉刀 1 由织机主轴上的连杆或凸轮传动，做水平方向的往复运动。拉钩 2 通过提综杆 4、吊综带 5 与综框 6 连接。由纹板 8、重尾杆 9 控制的竖针 3 按照纹板图所规定的顺序上下运动，以决定拉钩是否为拉刀所拉动，从而决定与该拉钩连接的综框是否被提起。

环形纹板链的每一块纹板 8 可按要求植钉或不植钉，当植钉纹板转至工作位置时，竖针下降，则下一次开口为综框上升。反之，综框维持在下方位置。为保证拉刀、拉钩的正确配合，纹板翻转应在拉刀复位行程中完成。

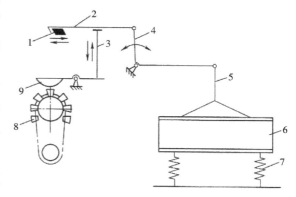

图 3-31　单动消积式多臂开口机构
1—拉刀　2—拉钩　3—竖针　4—提综杆　5—吊综带
6—综框　7—回综弹簧　8—纹板　9—重尾杆

多臂开口机构主要由提综执行和提综控制两大部分组成。提综执行部分包括提综装置和回综装置，通常由拉刀、拉钩等提综装置或再加上弹簧回综装置所组成；提综控制部分通常由信号存储器（纹板、纹纸或存储芯片）和阅读装置组成。

多臂开口机构按信号存储器和阅读装置可分为机械式、机电式和电子式三种。机械式机械结构较复杂，变换花纹图案要通过绘制意匠图、纹板打孔或植纹钉等一系列费时费力的准备工作；机电式多臂开口机构采用纹板纸作信号存储器，阅读装置通过光电系统探测纹板纸的纹孔信息（有孔、无孔）来控制电磁机构的运动，该电磁机构与提综装置连接，于是电磁机构的运动便转化成综框的升降运动；电子式多臂开口机构则以电磁方式控制综框的升降次序，改变织物花纹图案甚至只需选择需要的磁盘，将程序送入微机，翻改品种的控制处理过程只需几分钟。

（四）提花开口机构

提花开口机构是由综线控制经纱，可实现每根经纱独立上下运动，用于织制复杂的大花纹组织织物。提花开口机构由提综执行机构和提综控制机构两大部分组成，前者是由提刀、刀架传动竖钩，再通过与竖钩相连的综线控制经纱升降形成所需的梭口；后者是对经纱提升的次序进行控制，有机械式和电子式两种。机械式是由花筒、纹板和横针等实现对竖钩的选择，进而控制经纱的提升次序；电子式是通过微机、电磁铁等实现对竖钩的选择。

提花开口机构的容量即工作能力是以竖钩数目的多少来衡量的，竖钩数也称为口数。提花开口机构的常用公称口数有 100 口、400 口、600 口、1400 口……2600 口等，实际口数较公称口数略多。100 口的提花开口机构一般只用于织制织物的边字。

提花开口机构有单动式和复动式、单花筒和双花筒之分。复动式双花筒提花开口机构由于机构的运动频率较低，因此可适应织机的高速运转。

提花开口机构形成的梭口可分为中央闭合梭口、半开梭口和全开梭口三种。低速提花开口机构多采用中央闭合梭口和半开梭口，高速提花开口机构多采用全开梭口。

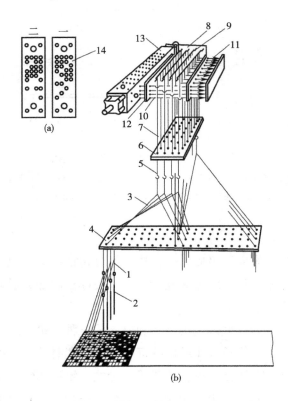

图 3-32　单动式提花开口机构

1—综线　2—重锤　3—通丝　4—目板　5—首线
6—底板　7—竖钩　8—刀箱　9—提刀　10—横针
11—弹簧　12—横针板　13—花筒　14—纹板

图 3-32 是单动式提花开口机构。所谓单动式是指提花开口机构的刀箱 8 在主轴一个回转内，上、下往复运动一次，形成一次梭口。

1. 提综装置　提综运动主要由刀箱、提刀和竖钩等完成。刀箱 8 是一个方形的框架，由织机的主轴传动而做垂直升降运动。刀箱内设有若干把平行排列的提刀 9，对应于每把提刀配置有一列直接联系着经纱的竖钩 7。竖钩的下部搁置在底板 6 上，并通过首线 5、通丝 3 与综丝 1 相连，经纱则在综丝的综眼中穿过。每根综丝的下端都有小重锤 2，使通丝和综丝等保持伸直状态，并起回综作用。

当刀箱上升时，如果竖钩的钩部在提刀的作用线上，就被提刀带动一同上升。把同它相连的首线、通丝、综丝和经纱提起，形成梭口上层。刀箱下降时，在重锤的作用下，综丝连同经纱一起下降。其余没有被提升的竖钩仍停在底板上，与之相关联的经纱则处在梭口的下层。

2. 选综控制装置　选综装置由花筒 13、横针 10、横针板 12 等组成。横针 10 同竖钩 7 呈垂直配置，数目相等，且一一对应，每根竖钩都从对应横针的弯部通过，横针的一端受小弹簧 11 的作用而穿过横针板 12 上的小孔伸向花筒 13 上的小纹孔。花筒同刀箱的运动相配合，作往复运动。纹板 14 覆在花筒上，每当刀箱下降至最低位置，花筒便摆向横针板。如果纹板上对应于横针的孔位没有纹孔，纹板就推动横针竖钩向右移动，使竖钩的钩部偏离提刀的作用线，与该竖钩相关联的经纱在提刀上升时不能被提起；反之，若纹板上有纹孔，纹板就不能推动横针和竖钩，因而竖钩将对应的经纱提起。刀箱上升时，花筒摆向左方并顺转 90°，翻过一块纹板。每块纹板上纹孔分布规律实际上就是一根纬纱对全幅经纱交织的规律。由于横针及竖钩靠纹板的冲撞而作横向移动，纹板受力大，寿命较短。

在提花开口机构上，一块纹板对应一纬的经纱升降信息。图 3-32（a）所示为第一、第二两块纹板的纹孔分布，这两块纹板代表了织物组织的第 1、第 2 纬的经纬交织状态。

提花开口机构中，竖钩的横向排列称为行，前后排列称为列。图 3-32（b）是 10 行 4 列的提花开口机构。行数和列数之积即为竖钩的总数，一般有 100 根、400 根……1600 根，俗称 100 口、400 口……1600 口。提花开口机构的工作能力即以此数来衡量。

单动式提花开口机构的刀箱在主轴一回转内上、下往复一次，底板与刀箱运动方向相反，也作一次上、下往复。可见，每次提综完成后，梭口上、下两层经纱必在中间位置合并，而后形成新的梭口。显然，单动式机构提刀的运动较为剧烈，不利于高速运转。

（五）多相开口机构

经向多相开口、引纬和打纬运动是在织造转子 5 上完成的，如图 3-33 所示。在织造转子 5 的圆周上均匀安装有 12 排开口片 1 和 12 排筘齿片 2，开口片在前，筘齿片在后，开口片和筘齿片分别排成梳齿状，开口片的凹槽还构成了引纬通道。引自织轴的经纱首先穿过经纱定位器的小孔（图中未标），再穿过筘齿片的间隙，然后由开口片形成梭口，由主喷嘴和备用喷嘴在其中四个通道上同时喷气将纬纱引入梭口。织造转子上的筘齿片起着钢筘打纬的作用，当纬纱飞行到接近终点时，其所在的梭口也运动到与织口相连的最后一个。随着引纬的结束，开口片逐渐下降，梭口逐渐闭合，下层经纱将纬纱从开口片的脱纱槽中托出，如图 3-34 所示。托出的纬纱被紧邻开口片的筘齿片 2 推向织口，完成与经纱的交织，形成织物。如果一根纬纱没有被完全引入，织机就会停车，以便清除剩余纱线。如果纱线断头发生在卷装和供纬器之间，织机会自动修复。

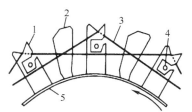
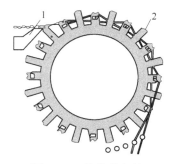

图 3-33　多相织机的开口机构　　　　　　　　　　图 3-34　筘齿片打纬

1—开口片　2—筘齿片　3—经纱　4—纬纱　5—织造转子　　　　1—托布板　2—筘齿片

经向多相织机上梭口的形成受经纱定位器和织造转子的影响。经纱定位器的最小位移决定了经纱的位置。经纱定位器是轴向平行的，该定位器靠近转子。经纱定位器的根数由经密而定。每根经纱穿过经纱定位器中的一只小孔。经纱定位器很轻，其总动程仅 10mm，可非常快地往复运动，所以对系统的动力学特性要求很高。经纱定位器分为机械式和机电式。

机械式经纱定位器是通过凸轮滚筒驱动的，对于标准设备，经纱定位器的轴向运动受与凸轮滚筒的偶联作用的影响，凸轮滚筒的转动和织造转子是同步的。如果织物花型变化，凸轮滚筒也必须更换。尽管这种方式通常不会产生问题，但是若用机电方法代替纯机械凸轮滚筒，可以提供更高的灵活性。

机电式驱动系统包括经纱定位器、带功率放大器的伺服电动机、具有升降作用的液压伺服滚筒、测量位置和电流的传感器、具有数字控制器的 DSP 卡（数字信号处理器）及通信用主机。

多相织机生产等量织物，能源消耗可降低 40% 以上；车间占地面积和用工大量减少；噪声约降低一半；采用机内经纱工作区直接空调以及机内废纱、飞花及热污空气直接处理，显著降低空调费用，大大改善车间环境。采用最新计算机硬件和控制软件，可直接在机上与互联网连接；手触式终端显示屏使操作方便容易；总体织造成本比单相喷气织机节省 25% 以上。

二、引纬机构

引纬是以引纬器或高速射流将纬纱引入梭口，与经纱形成交织。随着织机车速的提高，在引纬过程中，引纬器或高速射流需要在很短时间内准确平稳地穿越整个梭口，因而给引纬运动带来难度。引纬机构是织机的核心部件。

（一）有梭引纬机构

有梭引纬机构由两部分组成：一部分是投梭机构，作用是对梭子进行加速，使梭子获得一定的速度，带引纬纱穿越梭口；另一部分是制梭缓冲机构，用来吸收梭子穿出梭口进入梭箱后的剩余动能，将梭子制停在规定的位置上。引纬机构在织机的两侧各有一套，以实现从布幅两侧轮流投梭。

图 3-35 所示是一种常见的下投梭机构。在织机的中心轴 1 上固定了装有投梭转子 3 的投梭盘 2。中心轴回转时，投梭转子在投梭盘的带动下，打击投梭侧板 5 上的投梭鼻 4，使投梭侧板头端绕侧板轴突然下压，通过投梭棒脚帽 6 的突嘴使固结在其上的投梭棒 7 绕十字炮脚 10 的轴心做快速的击梭运动。投梭棒快速摆动，借助活套在其上部的皮结 8 将梭子 9 射出梭箱，飞往对侧。梭箱是击梭和制梭阶段梭子运动的轨道。十字炮脚固定在织机摇轴上（图中未标出），因此投梭棒能够随同筘座 25 一起前后摆动。击梭过程结束之后，投梭棒在投梭棒扭簧11的作用下回退到梭箱外侧。在投梭棒打击过程中，当梭子达到最大速度后便脱离皮结进入自由飞行阶段。

（二）剑杆引纬机构

剑杆引纬是以剑杆作为引纬器，剑杆的剑头握持纬纱，使纬纱从储纬器（或筒子）上退

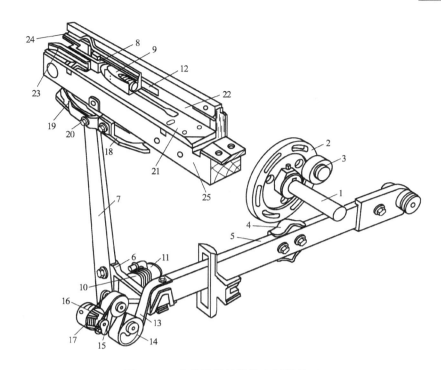

图 3-35 有梭织机的投梭和制梭装置

1—中心轴 2—投梭盘 3—投梭转子 4—投梭鼻 5—侧板 6—投梭棒脚帽 7—投梭棒 8—皮结 9—梭子

10—十字炮脚 11—扭簧 12—制梭板 13—缓冲带 14—偏心轮 15—固定轮 16—弹簧轮 17—缓冲弹簧

18—缓冲皮圈 19—皮圈板簧 20—调节螺母 21—梭箱底板 22—梭箱后板 23—梭箱前板 24—梭箱盖板 25—筘座

解下来，并穿越梭口。在剑杆引纬过程中，纬纱受到剑杆的剑头握持，引纬稳定可靠，适应不同的纱线，可织造轻型、中型、重型织物，尤其是纬纱选择（选色）性能好，纬纱选择数可多达 16 种，在织制多色纬织物方面优势显著。剑杆织机广泛应用于色织、毛织、装饰类织物及特种工业用织物，是无梭织机中应用面最广的织机。

从剑杆的材料特性上看，有刚性剑杆与挠性剑杆之分，这也是剑杆引纬的主要分类。

挠性剑杆织机大都采用夹持式剑头，其剑杆是可以弯曲的挠性剑杆带，引纬过程如图 3-36 所示。剑轮 1 作往复转动，使剑杆带作进出梭口的运动，进行引纬。

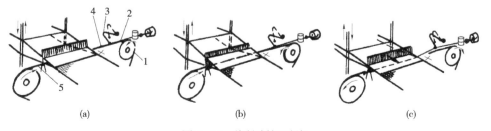

(a)　　　　　　　　(b)　　　　　　　　(c)

图 3-36 挠性剑杆引纬

1—剑轮 2—送纬剑 3—选色杆 4—剪刀 5—接纬剑

挠性剑杆带一般由钢带、尼龙带或复合材料带制成，大多冲有齿孔，但钢带、碳素纤维带不冲齿孔，直接由压轮将剑杆带与剑轮（无齿）压紧，剑带一端与剑轮固结，由剑轮的往复转动驱动剑杆带做引纬往复运动，这类挠性剑杆带的刚性好，在引纬时像刚性剑杆一样可以悬在梭口中运动而不与上下层经纱接触，因此在箔座上不需装导剑钩（片），从而减少了对经纱的摩擦，也能很好地适应织制经密织物。不过，钢质剑带需涂介质润滑，虽很少，但也会给织物带来一定污染，目前已趋淘汰；而碳素纤维带一般不需介质润滑，目前应用看好。

1. 纬纱的控制　剑杆引纬过程中纬纱的路径自纬纱筒子起，到纬纱头出梭口止，在各个位置上对纬纱均有一定的要求，需对其进行控制。

（1）纬纱退绕。剑杆引纬一般配用储纬器（高速无梭织机均是如此），从筒子上退绕的纬纱先绕到储纬鼓上，再从储纬鼓上引出，保持退绕直径不变，以有效减小纬纱张力的长片段波动。

（2）纬纱拾取。送纬剑在进梭口之前要拾取纬纱，这时因剑头已具有一定的速度，故将对纬纱产生一定冲击而形成纬纱首个张力峰值。

（3）纬纱交接。纬纱的交接是双剑杆引纬的关键，若交接失误，引纬即告中断。交接时，接纬剑伸入送纬剑内，其钩尖越过送纬剑上的纬纱圈后，即向后退，钩住并夹持纬纱，完成交接。顺利交接的条件主要有两方面：一是送纬剑头的纱圈不松弛，以免影响交接的正确位置；二是交接时，两剑的相对速度不能过大，以防钩断纬纱。

常用的纬纱出梭口时的控制方法是，在出口侧布边外侧另加一组假边经纱，由独立作平纹运动的一组综丝控制，在接纬剑即将出梭口前，假边经纱就提早闭口，而后在释放纬纱时，已经交错而重新开口的假边经纱就将纬纱尾端夹住，防止纬纱松弛。

2. 剑杆引纬的构件

（1）剑头。剑头的任务是夹持并带引纬纱穿越梭口。送纬剑剑头的作用是在进梭口前拾取并握持纬纱，还要在其纱夹的后侧架空一小段纬纱，作为供喂段，以便接纬剑勾取；接纬剑头的作用是勾取并夹持纬纱，引出梭口后在开剑板的作用下释放纬纱。剑头的外形是两端尖、中间隆起的流线型，以便顺利进出梭口。夹持纱线的压力由弹簧产生，按纱线品种可作调整。

（2）剑杆。刚性剑杆应由轻而强的材料制成，可采用铝合金杆（管）、薄壁钢管及碳素纤维或复合材料剑杆，后者质轻而刚性好，但价格昂贵。

目前，挠性剑杆多采用多层复合材料制成，它是以多层高强长丝织物为基体，浸渍树脂层压而成，表面被覆耐磨层。一般厚 2.5~3mm，宽 16~32mm。剑带在工作时要经受反复的弯曲变形，要求弹性回复性能好，在梭口内行进时保持挺直，以保证剑头运动准确，防止交接失误；还要求耐磨，有足够的强度，在工作寿命期（为半年至一年）内，带边不破损，表面不起皮，带体不分层，不断裂。

（3）剑轮。剑轮往复转动，传动挠性剑带进出梭口。高速引剑时要求剑轮轻，而且有足够强度，材料可用铝合金，更多的则是用高强度塑料，如尼龙，并以石墨、碳纤维充填增强。剑轮的直径一般为 200 ~ 300mm，轮齿与剑带孔两者的节距应相互配合。

（4）导向器件。剑带在梭口中的导向器件起到两方面的作用，一是稳定剑头和剑带在梭口中的运动；二是托起剑带，减少剑头、剑带与经纱的摩擦。

3. 传剑机构 传剑机构主要有凸轮驱动和连杆驱动两大类型。凸轮传剑机构的运动规律可以按需要设计，灵活性较大。但凸轮动程较小，传剑系统增速比很大，导致其构件刚性与运动链配合制造精度要求高。连杆传剑机构结构较简单，传剑系统增速比适中，制造较容易，经过优化，也能设计出较理想的运动规律。这两种类型的传剑机构在高速剑杆织机上均有应用，其中连杆传剑引纬机构特别是空间连杆传剑引纬机构应用更多。

（1）空间曲柄摇杆式传剑。Picanol 公司的 GTM 型剑杆织机采用凸轮打纬，并配用分离筘座，筘座在后心停顿 220°，由空间连杆机构完成主轴和剑轮轴两空间垂直轴间的传动，传剑机构如图 3-37 所示，由打纬共轭凸轮轴 1 传动的曲柄 2（AB）、叉杆 3（BC）和摇杆 4（CD）组成的空间曲柄摇杆机构将运动传递给平面双摇杆机构 DEFG，后者中的扇齿轮 6 的运动，经小齿轮 7 和剑轮 8 放大，使剑杆获得往复的直线运动。这种形式与 Rüti 公司的 F2001 型剑杆织机的传剑机构相同，它们的放大比受传动和结构的限制，不能太大，故须采用较大的剑轮直径。这类传剑机构改变剑杆动程时，在中央的剑头交

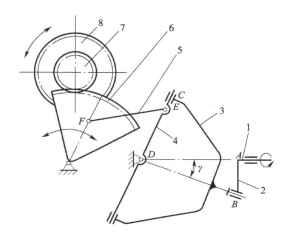

图 3-37 空间曲柄摇杆传剑机构

1—打纬凸轮轴 2—曲柄 3—叉杆 4—摇杆
5—连杆 6—扇齿轮 7—小齿轮 8—剑轮

接点可以不变，故调节相当方便；且其结构紧凑，传动链短，虽是空间连杆机构，但用的全是转动副，机件加工方便，成本较低；另外，其加速度曲线的形状类似梯形，峰值小，运动平稳，特性好，这是该类机构一大特点。

（2）螺杆式传剑。Vamatex 织机采用分离筘座，利用变螺距螺杆机构完成两垂直交错轴线的传动，具有传动链短、结构紧凑、占地面积小的特点，如图 3-38 所示。

主轴通过同步带直接驱动曲柄 1，经过连杆 2 使由壳体和滚子组成的滚子螺母 4 产生往复运动，螺母的一对滚子与螺杆 5 的螺旋面相啮合，形成螺旋副。螺母的直线往复运动可直接变为不等距螺杆的不匀速回转摆动，最后通过剑轮的放大作用，带动剑带运动。传剑机构的基本参数是：曲柄最长为 120mm，调节曲柄长度可得到剑带需要的动程；连杆长 340mm；剑轮分度圆直径为 248.54mm，曲柄中心与螺杆轴线的偏距 e 为 15mm；螺杆中径 d 约为 46mm，

平均螺距 h 为 96mm 左右。

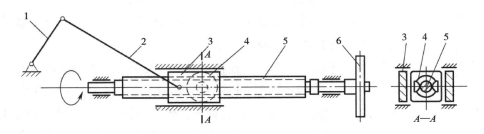

图 3-38　螺杆式传剑机构

1—曲柄　2—连杆　3—滑座　4—滚子螺母　5—变螺距螺杆　6—剑轮

　　由于机构的运动特性，这种剑杆进足时加速度为零，其优点是在交接纬纱时，可使剑带不产生惯性伸长，送、接纬剑相对速度小，有利于稳定、可靠地交接纬纱，这是靠变螺距设计来达到的。因螺旋副的传动效率较低，将滑块螺母设计成滚动摩擦，并辅以油浴润滑，以补救这个缺陷。应该指出，在非满幅织造时，调短曲柄，剑杆动程缩小，达不到最大值，剑杆进足时的加速度就不能为零，加速度数值的大小取决于筘幅变化的多少，所以织机在不同筘幅时，所获得的交接运动特性是不同的。变螺距螺杆的实质是一种特殊的凸轮，其空间曲面设计和加工是本机构的难点。

　　（三）喷气引纬机构

　　喷气引纬的介质是空气，由于气体的质量远小于水、剑杆头和片梭，喷气织机就体现出速度高、入纬率高的特点，成为四种无梭织机中速度最高的织机。但喷气织机需要解决以下问题：引纬必须设有定长装置，否则每次喷出的纬纱长度便无法控制；空气必须事先净化，去除杂质、油滴和空气中的水滴，不然会使喷管堵塞，或喷到纱上织入布内产生污点；对有捻度的纬纱，因引纬的前端为自由端，纬纱在飞行时会发生一定退捻而造成出口侧布边处纬纱捻度减少，影响织物一致性品质；在梭口中喷气气流必须加以控制，或用管道片装置减少气流的扩散，或用异形钢筘加辅助喷嘴补充气流，从而保证气流速度超过纬纱速度，使纬纱呈伸直状态，不致产生纬缩疵点，又要尽可能节省气流，节约动力消耗。

　　1. 喷气引纬原理　喷气引纬是利用高速流动的空气对纱线表面所产生的摩擦牵引力，将纬纱引过梭口。典型的喷气引纬过程如图 3-39 所示。纬纱从筒子 1 上引出，进入储纬器 3，纬纱卷绕在储纬鼓表面；储纬鼓上方有两个活动插针，用来控制纬纱的储存与释放。从储纬器上退绕下来的纬纱经过探纬器 9、纱夹 4 后进入主喷嘴 5，由主喷嘴喷出高速气流引送纬纱进入梭口。梭口是由异形筘 8 构成的风道，在一排辅助喷嘴 7 接力式牵引力的持续作用下，穿越梭口到达出口侧布边，引纬监测头 10 检测纬纱头端是否及时到达；打纬时纬纱剪刀 6 剪断纬纱，完成一次引纬。织物边部留下的纬纱头一般用附加的边经纱绞着固定，形成毛边织物，也可以用钩针将其折入下一梭口，或配置气动布边折入装置，折入布边，获得整洁而较厚的光边。

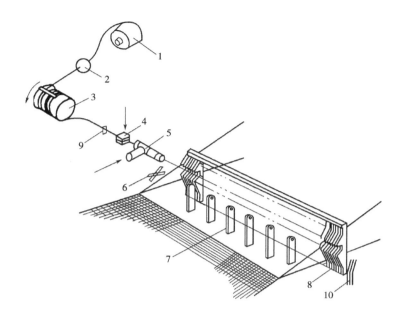

图 3-39　喷气引纬过程

1—筒子　2—导纱眼　3—储纬器　4—纱夹　5—主喷嘴

6—剪刀　7—接力喷嘴　8—异形筘　9—探纬器　10—引纬监测头

2. 主喷嘴　纬纱经储纬定长装置后到达主喷嘴，通过进纱孔进入主喷嘴，主喷嘴与压缩空气管相通，负责直接喷射纬纱。在单喷嘴织机上完全靠主喷嘴完成引纬，主喷嘴的尺寸较大，结构也较简单；而在接力引纬的喷气织机上，主喷嘴的直径较小，一般只有 6mm 左右，喷嘴的结构更为复杂和精密，以获得理想的射流。

主喷嘴有多种结构形式，其中应用最普遍的一种为组合式喷嘴，其结构如图 3-40 所示。组合式喷嘴由喷嘴壳体 1 和喷嘴芯子 2 组成。压缩空气由进气孔 4 进入环形气室 6 中，形成强旋流，然后经过喷嘴壳体和喷嘴芯子之间环状栅形缝隙 7 所构成的整流室 5，整流室截面的收缩比是根据引纬流速的要求来设计的。整流室的环状栅形缝隙起"切割"旋流的作用，它将大尺度的旋流分解成多个小尺度的旋流，使垂直于前进方向的流体的速度分量减弱，而前进方向的速度分量加强，达到整流目的。

在 B 处汇集的气流，将导纱孔 3 处吸入的纬纱带出喷口 C。BC 段为光滑圆管，称为整流管，对引纬气流进一步整流，当整流段长度与管径之比大于 6~8 时，整流效果较好，从主喷嘴射出的射流扩散角小，集束性好，射程也远。

喷嘴芯子在喷嘴壳体中的进出位置可以调节，使气流通道的截面积变化，从而改变射流的出流流量。

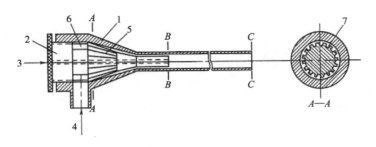

图 3-40　喷气织机主喷嘴结构示意图

1—喷嘴壳体　2—喷嘴芯子　3—导纱孔　4—进气孔　5—整流室　6—环形气室　7—环状栅形缝隙

3. 引纬气流的控制

（1）管道片和异形筘。从圆形喷嘴中喷射出的射流带动周围的静止空气向前运动，产生卷吸作用，同时使射流发生扩散，射流范围逐步扩大，流速迅速下降，因此单用主喷嘴只能将纬纱引送较短的距离，必须采取措施防止气流扩散，提高气流利用率，使气流在整个梭道中维持必要的引纬流速（超过纬纱飞行速度），顺利牵引纬纱。

防止气流扩散较有效的措施是采用管道片和异型筘。管道片如图3-41所示，他对气流的约束较好，引纬耗气量较低，但不适宜高经密或厚重织物，容易造成经向条痕，而且出口侧流速降低较多，纬纱头弯曲飘动，打纬后产生的纬缩疵点难以完全消除，高速喷气织机上已不再采用。异型筘又称槽筘，如图3-42所示，它是在筘齿上开一个凹槽，从而沿筘面组成一个近似三面封闭的气流通道，气流与纬纱就沿此通道飞行，打纬时，由凹槽的中间部位将纬纱推向织口，这是一种较好的防止气流扩散的方式。

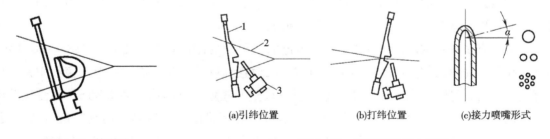

图 3-41　管道片

(a)引纬位置　(b)打纬位置　(c)接力喷嘴形式

图 3-42　异形筘和接力喷嘴

1—异形筘　2—经纱　3—接力喷嘴

（2）辅助（接力）喷嘴。管道片和异形筘均不是全封闭通道，气流的扩散与降速不可避免，限制了喷气引纬向宽幅发展。若向梭道中不断补充气流，就能维持流速，延伸引纬距离，辅助喷嘴就是起这样的作用。由于异形筘的一面是开放的，比管道片更适宜配置辅助喷嘴，两者相辅相成，将喷气引纬提高到普遍应用的成熟阶段。图 3-42 表示两者的工作位置。在纬纱飞行的通路上，每隔 5~7cm 或 7~9cm 设置一个针形小喷嘴。当主喷嘴喷出气流的流速降低时，适时开启辅助喷嘴，补充气流，牵引纬纱飞行。使用辅助喷嘴时，主喷嘴的作用仅是将纬纱从储纱器上引下并吹进梭口，而辅助喷嘴则起引纬的主要作用，它们分组依次开启，牵引纬纱，起到接力引纬作用，所以又称为接力喷嘴。

常见的接力喷嘴是一根封顶的上扁下圆的空心细管（$\phi 2.5$），在顶端斜面管壁上开有 $\phi 1.5~\phi 1.8mm$ 的小孔。管壁孔喷出的气流方向有一个 $\alpha = 9°~10°$ 的仰角；用于异形筘辅助喷嘴的管孔喷出的气流方向还有一个与筘面呈 2°~4° 的夹角，以降低气流的散失。管壁孔有多种形状，如图 3-42（c）所示。孔的深度（壁厚度）与孔径的比值较大时，整流效果好，因此，以七孔形、星形、条形为佳，但加工困难，且孔小易被尘埃堵塞。单孔或并列双孔虽整流效果差些，但加工方便，所以应用较广。考虑到从辅助喷嘴喷出的气流形状为渐扩锥体，而由异形筘形成的气流通道为直通形，气流散失较大。为解决这一问题，丰田公司发明了从辅助喷嘴喷出的气流形状为渐缩锥体，而由风道筘形成的气流通道也为渐缩形，气流散失大大减小。接力喷嘴一般每 2~4 只为一组，分别由控制阀控制它们的喷射时间。

（3）喷气顺序。为了节约动力消耗，喷嘴的喷射时间是按顺序进行的，如图 3-43 所示。主喷嘴由单独的储气罐供气，压力为 P_0，其开气时间比夹纱器开放时间提前 10°~20°（主轴转角），以期将伸在喷嘴前的纬纱头吹直，为引纬作准备；在第二组接力喷嘴喷射后，主喷即可关闭，以节约动力。每一组接力喷嘴在其后一组喷嘴开始喷气 10°~20° 后即行关闭，纬纱头端由各组喷嘴依次接力牵引，这种喷气方式可节省动力消耗，并使纬纱在拉直状态下向前飞行，消除纬缩的发生。最后一组接力喷嘴亦用单独的储气罐供气，其空气压力 P_2 稍高于前面各组的压力 P_1，以保证对纬纱头端有足够的牵引作用，并在纬纱出梭口后才关闭，使纬纱头在绞边时呈拉直状态。

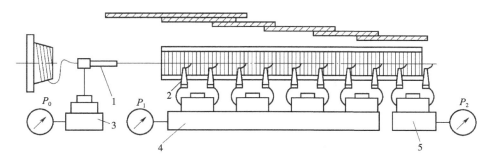

图 3-43　喷气程序（$P_0 > P_1 > P_2$）

1—主喷嘴　2—接力喷嘴　3—主喷储气罐　4—辅喷储气罐　5—尾喷储气罐

在现代喷气织机上，喷嘴的开闭是由计算机控制的，可按织物、纱线品种等因素进行设定或调整。在纬纱出梭口处设有两只探头，当纬纱通过时，反射探头发射红外线，探头可接收此反射线用作探测。内侧的探头安装在纬纱正常到达的范围内，用来探测纬纱飞行到达的时间是否正常；外侧的探头探测纬纱是否断头。如果到达过迟或过早，可以自动调节开气及引纬喷气的时间等参数，保证纬纱正常飞行，提高织物的质量和品种的适应性。

为了提高梭口的利用率，喷气引纬大多配有短牵手连杆打纬机构，筘座在后心附近可得到较长的近似静止时间，为纬纱顺利飞越梭口提供良好的条件。

（四）喷水引纬机构

喷水引纬是采用喷射水流引导纬纱飞越梭口。喷水引纬的特点是引纬方式轻巧，没有重的刚性引纬器，适应高速，引纬系统的机械结构较简单，体积小，机器占地面积少；纬纱运行平稳安全，操作简便。喷水引纬主要适合合成纤维、玻璃纤维等疏水性纱线的织造，品种适应性较差。

喷水引纬是依靠喷射水流与纱线之间的摩擦牵引力带引纱线穿越梭口。由于水流的集束性较好，喷水引纬可直接达到较宽筘幅。

1. 喷水引纬原理 如图 3-44 所示，纬纱依靠定长储纬器 6 的作用，从纬丝筒子 5 上退绕；绕在储纬器上的纬丝，经导纱器 12 与夹纬器 7，进入环状喷嘴 8 的中心导纬管内待喷。喷射凸轮 9 回转，在由工作点的小半径转至大半径的过程中，喷射水泵 10 的柱塞左移而产生负压，从而将稳压水箱 11 中的水吸入；当在凸轮 9 由工作点的大半径转至小半径的瞬间，喷射泵 10 的柱塞在弹簧的作用下快速右移，将喷射泵中的水压入环状喷嘴 8，再经内腔整流后，由喷嘴口喷出，携带纬丝通过梭口。打纬机构把纬纱打向织口，使经纬纱交织成织物。打纬时左侧电热割刀 3 把纬丝割断，两侧边经纱在绳状绞边装置 1 与假边装置的共同作用下形成良好的织边组织。探纬器 2 的作用是探测每纬的纬丝到达出口边的状态，一旦发生断纬或缩纬等纬纱异常现象，就会发出停车信号。经纬纱交织好的织物再经两侧电热割刀 3 作用，从织物边上割去假边组织，并经导丝轮送入假边收集器中。织物经胸梁 4 的狭缝吸去其中所

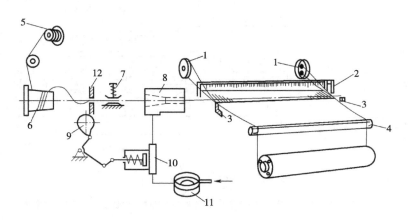

图 3-44 喷水引纬原理

1—绞边装置　2—探纬器　3—电热割刀　4—胸梁　5—纬丝筒子　6—定长储纬器

7—夹纬器　8—环状喷嘴　9—喷射凸轮　10—喷射水泵　11—稳压水箱　12—导纱器

含有的大部分水分，然后送入卷取辊。

夹纱器 7 的打开时间要根据打纬、开口时间和织机的幅宽而定，在四连杆打纬机构喷水织机上的夹纱器 7 的打开时间约在主轴位置 105° 角，织机幅宽大或水压低时，可适当提早夹纱器的打开时间。喷嘴 8 的喷射时间要比夹纱器 7 的打开时间提早 10°~20°，其原因同喷气引纬。

喷水引纬使用水流（水束）引纬，引纬系统简单，适应高速，一般车速在 700~1000r/min，更高的车速已达到 1200r/min；常规筘幅为 190cm、210cm、230cm，特宽筘幅可达 350cm、380cm；入纬率为 1500~2300m/min，最高可达到 3800m/min，而且动力消耗少，噪声低；由于水流对纱线的携带能力较强，所以喷水织造的质量好；水有一定的导电性，还能消除织造中产生的静电，特别适宜于合成纤维、玻璃纤维等疏水性的长丝纱织造。

但是，由于使用水作引纬介质，也带来相应的不足：引纬用水需经净化、软化处理，水中的微生物、杂质、水的硬度、腐蚀性离子等需要处理，防止堵塞喷头、磨损泵体及影响织物的品质；引纬用水与织物等接触会受到污染，回收处理成本较高，容易造成水污染问题；由于不适合织造不耐水的纤维、纱线，故织造的品种受到相当大的限制；虽然一次喷水引纬的距离比喷气长得多，但难以采用接力引纬的方式来进一步扩展引纬长度，限制了向更宽幅的发展；对于需要上浆的纱线，需要特种浆料，成本高，上浆和退浆相对复杂；织成的织物在进入卷取辊之前，需经脱水，一般在管状胸梁上开缝采用真空脱水；织物下机后还需烘燥，防止发霉；与水或湿的纱线、织物接触的机件需作防锈处理，或采用不锈钢、塑料等机件。

2. 喷嘴　喷嘴内部为环状，如图 3-45 所示。纬丝沿轴向自导纬管 1 引入，高压水流从喷嘴体 3 流进，经整流套 4 进行整流，以减少射流的涡流状态，提高其集束性。当射流从喷嘴口喷出时，依靠水流与纬丝的摩擦力，带引纬丝一起通过梭口。喷嘴是喷水织机的关键部件之一，其集束性的好坏与喷水引纬的织造性能有密切关系。

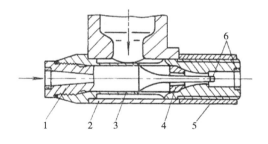

图 3-45　喷水引纬喷嘴
1—导纬管　2—喷嘴座　3—喷嘴体
4—整流套　5—锁紧螺母　6—导纱磁环

环状喷嘴的口径可以根据纬纱细度与品种进行调节。转动导纬管 1，调节其与喷嘴体 3 的相对位置就可以改变喷嘴口的环形面积。

喷嘴的零件都用不锈钢制成，其对圆锥形内腔与外壁的光洁程度要求高，对喷嘴体与导纬管的同心度要求也很高，特别是在调节喷嘴的口径时，同心度的偏差将会严重影响水流的集束性和喷射方向，使喷水织机性能变差。喷嘴口径为 2~3mm，导纬管内径为 1.0~1.6mm，外径为 1.4~2.0mm。水流的喷射速度高达 50m/s，根据织物宽度不同，每纬耗水量在 0.4~1.5mL。

喷嘴出口处射流速度的大小由水的压力决定，水压大，出口处的射流速度也大。由于喷水射流受到的阻力与其射流速度的平方成正比，所以，喷嘴出口处的射流速度越大，喷出后的射流就下降越快。当射流前方的速度降低到低于纬纱的速度时，将阻碍前端纬纱的运动，而后续的纬纱仍以高速前进，造成"前拥后挤"的纬缩疵点。所以，合理选择水压和射流初速度的大小很重要。

虽然水的黏性比空气大得多，射流离开喷嘴后，还是呈圆锥形扩大；一个精密的、口径为2～3mm的喷嘴所喷射的水束，在飞行1.8m之后，它的直径约为20mm。由于重力的影响，水束的轴线是一条抛物线，因此，喷嘴的轴线应向上倾斜一个适当角度。

3. 喷射水泵　喷水引纬用的喷射水泵如图3-46所示，属柱塞泵类型，依靠弹簧释放时的回复力，急速推动柱塞，产生高压水流。

凸轮3装在织机左墙板外侧的副轴上，并随副轴一起作顺时针转动。当凸轮从小半径逐渐转至大半径时，通过角形杠杆1和连杆14带动柱塞8和弹簧内座6一起向左运动，弹簧5被压缩，水流同时从稳压箱中被吸入泵体缸套内。当凸轮从大半径转到小半径的一瞬间，角形杠杆1被迅速释放，柱塞8在弹簧5作用下向右推进，对缸套7内的水流进行加压，使之从出水阀9流出形成射流，经喷嘴时携带纬丝喷射穿越梭口。

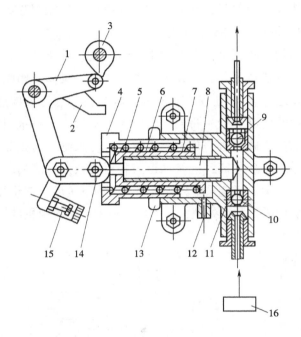

图3-46　喷射水泵

1—角形杠杆　2—手动杆　3—凸轮　4—弹簧座　5—弹簧
6—弹簧内座　7—缸套　8—柱塞　9—出水阀
10—进水阀　11—泵体　12—排污口　13—调节螺母
14—连杆　15—限位螺栓　16—稳压水箱

引纬水泵的主要参数有喷射水量、柱塞动程、射流压力和喷射开始时间等。喷射水量的多少主要由柱塞直径和动程决定。柱塞的最大动程由凸轮大小半径之差和角形杠杆大小臂的尺寸决定，由定位器的限位螺栓进行调整。射流压力值的大小，同柱塞直径、引纬弹簧的强度以及起始压缩量等有关，当柱塞直径与引纬弹簧强度决定后，则主要由起始压缩量决定。当凸轮由大半径转向小半径的瞬间位置与转子接触时，即为喷射开始时间；若要推迟，可使凸轮逆着转向，调整一个角度；若要提早，则作顺转向调整。

喷射水泵的柱塞与缸套都用不锈钢材料制成，按织机筘幅大小和原料等要求配用不同的缸径或弹簧。一般所用活塞直径为 12~18mm，弹簧钢丝直径为 5~7mm，所产生的最大压力可达 3~3.5MPa。

（五）片梭引纬机构

片梭织机的种类有单片梭织机和多片梭织机之分。多片梭织机在织造过程中，有若干把片梭轮流引纬，仅在织机的一侧设有投梭机构和供纬装置，故属于单向引纬。进行引纬的片梭在投梭侧夹持纬纱后，由扭轴投梭机构投梭，片梭高速通过分布于筘座上的导梭片所组成的通道，将纬纱引入梭口，片梭在对侧被制梭装置制停，释放掉纬纱纱端，然后移动到梭口外的空片梭输送链上，返回到投梭侧，再等待进入投梭位置，以进行下一轮引纬。单片梭引纬由于只用一把片梭，需两侧供纬和投梭，加之片梭引纬后的调头也限制织机的速度提高，故单片梭织机不够理想，其数量也很少。

1. 片梭　如图 3-47 所示，片梭由梭壳 1 和梭夹 2 经铆钉 3 铆合而成。钳口 5 起夹持纬纱的作用，张钳器插入圆孔 4 时，钳口张开，纬纱落入钳口，张钳器拔出后，钳口夹紧纬纱。织造生产中，应根据所加工纬纱的材料和细度合理选择片梭型号，不同型号片梭的钳口形状和钳口夹持力是不同的，夹持力变化范围为 600~2500cN，钳口之间的夹持力应确保夹持住纬纱。片梭表面应当光滑、耐磨，整个片梭的结构应符合严格的轴对称标准，过大的误差会引起梭夹钳口张开及夹纬的故障。

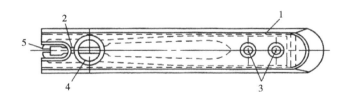

图 3-47　片梭

1—梭壳　2—梭夹　3—铆钉　4—圆孔　5—钳口

梭夹臂由于受到非对称脉动循环负荷的作用，易导致疲劳损坏，可从以下两个方面着手来提高其疲劳寿命。一方面合理设计梭夹臂的几何形状，即在保证工艺上所要求的夹持力情况下，通过设计合理的几何形状，使梭夹开启后的应力幅值减小，同时要注意避免应力集中。另一方面合理选择材料与热处理工艺。梭夹材质应有较高的疲劳极限及良好的韧性，尽量提高表面光洁度，并采取表面强化措施。

2. 片梭投梭机构　片梭投梭机构如图 3-48 所示。当投梭凸轮 1 与转子 2 的接触由小半径逐渐转向大半径时，通过转子 2 使摆杆 3 绕回转轴 4 作顺时针方向摆动。摆杆 3 的上端经连杆 5 与摇臂 6 相连，而摇臂 6 与投梭棒 7 固装在投梭扭轴 8 的一端。由于投梭扭轴的另一端是被固定的，因此当摆杆作顺时针方向摆动时，摇臂和投梭棒便按逆时针方向转过一个相应角度，使投梭扭轴产生扭转变形，储存投梭所需要的能量。当摆杆 3 摆动到其回转轴心与连杆 5 两端连接点位于同一直线上时，定位螺钉 9 与摆杆 3 下端相接触，使摆杆不能再继续作逆时针方向摆动，并发生自锁。此时，投梭凸轮上的转子 10 就与摆杆弧形部分相接触，使摆杆作微量的顺时针方向摆动，自锁被解除，于是投梭扭轴借弹性回复力的作用，使投梭棒急速按逆时针方向摆动，从而带动滑块击梭 11，投射片梭 12，同时摆杆也就恢复到原来位置。在摆杆下端与定位螺钉相对方向设有油压缓冲器，以吸收投梭后的剩余能量，使投梭棒快速平稳地静止下来。

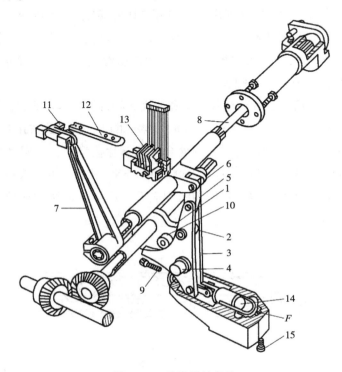

图 3-48　片梭投梭机构

1—投梭凸轮　2—转子　3—摆杆　4—回转轴　5—连杆　6—摇臂　7—投梭棒　8—投梭扭轴
9—定位螺钉　10—击发转子　11—击梭块　12—片梭　13—导梭片　14—油压缓冲活塞　15—调节螺钉

投梭扭轴长 780mm，直径为 15mm 左右，扭转角度可在 27°～32°的范围内调节。扭轴扭转角度越大，片梭获得的投射速度越高，其最大投射速度可达 27m/s 左右，比普通有梭织机梭子飞行速度提高一倍以上，其最大加速度可达 680m/s²。因此，片梭织机可以用来织制门幅宽的织物，或同时加工两幅或三幅普通幅宽的织物。

油压缓冲装置是片梭投梭机构的重要组成部分。在投梭时，摆杆 3 的下臂通过连杆推动活塞 14 向内侧移动，在投梭运动前期，活塞移动时仅有极为微小的阻力；在投梭运动后期，当片梭已被加速到要求的速度后，活塞开始进入油缸，这时活塞就被油压强制制动。由于活塞在油缸内对油液的挤压，油液通过小孔 F 喷出油缸，回到引纬箱中。排油隙缝的大小是用螺钉 15 进行调节的，螺钉的头端呈圆锥形；当将螺钉 15 旋入油箱时，隙缝减小，就可使阻尼制动力增大。油压缓冲装置可以十分平稳地吸收投梭机构的残余惯性力，明显地减少投梭时的噪声与机械冲击，其制梭缓冲时，最大减速度达 1020m/s^2，在液压缸中最大压强可达 $22.5\times10^6\text{Pa}$（230kgf/cm^2），活塞端面（$\phi25\text{mm}$）承受的最大压力达 11.05kN（1128kgf）。

（六）多相引纬

前述的各种引纬方式均是单梭口引纬，即在织机的一个工作周期（主轴一转）内，形成一个梭口，引入一根纬纱，引纬时间仅占部分周期时间，其织物形成过程是间断不连续的，工作效率不高，此外，打纬、开口等机构的往复动作较大，对高速不利，阻碍生产率的进一步提高。为克服上述缺陷，自 20 世纪 60 年代以来，就试验了各种多梭口织机（多相织机）。这种织机在同一时间内能沿经向或纬向或圆周方向顺序地形成多个梭口，引入多根纬纱，连续不间断地进行织造，因此可成倍地提高织机的生产率，被看作是未来织机的发展方向。目前，虽然已出现了多种样机，有的也已投入纺织厂作生产试验，但因引纬、开口等部件结构复杂和更换品种困难等因素，均未能批量投产，发展时有起伏。这里介绍一种新一代经向多梭口织机 M8300 型，由瑞士 Sulzer Rüti 公司研制的，现已有少量投入生产。

M8300 型织机在经纱方向依次打开的梭口中，同时引入 4 根纬纱（图 3-49）。经纱由连续转动的鼓形织造转子 2 引导，在转子上装有许多单个结合件组成的梳栅。在梳栅插入经纱面以前，经纱定位器 1 在纬纱方向移动经纱，将经纱置于栅齿的肩颈上或者齿间的空隙中。通过织造转子的旋转运动，栅齿托住经纱形成梭口的上层，而其余的经纱则成为梭口的下层。由于经纱定位器质量很小，且动程仅为几个毫米，因此其移动频率可以是相当高的。

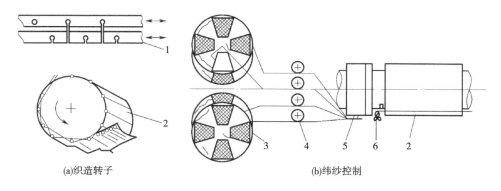

(a)织造转子　　　　　　　　　　(b)纬纱控制

图 3-49　M8300 型多梭口织机引纬原理

1—经纱定位器　2—织造转子　3—纬纱控制器　4—定长盘　5—喷管　6—纬剪

一旦形成一个梭口，低压空气就带引纬纱穿过梭口，在此引纬过程中，后继的纬纱开始进入随后的梳栅之中。当一根纬纱完全引入后，它就在进口边被夹住并剪断。此后，该纬纱由紧随在每一梳栅之后的特殊打纬筘片打紧。剪断后留下的纬纱头端由纬纱控制器引到下一个引纬点上。该控制器由两个各自带着多个纬纱供给系统的圆盘组成，与织造转子同心安装。在压缩空气的作用下，引入控制器内的纬纱经定长盘输出，与用以形成梭口的梳栅对齐排列。

如果一根纬纱没有被完全引入，织机就会停车，以便清除剩余纱线。如果纱线断头发生在卷装和供纬器之间，织机会自动修复。

该机由功能独立的模块组成，如经纱模块、开口模块、织造模块、纬纱控制模块、供纬模块、电子及气动控制单元等。模块由单独的电动机传动，用电子控制并实现同步，取消了模块间复杂的联动装置。

该机型从结构原理上取代了打纬、开口以及引纬等机构中较剧烈的往复运动方式，织造过程在连续而平稳的状态下进行；四个梭口同时顺序工作，充分利用了运转时间，使入纬率达到 5000 m/min 的高水平，其产量是普通单梭口引纬方式的 3~4 倍；该机的噪声低、振动小，织造转子可加罩单独控制其温度和湿度，显著改善了工作环境，织造费用可减少 20%~30%。由于梭口形成机构的局限性，目前仅用于织造批量大的原组织织物。

三、打纬机构

新引入梭口的纬纱，距离织口还有一段距离，为了织制一定纬密的织物，纬纱需要在打纬机构的推动下移向织口并与经纱交织。打纬机构是织机的主要机构之一。

1. 打纬机构的作用

（1）由钢筘将引入梭口的纬纱推向织口与经纱交织成具有一定纬密的织物。

（2）由钢筘与其他导梭元件一起，引导载纬器通过梭口，以保证引纬工作的顺利进行。

（3）由钢筘控制经纱密度和织物的幅宽。

2. 打纬机构的要求

（1）为了减轻筘片对经纱的摩擦以及织物的振动，要求在保证载纬器顺利通过梭口的条件下，筘座的摆动幅度尽可能小。

（2）在保证有足够打纬力的条件下，应尽量减小筘座的重量，从而减小打纬时的惯性力，使筘座运行平稳。

（3）打纬时，应尽可能避免对纬纱产生过大的冲击，避免经纱张力骤然增大。

（4）打纬时，筘座的运动应与打纬运动和开口运动相互配合协调，以保证载纬器正常通过梭口。

（5）对于新型织机，打纬时导向导流器件应退到布面以下，以保证打纬的顺利进行。

按照筘座的机构形式分，常用的打纬机构主要有四连杆打纬机构、六连杆打纬机构和共轭凸轮式打纬机构三种。四连杆打纬机构结构简单、制造方便，主要用于传统的有梭织机、喷气织机、喷水织机和剑杆织机；六连杆打纬机构的特点是筘座在后止点附近相对静止时间较长，给引纬器留下充裕的飞行时间，故一般用在高速、阔幅的织机，如喷气织机、剑杆织机；共轭凸轮式打纬机构的特点是，筘座脚的运动规律可以严格地受凸轮廓线的控制，所以可以根据需求设计筘座绝对静止时间，有利于提高车速、降低噪声，但对凸轮的制造工艺要求较高。

（一）四连杆打纬机构

如图 3-50 所示，四连杆打纬机构就是一个曲柄摇杆机构，它由曲柄 2、牵手（连杆）3、筘座脚（摇杆）5 和机架组成。曲柄很短，故通常与主轴 1 做成一体，俗称曲柄轴。牵手活套在曲柄上形成转动副，牵手与筘座脚之间的转动副称为牵手栓 4，筘座脚与机架之间的转动副则称为摆轴（或摇轴）9。当主轴转动时，曲柄随其同轴转动，通过牵手推动筘座脚绕摆轴摆动。在筘座脚上装有整齐排列的钢筘 7，经纱与钢筘间隔排列，当筘座脚向前摆动时，钢筘就会将新引入的纬纱推向织口。当曲柄与牵手重叠共线时，牵手栓摆动到最后的位置（离织口最远），此时筘座脚的速度为 0，加速度最大，曲柄对应的位置称为"后死心"。而当曲柄与牵手拉直共线时，筘座脚摆动到最前位置，钢筘将纬纱推入织口，此时钢筘的速度同样为 0，加速度也最大，曲柄对应的位置称为"前死心"。曲柄由后死心转到前死心

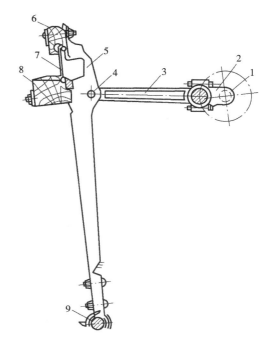

图 3-50 四连杆打纬机构
1—曲柄轴 2—曲柄 3—牵手 4—牵手栓
5—筘座脚 6—筘帽 7—钢筘 8—筘座 9—摆轴

时，筘座脚完成一次打纬动作。这种机构结构简单，制造容易，但筘座运动没有停顿时间。

（二）六连杆打纬机构

管道型喷气织机、宽幅槽箱型喷气织机以及剑杆织机等，要求筘座在后心附近有较长的静止时间，以满足引纬的要求。在不采用共扼凸轮打纬机构时，广泛使用六连杆打纬机构。六连杆打纬机构的形式有多种，典型的六连杆打纬机构如图 3-51 所示，它由一曲柄摇杆机构 ABCD 和一个双摇杆机构 DC'EF 组成。曲柄 AB 装在织机主轴 A 上，随着曲柄回转，通过连杆 BC 使摇杆 CD 绕过渡轴 D 摆动，再通过摇杆 DC'、连杆 C'E 带动摇杆 EF 绕摇轴 F 往复摆动，从而驱动打纬机构。六连杆打纬机构一般用于低速宽幅织机，织造工艺要求主轴转动在 120°～150°（即筘座相对静止

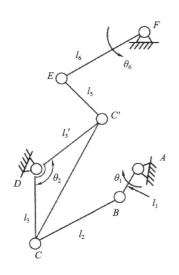

图 3-51 六连杆打纬机构

时间），筘座在后心相对静止（摆动小于 18°）。

图 3-52 所示为 PAT-A 改进型前六连杆打纬机构的运动曲线。从图中曲线可以看出，机构的打纬动程 S_{max} 较大，筘座的速度两次过 0 线，即有两次静止，说明筘座在后心附近相对静止时间较长（对应主轴转角在 120°~250°），这能保证引纬器有足够的时间通过梭口，对引纬有利。而随之而来的是在前止点处筘座的角加速度较大，虽然这有利于打紧纬纱，但在织造高密度织物时，加大了钢筘对经纱的磨损和引起主轴回转不均匀。因此，六连杆打纬机构一般用于低速宽幅织机。

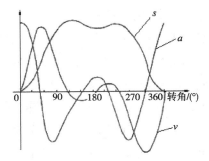

图 3-52　PAT-A 型六连杆打纬机构
运动特性曲线

（三）共轭凸轮打纬机构

共轭凸轮打纬机构的组成见图 3-53，在主轴 1 上装有主凸轮 2（共轭凸轮）和副凸轮 9，与它们分别相配对的转子 3 和 8 装在筘座脚 4 上，筘座脚 4 支撑着筘座 6 和钢筘 7。主凸轮回转一周，凸轮推动转子带动筘座作一次往复摆动，其中主凸轮 2 使筘座向前摆动实现打纬运动，副凸轮 9 使筘座向后摆动，使钢筘撤离织口。

因为凸轮机构可以通过精确设计凸轮廓线而得到理想的从动件（筘座）运动规律，所以在某些织机上（主要是片梭织机和剑杆织机），由于工艺上的和机构上的原因，要求引纬阶段筘座有较长时间的静止，以提供足够的时间让引纬器穿过梭口，因而采用凸轮打纬机构。

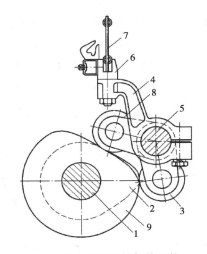

图 3-53　共轭凸轮打纬机构
1—主轴　2—主凸轮　3—主凸轮转子
4—筘座脚　5—摇轴　6—筘座　7—钢筘
8—副凸轮转子　9—副凸轮

（四）其他打纬机构

1. 圆筘片打纬机构　连杆打纬机构和凸轮打纬机构均存在筘座的往复运动，其运动平稳性较差，为适应高速及多梭口织机的要求，出现了圆筘片打纬机构，它取消了筘座的往复运动，而用旋转的圆筘片直接将纬纱推入织口（图 3-54）。在主轴 1 上排列着许多圆筘片 2，经纱 3 嵌在相

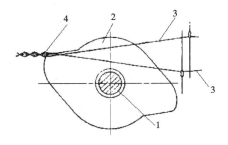

图 3-54　圆筘片打纬机构
1—主轴　2—圆形筘片　3—经纱　4—纬纱

邻筘片之间的缝隙中，筘片随主轴回转时其大半径就将纬纱 4 推向织口。

圆筘片打纬机构的传动结构简单，运转平稳，适宜高速运转，但圆筘片制作成本高。这种打纬机构应用在高速织带机、多梭口织机上。

2. 电子打纬机构　连杆打纬机构、共轭凸轮打纬机构存在一个共同的缺点，打纬力受机械车速的影响，在织机刚刚启动还未达到工艺车速时，打纬力受车速的影响，达不到打纬工艺要求，往往造成"开车稀弄"疵点。如图 3-55 所示，电子打纬机构采用直流线性电动机直接驱动筘座，并在打纬点和静止点安装有电动机直接驱动筘座，通过伺服电路对筘座的运动实现精确控制和定位。

电子打纬机构的打纬力在正常织造时保持恒定不变，在翻改品种时，也可以根据织造品种的需要随意调整。电子打纬机构结构简单，运动无摩擦力，扣座的运动和静止时间可以根据工艺需要任意设计。

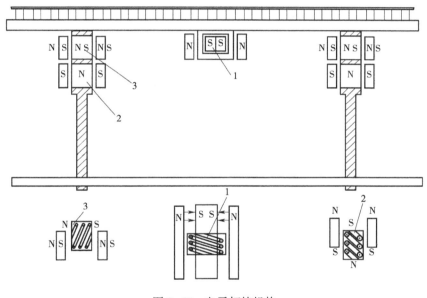

图 3-55　电子打纬机构

3. 椭圆齿轮—曲柄摇杆打纬方法及打纬机构　如图 3-56 所示，此机构通过一对椭圆齿轮 1 和 2 将织机主轴的匀速转动转变成摇轴的非匀速摆动，从而实现筘座要求的运动规律。通过建立椭圆齿轮和曲柄摇杆机构的运动学数学模型，并进行机构参数优化，实现筘座在后心位置有 220° 左右的完全停顿时间，完全满足织机的打纬工艺要求。同时，该机构加工装配比共轭凸轮方便，容易保证精度。

四、卷取机构

在织造生产过程中，为了保证每根纬纱在织物中均能正确交织排列，使织造过程能连续

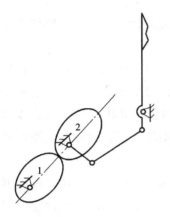

图 3-56　椭圆齿轮—曲柄摇杆打纬

不断地进行，必须用卷取机构把已经织成的织物引离织口并卷装到卷布辊上，这一过程称为卷取运动，完成这一卷取运动的机构称为卷取机构。卷取运动还有决定织物纬密和决定纬纱在织物中的排列特征的功能，保证织物的纬密符合工艺要求。

为使织造生产过程能连续正常进行，卷取机构的运动必须满足如下要求：卷取运动必须连续且有规律地将织好的织物引离织口，同时卷绕到卷布辊上；卷取量要准确，纬纱在织物中排列均匀；纬密调节范围要大，调节档次级差要小，最好是无级调节，以适应市场对织物品种多样化的要求；卷取机构的调整，特别是纬密调整要方便。卷取机构可以根据卷取运动的性质、卷取机构的特点和控制方式进行如下分类。

1. 根据卷取运动的性质分类　卷取机构可分为间歇式与连续式两种。

（1）间歇式卷取机构。卷取动作是由周期性摆动的筘座来驱动的，它具有结构简单、调节方便的优点，但卷取时有冲击，机件磨损快，易松动失灵，不适应高速运转要求。

（2）连续式卷取机构。卷取动作是由织机主轴或直接由卷取电动机经减速机构传动，使卷布辊连续回转。其运动平稳可靠，能承受较大的张力，但其机构比较复杂。

2. 根据卷布辊的安装位置分类　卷取机构可分为分离式卷取和非分离式卷取两种。

（1）分离式卷取机构。卷布辊传动装置独立成套，装于织机前一定距离处，与刺毛辊相分离，这样增加了卷布辊卷绕直径（有的可达 1.2m），其卷布容量大，操作方便，但占地面积大。

（2）非分离式卷取机构。卷布辊装于织机前胸梁下方，靠与刺毛棍的摩擦力传动，织物在卷取中受压，表面易损伤，还容易产生布棍皱，由于受织机高度的限制，卷绕直径受到制约。

3. 根据卷取机构的控制传动方式分类　卷取机构可分为机械和电子式两种。

（1）机械式卷取机构。由织机主轴或筘座等通过齿轮等机械传动装置驱动卷布辊运动。其纬密变更时，需调换齿轮，往往需要储备数量较多的纬密齿轮。

（2）电子式卷取机构。使用卷取电动机或电子送经联动，卷取速度可任意设定，变更纬密时，不需要调整纬密齿轮，特别是可以进行微机控制，自动化程度高，品种适应性强。

（一）间歇式卷取机构

如图 3-57 所示，卷取杆 1 的摆动是从插在其下端叉口中的卷取指（装在筘座脚上）传来的，卷取杆的上端与卷取钩 2 铰连，卷取钩的钩头搁在卷取棘轮 Z_1 上。当筘座脚向前摆动时，卷取杆后摆，使卷取钩拉动棘轮转过一个角度，棘轮则通过卷取轮系中的变换齿轮 Z_2、

Z_3 以及其后的齿轮 $Z_4 \sim Z_7$，使刺毛辊（卷取辊）3 转过一个微小的角度，带动包在它表面上的织物移动一个距离，实现织物的卷取；在筘座脚向后摆动时，卷取钩向机前运动，从棘轮齿的齿背上滑过，由于保持钩 4 对棘轮的制约作用，卷取机构不会因为织物的张力而倒转。抬起保持钩 4 及卷取钩 2，就可用手转动大齿轮 Z_7 进行退布和卷布。

　　整个卷取机构的变速传动轮系由包括棘轮在内的七只齿轮组成，所以习惯上称这种卷取机构为七齿轮卷取机构。

　　间歇式七齿轮卷取机构的优点是结构简单，调整方便；缺点是卷取钩工作时对棘轮有撞击作用，容易引起两者的磨损和松动，使织物上出现纬向稀密不匀的现象；保持钩同棘轮轮齿之间实际存在的间隙，还会引起每次卷取以后的织物倒退现象，造成织口和布面的反复游动。

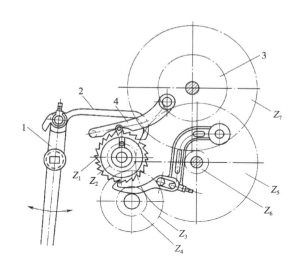

图 3-57　间歇式七齿轮卷取机构

1—卷取杆　2—卷取钩　3—刺毛辊

4—保持钩　Z_1—棘轮　$Z_2 \sim Z_7$—齿轮

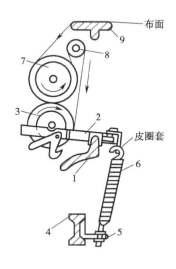

图 3-58　织物卷绕加压装置

1—支撑托脚　2—支撑杆　3—卷布辊

4—前横梁　5—弹簧脚 6—支撑杆弹簧

7—刺毛辊　8—导布辊　9—胸梁

　　为了防止织物卷绕过程中出现松脱现象，在卷取机构上装有织物卷绕加压装置，如图 3-58 所示。卷布辊支撑托脚 1 分别固装在墙板内侧，卷布辊支撑杆 2 一端搁置在卷布辊支撑托脚 1 上，另一端经帆布带与装在前横梁 4 内侧的支撑杆弹簧 6 相连。支撑杆弹簧的向下拉力使卷布辊 3 始终紧压住刺毛辊 7，经摩擦传动，织物便紧密地卷绕在卷布辊 3 上。

（二）连续式卷取机构

　　在无梭织机上，由于织机的车速较高，间歇式卷取机构不能满足高速的要求，因此普遍采用连续式卷取机构。连续式卷取机构是通过织机的主轴提供动力，使卷布辊匀速转动，同时根据织物的纬密确定主轴与卷布辊的合适传动比。连续式卷取机构改变纬密有变换齿轮调节和无级变速器调节两种方式。

连续式卷取的特点是在织机的整个工作周期内不间断地连续卷取织物，机构运动平稳，机件磨损小，能适应高速。

TP500 型剑杆织机的连续式卷取机构采用变换齿轮调节纬密的方式，它用两对变换齿轮进行纬密调节，其结构如图 3-59 所示。

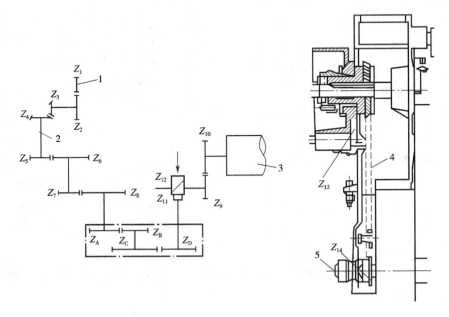

图 3-59　TP500 型剑杆织机的连续式卷取机构
1—主轴　2—侧轴　3—卷取辊　4—链条　5—摩擦离合器

随着织机主轴 1 的回转，通过 Z_1、Z_2、Z_3、Z_4 使送经侧轴 2 回转，再经齿轮 Z_5、Z_6、Z_7、Z_8，变换齿轮 Z_A、Z_B、Z_C、Z_D，蜗杆 Z_{11}，蜗轮 Z_{12} 和变速齿轮 Z_9、Z_{10}，最终使卷取辊 3 回转。卷取辊表面包覆增磨材料，通过摩擦传动使织物不断引离织口。链轮 Z_{13} 固装在卷取辊的另一端，同时通过链条 4 传动链轮 Z_{14}，再经摩擦离合器 5 使卷布辊回转。织造中，布卷直径不断增大，而卷取辊转速不变，因此两者的传动路线中均加入了摩擦离合器。当织物达到一定张力时，卷布辊便不能卷取织物，此时摩擦离合器打滑，确保了卷布和卷取运动的协调。

由图 3-59 可知，TP500 型织机的机上纬密计算式如下：

$$P'_W = \frac{Z_2 Z_4 Z_6 Z_8 Z_B Z_D Z_{10} Z_{12} 10}{Z_1 Z_3 Z_5 Z_7 Z_A Z_C Z_9 Z_{11} \pi D} = i \frac{Z_B Z_D}{Z_A Z_C}$$

式中：i——传动比，$i = 145.22$；

D——卷取辊周长，$D = 558.92 \text{mm}$。

该机构中虽然用了两对齿轮，但每台织机仅需备有变换齿轮 12 个，其中机上 4 个，备用

8 个，通过组合可得到各种不同纬密的织物，纬密范围为 19.2~1111.7 根/10cm。

（三）电子式卷取机构

电子式卷取机构是近年来发展起来的一种新型卷取机构，它克服了机械式间歇卷取机构和机械式连续卷取机构的不足，目前在新型织机上应用非常普遍。

现以 JAT600 型喷气织机的电子卷取机构为例介绍电子卷取的特点，其原理框图如图 3-60 所示。

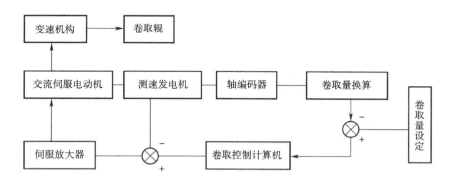

图 3-60　JAT600 型喷气织机的电子卷取工作原理

由于控制卷取的计算机和织机主控制计算机实现了双向通信，可获知织机的状态信息，其中包括织机主轴信号的变化信息。根据织机主轴一转的卷取量输出一定的电压，通过伺服放大器对信息放大，驱动交流伺服电动机转动，再经变速机构，传动卷取辊，实现工艺设计的织物纬密。测速发电机实现伺服电动机转速的负反馈控制，伺服电动机转速可用输出电压代表，根据与计算机输出的转速给定值的偏差值，调节伺服电动机转速。卷取辊轴上的旋转轴编码器用以实现卷取量的反馈控制。经卷取量换算后，旋转轴编码器的输出信号可反映实际卷取长度，将之与由织物纬密换算出的卷取量设定值进行比较，根据偏差大小来控制伺服电动机启动和停止。由于本系统采用了双闭环控制系统，所以可实现无级精密调节卷取量大小，适应了各种织物纬密的要求。

从以上电子卷取机构分析可知，电子卷取有如下特点。

（1）织物纬密变化实现了自动设定，再也不需要更换纬密齿轮，只需通过计算机或控制装置的键盘直接设定纬密，且纬密变化范围大、级差小，织机品种适应性大大增强。

（2）可按设定的程序任意修改织机机上纬密，这是由电子卷取机构的特性所决定的，使得织机能生产出机械式卷取无法生产出的纬密变化品种。

此外，用电子卷取装置可以织造出变纬密织物，生产的织物在织纹、颜色、织物手感及紧度等方面能产生独特的效果，从而提高了织物的外观性能和服用性能。因此，电子卷取装置为开发机织物的品种提供了一个新的手段。

五、送经机构

在织造生产中，随着织物的形成，卷取运动使刚刚形成的织物被不断引离织口，这就必须从织轴上放出相应长度的经纱，并保持一定经纱张力，保证织造的连续进行。这种送出经纱的运动叫送经运动。完成送经运动的机构叫送经机构。

送经机构的要求：送经量的范围要尽可能大，以适应多品种需要；给经纱符合工艺要求的上机张力，并保证从满轴到空轴的加工过程中保持张力均匀；张力和送经量的调节要精密，最好能无级调节，以适应产品高档化的要求；机构动态响应要快，即要能及时追随张力变化并调节送经量，以提高产品质量；经纱送出量应符合不同纬密织物生产的需要。

送经机构按经纱送出和调整方式分类，可分为消极式、积极式和调节式三种；按织轴回转性质分类，可分为间歇式和连续式两种；按织轴转速调整方法分类，可分为有极调速和无极调速两种；按送经机构的机构分类，可分为机械式和电子式两种。

（一）调节式送经机构

1. 经纱送出装置　调节式送经机构如图 3-61 所示，当筘座脚向机后摆动时，通过调节杆导架 18、调节杆 17 和撑头杆 15，使撑头 16 撑动摩擦锯齿轮 12 按顺时针方向转动一个角度。摩擦锯齿轮 12 再传动送经伞轮 13 和 14、送经侧轴 6 上的送经蜗杆 8、送经蜗轮 9、送经轴上的送经小齿轮 4 及织轴边盘齿轮 5 回转，从而使织轴 1 也转过相应角度。与此同时，送经蜗杆 8 转动后，送经蜗轮和送经蜗杆的自锁作用解除，经纱也可拖动织轴 1 回转。这样，就可放出一定量的经纱。而随着筘座脚向机前方向摆动，撑头杆 15 上端的撑头 16 沿逆时针方向在摩擦锯齿轮上滑过一定齿数，蜗轮和蜗杆的自锁作用使得织轴回转受到制约，停止经纱送出，使经纱具有一定张力，满足了织造生产的需要。

撑头杆上的三爪撑头长度不同，彼此相差为锯齿轮齿距的 1/3。这样的设计保证了撑头撑动送经锯齿轮的回转角度符合织造所需的经纱长度，空转误差小。为避免撑头撑动送经锯齿轮时送经锯齿轮发生惯性回转，在此装置中设置了摩擦制动装置。图 3-61 中摩擦制动盘 19 活套在摩擦锯齿轮轴 10 上，在制动盘和锯齿轮之间垫厚毡一块，以增加相互间的摩擦系数。摩擦制动盘上的叉形凸杆正好嵌入锯齿轮轴托盘凹档中，因此摩擦制动盘本身不可回转。制动盘弹簧 20 位于锯齿轮托架和制动盘之间，其弹力使得制动盘能够紧压住锯齿轮。锯齿轮轴紧圈使锯齿轮轴保持正常位置，并使送经伞轮正常啮合。当锯齿轮经撑头撑动而回转时，摩擦阻力限制了它的惯性回转，保证了送经长度的准确。

织造过程中，织机主轴转一转时，从织轴上送出的经纱长度称为送经量。因经纱在织造中受拉伸而伸长，经纬纱交织使织物长度缩短。

2. 经纱张力调节装置　织造中为使经纱张力保持稳定，应使送经量随经纱张力变化而实现自调。随着张力大小的变化，张力调节装置和织轴回转装置共同作用，使送经量大小发生改变，从而保证了送经量和经纱张力的稳定。

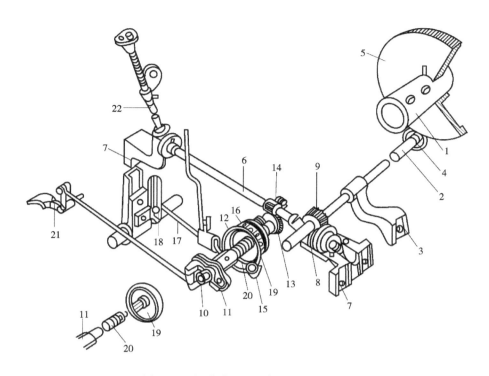

图 3-61　调节式送经机构经纱送出装置

1—织轴　2—送经轴　3—送经轴中托架　4—送经小齿轮　5—织轴边盘齿轮　6—送经侧轴　7—送经侧轴前后托架
8—送经蜗杆　9—送经蜗轮　10—摩擦锯齿轮轴　11—锯齿轮轴托架　12—摩擦锯齿轮　13，14—送经伞轮
15—撑头杆　16—撑头　17—调节杆　18—调节杆导架　19—摩擦制动盘　20—制动盘弹簧　21—踏脚杆　22—斜轴

图 3-62 所示为经纱张力调节装置。在两侧墙板的后上方装有后杆托架 5，后杆 3 与后杆托架固接。在后杆的两端装有张力重锤杆 2，其前臂为锯齿形，以便于悬挂张力重锤 4，后梁 1 搁在张力重锤杆后端的弯头内，能自由回转。在后梁的一侧装有平稳运动杆 8，其前端搁在平稳运动凸轮 9 上。当加工平纹织物时，由于平稳运动凸轮的作用，通过平稳运动杆使后梁发生摆动，调节由于开口运动而引起的经纱张力变化。

后杆的中间部分设计成曲柄形状，避免了和后梁的直接接触。后杆的一侧固装着张力扇形杆 6，前端与送经运动连杆 7 相连，送经运动连杆的下端与调节杆（图 3-61 中的 17）上的重锤相连，这样，当后梁所受的张力发生变化时，可通过相应的机件使调节杆做上下运动，从而调节每织一纬锯齿轮被撑过的齿数，调节送经量的大小。张力制动杆 10 上装着扇形制动器 11，制动器 11 的凹面与张力扇形杆 6 的凸面相吻合。制动杆 10 的上端活套在墙板的短轴上，下端套有制动器杆弹簧 14，并装有制动器杆滑轮 12，此滑轮与弯轴凸轮 13 紧密接触。

在织造生产中，张力调节系统本身会始终保持力矩平衡状态。经纱张力的波动，使经纱对后梁的压力产生变化，在此过程中，吊杆的高度会随着变化，撑头撑动锯齿轮的齿数也发生相应变化，从而完成送经量以及经纱张力的调节。当织轴处于满轴时，经纱对后梁的包围

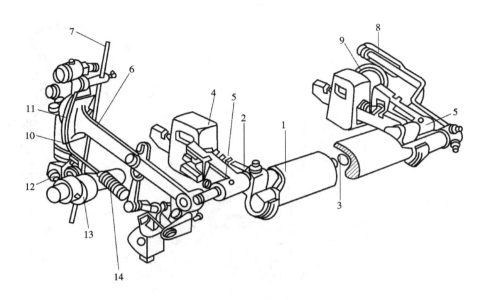

图 3-62　调节式送经机构经纱张力调节装置

1—后梁　2—强力重锤杆　3—后杆　4—张力重锤　5—后杆托架　6—张力扇形杆　7—送经运动连杆　8—平稳运动杆
9—平稳运动凸轮　10—张力制动杆　11—扇形制动器　12—制动器杆滑轮　13—弯轴凸轮　14—制动器杆弹簧

角较小，织轴转速较低，这时吊杆的位置也较低，因此锯齿轮每次被撑动的齿数也较少。随着织造的进行，织轴直径逐渐变小，经纱对后梁的包围角不断加大，这时若织轴转速不变，送经量便逐渐减小，经纱张力逐渐增大，结果会使吊杆逐渐上升，从而增加锯齿轮转过的齿数，织轴转速加快，以维持经纱送出量稳定和经纱张力恒定。

为控制主轴一回转过程中经纱的张力波动，由扇形制动器 11 控制张力调节的时间。在经纱张力需要调节时，由弯轴凸轮 13 向机前方向推动制动器杆滑轮，使制动器离开张力扇形杆，实现经纱张力的调节。当弯轴凸轮的小半径与制动器杆滑轮相对时，制动器杆弹簧 14 使制动器与张力扇形杆前端抱合，从而停止经纱张力调节。

张力调节可改变张力重锤在张力重锤杆上的前后位置，也可改变张力重锤的只数或重量。若移动张力重锤的位置仍不能满足要求，则要调整吊杆位置，使调节杆抬高，送经量增加，降低经纱张力，以确保织造顺利进行。

（二）电子送经机构

电子送经机构控制精度高，从满织轴到小织轴，动态经纱张力变化平稳，波动量较小；系统响应和动作执行敏捷；具有记忆功能，在织机再启动时可实现织轴的任意倒顺转，伺服电动机在时间上先于主电动机执行反转等动作，有效地防止了开车稀密路；可以配合电子卷取系统，织制变纬密等特殊织物。

图 3-63 为电子送经装置的工作原理。正常时，张力传感器对经纱张力信号进行检测，输出模拟量，再通过 A/D 转换器，使之变成数字信号，经处理后与预设值进行比较、处理，再

经 D/A 转换器的作用，得到模拟信号，将此信号传送到调频装置，实现送经电动机转速变化的要求。为解决交流电动机特性偏软的问题，此系统中增设了测速校正反馈装置，改善了送经电动机工作的稳定性。

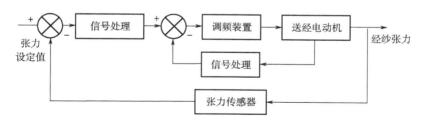

图 3-63　电子送经装置的工作原理

1. 经纱张力检测装置　按照经纱张力信号的检测方式不同，经纱张力检测装置可分为后梁位置检测式和后梁受力检测式两种。

（1）后梁位置检测式经纱张力检测装置。后梁位置检测方式以接近开关判别后梁位置，进而间接对经纱张力信号进行判断、采集，其经纱张力信号采集系统工作原理和机械式送经机构基本相同，即利用经纱张力与后梁位置的对应关系，通过监测后梁位置控制经纱张力，如图 3-64 所示。

从织轴上退绕出来的经纱 9 绕过后梁 1，经纱张力使后梁摆杆 2 绕 O 点沿顺时针方向转动，对张力弹簧 3 进行压缩。通过改变弹簧力，可以调节经纱上机张力，并使后梁摆杆位于一个正常的平衡位置上。织造过程中，当经纱张力相对预设定值增大或减小时，后梁摆杆与平衡位置发生偏移，固定在后梁摆杆上的铁片 4 与 5 相对于接近开关 6 与 7 发生位置变化。

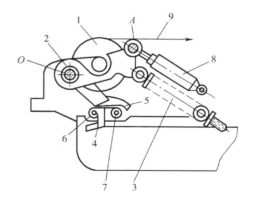

图 3-64　后梁位置检测式经纱张力信号采集系统
1—后梁　2—后梁摆杆　3—张力弹簧
4，5—铁片　6，7—接近开关　8—阻尼器
9—经纱　A—阻尼器与后梁摆杆铰接点

后梁摆杆在经纱张力的作用下，不断改变铁片 4 与接近开关 6 的相对位置，使送经电动机时而放出经纱，时而停放，让后梁摆杆始终在平衡位置上下做小量的位移，经纱上机张力始终稳定在预设的上机张力附近。

由于后梁系统具有较大的运动惯量，当经纱张力发生变化时，后梁系统不可能及时地做出位移响应，于是不能及时地反映张力的变化并匀整经纱张力，这是后梁位置检测方式的弊病。

在高经纱张力或中、厚织物织造时，开口、打纬等运动引起经纱张力快速、大幅度地波动，会导致后梁跳动，造成打纬力不足，织物达不到设计的密度，并影响经纱张力调节的准确性，因而在后梁系统中安装了阻尼器。在经纱张力快速，大幅度波动时，阻尼器对后梁摆杆和后梁起到了强有力的握持作用，阻止了后梁跳动。但是，对于织轴直径减小或某些因素引起的经纱张力的慢速变化，阻尼器几乎不产生阻尼作用，不影响后梁摆杆在平衡位置附近做相应的偏移运动。

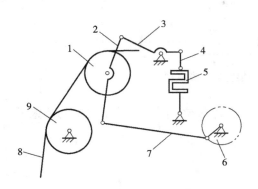

图 3-65　后梁受力检测式经纱张力信号采集系统
1—后梁　2—后梁摆杆　3—杠杆　4—拉杆　5—力传感器
6—曲柄　7—连杆　8—经纱　9—固定后梁

（2）后梁受力检测式经纱张力检测装置。该检测装置与后梁位置检测式相比，工作原理有明显改进。一种较简单的、利用应变片传感器对经纱张力信号进行采集的系统如图 3-65 所示。经纱 8 绕过后梁 1，经纱张力的大小通过后梁摆杆 2、杠杆 3、拉杆 4 施加到应变片传感器 5 上。这里采用了非电量电测方法，通过应变片微弱的应变采集经纱张力变化的全部信息，相对于通过后梁系统的位置（位移）感受经纱张力变化，它的优点是可以十分及时地反映经纱张力的变化。

曲柄 6、连杆 7、后梁摆杆 2 组成了织造平纹织物的经纱张力补偿装置，对经纱开口过程中经纱张力的变化进行补偿调节。改变曲柄长度，可以调节张力补偿量的大小。

在经纱张力快速变化的条件下，阻尼器对后梁摆杆起握持作用，阻止后梁上下跳动，使后梁处于"固定"的位置上。但是，当经纱张力发生意外的较大幅度的慢速变化时，后梁摆杆通过弹簧的柔性连接可以对此做出反应。弹簧会发生压缩或变形恢复，后梁摆杆会适当上、下摆动，对经纱长度进行补偿，避免了经纱的过度松弛和过度张紧。

2. 经纱张力控制方式　图 3-66 所示是计算机控制送经框图，图中所用的比较环节、PI 环节均是用计算机处理。

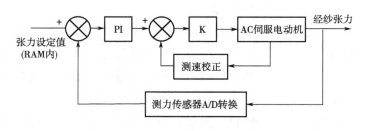

图 3-66　计算机控制送经

记忆在计算机内存中的张力是经纱平均张力 T_p，在开车前由人工设定，而从张力传感器得到的信号为 T_i，在 PI 环节内进行：

$$P = K \frac{T_i - T_p}{n}$$

式中：K——比例常数；

　　　　P——送经调节量。

当 $P > 0$ 时，电动机多转；而 $P < 0$ 时，电动机少转或反转。在这类控制系统中，经纱送出量由基本量 M 和调节量 P 两部分组成，而基本量 M 则事先根据织物的纬密、经缩设定。这样使送经装置基本上每纬均匀送出经纱，保证送经均匀，较适于织制稀薄织物的需要。

3. 经纱送出装置 经纱送出装置由（步进、交流或直流伺服）电动机、驱动电路和送经传动轮系组成。

直流伺服电动机的机械特性较硬，线性调速范围大，易控制，效率高，比较适于作送经电动机。但直流电动机使用电刷，长时间运转易产生磨损，需要经常维护。在低速时，由于电刷和换向器易产生死角，引起火花，电火花将干扰电路正常工作。

交流伺服电动机无电刷和换向器引起的弊病，但它的机械特性较软，线性调速区小，为此，在电动机上装有测速发电动机，检测电动机转速，并以此检测信号作为反馈信号输入到驱动电路，形成闭环控制，保证送经调节的准确性。

送经传动轮系一般由齿轮，蜗轮、蜗杆和制动阻尼器构成，如图 3-67 所示，执行电动机 1 通过齿轮 2 和 3、蜗杆 4、蜗轮 5 起减速作用。装在蜗轮轴上的送经齿轮 6 与织轴边盘齿轮 7 啮合，使织轴转动，送出经纱。为了防止惯性回转造成送经不精确，在送经执行装置中都含有阻尼部件。在图 3-67 中是在蜗轮轴上装有一只制动盘，通过制动带的作用，使蜗轮轴的回转受到一定的阻力矩作用，当电动机停止转动时，蜗轮轴也立即停止转动，因而不出现惯性回转而引起的过量送经。

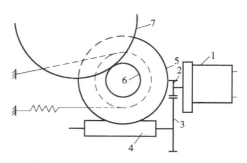

图 3-67　电子送经的织轴驱动装置

1—电动机　2，3—齿轮　4—蜗杆
5—蜗轮　6—送经齿轮　7—织轴边盘齿轮

目前，剑杆织机、喷气织机的电子送经机构中还增加了停车时间记录装置（比如以 5min、10min 为一个单位），织机开车时，电子送经机构自动卷紧织轴，使经纱张力达到织机开车所需的数值，可以有效地防止开车稀密路疵点。

Picanol 公司的 PAT 型喷气织机和 CTM 型剑杆织机均采用（间歇式或连续式）电子送经机构。连续式电子送经装置是根据传感器检测到的后梁位置，无级地改变直流送经电动机的速度，以保证织造过程中经纱张力平均值的恒定。间歇式电子送经装置是根据传感器检测到的后梁位置信号的有无，控制三相交流送经电动机转动或不转动，来保证经纱张力平均值的稳定。PAT 型喷气织机使用间歇式电子送经机构。

第六节　圆织机

圆织机是广泛应用的圆织组织成形设备，主要分为分线盘开口式、凸轮开口式和电磁开口式三种。分线盘开口式圆织机主要用于生产消防水龙带及水管等密度大的管状织物；凸轮开口式圆织机用于织造土工纺织品，如编织袋、土工布等。这两类圆织机只能生产单层管状织物，而且对纱线的耐磨性要求较高。由东华大学开发的电磁开口式圆织机可用于生产多层立体管状织物，不仅可以织棉、尼龙、芳纶、腈纶等高强耐磨纤维，还可以织造碳纤维、玻璃纤维等脆性较高的特殊纤维。

以上三种圆织机的经纱开口形式各不相同，而且在织造过程中，船状梭子沿圆形门环作圆周运动的驱动方式也不同，梭子也有差别。分线盘开口圆织机和凸轮开口圆织机所用的梭子相似，上下两侧有滚轮（图 3-68），与上下门环滚动接触（图 3-69），推梭器从后侧推动梭子运行。圆织机上梭子的个数有 2~12 只，一般为双数，织机的门环越大，可容纳的梭子越多，织物的直径也越大。

图 3-68　凸轮开口圆织机用梭子

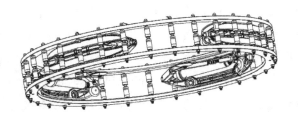

图 3-69　圆织机门环、梭子配置关系

一、分线盘开口式圆织机

图 3-70 所示的分线盘开口式圆织机主要用于生产消防水龙带，织物的密度大，对纱线的强度和耐磨性要求高。分线盘是圆织机关键的开口部件，其结构如图 3-71 所示，其中安装孔与安装凸台为分线盘安装定位结构特征；顶槽和底槽是分线盘握持经纱并完成开口动作的关键结构特征；导针的作用是与环形筘板啮合，使分线盘产生与经纱线速度方向相同的自转。

图 3-70　分线盘开口式圆织机

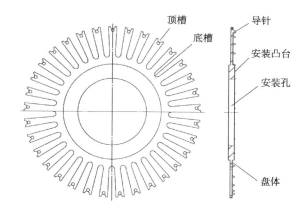

图 3-71　分线盘

图 3-72 所示为分线盘开口式圆织机的开口和引纬机构原理图。导纱板与分线盘均安装于梭子前方，并与梭子一起在推梭器的推动下向前运动。同时，分线盘还绕自身的中心轴自由旋转。圆织机工作时，导纱板首先从经纱下方穿过，将经纱带到高位，随后释放。随着分线盘的自转，一部分经纱落入分线盘的顶槽中，而另一部分落入底槽中，形成一定的高度差，即梭口。分线盘圆织机的梭子一般前端均安装有梭剑，随着梭子的前进，梭剑的剑尖从梭口中穿过，并逐渐将梭口扩大至整个梭子的大小，以使梭子携纬纱顺利通过织口，从而完成一次交织。

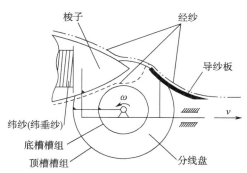

图 3-72　分线盘开口式圆织机的开口和引纬原理

图 3-73 所示为分线盘开口式圆织机的结构图，主电动机通过齿轮传动系统进行降速，传动推梭器绕主轴旋转并推动梭子和分线盘在门环轨道内进行圆周运动，生产的织物从中间管状通道内引向织机的下方并卷绕成形。

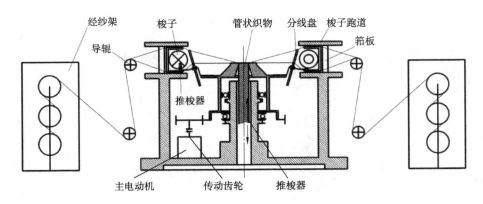

图 3-73　分线盘开口式圆织机结构

二、凸轮开口式圆织机

凸轮开口式圆织机如图 3-74 所示，根据凸轮形状的不同可分为圆柱凸轮圆织机和端面凸轮圆织机；根据凸轮机构从动杆的运动形式又分直动式从动件和摆动式从动件两种。早期的圆织机采用圆柱凸轮配置直动从动件进行开口，20 世纪 80 年代出现了平面凸轮配置摆动从动件形式的圆织机。

图 3-74　凸轮开口式圆织机

（一）圆织机的传动

凸轮开口式圆织机的传动如图 3-75 所示，主电动机通过皮带传动带轮 D_1 和 D_2，经过减速器减速，再经皮带传动带轮 D_3 和 D_4，驱动织机的主轴旋转。主轴上装有开口凸轮和推梭器，它随主轴同步旋转。在主轴上还装有带轮 D_5，D_5 带动从动轮 D_6 旋转，该运动经过变换齿轮 Z_1、Z_2 和 Z_3 变速，再通过一对锥齿轮 Z_4 和 Z_5 将运动传递给牵引辊，将织好的织物卷绕存储。根据织物密度的要求，变换齿轮可以成对更换。

（二）直动从动件凸轮开口式圆织机

直动从动件端面凸轮开口式圆织机结构如图 3-76 所示。开口凸轮含有两组廓线，加工成槽道形式，里面分别安装有两组滑块，控制经纱的综杆下端分别与其中的一组相连。在凸轮

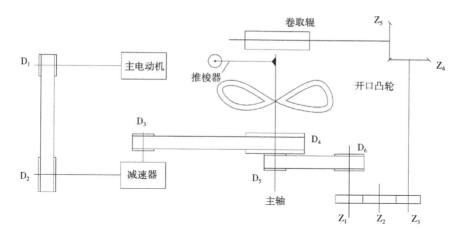

图 3-75　凸轮开口式圆织机传动

旋转时，滑块带动综杆上下运动，从而带动经纱开口。由于织口的高度取决于最上方综杆和最下方综杆上综眼之间的距离，而对于直动从动件凸轮开口形式，这个距离等于凸轮上面廓线的最高点与下面廓线的最低点之间的距离，因此，为了得到此高度，凸轮在高度方向上必须要大于开口高度。另外，圆织机门环的径向尺寸与梭子的个数有关，梭子越多，门环就要越大，综杆的位置也就离主轴越远，凸轮径向尺寸也随之增大。大尺寸的凸轮必然质量也大，这不利于织机速度的提高。由于滑块与综杆间是滑动摩擦，阻力较大，也是织机能耗大的一个主要因素。

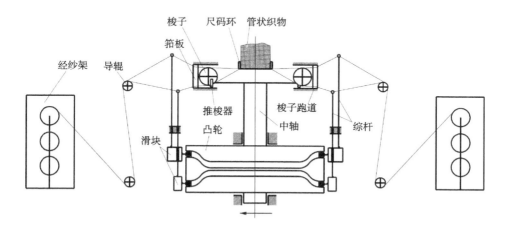

图 3-76　直动从动件端面凸轮开口式圆织机结构

（三）摆动从动件凸轮开口式圆织机

摆动从动件凸轮开口式圆织机结构如图 3-77 所示，该方式取消了直动从动件式圆织机的滑块与综杆，而将从动件作成摆动形式，用挠性综绳代替刚性综杆，从而去掉了综杆与导轨之间的滑动摩擦。摆杆 2 靠近凸轮 1 的一侧长度 L_1 小于外侧长度 L_2，L_1/L_2 根据需要可以调节，当 $L_1/L_2<1$，摆杆相当于一个杠杆，将与凸轮槽道接触一端的动程放大至满足开口要求。因此，开口凸轮在轴向和径向的尺寸和质量比直动式端面凸轮圆织机小很多，从而降低了圆织机的运行阻力、能耗和噪声，织造速度也大幅度提高。

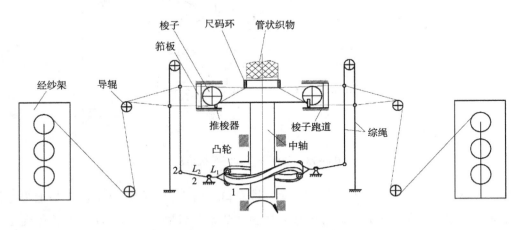

图 3-77　摆动从动件凸轮开口式圆织机结构

（四）凸轮式圆织机的引纬机构

凸轮式圆织机的引纬机构比较简单，就是利用与主轴同步转动的推梭器推动梭子后侧，使其在门环内前进。推梭器头部配有两个滚轮，一个滚轮在下门环内运动，起到支撑推梭杆防止其变形的作用，另一个滚轮在梭子后侧推动梭子运动。梭子与滚轮的摩擦是滚动摩擦，减小了摩擦阻力。

三、电磁开口式圆织机

（一）工作原理

电磁开口式圆织机是东华大学研发的能够以碳纤维、玻璃纤维等特种纤维为经纱和纬纱织造多层立体织物的圆织机，其结构如图 3-78 所示。该圆织机利用凸轮机构和电磁选针器共同作用实现经纱开口，凸轮仅作为综丝提升部件，电磁铁负责根据织物组织要求对综丝进行选择。凸轮两条廓线推动两组提刀上下运动，提刀向上运动时将综片推到最高位置，综片上

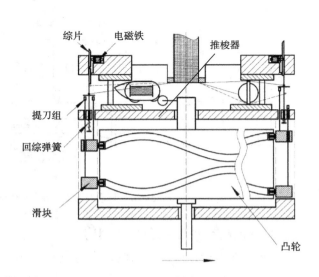

图 3-78　电磁开口式圆织机结构

开有卡口，若电磁铁没有通电，其铁芯在弹簧作用下卡入卡口，使综片保持在高位；而如果电磁铁通电，铁芯吸合收回释放综片，综片在回综弹簧的作用下向下运动至低位。位于上、下位置的综片就控制了经纱形成开口。

该织机能够生产多层正交管状立体织物及角联锁结构管状立体织物，图3-79为管状立体织物组织形态。

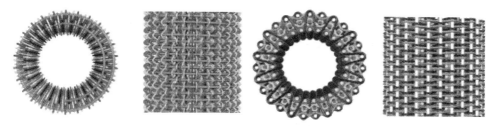

(a)径向垂纱法　　　　　　　　　　　　(b)纬向垂纱法

图3-79　两种管状立体织物的组织形态

（二）引纬机构

电磁开口式圆织机主要用于生产碳纤维管状立体织物，虽然碳纤维具有比强度高、比模量大，以及耐高温、耐腐蚀等诸多优点，但其耐磨性和抗折弯能力极差，可纺织性不好。在生产碳纤维织物时，由于碳纤维丝束在送纱路径上与机械零部件的接触，会产生大量的飞絮，如果防护不好，会引起电器短路，同时织物的性能也会下降，因此，在设计碳纤维织物生产设备时，要尽可能减少机械零部件对碳纤维丝束的接触。

电磁开口式圆织机的引纬机构如图3-80所示，该引纬机构改变梭子与门环的接触形式，

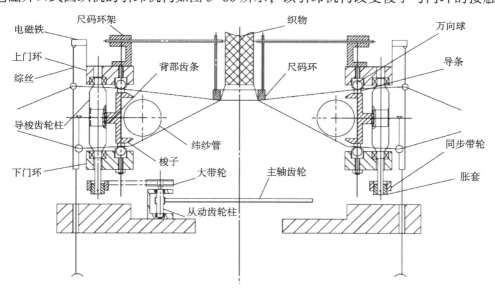

图3-80　电磁开口式圆织机的引纬机构

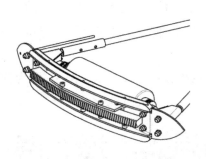

图3-81　背部有圆弧齿条的梭子

去掉梭子上的滚轮，而将梭体采用位置固定的万象球支撑起来，从而避免了梭子跑动时滚轮对经纱的碾压，还去除传统圆织机的推梭器，而采用齿轮和圆弧齿条的背部驱梭方案，因此，经纱就不会受到推梭滚轮与梭体接触的挤压。织机主轴的运动通过齿轮传动和带传动传递给均布在门环上的导梭齿轮柱，齿轮柱再与梭子背部的弧形齿条啮合，从而驱动梭子在万象球上滑行。同时与齿条啮合的齿轮柱的个数和同时支撑梭体的万象球个数都不能少于两个。图3-81是梭子及背部齿条的示意图。

本章常用词汇的汉英对照

专用词汇	英文	专用词汇	英文
织造机械	weaving machinery	无梭引纬	shuttle free weft insertion
整经机	warping machine	剑杆引纬	rapier weft insertion
浆纱机	sizing machine	喷气引纬	air jet weft insertion
穿经机	drawing-in frame	喷水引纬	water jet weft insertion
结经机	warp tying machine	片梭引纬	projectile weft insertion
开口机构	shedding mechanism	打纬机构	beating up mechanism
多臂开口	dobby opening	卷取机构	take-up mechanism
提花开口	jacquard shedding	送经机构	let-off mechanism
有梭引纬	shuttle weft insertion	圆织机	circular loom

思考题

1. 与织造工艺流程相对应的设备有哪些？

2. 简述分批整经、分条整经、球经整经及分段整经的工艺流程。

3. 穿经有哪些方法及设备？简述自动结经机的结构及工作原理。

4. 简述浆纱机的分类、工艺流程及主要机构。

5. 简述凸轮开口机构和曲柄连杆开口机构的工作原理。

6. 简述剑杆引纬机构、喷气引纬机构及片梭引纬机构的工作原理及各自的特点。

7. 打纬机构的分类有哪些？

8. 卷取机构的分类有哪些？

9. 简述电子式送经机构和电子式卷取机构的组成及特点。

10. 简述圆织机的类别和工作原理。

第四章　针织机械

本章知识点

1. 针织机的分类及机号的概念，针织物的成圈原理。

2. 圆纬机的主要机构及相应的工作原理。

3. 圆袜机的编织机构及工作原理，电脑袜机的控制系统。

4. 普通机械式横机的编织机构及相应的工作原理；电脑横机的主要机构及相应的工作原理。

5. 经编机的主要机构及相应的工作原理。

第一节　针织机械概述

针织是利用织针将纱线弯曲成圈，并相互串套连接而形成织物的工艺过程。根据编织方法的不同，针织生产可分为纬编和经编两大类。纬编针织是将纱线由纬向喂入针织机的工作针上，使纱线顺序地弯曲成圈并相互串套而形成纬编针织物，如图4-1所示。经编针织是采用一组或几组平行排列的纱线，由经向喂入针织机的工作针上，同时弯纱成圈，并在横向相互连接而形成经编针织物，如图4-2所示。

图4-1　纬编针织物

图4-2　经编针织物

一、针织机的分类

针织机的分类方法有多种，按工艺类别可分为经编针织机与纬编针织机；按针床数量可分为单针床针织机和双针床针织机；按针床形式可分为圆型针织机和平型针织机；按使用织针的类型可分为钩针机、舌针机和复合针机。针织机分类如表4-1所示。

表 4-1 针织机的分类

			钩针	全成形平型针织机
纬编针织机	单针床（筒）	平型	钩针	全成形平型针织机
			舌针	手摇横机
		圆型	钩针	台车、吊机
			舌针	多三角机、提花机、毛圈机等
			复合针	复合针圆机
	双针床（筒）	平型	钩针	双针床平型钩针机
			舌针	横机、手套机、双反面机
		圆型	舌针	棉毛机、罗纹机、提花机、圆袜机等
经编针织机	单针床	平型	钩针	特利考型机、拉舍尔型机、米兰尼斯型机
			舌针	特利考型机、拉舍尔型机、钩编机
			复合针	特利考型机、拉舍尔型机、缝编机
			自闭钩针	钩编机
	双针筒	圆型	钩针	特利考型机
			舌针	拉舍尔型机
			复合针	特利考型机、拉舍尔型机

针织机主要由给纱（纬编）或送经（经编）机构、编织机构、针床或梳栉横移机构（横机或经编机）、牵拉卷取机构、传动机构和辅助机构等组成。

二、针织机的机号

针织机的种类与机型很多，各类针织机均以机号来表明针的粗细和针距的大小。在单独表示机号时，应由符号 E 和相应数字组成，如 18 机号应写作 E18。机号 E 是用针床上规定长度内所具有的针数来表示，通常规定长度为 25.4mm（1 英寸），机号 E 与针距 T 的关系为：

$$E = \frac{25.4}{T}$$

由此可见，机号说明了针床上植针的稀密程度。机号越大，针床上规定长度内的针数越多，即植针越密，针距越小，所用针杆越细。

三、针织物的成圈原理

在针织机上形成针织物一般可以分为以下工艺过程：首先纱线以一定的张力输送到编织区域，之后按照不同的成圈方法形成针织物或一定形状的针织品，最后将针织物从成圈区域中牵引出。通常分为以下三种方法。

（一）针织法

在成圈区域中先把垫放在织针上的纱线弯成一定大小的未封闭的线圈，然后穿过旧线圈形成新线圈的方法，一般采用钩针。如图 4-3 所示，成圈过程可分为 10 个阶段：退圈 1→垫纱 1~2→弯纱 2~6→带纱 3~7→闭口 6→套圈 6~7→连圈 8~9→脱圈 10~11→成圈 12→牵拉 13~15。

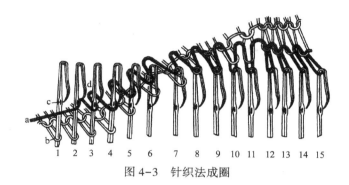

图 4-3　针织法成圈

（二）编结法

编结法的纱线弯曲形成线圈是和纱线穿过旧线圈同时进行，而不是像针织法一样预先弯曲成未封闭的线圈，一般采用舌针。如图 4-4 所示，编结法也分为 10 个步骤：退圈→垫纱→带纱→闭口→套圈→连圈→弯纱→脱圈→成圈→牵拉。

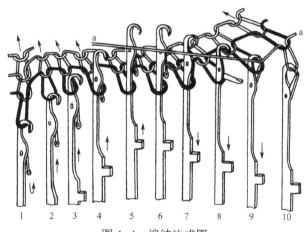

图 4-4　编结法成圈

（三）经编法

在经编机上，平行排列的经纱从经轴上引出，通过导纱针分别垫放到对应织针上，成圈后形成横列，横列之间线圈互相串套，形成横向连接。当某枚织针完成成圈后，纱线按一定顺序移动到其他针上成圈，实现纵行之间的连接，从而形成织物。经编采用较多的是复合针。经编法成圈与编结法类似。如图 4-5 所示，成圈步骤为：退圈→垫纱→带纱→闭口→套圈→连圈→弯纱→脱

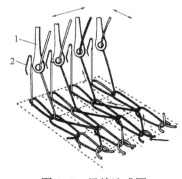

图 4-5　经编法成圈

圈→成圈→牵拉。

第二节　圆纬机

圆纬机是指针床呈圆筒形或圆盘形的圆型纬编针织机，多数以舌针为主。圆纬机针筒直径一般为356~965mm（14~38英寸），成圈系统数为每25.4mm筒径1.5~4路，机号一般为$E16$~$E40$。圆纬机具有高效率、高质量、多品种、多功能等特点，是针织生产中大量使用的机种，其种类繁多，单面圆纬机大多只有一个针筒，双面圆纬机除针筒外，还有针盘，针盘与针筒通常呈90°角配置，也有些计件双面圆纬机为上下各有一个针筒的双针筒型。圆纬机既可生产平针、罗纹等基本组织，也可编织彩横条、集圈等织物结构，如再更换一些成圈机件，还可编织衬垫、毛圈等花色织物。此外，还有可编织半成形无缝衣坯的单面和双面无缝内衣机。

一、编织机构

编织机构是针织机的心脏，它直接反映针织机的编织方法、编织质量和产品种类。了解和掌握该部分的机构是了解针织机的关键。

（一）普通单面纬编针织机的编织机构

图4-6为国内外广泛使用的单面舌针圆纬机，其编织机构和工艺特点，主要表现在织针

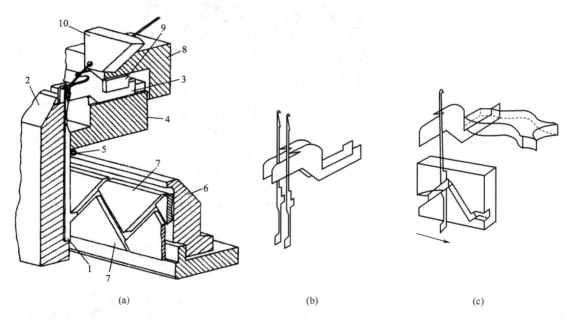

(a)　　　　　　　　　　　　(b)　　　　　　　　　　　　(c)

图4-6　单面舌针圆纬机成圈机件及其配置

1—舌针　2—针筒　3—沉降片　4—沉降片圆环　5—箍簧　6—织针三角座

7—织针三角　8—沉降片三角座　9—沉降片三角　10—导纱器

运动和沉降片运动以及两者的配合上。舌针1竖直插在针筒2的针槽中，沉降片3水平插在沉降片圆环4的片槽中，舌针与沉降片呈一隔一交错配置。沉降片圆环与针筒固结在一起并作同步回转。箍簧5作用在舌针上，防止舌针外扑。舌针在随针筒转动的同时，由于针踵受织针三角座6上的退圈和成圈等三角7的作用而在针槽中上下运动。沉降片随沉降片圆环转动，同时其片踵受沉降片三角座8上的沉降片三角9控制沿径向运动。导纱器10固装在针筒外面，其作用是正确垫纱和控制针舌反拨，保证针钩勾住新纱线。在实际生产中，通过调节导纱器的高低位置、前后（径向进出）位置和左右位置，得到合适的垫纱角，完成垫纱。

1. 单面圆纬机的成圈过程　单面舌针圆纬机编织纬平针组织的成圈过程如图4-7所示。

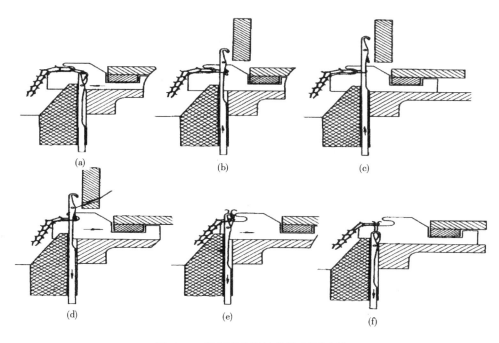

图4-7　单面舌针圆纬机的成圈过程

（1）退圈。图4-7（a）所示为成圈过程的起始时刻。沉降片向针筒中心挺足，用片喉握持旧线圈的沉降弧，防止退圈时织物随针一起上升。图4-7（b）为针上升到集圈高度，又称退圈不足高度，即此时旧线圈尚未从针舌上退到针杆上。图4-7（c）为舌针上升至最高点，旧线圈退到针杆上，完成退圈。

（2）垫纱。图4-7（d）为舌针在下降过程中，从导纱器垫入新纱线。沉降片向外退出，为弯纱做准备。

（3）闭口、套圈。图4-7（e）为随着舌针继续下降，旧线圈关闭针舌，并套在针舌外。沉降片已移至最外位置，片鼻离开舌针，这样不致妨碍新纱线的弯纱成圈。

（4）弯纱、脱圈、成圈。舌针的下降使针钩接触新纱线开始弯纱，并继续下降，使旧线圈脱圈，套在正在弯纱的新线圈上。图4-7（f）为舌针下降到最低点，新纱线搁在沉降片片颚上形成规定大小的新线圈。针钩内点低于沉降片片颚线的垂直距离 X 称为弯纱深度。对于采用消极式给纱的纬编机，可调整弯纱三角改变线圈长度，即织物的密度；对于采用积极式给纱装置的机器，线圈长度主要由该装置的给纱速度（单位时间内的输线量）来决定，而调整弯纱三角位置的目的是使织针能按照给纱装置的给纱速度吃纱弯纱，从而使弯纱张力在合适范围。

（5）牵拉。从图 4-7（f）到图（a）表示沉降片从最外移至最里位置，用其片喉握持与推动线圈，辅助牵拉机构进行牵拉。同时为了避免新形成的线圈张力过大，舌针做少量回升。

2. 沉降片双向运动技术　传统的单针筒舌针圆纬机中，沉降片配置于针之间，随针筒同步回转的同时，在水平方向作径向运动配合织针成圈。当织针上升退圈时，沉降片向针筒中心移动，握持形成线圈的沉降弧，起辅助退圈作用；当织针下降弯纱成圈时，沉降片逐渐移离针筒中心，以便舌针能在片颚上弯纱，然后沉降片再度移向针筒中心，为牵拉新线圈做好准备。

在新型圆机中，沉降片除了可以径向运动外，还能沿垂直方向与织针相对运动，称为沉降片的双向运动技术。沉降片双向运动视机型不同而有多种形式，但其基本原理是相同的。如图 4-8 所示为典型的沉降片双向运动形式，其中图 4-8（a）所示机器的沉降片 2 处于针筒中织针 1 的旁边，去除了传统的沉降片圆环，针踵受织针三角 8 控制上下运动完成成圈。沉降片则具有三个片踵，片踵 4 受沉降片三角 7 作用，在织针退圈时下降，弯纱时上升，与针形成上下相对运动；片踵 3 和 5 分别为径向挺进和径向退出的摆动踵，受沉降片三角 9 和 10 分别作用，使沉降片以 6 为支点径向摆动，沿径向进出，实现辅助牵拉等作用。图 4-8（b）所示沉降片与传统机器中一样水平配置在沉降片圆环内，但沉降片具有两个片踵，分别由两组沉降片三角控制，片踵 1 受三角 2 的控制使沉降片作径向运动，片踵 4 受三角 3 的控制使沉降片作垂直运动。图 4-8（c）所示为"Z 系列"（斜向运动）形式的双向运动沉降片，它配置在与水平面呈 α 角（一般约 20°）倾斜的沉降片圆环中。当沉降片受到三角控制沿斜面移动一定距离时，将分别在水平方向和垂直方向产生动程 a 和 b。

沉降片双向运动技术使成圈条件在许多方面得到改善，有利于提高机速，所加工纱线的质量要求相应降低，同时机件磨损减少，使用寿命提高。

（二）普通双面圆纬机的编织机构

普通双面圆纬机最常用的是罗纹型双面圆纬机和双罗纹型双面圆纬机。

1. 罗纹型双面圆纬机　罗纹型双面圆纬机一般称罗纹机，针筒直径范围很大，现在采用较多的是大筒径的高速罗纹机，主要用于生产罗纹及变化组织，制作袖口、领口、裤口、下摆等部位，并可生产内、外衣坯布。

（1）罗纹机成圈机件及配置。罗纹机的成圈机件及其配置如图 4-9 所示，处于上方呈盘形的为针盘 1，处于下方呈筒状的为针筒 2，相互呈 90° 配置，针盘和针筒上分别配置有针盘针 3 和针筒针 4。织针分别受上三角 5、下三角 6 的作用，在针槽中做进出和升降运动，将纱线编织成圈。导纱器 7 固装在上三角座上，为织针提供新纱线。

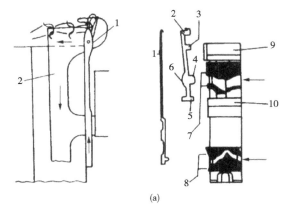

(a)

1—织针　2—沉降片　3，4，5—片踵　6—径向摆动支点　7，9，10—沉降片三角　8—织针三角

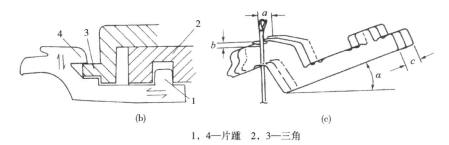

(b)　　　　　　　　　　　(c)

1，4—片踵　2，3—三角

图 4-8　典型的沉降片双向运动形式

罗纹机上针盘 1 和下针筒 2 上的针槽相错配置，上下织针的配置如图 4-10 所示。

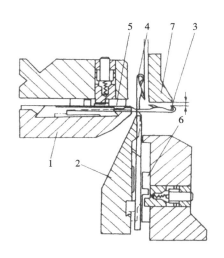

图 4-9　罗纹机的成圈机件及其配置

1—针盘　2—针筒　3—针盘针　4—针筒针

5—上三角　6—下三角　7—导纱器

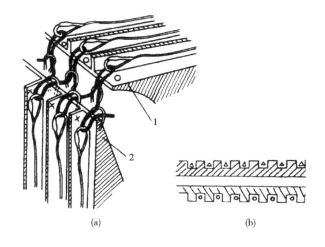

(a)　　　　　　　　(b)

图 4-10　罗纹机上下织针的配置

1—上针床　2—下针床

（2）罗纹机的成圈过程。罗纹机编织罗纹织物的成圈过程如图4-11所示。

①退圈。图4-11（a）所示为成圈过程中上下针的起始位置。图4-11（b）表示上下针分别在上、下起针三角的作用下，移动到最外和最高位置，旧线圈从针钩中退至针杆上。为了防止针舌反拨，导纱器开始控制针舌。

②垫纱。图4-11（c）表示上、下针分别在压针三角作用下，逐渐向内和向下运动，新纱线垫到针钩内。

③闭口。图4-11（d）表示上、下针继续向内和向下运动，由旧线圈关闭针舌。

④弯纱、套圈、脱圈、成圈。图4-11（e）表示上、下针移至最里和最低位置，依次完成弯纱、套圈、脱圈，并形成新线圈，最后由牵拉机构进行牵拉。

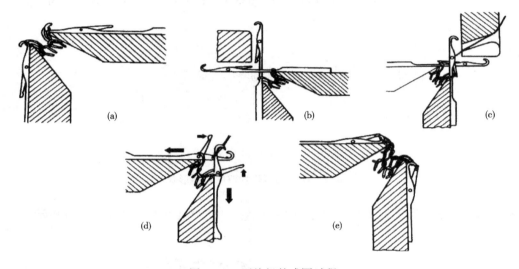

图4-11　罗纹机的成圈过程

罗纹机的筒口距（针盘中针槽底面至针筒口面的距离）、织针配置以及上下三角等均可调节。特别是上针与下针压针最低点的相对位置（又称成圈相对位置）的调整极为重要。凡是具有针盘和针筒的双面纬编机都需要确定这个位置，它对产品坯布物理指标影响很大，是重要的上机参数。罗纹机的对位方式有三种：滞后成圈、同步成圈、超前成圈，如图4-12所示。图4-12（a）表示滞后成圈，是指下针先被压至弯纱最低点 A 完成成圈，上针比下针迟1~6针（图中距离 L），被压至弯纱最里点 B 进行成圈，即上针滞后于下针成圈。这种成圈方式，在下针先弯纱成圈时，弯成的线圈长度一般为所要求的两倍，然后下针略微回升，放松线圈，分一部分纱线供上针弯纱成圈。其优点是同时参加弯纱的针数较少，弯纱张力较小，有利于提高线圈的均匀性，所以应用较多。滞后成圈可以编织较为紧密的织物，但弹性较差。

图4-12（b）表示同步成圈。同步成圈是指上下针同时到达弯纱最里点和最低点形成新线圈。同步成圈用于上下织针不是有规则顺序地编织成圈，例如生产不完全罗纹和提花织物。织出的织物较松软，延伸性较好，但因弯纱张力较大，故对纱线的强度要求较高。

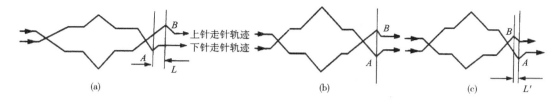

图 4-12 三角对位图

图 4-12（c）表示超前成圈。超前成圈是指上针先于下针（距离 L'）弯纱成圈，这种方式较少采用，一般用于在针盘上编织集圈或密度较大的凹凸织物，也可编织较为紧密的织物。上下织针的成圈是由上下弯纱三角控制的，因此上下针的成圈配合实际上是由上下三角的对位决定的。生产时应根据所编织的产品特点，检验与调整罗纹机上下三角的对位，即上针最里点与下针最低点的相对位置。

2. 双罗纹型双面圆纬机　双罗纹型双面圆纬机一般称为双罗纹机，俗称棉毛机，用于生产双罗纹及花色双罗纹组织，用来制作棉毛衫裤、运动衣、T 恤等服装。

（1）双罗纹机的成圈机件及配置。如图 4-13 所示，针盘 1 处于针筒 2 的上方，相互呈 90°配置，插在针盘和针筒针槽内的舌针分别受上、下三角 3 和 4 作用完成成圈过程。图中 5 是钢梭子，编织时纱线穿过导纱瓷眼 6、钢梭子 5 而引到针上。

双罗纹机的上、下织针配置如图 4-14 所示，下针筒的针槽与上针盘的针槽呈相对配置，这与罗纹机不同。下针分为高踵针 1 和低踵针 2，两种针在下针筒针槽中呈 1 隔 1 排列；上针也分高踵针 2′和低踵针 1′两种，在上针盘针槽中也呈 1 隔 1 排列。上、下针的对位关系是：上高踵针 2′对下低踵针 2，上低踵针 1′对下高踵针 1。这在插针时应特别注意，否则上下织针将发生顶撞。编织时，

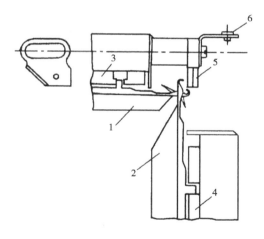

图 4-13　双罗纹机成圈机件的相互配置

1—针盘　2—针筒　3—上三角
4—下三角　5—钢梭子　6—导纱瓷眼

下高踵针 1 与上高踵针 2′在某一个成圈系统编织一个 1+1 罗纹，下低踵针 2 与上低踵针 1′在下一个成圈系统编织另一个 1+1 罗纹，每两路编织一个完整的双罗纹线圈横列。因此双罗纹的成圈系统必须是偶数。

由于上、下针均分为两种，故上、下三角也相应分为高、低两挡（即两条针道），分别控制高低踵针，如图 4-15 所示。在奇数成圈系统 I 中，下低挡三角针道由起针（退圈）三角 5、压针（弯纱）三角 6 及其他辅助三角组成；上低挡三角针道由起针三角 7、压针三角 8 及

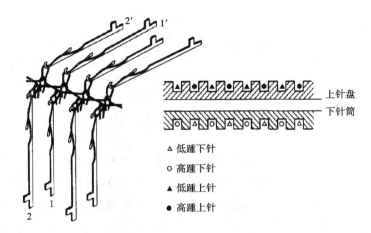

图 4-14　双罗纹机上、下织针配置示意图

1—下高踵针　2—下低踵针　1′—上低踵针　2′—上高踵针

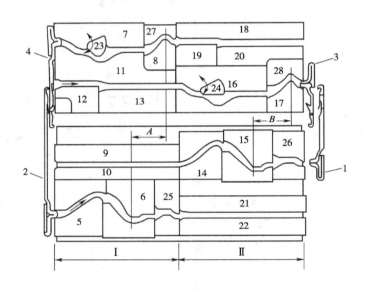

图 4-15　双罗纹机的三角系统

1—下高踵针　2—下低踵针　3—上高踵针　4—上低踵针　5—下低挡起针三角　6—压针三角

7—上低挡起针三角　8—压针三角　9，10，11，12，13，18，19，20，21，22—三角　14—下高挡起针三角

15—压针三角　16—上高挡起针三角　17—压针三角　23、24—上针盘活络三角

其他辅助三角组成。上、下低挡三角针道相对组成一个成圈系统，控制下低踵针 2 与上低踵针 4 编织一个 1+1 罗纹。与此同时，下高踵针 1 与上高踵针 3 经过由三角 9、10 和三角 11、12、13 组成的水平针道，将原有的旧线圈握持在针钩中，不退圈、垫纱和成圈，即不进行编织。在随后的偶数系统 Ⅱ 中，下高挡三角针道由起针三角 14、压针三角 15 及其他辅助三角组成；上高挡三角针道由起针三角 16，压针三角 17 及其他辅助三角组成。上、下高挡三角针道相对应组成一个成圈系统，控制上、下高踵针编织另一个 1+1 罗纹。此时上、下低踵针在由三

角 18、19、20 和三角 21、22 组成的针道中水平运动，握持原有的旧线圈不编织。

经过 I、II 两路一个循环，编织出了一个双罗纹线圈横列，因此，双罗纹机的成圈系统数一般是偶数。图 4-15 中 23、24 是活络三角，可控制上针进行集圈或成圈。距离 A 和 B 表示上针滞后于下针成圈。

（2）成圈过程。双罗纹机高、低踵针的成圈过程完全一样，且与罗纹机采用滞后成圈方式近似。双罗纹组织的成圈过程如图 4-16 所示。图中表示的是上、下低踵针（或高踵针）形成一个罗纹组织的成圈过程。在这个过程中，上、下高踵针（或低踵针）均不参加工作，它们的针头都必须处于各自的筒口处，针钩内勾着上一成圈系统中形成的旧线圈。

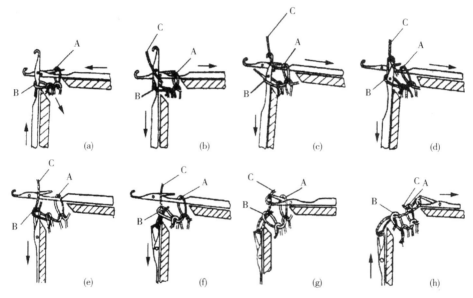

图 4-16　双罗纹组织的成圈过程

A、B—旧线圈　C—新纱线

①退圈。双罗纹机的退圈一般上针比下针先起针 1~3 针。

②垫纱。双罗纹机一般采用滞后成圈方式，下针先垫纱、弯纱和成圈。上针的垫纱随着下针弯纱成圈而完成。

③弯纱。下针先勾纱，并将其放在上针的针舌上弯纱，形成了加倍长度的线圈。然后下针回针分给上针，上针沿压针三角工作面收进，完成闭口、套圈、脱圈、弯纱等过程。

④成圈。上针回针和上针弯纱成圈后，下针还要稍稍下降，收紧因分纱而松弛的线圈，称下针"煞针"。在下针整理好线圈以后上针又收进一些，同样起整理线圈的作用。至此，上、下织针成圈过程完成，且正、反两面的线圈都比较均匀，可提高织物的外观质量。

一个成圈过程完成后，新形成的线圈在牵拉机构牵拉力的作用下被拉向针背，避免下一成圈循环中针上升退圈时又重新套入针钩中。牵拉力的大小对织物的纵横密度比有一定的影响，在满足成圈过程的前提下，尽可能减小牵拉力。

在双罗纹机上，线圈长度可由调节筒口距和压针三角的高低位置来实现，上、下三角的对位大多采用滞后成圈，具体取决于生产的花色。织针的排列在遵守织针排列原则的前提下，非常灵活。此外，很多双面圆机可实现罗纹式和双罗纹式的互换。

二、选针机构

在圆纬机上编织提花组织、集圈组织等各种花色组织时，需要使一些针有选择性地参加工作（成圈或集圈），另一些针不参加工作，这就需要有选针机构。选针机构一般可分为机械式选针和电子选针两类。

机械式选针可以通过三角、提花轮上钢米等直接作用于针踵上进行选针，也可以通过选针元件、中间机件及工作机件共同完成选针，如拨片式选针机构等。

电子选针是通过电磁式或压电式选针装置来进行选针，这是一种先进的选针方式，在针织机上已得到广泛应用。

上述选针机构还可用于其他纬编机，如圆袜机和横机。而且在圆纬机上编织某些花色织物时，还有一些其他的选择机构，如沉降片选择机构。

（一）机械式选针机构

1. 三角选针机构 使用舌针的圆型纬编针织机由三角组成针道，以控制舌针的编织成圈动作。为使织物花纹设计范围扩大，三角选针机构主要有以下两类。

（1）分针三角选针。利用针踵的长短和三角的厚薄来进行分针选针，如图4-17所示。主要用于圆袜机和横机上。

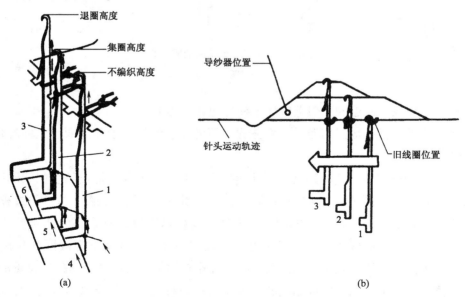

图4-17 分针三角选针机构

1—短踵针 2—中踵针 3—长踵针 4—最厚三角区 5—中等三角区 6—最薄三角区

（2）多针道变换三角选针。采用几种踵位不同的高、低踵针，配以几条高、低挡三角针道，每一挡起针三角又有成圈、集圈和不编织三种，如图4-18所示。目前用得最多的是单面四针道机，也可以是形成多针道的双面机，如上二下四的双面机。

2. 提花轮选针机构 利用提花轮上的片槽作为选针元件，直接与针织机的工作机件——针或沉降片或挺针片发生作用，并与工作机件一起移动，进行选针。提花轮选针机构可以用在单针筒针织机上，也可以用在双针筒针织机上。在单针筒提花轮提花机上，针筒上插有一种针，每枚针上只有一个针踵，在一个走针针道中运转。针筒的周围装有三角，每一成圈系统的三角由起针三角1、压针三角

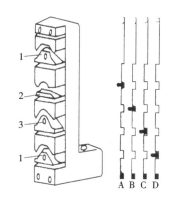

图4-18 多针道变换三角选针

A、B、C、D—四种踵位的针

1—集圈三角 2—不编织三角 3—成圈三角

5、侧向三角2组成，如图4-19所示。每一路三角的外侧固装着一只提花轮6。

提花轮的结构如图4-20所示。提花轮1上有许多槽片，组成许多凹槽，与针踵啮合，由针踵带动而使提花轮绕自己的轴芯2回转。在提花轮1的凹槽中，按照要求，有时分别排列着两种钢米，一种是高踵钢米3，一种是低踵钢米4，有时没有钢米。由于在这种机器上提花轮是呈倾斜配置的，当提花轮回转时，便可使针筒上的针分成三条轨迹运动。

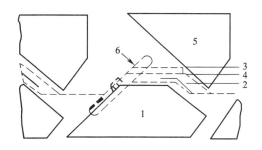

图4-19 提花轮圆机的三角系统

1—起针三角 2—侧向三角 3—成圈轨迹线

4—集圈轨迹线 5—压针三角 6—提花轮

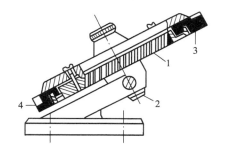

图4-20 提花轮的结构

1—提花轮 2—轴芯

3—高踵钢米 4—低踵钢米

（1）当织针与提花轮上不插钢米的凹槽相遇时，沿起针三角1上升一定高度，而后被侧向三角2压下（图4-19）。织针没有升至垫纱高度，故没有垫纱成圈，织针运动的轨迹线为空程迹线，不编织。

（2）当织针与提花轮上的低踵钢米相遇时，针踵受钢米的上抬作用，上升到不完全退圈的高度，然后被压针三角5压下，如图4-19中的轨迹线4，形成集圈。

（3）当织针与提花轮上的高踵钢米相遇时，针踵在钢米作用下，上升到完全退圈的高度，进行编织成圈，它的轨迹线如图4-19中的轨迹线3。

由此可见，利用提花轮中插高、低钢米或不插钢米，就能在编织一个横列时同时进行成圈、集圈和浮线三功位选针（编织、不编织、集圈三种轨迹）。提花轮凹槽中钢米的高、低和无是选针信息，必须根据织物中花纹分布的要求来安装。

提花轮是选针机件，它与针踵直接接触而起选针作用，所以针踵的负荷较大，不利于提高机速及提高织物质量。但由于提花轮是倾斜配置的，故每一提花轮所占空间较小，有利于增加成圈系统数。提花轮直径的大小，不仅影响一路成圈系统所占的空间，还影响花纹的大小，以及针踵的受力情况。提花轮直径小，有利于增加成圈系统数，但花纹的范围就小。

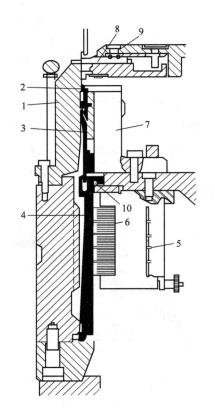

图4-21　拨片式选针机构的成圈机构和选针机构
1—针筒　2—织针　3—挺针片　4—提花片
5—选针装置　6—选针拨片　7—针筒三角座
8—沉降片　9—沉降片三角　10—提花片复位三角

3. 拨片式选针机构　拨片式选针机构的主要装置为一组重叠的选针拨片，结构简单紧凑，所占空间小，成圈路数多，花型变换容易，可实现三功位选针，操作方便。主要编织两色、三色和四色提花织物，集圈孔眼织物，衬垫起绒织物，丝盖棉织物及各种复合组织织物。图4-21是一种拨片式选针结构的成圈机构和选针机构的配置图。针筒1上顺序插有织针2、挺针片3和提花片4，织针的上升受挺针片控制，如果挺针片能沿起针三角上升，便顶起其上织针参加编织；如果选针摆片将提花片压进针槽，提花片头便带动挺针片脱离挺针三角作用面，织针便水平运动。

针筒三角座和提花片结构如图4-22所示。针筒三角座上主要有挺针片起针三角1和织针压针三角2，见图4-22（a）。三角1的作用是使选上的挺针片上升到集圈高度或成圈高度。在集圈高度位置上，三角的斜面有一小斜口3，可以按花纹要求使挺针片在此高度上沿斜口摆出，不再继续上升。织针的上升受挺针片控制，织针的下降受压针三角2作用，并带动挺针片下降。

提花片如图4-22（b）所示。提花选针片共有39挡齿，其中选针齿共有37挡，由高到低依次编为1，2，3，…，37号，基本选针齿有两挡，称为A齿、B齿，B齿比A齿低一挡。

每枚提花片上有一个提花选针齿和一个基本选针齿。1，3，5，…，37 等奇数提花片上有 A 齿，故称为 A 型提花片，2，4，6，…，36 等偶数提花片上有 B 齿，故称为 B 型提花片。在提花片进入下一路选针装置的选针区域前，由复位三角作用复位踵 a，使提花片复位，选针齿露出针筒外，以接受选针刀的选择。

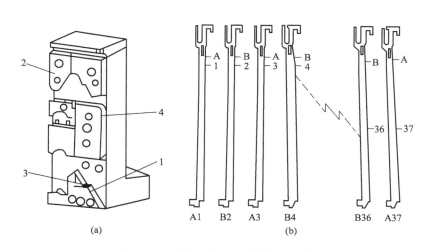

图 4-22 针筒三角座和提花片结构图

1—挺针片起针三角 2—织针压针三角 3—三角斜面上的小斜口 4—浮线织针的导向三角

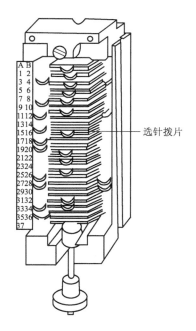

图 4-23 拨片式选针装置

1—选针拨片

该机的拨片式选针机构如图 4-23 所示，主要为一排重叠的可左右拨动的选针拨片 1，每只拨片在片槽中可根据不同的编织要求而处于左、中、右三个固定选针位置。每个选针装置上共有 39 挡选针拨片，与提花片的 39 挡齿在高度上一一对应，自上而下依次为 A 拨片，B 拨片，1~37 号拨片。A 拨片可作用所有 A 型提花片，B 拨片可作用所有 B 型提花片，1:1 选针时可方便地改用 A、B 拨片控制。

拨片式选针机构可以很方便地用手将拨片拨至图 4-23 所示的左、中、右三个不同位置，从而在同一选针系统上对织针进行成圈、集圈和浮线三位置选针。其选针原理可由图 4-24 来说明。

（1）当某号选针拨片被置于中间位置时，拨片脚远离针筒，对提花片不发生作用，其上方挺针片能顺利地沿起针三角上升，顶起织针到达成圈高度，织针成圈。

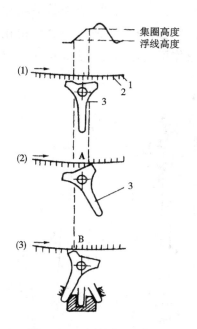

图 4-24　选针原理示意图

1—针筒　2—提花片选针齿　3—选针拨片

（2）当某号选针拨片被置于右位时，同号提花片运转到 A 处时被压入针槽，带动上方挺针片脱离起针三角，但这时该挺针片及织针已上升到集圈高度，织针集圈。

（3）当某号选针拨片被置于左位时，同号提花片运转到 B 处即被压入针槽，挺针片在浮线高度即脱离起针三角，织针浮线。

（二）电子选针机构

电子选针机构属于有选择性的单针选针，配以计算机辅助花型准备系统，大大提高了针织机的花型编织能力和设计、准备花型的速度，是针织机发展的方向。

在采用机械选针装置的普通针织机上，不同花纹的纵行数受到针踵位数或提花片片齿挡数等的限制，而电子选针圆纬机可以对每一枚针独立进行选针（又称单针选针）。另外，对于机械式选针机器来说，花纹信息是储存在变换三角、提花轮、选针片等机件上，储存的容量有限，而电子选针机器花纹信息是储存在计算机的内存和磁盘上，容量大得多，而且针筒每一转输送给各电子选针器的信号可以不一样，所以不同花纹的横列数可以非常多。目前纬编针织机采用的电子选针装置主要有两类：多级式与单级式。

1. 多级式电子选针机构　图 4-25 所示为多级式电子选针器的外形。它主要由多级（一般六或八级）上下平行排列的选针刀 1、选针电器元件 2 以及接口 3 组成。每一级选针刀片受与其相对应的同级电器元件控制，可做上下摆动，以实现选针与否。选针电器元件有压电陶瓷和线圈电磁铁两种。前者具有工作频率较高，发热量与耗电少，体积小等优点，因此使用较多。选针电器元件通过接口和电缆接收来自计算机控制器的选针脉冲信号。

由于电子选针器可以安装在多种类型的针织机上，因此机器的编织与选针机件的形式和配置可能不完全一样，但其选针原理是相同的，下面仅举一个例子说明选针原理。

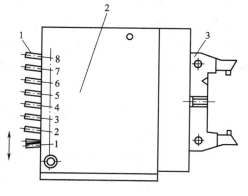

图 4-25　多级式电子选针器

1—选针刀　2—选针电器元件　3—接口

图 4-26 所示为一种多级式选针机件的配置。在针筒 2 的同一针槽中，自下而上插着提花片 3、挺针片 4 和织针 5。提花片 3 上有八挡齿，高度与八级选针刀片一一对应。每片提花片只保留一挡齿，留齿呈步步高"／"或步步低"＼"排列，并按八片一组重复排满针筒一周。如果选针器中某一级电器元件接收到不选针编织的脉冲信号，它控制同级的选针刀向上摆动，刀片将留同一挡齿的提花片压入针槽，通过提花片的上端 6 作用于挺针片下端，使后者的下片踵也没入针槽中，因此挺针片不走上挺针片三角 7，即挺针片不上升。这样，在挺针片上方的织针也不上升，因而不编织。如果某一级选针电器元件接收到选针编织的脉冲信号，它控制同级的选针刀片向下摆动，刀片作用不到留同一挡齿的提花片，即后者不被压入针槽。在弹力的作用下，提花片的上端和挺针片的下端向针筒外侧摆动，使挺针片下片踵走上三角 7，这样挺针片上升，并推动在其上方的织针也上升进行编织。三角 8 和 9 分别

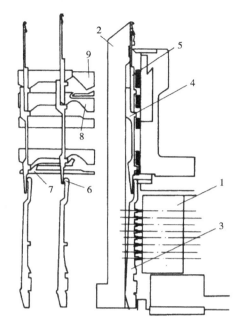

图 4-26　多级式选针机件的配置
1—八级电子选针器　2—针筒　3—提花片
4—挺针片　5—织针　6—提花片上端
7—挺针片三角　8，9—三角

作用于挺针片上片踵和针踵，将挺针片和织针向下压至起始位置。

对于八级电子选针器来说，在针织机运转过程中，每一选针器中的各级选针电器元件在针筒每转过 8 个针距时都接收到一个信号，从而实现连续选针。选针器级数的多少与机号和机速有关。由于选针器的工作频率有一上限，因此机号和机速越高，需要级数越多，致使针筒高度增加。这种选针机构属于两功位（即编织与不编织）方式。

2. 单级式电子选针机构　与多级式电子选针器相比，单级式电子选针机构具有以下优点。

（1）选针速度快，可超过 2000 针/s，适应高机号和高机速的要求。而多级式的每一级，不管是压电陶瓷还是电磁元件，目前只能做到 80～120 针/s，因此为提高选针频率，要采用六级以上。

（2）选针器体积小，只需一种挺针片，运动机件较少，针筒高度较低。

（3）机件磨损小，灰尘造成的运动阻力也较小。

但单级式电子选针器对机件的加工精度以及机件之间的配合要求很高，否则不能实现可靠选针。

图4-27所示为迈耶·西公司生产的单级式电子选针机件的配置。同一针槽中自上而下插着织针1、导针片2和带有弹簧4的挺针片3。

一般针织机（即非选针针织机）的起针和压针是通过起针和压针三角作用于一个针踵的两个面来完成。而迈耶·西公司的所有圆纬机都采用了积极式导针，即另外设计了一个安全针踵（导针片2的片踵），起针和压针分别由安全针踵和普通针踵来完成，如图4-28所示。这样织针在三角针道中运动时始终处于受控状态，有效地防止了织针的串跳，减少了漏针及轧针踵现象。选针器5是一永久磁铁，其中有一狭窄的选针区（选针磁极）。根据接收到选针脉冲信号的不同，选针区可以保持或消除磁性，而选针器上除选针区之外，其他区域为永久磁铁。6和7分别是挺针片起针三角和压针三角。该机没有织针起针三角，织针工作与否取决于挺针片是否上升。活络三角8和9可使被选中的织针进行编织或集圈。当用手将8和9同时拨至高位置，织针编织，同时拨至低位置，织针集圈。

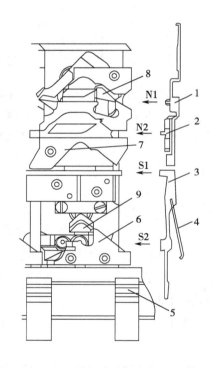

图4-27　单级式选针机件的配置

1—织针　2—导针片　3—挺针片　4—弹簧　5—选针器
6—挺针片起针三角　7—挺针片压针三角　8，9—活络三角

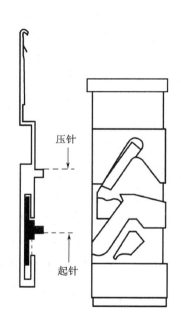

图4-28　积极式导针

电子选针机构的选针原理如图4-29所示，其中图4-29（b）和图4-29（c）为俯视图。在挺针片1即将进入每一系统的选针器2时，先受复位三角4的径向作用，使挺针片片尾5被推向选针器2，并被其中的永久磁铁区域6吸住。此后，挺针片片尾贴住选针器表面继续

横向运动。在机器运转过程中，针筒每转过一个针距，从控制器发出一个选针脉冲信号给选针器的狭窄选针磁极 7。当某一挺针片运动至磁极 7 时，若此刻选针磁极收到的是低电平的脉冲信号，则选针磁极保持磁性，挺针片片尾 8 仍被选针器吸住，如图 4-29（b）所示。随着片尾移出选针磁极 7，仍继续贴住选针器上的永久磁铁 6 横向运动。这样，挺针片的下片踵只能从起针三角 3 的内表面经过，而不能走上起针三角，因此挺针片不推动织针上升，即织针不编织；若此时选针磁极 7 收到的是高电平的脉冲信号，则选针磁极磁性消除。挺针片在弹簧的作用下，片尾 5 脱离选针器 2，如图 4-29（c）所示。随着针筒的回转，挺针片下片踵走上起针三角 3，推动织针上升工作（编织或集圈）。

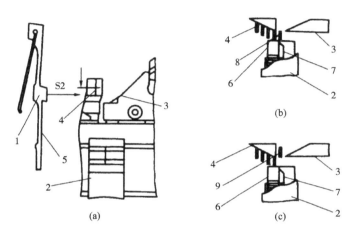

图 4-29　单级式选针原理

1—挺针片　2—选针器　3—挺针片起针三角　4—复位三角　5—挺针片片尾　6—永久磁铁
7—选针磁极　8—被吸住的挺针片片尾　9—脱离选针器的挺针片片尾

三、给纱机构

纬编针织机上的给纱是指纱线从筒子上退绕，经过导纱器、纱线张力装置、喂纱装置进入编织机构的过程，完成这个过程的装置称为给纱机构。给纱机构起着对纱线的辅助处理、检测以及控制喂纱张力和输纱量等主要作用，它直接影响针织机编织的线圈长度、坯布的密度和克重等主要指标。纬编针织机的给纱方式分为消极式和积极式两大类。而消极式又分为简单消极式和储存消极式两类。

（一）简单消极式给纱方式

简单消极式给纱方式如图 4-30 所示。纱线从筒子 1 上引出，经过导纱钩 2、上导布圈 3、油布圈 4、下导布圈 5 和导纱器 6 进入编织区域。该方式是借助于编织时成圈机件对纱线产生的张力，将纱线从纱筒架上退下并引到编织区供编织用。这种给纱方式机构简单，不需要专门的传动机构，由于纱线退绕张力的不匀而影响织物中线圈长度的不均匀性。给纱量取决于

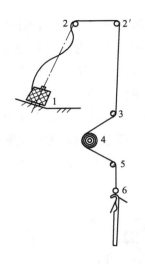

图4-30　简单消极式给纱机构

1—筒子　2，2′—导纱钩　3—上导布圈
4—油布圈　5—下导布圈　6—导纱器

成圈系统的运动、组织变化和弯纱深度改变等。这种给纱方式适用编织时耗纱量不规则变化的针织机，如横机等。

（二）储存消极式给纱装置

这种给纱装置安装在纱筒与编织系统之间，其工作原理是：纱线从筒子上引出后，不是直接喂入编织区域，而是先均匀地卷绕在该装置的圆柱形储纱筒上，在绕上少量具有同一直径的纱圈后，再根据编织时耗纱量的变化，从储纱筒上引出送入编织系统。这种装置的优点是：纱线的退绕条件相仿，消除由于纱筒容纱量不一、退绕点不同等引起的纱线张力的不均匀性；最大限度地改善由于纱线行程长造成的纱线附加张力和张力波动。根据纱线在储纱筒上的卷绕、储存和退绕方式的不同，该装置可分为三种类型，如图4-31所示。

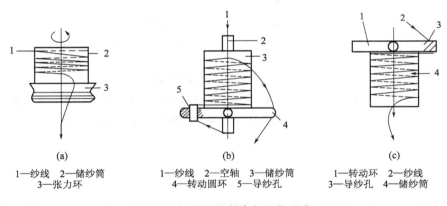

(a)　　　　　　　　(b)　　　　　　　　(c)

1—纱线　2—储纱筒　　　　1—纱线　2—空轴　3—储纱筒　　　1—转动环　2—纱线
　3—张力环　　　　　　4—转动圆环　5—导纱孔　　　　3—导纱孔　4—储纱筒

图4-31　纱线的储存与退绕形式

如图4-31（a）所示，储纱筒2回转，纱线1在储纱筒上端切向卷绕，从下端经过张力环3退绕。如图4-31（b）所示，储纱筒3不动，纱线1先自上而下穿过空轴2，再借助于转动圆环4和导纱孔5的作用在储纱筒3下端切向卷绕，然后从上端退绕并经4输出。如图4-31（c）所示，储纱筒4不动，纱线2通过转动环1和导纱孔3的作用在储纱筒4上端切向卷绕，从下端退绕。第一种形式纱线在卷绕时不产生附加捻度，但退绕时被加捻或退捻。第二、三种形式不产生加捻，因为卷绕时的加捻被退绕时反方向的退捻抵消。

图4-32为第一种形式的储存式给纱装置。纱线1经过张力装置2，断纱自停探测杆3（断纱时指示灯8闪亮），切向地卷绕在储纱筒10上。储纱筒由内装的微型电动机（老式）

或条带（新式）驱动。当倾斜配置的圆环4处于最高位置时，它使控制电动机的微型开关接通，或使控制条带与储纱筒接触的电磁离合器通电，从而电动机（或条带）驱动储纱筒回转进行卷绕。由于圆环4的倾斜，卷绕过程中纱线被推向环的最低位置，即纱圈9向下移动。随着纱圈9数量的增加，圆环4逐渐移向水平位置。当储纱筒上的卷绕纱圈数达最大（约4圈）时，圆环4使电动机开关断开或电磁离合器断电，因此储纱筒停止卷绕。纱线从储纱筒下端经过张力环5退绕，再经悬臂7上的导纱孔6输出。为了调整退绕纱线的张力，可以根据加工纱线的性质，采用具有不同梳片结构的张力环5。

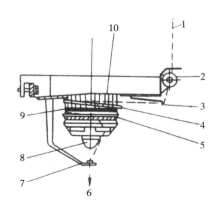

图4-32 储存消极式给纱装置

1—纱线 2—张力装置 3—断纱自停探测杆
4—圆环 5—张力环 6—导纱孔 7—悬臂
8—断纱指示灯 9—纱圈 10—储纱筒

（三）积极式给纱方式

此类给纱机构能主动向编织区输送定长纱线的装置，送纱量的大小由给纱系统进行控制。采用积极式给纱装置，可以连续、均匀、衡定供纱，使各成圈系统的线圈长度趋于一致，给纱张力较均匀，从而提高了织物的纹路清晰度和强力等外观和内在质量，能有效地控制织物的密度和几何尺寸。积极式给纱方式适应于在生产过程中，各系统的耗纱速度均匀一致的机器，如在多三角机、罗纹机和棉毛机等机器上编织基本组织织物的情况。

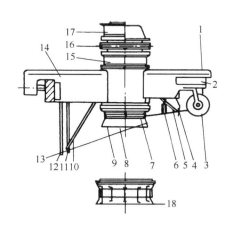

图4-33 储存式积极给纱装置

1—纱线 2—导纱孔 3—张力装置 4—粗节探测自停器
5—断纱自停探杆 6—导纱孔 7—卷绕储纱轮上端
8—卷绕储纱轮下端 9—卷绕储纱轮 10—断纱自停杆
11，12—支架 13—输出纱线 14—基座 15—传动轮
16—离合器圆盘 17—传动轮 18—杆笼状卷绕储纱轮

图4-33是一种储存式积极给纱装置。纱线1经过导纱孔2、张力装置3、粗节探测自停器4、断纱自停探杆5和导纱孔6由卷绕储纱轮9的上端7卷绕，自下端8退绕，再经断纱自停杆10、支架11和12，最后输出纱线13。粗节检测自停器的作用是当检测到粗纱节和大结头时，里面的触点开关接通，使机器停止转动。卷绕储纱轮9的形状是通过对纱线运动的分析而特别设计的。它不是标准的圆柱体，在纱线退绕区呈圆锥形。轮上具有光滑的接触面，不存在会造成飞花集积的任何曲面或边缘，即可自动清纱。卷绕储纱轮还可将卷绕上去的纱圈向下推移，即自动推纱。轮子的形状保证了纱圈之间的分离，使纱

圈松弛，因此降低了输出纱线的张力。装置的上方有两个传动轮 15 和 17，由冲孔条带驱动卷绕储纱轮回转。两根条带的速度可以不同，通过切换选用一种速度。给纱装置的输出线速度应根据织物的线圈长度和总针数等，通过驱动条带的无级变速器来调整。该装置还附有对纱线产生摩擦的杆笼状卷绕储纱轮 18，可用于小提花等织物的编织。

四、牵拉卷取机构

牵拉卷取机构的功能是将编织区形成的织物均匀连续地牵引出来，并卷绕成一定的卷装形式。牵拉与卷取一般要求张力均匀、连续稳定，并与编织速度配合。

通常圆纬机上的牵拉卷取机构，是将针筒口的织物牵拉下来，经过牵拉辊压扁成双层再卷绕成筒状，如图 4-34 所示。为了使横列的弯曲减少到最小程度，在针筒和牵拉辊之间加装扩布装置后可以明显地改善线圈横列的弯曲现象。其作用原理是，利用特殊形状的扩布装置，对在针筒与牵拉辊之间针织物线圈纵行长度比较短的区域进行扩布，使其长度接近原来较长的线圈纵行。图 4-35 为较新的方形扩布器，内外两套装置复合起来迫使圆筒形织物沿着一个方形截面下降，到牵拉辊附近成为扁平截面。方形扩布装置比起椭圆形等装置效果要好，尤其适合于采用四色调线机构编织彩横条织物。

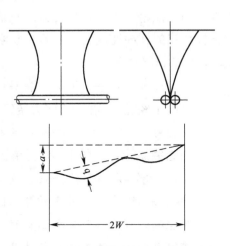

图 4-34　针筒至牵拉轮之间织物的形态

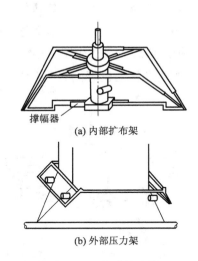

撑幅器

(a) 内部扩布架

(b) 外部压力架

图 4-35　方形扩布器

圆纬机的牵拉卷取机构有多种形式，根据对牵拉辊驱动方式的不同，一般可以分为三类。

（1）第一类是主轴的动力通过一系列传动机件传至牵拉辊，针筒回转一圈，不管编织下来织物的长度是多少，牵拉辊总是转过一定的转角，即牵拉一定量的织物。这种方式俗称"硬撑"。如偏心拉杆式、齿轮式等属于这一类。

（2）主轴的动力通过一系列传动机件传至一根弹簧，只有当弹簧的弹性回复力对牵拉辊产生的转动力矩大于织物对牵拉辊产生的张力矩时，牵拉辊才转动牵拉织物，这种方式俗称

"软撑"。如凸轮式、弹簧偏心拉杆式等属于这一类。

（3）由直流力矩电动机驱动牵拉辊而进行牵拉，这是一种性能较好、调整方便的牵拉方式。

（一）齿轮式牵拉卷取机构

该机构的传动原理如图 4-36 所示。电动机 1 经皮带和皮带轮 2、3、4 传动小齿轮 5，后者驱动固装着针筒的大盘齿轮 6。机架 7 上方与大盘齿轮 6 固定，下方坐落在固定伞齿轮 8 上。当大盘齿轮 6 转动时，带动整个牵拉卷取机构与针筒同步回转。此时，与固定伞齿轮 8 啮合的伞齿轮 9 转动，经变速齿轮箱 10（图中未表示内部结构）变速后，驱动横轴 11 转动。固定在横轴一侧的链轮 12 经链条传动链轮 13，带动与链轮 13 同轴的牵拉辊 14 转动进行牵拉。固定在横轴另一侧的链轮 15 经链条传动链轮 16，带动与链轮 16 同轴的主动皮带轮 17 转动。这种牵拉机构属于连续式牵拉。

（二）直流力矩电动机牵拉卷取机构

图 4-37 为德乐公司圆纬机所用的直流力矩电动机牵拉卷取机构。中间牵拉辊 2 安装在两个轴承架 8 和 9 上，并由分开的直流力矩电动机 6 驱动。电动机转动力矩与电枢电流成正比。因此可通过电子线路控制电枢电流来调节牵拉张力。机上用一电位器来调节电枢电流，从而可很方便地随时设定与改变牵拉张力，并有一个电位器刻度盘显示牵拉张力大小。这种机构可连续进行牵拉，牵拉张力波动很小。

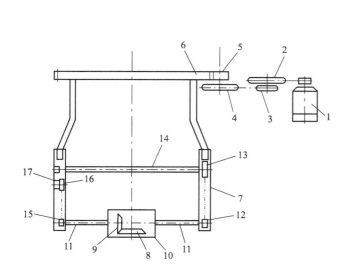

图 4-36　齿轮式牵拉卷取机构的传动原理
1—电动机　2，3，4—皮带轮　5—小齿轮
6—大盘齿轮　7—机架　8—固定伞齿轮
9—伞齿轮　10—变速齿轮箱　11—横轴
12，13，15，16—链轮　14—牵拉辊　17—主动皮带轮

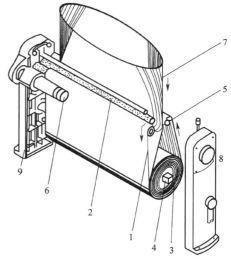

图 4-37　直流力矩电动机牵拉卷取机构
1，5—压辊　2—牵拉辊　3—布卷
4—卷布辊　6—直流力矩电动机
7—织物　8，9—轴承架

筒形织物 7 先被牵拉辊 2 和压辊 1 向下牵引，接着绕过卷布辊 4，再向上绕过压辊 5，最后绕在卷布辊 4 上。因此在压辊 1 与 5 之间的织物被用来摩擦传动布卷 3。由于三根辊的表面速度相同，卷布辊卷绕的织物长度始终等于牵拉辊 2 和压辊 1 牵引的布长，所以卷绕张力非常均匀，不会随布卷直径而变化，织物的密度从卷绕开始到结束保持不变。

五、传动机构

圆纬机传动机构的作用是将电动机的动力传递给针床（或三角座）以及给纱装置和牵拉卷取机构。对传动机构的要求是：传动要平稳，能够在适当范围内调整针织机的速度；启动应慢速并具有慢速运行（又叫寸行）和用手盘动机器的功能；当发生故障时（如断纱、坏针、布脱套等），机器应能自动迅速停止运行。

大多数圆纬机均采用针筒与牵拉卷取机构同步回转，其余机件不动。只有少数几种机器如小口径罗纹机等采用针筒和牵拉机构不动，三角座、导纱器和筒子架同步回转的方式。图 4-38 为普通双面圆纬机传动机构简图。针筒转动分为慢速寸行和正常运转两种。慢速寸行由蠕动电动机 M_1 驱动，正常运转先由 M_1 慢速启动，经时间继电器延时，再由主电动机 M_2 带动。更换皮带轮 D_1 和 D_2 可改变机速。新型的圆纬机已采用了变频调速技术来无级调节机速和慢启动。为了实现针筒 1 与针盘 2 之间的传动同步性，通过两根主轴 3 和 4 以及齿轮 Z_3、Z_4、Z_7、Z_8 等传动针盘。主轴 3 向上传动积极式给纱装置的条带轮。机器下方的凸轮式牵拉卷取装置随针筒同步回转。手柄 5 用来盘动针织机。

在传动机构中，针筒有顺时针和逆时针两种转向。实践证明，针筒转向对织物的纬斜有一定影响。若采用 S 捻纱编织，则针筒

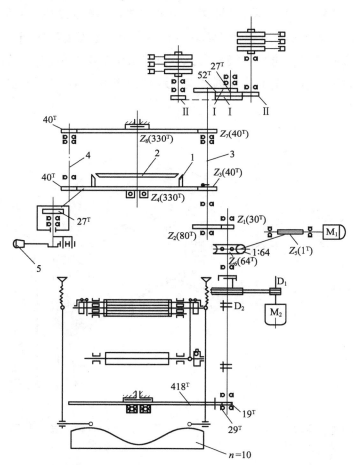

图 4-38　普通双面圆纬机的传动机构

1—针筒　2—针盘　3，4—主轴　5—手柄

顺时针转动（或三角座逆时针转动）可使纬斜大为减少。而采用 Z 捻纱，则针筒逆时针转动可使纬斜降到最低程度。

第三节　袜机

袜子通常由袜口、袜统、袜跟、袜脚、加固圈及袜头几部分组成。除袜口部段的起口及袜头、袜跟部段的成形外，其余部段的编织原理均与圆型纬编相同。袜机多为圆袜机，其针筒直径较小，一般在 71~141mm（2.25~4.5 英寸），机号 $E7.5~E36$，成圈系统数 2~4 路，可分为单针筒和双针筒两类。目前，在这两类袜机的基础上，开发出了电脑袜机，新型全自动袜机可实现自动缝头。袜机主要包括编织机构、传动机构、控制系统、密度调节机构、给纱机构以及牵拉机构等。

一、单针筒袜机的编织机构

单针筒袜机主要由袜针、沉降片、底脚片、扎口针、提花片、针三角座及沉降片三角座等组成。

（一）双向针三角座

单针筒袜机的双向针三角座如图 4-39 所示。主要由左、右弯纱三角 2 和 3（又称左、右菱角），左、右镶板 4 和 5，上中三角 1（又称中菱角）组成。该三角座的特点是在针筒正、反转时，都能进行成圈。当针筒正转时，左弯纱三角 2 作用完成垫纱、闭口、套圈、脱圈与弯纱等成圈过程，右弯纱三角 3 的作用是拦住从右镶板转移过来的袜针，使其沿背部升高，完成退圈。

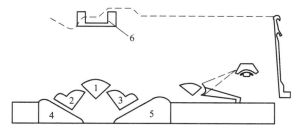

图 4-39　双向针三角座
1—上中三角　2—左弯纱三角　3—右弯纱三角
4—左镶板　5—右镶板　6—导纱器座

故称为双向针三角座。导纱器座 6 的作用是搁置导纱器，提供纱线。

（二）沉降片三角装置

沉降片三角的作用是控制沉降片在成圈过程中作径向进出。沉降片三角装置如图 4-40 所示，由左沉降片三角 1、右沉降片三角 2、中沉降片三角 3、夹底沉降片三角 4 组成。左、右、中沉降片三角是固定的，夹底沉降片三角可绕支点 A 摆动。中沉降片三角的外圆可将沉降片向外推出，使袜针能在片颚上进行弯纱，其三角左端弧形凹口 B 的作用是配合左沉降片三角将沉降片向针筒中心拦进。左、右沉降片三角呈对称配置，其作用是拦进从中沉降片三角运转过来的沉降片，使其沿着三角斜边运动。夹底沉降片三角只在织夹底时进入工作，它仅作用于高踵沉降片，将高踵沉降片提前拦进，并增加拦进动程，利用沉降片片颚的倾斜作用使

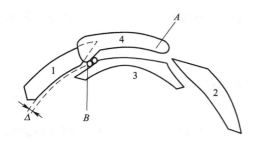

图 4-40　沉降片三角装置

1—左沉降片三角　2—右沉降片三角
3—中沉降片三角　4—夹底沉降片三角

线圈加长，使得袜底部分与袜面部分的线圈长度一致，从而达到密度相同。

（三）起口、扎口装置

1. 双片扎口针起口、扎口装置　其结构如图 4-41（a）所示，它水平地安装在袜机针筒上方，并可绕销轴旋转向上抬起，1 为扎口针圆盘，2 为扎口针三角座。扎口针圆盘 1 由齿轮传动，并与针筒同心、同步回转，在扎口针圆盘的针槽中插有扎口针 3（又称哈夫针），其形状如图 4-41（b）所示，由可以分开的两片薄片组成。扎口针的片踵有长短之分，长踵扎口针配置在长踵袜针上方，短踵扎口针配置在短踵袜针上方，扎口针针数为袜针数的一半，一隔一地插在袜针上方。扎口针三角座 2 中的三角配置如图 4-41（c）所示，其作用是控制扎口针的径向运动。三角 6 在起口时使扎口针移出，钩取纱线，故又称起口闸刀；三角 4 和 5 在扎口移圈时起作用，使扎口针上的线圈转移到袜针上去，故也称扎口闸刀。如图 4-42 所示为袜口扎口示意图。

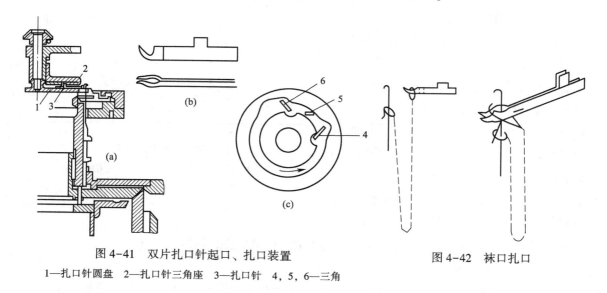

图 4-41　双片扎口针起口、扎口装置

1—扎口针圆盘　2—扎口针三角座　3—扎口针　4，5，6—三角

图 4-42　袜口扎口

2. 单片扎口针起口、扎口装置　高机号袜机采用单片扎口针的起口、扎口装置，如图 4-43（a）所示。其形状如图 4-43（b）所示，由前端的弯钩和片踵组成。弯钩的作用是钩住纱线和收藏线圈；片踵有长、短踵之分，其配置方法为长踵袜针上方配置长踵扎口针，但长踵扎口针数量可少于扎口针总数的一半，视扎口针三角进出工作位置所需时间而定。扎口针间隔地配置在袜针正上方。图 4-43（c）是扎口针三角座中的三角配置，三角 4 和 5 控制扎口针在槽中做径向运动，但它们仅在起口和扎口时才进入工作。

（四）挑针器

在圆袜机上编织袜跟和袜头，是在一部分袜针上进行，并在整个编织过程中进行收放针，以便织成袋形。收放针需要撤针器与挑针器来完成。在袜机三角座的左、右弯纱三角后面，分别安装有左、右挑针器。右挑针器供针筒顺转时挑针，左挑针器供针筒逆转时挑针，它们的运动依靠针踵推动而产生。当针筒单向回转时，挑针器不起作用。目前

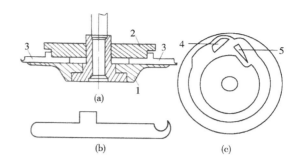

图 4-43　单片扎口针起口、扎口装置
1—扎口针盘　2—扎口针三角座　3—单片扎口针　4，5—三角

在单针筒袜机上使用的挑针器有拉板联动式挑针器和单独式挑针器两种。

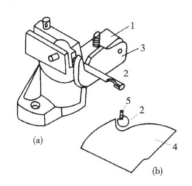

图 4-44　挑针器
1—挑针架　2—挑针杆　3—挑针导板
4—左弯纱三角　5—针踵

挑针器的结构如图 4-44（a）所示，它由挑针架 1、挑针杆 2 和挑针导板 3 组成。挑针杆 2 的头端有一个缺口，其深度正好能容纳一枚针踵。拉板联动式挑针器左右挑针杆利用拉板相连。左挑针杆头端处在左弯纱三角上部凹口内，如图 4-44（b）所示。因此，针筒逆转过来的第一枚短踵袜针正好进入挑针杆头端凹口内，在针踵推动下，迫使左挑针杆头端沿着导板 3 的斜面向上中三角背部方向上升，将这枚袜针上升到上中三角背部而使其退出编织区域。左挑针杆在挑针的同时，通过拉板使右挑针杆进入右弯纱三角背部的凹口中（在编织袜筒和袜脚时，右挑针

杆的头端不在右弯纱三角背部凹口中），为下次顺转过来的第一枚短踵袜针的挑针做好准备，如此交替地挑针，就形成前一半袜头袜跟。拉板联动式挑针器的缺点是必须在针筒反转时才开始挑针，易在跟缝处形成较大的三角孔眼。所以目前常采用单独式挑针器。

（五）撤针器

撤针器使已退出工作的袜跟针逐渐再参加编织。撤针器装于导纱器座对面，其上装有一个撤针杆，撤针杆的头端呈 T 形，其两边缺口的宽度只能容纳两枚针踵，如图 4-45 所示。在编织袜子的其他部段时，撤针器退

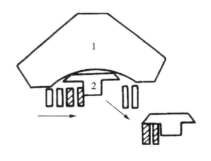

图 4-45　撤针器
1—三角　2—撤针头

出工作，这时袜针从三角（即有脚菱角）1的下平面及撬针头2的上平面之间经过。撬针器工作时，其头端位于三角1中心的凹势内，正好处于挑起袜针的行程线上。放针时当被挑起的袜跟针运转到有脚菱角处时，最前的两枚袜针就进入撬针头的缺口内，迫使撬针杆沿着撬针导板的弧形作用面下降，把两枚袜针同时撬到左或右弯纱三角背部等高的位置参加编织。当针筒回转一定角度后，袜针与撬针杆脱离，撬针杆借助弹簧的作用而复位，准备另一方向回转时的撬针。在放针阶段，挑针器仍参加工作，这样针筒每转一次，就撬两针挑一针，即针筒每一往复，两边各放一针。

（六）针和沉降片运动的配合

在袜头、袜跟编织过程中，针筒作正反向回转时，针和沉降片运动的配合如图4-46所示。线Ⅰ、线Ⅱ表示针筒作顺时针方向回转时针与沉降片的运动轨迹；线Ⅲ、线Ⅳ表示针筒做逆时针方向回转时针与沉降片的运动轨迹。图中点1为退圈终了时针所处的位置，点2相应为成圈后针头上升到旧线圈握持线的位置。

分析成圈过程可知，弯纱后当针开始向上升起进行退圈时，沉降片必须向针筒中心挺进，以片喉握持旧线

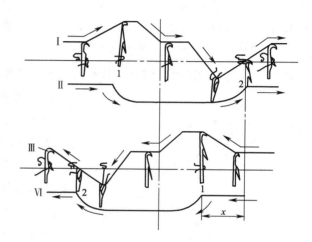

图4-46　针和沉降片运动的配合

圈防止旧线圈随针一起上升。当针头通过旧线圈握持线时，沉降片片喉正好处于针的背面，即沉降片向针筒中心挺得最足。

当针完成退圈以后，就是当针处于图中1的位置时，沉降片开始向外退，以便在片颚上进行弯纱。从图4-46中可以看出，当编织袜头、袜跟时，为了使成圈能够正常进行，沉降片三角座相对于针三角座必须要移过一个距离x，也即沉降片三角座要摆过一个角度，可以通过沉降片罩上的定位螺丝来加以调节。

二、双针筒袜机的编织机构

双针筒袜机可以编织弹性和延伸性较好的罗纹组织，若具有选针装置，还可以编织双面提花组织、凹凸提花组织和绣花添纱组织等。在上下针筒中的编织可以完成除袜品缝头以外的所有编织过程，产品呈计件连续状态下机。

在双针筒袜机上，上针筒和下针筒的针槽呈相对配置，针槽内插有双头舌针、下导针片和上导针片，如图4-47所示，双头舌针在上针筒或下针筒被导针片勾住一个针头时，被勾住的针头及导针片组成一根袜针进行编织。

当针筒运转时，插在上下针筒针槽中的导针片片踵受固定三角轨道控制作上下运动，从而控制双头舌针在上下针筒的针槽内移动，在编织过程中，双头舌针连同线圈可以从一个针筒转移到另一个针筒，因此，在一枚双头舌针上既可以编织正面线圈，又可以编织反面线圈。双头舌针在下针筒成圈时，形成正面线圈，在上针筒成圈时，形成反面线圈。

三、电脑袜机的控制系统

电脑袜机用计算机控制系统取代了机械控制系统，取消了链条、推盘、花盘、控制滚筒、选针滚筒等机械设施，使袜机的机构更趋简单合理，且便于调整编织工艺、翻改品种。

电脑袜机由计算机控制系统和袜机主机两部分组成。计算机控制系统微机部分主要包括CPU、存储器EPROM、RAM、I/O电路

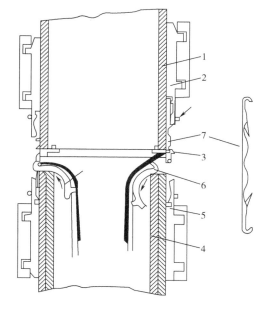

图4-47 双针筒袜机上下针筒配置

1—上针筒 2—上导针片 3—栅状齿 4—下针筒
5—下导针片 6—沉降片 7—双头舌针

等。微机部分通过接口与各种人机对话设备、传感装置、执行装置等相连接。人机对话设备由薄膜键盘、液晶显示器和指示灯等组成，传感装置由一个旋转编码器和几个接近传感器等组成，执行装置由微型电磁铁组、电磁阀组和几个步进电动机等组成。

一只袜子的各个部段的织物组织、织物密度及用纱往往是各不相同的，需通过许多相应机件的变换动作来实现。在织袜过程中，机件的变换动作主要有：导纱器的升降、三角的进出或上下、自停探针的进出、润滑器的开关、袜口针盘的升降、专用刀的进出、选针刀的上下、沉降片罩的转动、针筒的升降、气流牵引风门的大小等。在一只袜子的编织过程中，各种机件的变换动作有数百次。

袜子的编织程序包括织袜程序和花纹程序，程序控制计算机发出信号，通过一系列控制传递装置驱动袜机上的机件按程序进入或退出工作。其工作流程如图4-48所示。

织袜程序是指使袜机从织袜起口开始到一只袜子编织结束落机所需的全部命令的组合，主要包括工序程序、密度调节程序、速度控制程序等。花纹程序主要包括选针图编辑程序、花纹连接程序、花纹循序程序、导纱器程序等。花纹程序与织袜程序相连接，就可在袜子上形成预定的花纹。计算机循环执行程序中的每个工步，使一些机件产生相应的变换动作，从而使针织物组织、织物密度及用纱在每只袜子的各个部段按照预定的要求变化。

为了表示针筒圆周与机器台面圆周的相对位置，通常用对准机器台面圆周零位的针号来

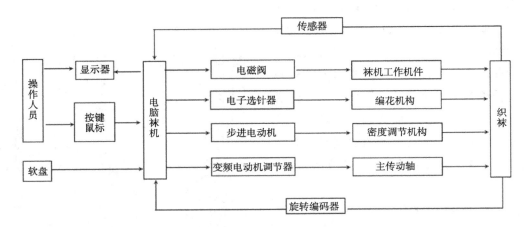

图4-48　电脑袜机的工作流程

表示。旋转编码器通过其接口告诉计算机，现时刻是第几号针对准机器台面圆周零位。针筒每转过4转，4转传感器发出一个脉冲信号，让CPU对针筒转数进行计数。对于四个成圈系统的电脑袜机，针筒每转过1/4转，传感器发出一个脉冲信号，让CPU对针筒1/4转的个数进行计数，以便CPU控制导纱器的上下动作。CPU根据程序控制各执行装置在现时刻的动作。

电脑袜机的计算机控制系统的主要功能包括电子选针、传动控制、工序控制、密度控制以及故障检测。

（一）电子选针

袜机的电子选针原理与圆纬机的相同，也是依靠电磁感应动作。一个选针器上有8~16把选针刀，相当于8~16个电磁感应驱动装置装在一起，由于采用了压电陶瓷技术，具有控制动作的频率较高，发热量与耗电量少，体积小等优点，可在袜机高速运转状态下，准确地控制每个线圈的编织。

（二）传动控制

电脑袜机的针筒直接由主机电动机传动，计算机控制系统根据编织线圈横列的计数脉冲发出电信号，通过变频电动机调节器调节供电频率来控制主机电动机的转速及转向。

主机电动机可形成多挡机速，以适应袜子不同编织部段的要求。一般的织袜程序中，把一只袜子的编织分成近10个速度段，供输入程序时分别设定。计算机控制系统已为袜子各部段分别设定了不同的最高机速。设定机速程序值时，是在此范围内选取一个合适值输入。各段速度还可同时升降一个百分比，以满足不同原料的编织。

（三）工序控制

电脑袜机用计算机控制系统取代链条和控制滚筒，控制各机件的工作状态，控制方式大致有三种。

（1）用微型电磁铁的磁场作用力直接作用，主要用在机件变换动作所需作用力不大或高频的场合，如导纱器的进入、选针刀的上下等。

（2）用电磁阀控制气动执行器直接作用，主要用在机件变换动作所需作用力较大的场合，如三角的进入、针筒的升降等．

（3）用步进电动机作用，主要用在机件需多位置变换的场合，如沉降片罩的转动、针筒的升降和气流牵引风门的大小等。

计算机输出的电信号经放大电路转化成一定强度的电流，控制电磁阀的开启和关闭，电磁阀再通过软管与袜机上的被控机件相连，软管将控制信号的电量转换为驱动机件的机械移动量，使机件按工艺要求进入或退出工作位置。

驱动机件的形式有多种，如气动式、钢珠或钢丝软轴等。当采用气动式时，电磁阀即为气动阀。电磁阀打开，则相应的机件在气动活塞的推动下进入工作位置，电磁阀关闭，该机件在复位弹簧的作用下退出工作位置。若采用软轴形式时，则拉轴用钢丝轴芯，推轴用钢珠排列的轴芯。

（四）密度控制

计算机控制系统按针筒的旋转脉冲，即按线圈横列数发出控制电信号，电信号通过电路转换成驱动步进电动机转动的若干脉冲数，使步进电动机正向或反向转过一定的角度。与步进电动机相连的是一个蜗轮蜗杆机构，它将步进电动机的转动角度转换成蜗杆较小的移动量，由蜗杆直接带动弯纱三角或针筒作升降运动。

袜机的针筒和弯纱三角分别有各自的步进电动机。在计算机控制系统的织袜基本程序中，织袜密度可分成十几段，调整弯纱深度时，每段各设定一个弯纱三角升降调节量和一个针筒升降调节量，两者配合起来进行密度控制。

（五）故障检测

袜机的计算机控制系统在袜机容易出故障的地方都装有探测故障的自停装置。自停装置由检测头、传感器和传输电路组成。不同的检测内容采用不同的检测头，如检测坏针采用撞针，检测断纱采用重力杆，检测漏织花型采用光电扫描器等。

第四节　横机

横机属于平型纬编机，其针床呈平板状，一般具有两个针床，它是羊毛衫生产行业的主要机种。横机可分为机械式横机和电脑横机，针床长度在 500～2500mm，机号为 E3～E18，特殊用途的横机的机号可达 E24～E26。横机的主要优点在于能够编织半成形和全成形产品，裁剪损耗很低，可大大节约原料，减少工序，但存在成圈系统数少、生产效率低、劳动强度高等不足。横机是针织设备中电子技术应用较广泛的机种，它正向多机头系统、全成形和全自动方向发展。

横机包括编织机构（成圈机构）、给纱机构、针床横移机构、牵拉机构、传动机构和选针机构等部分。

一、普通机械式横机

横机的编织机构由针床、织针、机头和三角装置等组成。图4-49为普通机械式横机编织机构的横断面结构。前针床1和后针床2固装于机座3上，前后针床以一定的角度配置，国产横机的角度大多为97°。在针床的针槽中，平行放置着前后织针4、5；导纱器6可以沿导纱器导轨7左右运动；同样，前后三角座8、9也可以沿各自的三角座导轨10、11左右运动；前后三角座由连接臂12连接构成机头，像马鞍一样跨在前后针床上，并且受外力作用往复横向移动；此外，机头上还装有能够开启针舌和防止针舌反拨的扁毛刷

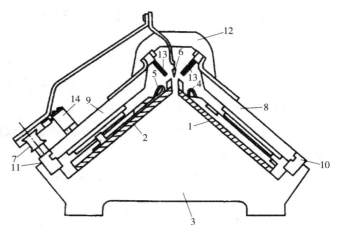

图4-49 普通机械式横机的编织机构

1—前针床 2—后针床 3—机座 4,5—前后织针
6—导纱器 7—导纱器导轨 8,9—前后三角座
10,11—三角座导轨 12—连接臂 13—扁毛刷 14—导纱变换器

13。机头的横向移动一方面使得三角作用于织针使之在针槽内上下移动，另一方面也通过导纱变换器14带动导纱器6一起移动进行垫纱，从而使得织针完成成圈过程的各个阶段。

普通机械式横机的针床结构如图4-50所示。舌针1放置在针槽2中，上压针条3（又称为塞铁）用来稳定舌针，避免其因受到织物牵拉力的作用而上抬；针槽壁4顶端的栅状齿5

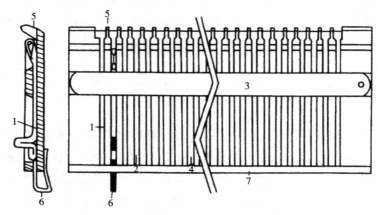

图4-50 机械式横机的针床结构

1—舌针 2—针槽 3—上压针条 4—针槽壁 5—栅状齿 6—弹性针脚 7—下压针条

位于两枚舌针中间，对线圈的沉降弧起握持作用；弹性针脚 6 作用于舌针底部，控制针踵高度；所有针脚都由下压针条 7 支撑，避免了针脚的下坠。横机使用舌针，其结构与圆纬机所用的舌针类似。不同的机型所使用的舌针又有所不同，主要区别在针踵上。

普通机械式横机的机头（也称龙头、三角座等）主要用于安放前后三角，由于横机往复编织的特点，横机三角系统都呈左右对称，其上除了三角外还装有导纱变换器、毛刷等。

Z653 型手摇横机的机头正面如图 4-51（a）所示，其上装有前后三角座的成圈三角调节装置 1、2、3、4，导纱器变换器 5，起针三角开关 6、7，起针三角半动程开关 8，拉手 9，推手手柄 10 和毛刷架 11。机头反面如图 4-51（b）所示，车底板上装有三角装置。

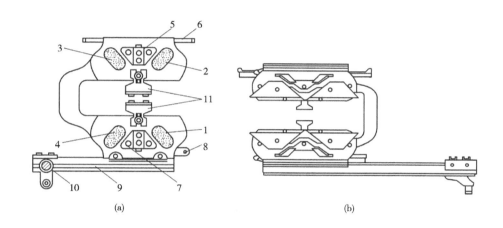

(a)　　　　　　　　　(b)

图 4-51　Z653 型手摇横机机头

1，2，3，4—成圈三角调节装置　5—导纱器变换器　6，7—起针三角开关

8—起针三角半动程开关　9—拉手　10—手柄　11—毛刷架

普通机械式横机三角因实现功能的不同可分为平式三角和花式三角。前者只能编织成圈线圈和浮线，后者角可以编织成圈线圈、集圈线圈和浮线。

1. 平式三角　平式三角是最基本也是最简单的三角结构，如图 4-52 所示。它由起针三角 1 和 2、挺针三角 3、压针三角 4 和 5 以及导向三角（又称眉毛三角）6 组成。横机三角结构通常都是左右完全对称的，从而可以使机头往复运动进行编织。其中压针三角 4、5 可以在成圈三角调节装置的调节下，沿三角底板上的槽孔上下移动，以改变织物的密度和进行不完全脱圈的集圈编织。

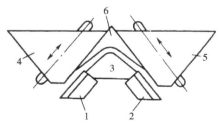

图 4-52　平式三角结构

1，2—起针三角　3—挺针三角

4，5—压针三角　6—导向三角

2. 花式三角 花式三角可根据所要实现的选针编织功能进行设计，采用不同的结构。最常用的是二级花式横机和三级花式横机的三角结构。

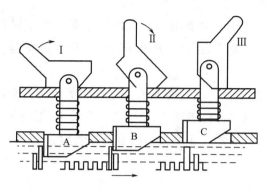

图4-53 花式三角的三种位置

花式三角的工作原理是采用针踵长度不同的舌针，在机头的每个行程中，按花色要求使三角沿垂直于其平面的方向进入、半退出或完全退出工作位置，以达到不同针踵的针按照要求进行编织的目的。图4-53所示为这种三角系统的活动三角（一般为起针三角或挺针三角）的底平面相对于针床平面的三种不同位置。在位置A，三角完全进入工作，长短踵针均参加编织；在位置B，三角退出一半工作位置，它的底平面高于短踵上平面，但低于长踵上平面，因此只能作用到长踵针使其参加编织，短踵针从三角底平面下通过，不参加编织；在位置C，三角完全退出工作位置，长短踵针都不参加编织。图4-53中所示的是普通横机上采用的嵌入式三角开关装置，手柄转动到Ⅰ、Ⅱ、Ⅲ位置时，分别对应使三角处于完全进入、半退出和完全退出工作位置。

与圆型纬编机类似，横机的成圈过程也可以分为退圈、垫纱、闭口、套圈、弯纱、脱圈、成圈和牵拉等过程，但横机的成圈过程又有自己的特点：退圈时，前后针床的织针同时到达退圈最高点；两针床的织针直接从导纱器中钩取所需的纱线；压针时，前后针床的织针同时到达弯纱最低点。此成圈过程属于无分纱顺序编织法。

二、电脑横机

电脑横机具有自动化程度高、花型变换方便、产品质量易于控制、产品多样等特点。电脑横机所有与编织有关的动作（如机头的运动、选针、三角变换等）都是由预先编制的程序，通过计算机控制器向各执行元件（如伺服电动机、步进电动机等）发出动作信号，驱动有关机构与机件实现的。典型的电脑横机外观结构如图4-54所示。电脑横机的控制系统如图4-55所示。

电脑横机型号众多，主要有德国斯托尔（STOLL）公司的CNCA系列和CMS系列、日本岛精（Shima Seiki）公司的SEC系列等。以下就我国引进较多的斯托尔公司的CMS系列横机为例，介绍电脑横机的编织机构及工作原理。

（一）编织机构

1. 成圈针机件配置 图4-56所示为CMS系列电脑横机一个针床的截面图。其中织针1由塞铁7压住，以免编织时受到线圈牵拉力作用使针杆从针槽中翘出，CMS系列横机采用新

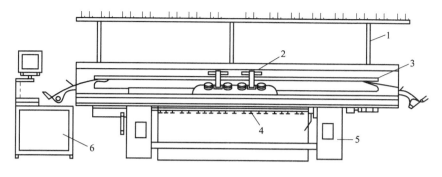

图 4-54　电脑横机的外观结构

1—纱架　2—机头　3—导纱器导轨　4—牵拉机构　5—机架　6—花型输入系统

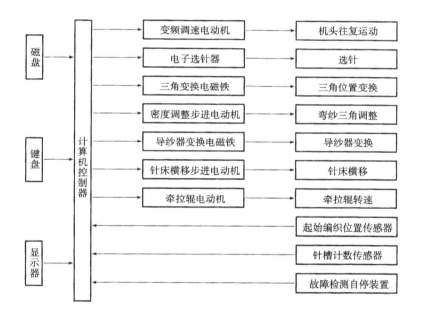

图 4-55　电脑横机的控制系统

型的具有弹性负荷针舌的舌针，在闭口和最大开口位置附件有一段弹性运动，如图 4-56（d）所示。导针片 2 与织针 1 连成一体。导针片的针杆有一定的弹性，当其片踵伸出针槽时，可受到三角装置作用，带动织针 1 完成各种动作；反之，当导针片在外力作用下，其片踵没入针槽时，就使得织针退出工作。推片 3 有上下两个片踵，下片踵受到选针片 4 作用，使得上片踵处于 A、B、C 三种位置。分别如图 4-56（a）、图 4-56（b）、图 4-56（c）所示。当推片处于 A 位置时，由于受到压片三角 8 的作用，导针片的针踵被压入针槽，织针不参加工作；当推片受到选针片 4 的作用，其片踵处于 B 或 C 位置时，使导针片的片踵从针槽中露出，参加工作。其中，处于 B 位置时，织针成圈或移圈；处于 C 位置时，织针集圈或接圈。选针片 4 直接受到电磁选针器 9 的作用，来决定推片处于 B 位置还是 C 位置。机头每横移一次，所有织针都被压入针槽，同时所有选针片也受选针器选针一次，其中只有被选中的织针才参加工作。沉降片6放置于针床齿口部分的沉降片槽中，并且配置在两枚织针中间，机头中的沉降片三角作用于沉降片片踵使其前后摆动，用来握持旧线圈，如图4-56（e）所示。当织针下降时，两针床的沉降片分别后摆，避免阻挡新线圈的形成，如图4-56（f）所示。

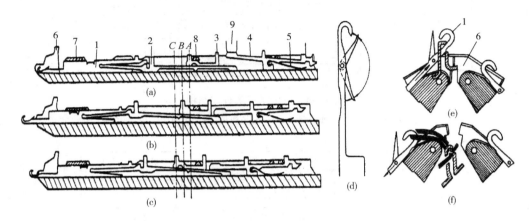

图4-56　CMS系列电脑横机的成圈机件配置

1—织针　2—导针片　3—推片　4—选针片　5—弹簧　6—沉降片　7—塞铁　8—压片三角　9—电磁选针器

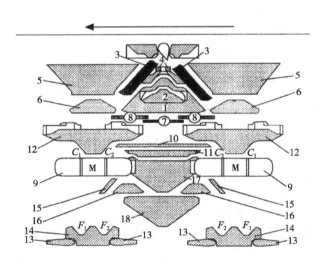

图4-57　三角系统示意图

1—起针三角　2—接圈三角　3—压针三角　4—导向三角
5、6—上、下护针三角　7—集圈压板　8—接圈压板
9—选针器　10—推片护针三角　11—推片压针三角
12—推片复位三角　13—选针片复位三角　14—选针三角
15、16—选针片挺针三角　17、18—选针片压针三角

2. 三角系统　机头内可以安装多组编织系统，每个三角系统都可独立工作，是否参加工作则取决于编织工艺和程序设计。图4-57所示为一个三角系统示意图，图中浅色阴影区域为固定三角，深色阴影区域为活络三角。

在图4-57中，1为挺针片起针三角，被选中的挺针片可沿其上升将织针推到集圈或成圈的高度位置；2为接圈三角，与起针三角同属一个整体，是在起针三角块上铣出一个针道而成，作用是使被选中的挺针片沿其上升，将织针推到接圈的高度；3为压针三角，其弯纱深度可以无级调节，它不仅起压针作用，还起移圈三角的作用；4为挺针片导向三角，起导向和压针的作用；5、6分别为上、下护针三角，起护针的作用；7、8分别为集圈压板和接圈压板，活装于三角底板上，可以平行于三角底板上下移动，其作用是控制推片上片踵，分别在集圈位置和接圈位置将推片的上片踵压进针槽，使挺针片和织针处于集圈或接圈高度；9 为选针器，由永久磁铁 M 和两个选针点 C_1 和 C_2 组成。选针前先由永久磁铁 M 吸住选针片的头端，选针与否由两个选针点 C_1 和 C_2 的吸力是否中断来决定，中断则选针；不中断则不选针。第一个选针点 C_1 用于集圈或接圈选针，第二个选针点 C_2 用于成圈或移圈选针；10 为推片护针三角，构成推片下片踵的两个走针轨道，使得处于 B 位置（图 4-56）或 C 位置（图 4-56）的导针片能够保持水平位置移动；11 为推片压针三角，其作用是把处于 B 位置（图 4-56）或 C 位置（图 4-56）的推片压回到初始位置，即 A 位置（图 4-56）；12 为推片复位三角，其作用于推片的下片踵，使推片回到初始位置；选针片复位三角 13 作用于选针片片尾，使得选针片头端摆出针槽，便于选针器选针；14 为选针三角，具有两个起针平面 F_1 和 F_2，作用于选针片下片踵，把在第一个或第二个选针点选中的选针片推入工作位置；15、16 为选针片挺针三角，它们作用于选针片上片踵，把由选针三角 14 推入工作位置的选针片继续向上推升。其中，三角 15 作用于第一个选针点所选的选针片，并且把它们推到 C 位置（图 4-56），三角 16 作用于第二个选针点所选的选针片，把相应选针片推到 B 位置（图 4-56）；17 为选针片压针三角，其作用于选针片的上片踵，是把沿选针片挺针三角上升的选针片压回初始位置；18 为选针片下片踵压针三角。

3. 选针工作原理　CMS 系列横机采用双重选针系统，即每个选针器具有两个选针点，当机头向一个方向移动时，同一选针器不仅能够完成一次选针，还能够完成两次选针。

如图 4-56 与图 4-57 所示，当机头向左移动时，位于三角左侧的选针器 9（图 4-57）进行选针。选针开始时，选针片 4 的尾部受到复位三角 13 的作用，其头端摆出针槽，先被选针器 9 的永久磁铁吸住，如图 4-56（a）所示；随着机头左移，选针片头端相对于选针器向右移动，是否选针取决于选针片的头端经过两个选针点 C_1 和 C_2 时是否一直被吸住。如果不选针，选针片头端在经过两个选针点时，仍被选针器上的永久磁铁吸住，选针片下片踵没入针槽，不上升，推片 3 仍处于水平位置 A，则导针片 2 的片踵没入针槽，织针不参加工作；如果选针，选针片头端在经过两个选针点时，在选针信号作用下，吸力中断而推开选针片头端，选针片在弹簧 5 的作用下其尾部摆出针槽。如果是第一个选针点吸力中断，选针片下片踵首先沿着选针三角的 F_1 斜面上升，然后选针片上片踵沿选针片挺针三角 15 上升，把相应的推片推至水平位置 C，如图 4-56（b）所示，允许织针完成成圈或移圈编织。如果第二个选针点吸力中断，选针片的下片踵首先沿着选针三角的 F_2 斜面上升，然后选针片上片踵沿选针片挺针三角 16 上升，把相应的推片推至水平位置 B，如图 4-56（c）所示，允许织针完成集圈或接圈。被选中的选针片最后都由选针片压针三角 18 压回初始位置，以备下一次选针。

根据编织需要，两个选针点可以独立选针，也可以同时选针，把推片推至位置 B 或位置 C，释放相应的导针片，使得导针片的片踵摆出针槽，沿着起针三角 1 上升，再作用镶嵌一件的织针完成编织工作。图 4-58 所示是三功位选针编织的走针轨迹，即在一个横列中同时完成

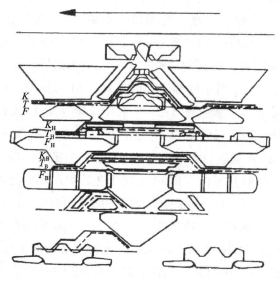

图 4-58　三功位选针编织的走针轨迹

成圈、集圈和浮线的编织。它需要经过两次选针来实现。其中 K、K_H、K_B 分别表示成圈编织时的导针片片踵和推片上、下片踵的走针轨迹；T、T_H、T_B 分别表示集圈编织时的导针片片踵和推片上、下片踵的走针轨迹；F、F_H、F_B 表示不编织即浮线时的导针片片踵和推片上、下片踵的走针轨迹。采用三功位选针编织时，两个选针点都进行选针，成圈的织针在第一个选针点选针，集圈的织针在第二个选针点选针，浮线编织的织针不选针。成圈和集圈编织的织针都沿着起针三角上升，而集圈编织的织针上升到集圈高度时被集圈压板压入针槽，只进行集圈编织。所以当机头横移一次时，同一个三角系统同时完成了成圈、集圈和浮线的编织。

　　另外，CMS 系列横机前后针床间线圈的转移原理与圆纬机相同。因为采用了具有弹性负载针舌的舌针，这种舌针可以自动开启针舌，因此对于线圈的转移非常有利。此外，由于采用了双重选针系统和特殊的三角结构，使移圈方向不受机头移动方向的限制，并在同一三角系统中具有同时双向移圈的功能。图 4-59 所示为双向移圈的走针轨迹，即当机头向一个方向移动时，有的线圈从前针床移到后针床，有的线圈从后针床移到前针床。图中 D、D_H、D_B 分别表示参加移圈的导针片片踵和推片上、下片踵的走针轨迹；R、R_H、R_B 分别表示参加接圈的导针片片踵和推片上、下片踵

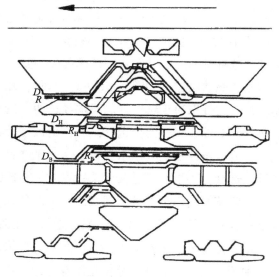

图 4-59　双向移圈的走针轨迹

的走针轨迹。双向移圈时，两个选针点同时选针，在第一个选针点进行移圈，在第二个选针点进行接圈。压针三角、集圈压板和接圈压板一起下移。移圈织针的导针片沿着压针三角上升，将相应织针推到移圈高度位置；接圈织针的导针片在接圈压板的作用下，沿着接圈三角

上升，将相应织针推到接圈高度位置。这样，当机头向一个方向移动时，一个三角系统就可以独立完成移圈和接圈的编织过程。

（二）其他机构

1. 针床的横移 电脑横机的针床横移是由程序通过步进电动机来实现的。它可以进行整针距横移、半针距横移和移圈横移。通过整针距横移可以改变前后针床针与针之间的对应关系。半针距横移用以改变两个针床针槽之间的对位关系，可以由针槽相对变为针槽相错，反之亦然。移圈横移使前后针床的针槽位置相错约 1/4 针距，这时既可以进行前后针床织针之间的线圈转移，也可以使前后针床织针同时进行编织。一般横移的针床多为后针床，且是在机头换向静止时进行，也有的横机在机头运行时也可以进行横移。针床横移的最大距离一般为 50.8mm（2 英寸），最大的可达 101.6mm（4 英寸）。

2. 导纱机件及其选择装置 导纱器的配置如图 4-60 所示。一般电脑横机配备 4 根与针床长度相适应的导轨（图中 A、B、C、D），每根导轨有两条走梭轨道，共有 8 条走梭轨道，根据编织需要，每条走梭轨道上可安装一把或几把导纱器（俗称"梭子"）。

导纱器由安装在机头桥臂上的选梭装置进行选择，如图 4-61 所示。其工作原理是：由电磁铁 1 控制销子 2，当电磁铁 1 吸起销子 2时，销子 2 抬起，摆杆 3 的 B 端在弹簧 5 的作用下被压下，带梭触头

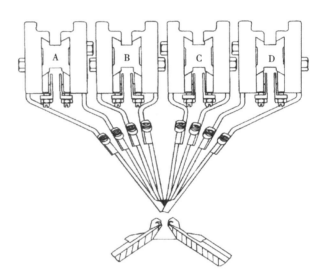

图 4-60　导纱器的结构

4 下降进入工作，带动相应的导纱器编织；当电磁铁 1 释放销子 2 时，销子 2 下降，摆杆 3 的 A 端被压下，B 端向上抬起，弹簧被压缩，带梭触头 4 向上抬起，相应的导纱器就退出工作。在机器上的导纱器中的一个或几个可以被选中进入工作。现在的电脑横机导纱器不需要专门的梭子退出工作的机械装置，可以随时根据需要使任何一把导纱器进入或退出工作。

为了更有效地编织较复杂的嵌花组织，大多数电脑横机还可配置专门的嵌花导纱器，如图 4-62 所示。该导纱器可以由程序控制向左或向右摆动。在编织嵌花织物时，当某把导纱器在编织某一色区结束后，为了不使下一色区的织针上升钩取到这把导纱器的纱线，可以使这把导纱器按照程序要求摆动一个角度。当机头从左向右运行时，导纱器向左摆到 A 位置；当机头从右向左运行时，导纱器向右摆到 C 位置。

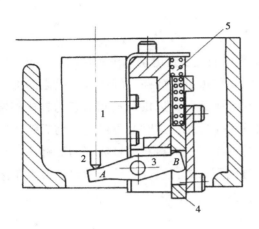

图 4-61　导纱器选择装置

1—电磁铁　2—销子　3—摆杆　4—触头　5—弹簧

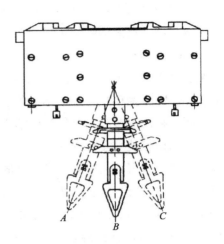

图 4-62　电脑横机的嵌花导纱器

3. 牵拉、卷取机构　在电脑横机上主要采用双辊式牵拉机构。GMS 系列电脑横机的牵拉机构如图 4-63 所示。主牵拉辊 1 是由计算机程序控制的电动机驱动。2 是带有弹簧的压辊，压辊压紧牵拉辊而达到牵拉且没有滑移。织物的牵拉力与牵拉辊的转速有关，可根据编织所用的纱线、织物密度、幅宽、组织结构与花型等通过编程来设定与调节牵拉张力，也可对织物各个横列设定不同的牵拉力。为了使作用在每一线圈纵行上的牵拉力保持不变，牵拉辊和压辊一般分成许多节，可通过调整各节压辊上弹簧的压缩程度，使牵拉力均匀沿着织物宽度作用。3 是一对辅助牵拉辊，由程序控制的小电动机驱动，可以松开或

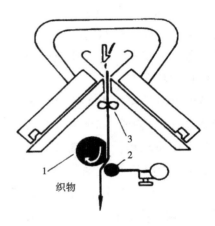

图 4-63　电脑横机的牵拉机构

1—主牵拉辊　2—压辊　3—辅助牵拉辊

压紧。织物从牵拉辊引出后一般是堆存在机器下面的容布斗内（容布斗也可被一卷取装置所取代）。

GMS 系列电脑横机的卷取机构如图 4-64 所示。织物绕过导布辊 1，它可根据所编织下来的织物长度上下移动。当织物长度到达一定值时，导布辊靠自重向下移动，压下微动开关 2，卷取织物。当卷取一定量后，导布辊 1 被上抬，压下微动开关 3，停止卷取。导布辊 4 用于监测卷装尺寸。当布卷直径达到预定尺寸时，另一微动开关 5 被压下，编织动作停止。卷取装置只适用于连续衣坯的生产。

4. 传动机构　电脑横机机头（即三角座）往复横移由传动机构完成，如图 4-65 所示。其中，伺服电动机驱动，通过两级同步带轮传动，再由同步带驱动横机机头运动。

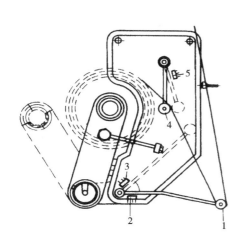

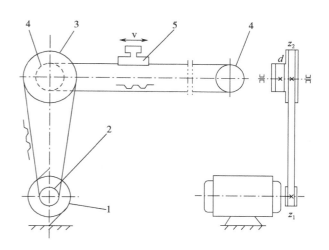

图 4-64　电脑横机的卷取机构

1，4—导布辊　2，3，5—微动开关

图 4-65　电脑横机的传动机构

1—伺服电动机　2—电动机带轮　3—减速带轮

4—驱动带轮　5—机头

（三）多针床编织技术

多针床编织技术提高了移圈时的生产效率，可以编织整体服装（又称为织可穿产品）和其他一些特殊产品。图 4-66 为两种四针床横机，其中图 4-66（a）所示是在两个编织针床的上方增加了两个辅助针床，这两个针床上安装的是移圈片，只是配合编织针床进行移圈操作。图 4-66（b）所示为四个针床都安装有织针的四针床横机。

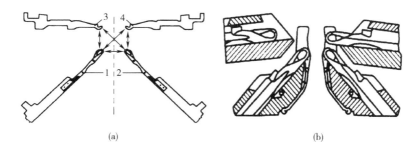

(a)　　　　　　　　　　　　　　　　(b)

图 4-66　四针床横机

1，2—针织　3，4—移圈片

第五节 经编机

整经是经编生产必不可少的准备工序。整经的目的是将筒子纱按照工艺所需要的经纱根数和长度，在相同的张力下，平行、等速、整齐地卷绕成经编机使用的经轴。适用于针织经编生产的整经方式一般有两种，即轴经整经和分段整经。前者是将经编机上一把梳栉所用经纱同时全部卷绕到一个经轴上，常用于经纱的根数少、用纱量不多的花色梳栉；后者是将一把梳栉所需的经纱根数分成多份，分别绕成窄幅的分段经轴（也称盘头），再将它们并列固装在一根轴上，组装成经编机上用的经轴。分段整经是目前经编厂广泛使用的一种整经方法。

经编机的种类很多，但各种经编机的机构组成基本相同，主要机构包括成圈机构、梳栉横移机构、送经机构、牵拉卷取机构、传动机构。

一、成圈机构

经编机的成圈机构是指使经纱成圈并相互串套形成织物的机构。

（一）槽针经编机的成圈机构

1. 成圈机件 槽针经编机的成圈机件如4-67所示。槽针由针身1和针芯2两部分组成，针身是一根带钩的槽杆，针芯在针槽内做相对滑动，与针身配合进行成圈运动；导纱针的作用是用来引导纱线绕针运动，将纱线垫到针上，其头端有孔用于穿纱线，孔眼直径应与机器机号相对应；沉降片的片鼻3和片喉4一起握持旧线圈的延展线，使其不随针上升，片喉还有推移牵拉线圈的作用。

由于槽针运动简单，动程小，且其成圈运动规律及传动机构的结构都比较简单，从而为高速运转创造了条件。

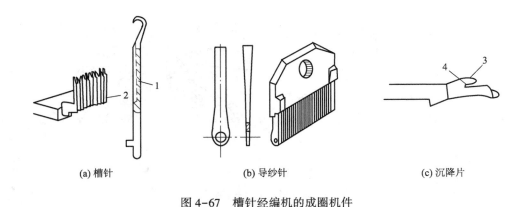

(a) 槽针　　　　　　　　(b) 导纱针　　　　　　　　(c) 沉降片

图 4-67　槽针经编机的成圈机件
1—针身　2—针芯　3—片鼻　4—片喉

2. 成圈过程 槽针经编机上形成经编针织物的成圈过程如图 4-68 所示。

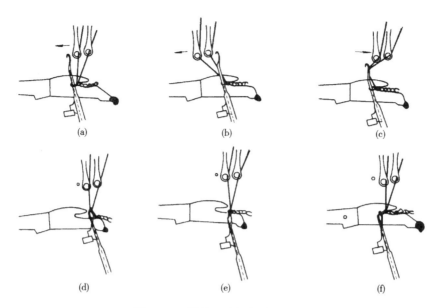

图 4-68　槽针经编机的成圈过程

上一横列的成圈循环结束时，槽针（包括针身和针芯）处于最低位置，如图 4-68（f）所示，此后，针身先开始上升，随后针芯也上升，但针身的上升速度较快，二者逐渐分开。当针芯头端没入针槽内，针口开启，二者继续上升，针身升至最高位置时，旧线圈退到针杆上，此时，导纱针已开始向机后摆动，但在槽针升到最高位置前，导纱针不宜越过针平面，如图 4-68（a）所示。沉降片向前移动，进行牵拉和握持旧线圈，使其不随槽针上升。槽针升到最高位置后静止不动，为垫纱做准备。导纱针摆到机后时横移，进行针前垫纱，如图 4-68（b）所示；以后再摆回到机前位置，将经纱垫在开启的针口内，如图 4-68（c）所示。此阶段沉降片略微后退，将经纱适当放松。

垫纱完毕后，针身先下降，随后针芯也下降，但下降速度比针身慢，所以针芯逐渐由针槽内伸出，使针口关闭；槽针继续下降，使旧线圈相对滑移到关闭针口的针芯上，完成套圈，如图 4-68（d）所示。此阶段沉降片快速后退，以免片鼻干扰纱线。

针身和针芯一起继续向下运动，当针头低于沉降片片腹时，旧线圈从针头上脱下，如图 4-68（e）所示；当针下降到最低位置时，形成线圈，如图 4-68（f）所示。线圈的形状和大小取决于针头相对于沉降片片喉的垂直和水平位置，并且与经纱张力和坯布牵拉力有关。此阶段中，沉降片在最后位置，然后沉降片向前运动握持刚脱下的旧线圈，并将其向前推离针运动线，进行牵拉，这一时期导纱针处在最前位置，并作针背横移，为下一横列垫纱做好准备。

槽针经编机上主轴一转，各成圈机件进行一次成圈运动循环，形成一个经编横列。由于所有成圈机件均是由主轴通过曲柄（或偏心）连杆机构传动的，所以每一瞬间成圈机件的位置均取决于主轴的转动位置。为了能表示成圈机件的位置与主轴转角之间的关系，取针在最低位置时的主轴转动位置为 0°，将各成圈机件位移与主轴转角之间的关系画成位移曲线图，如图4-69所示。图中横坐标为机器的主轴转角，纵坐标则表示成圈机件的位移。曲线1和2分别为槽针针身与针芯的位移曲线，向上表示织针与针芯上升，向下则表示下降；曲线3为梳栉的位移曲线，向上表示梳栉由机前向机后摆动，向下表示由机后向机前摆动；曲线4为沉降片的位移曲线，向上表示退至机后，向下表示挺进机前。

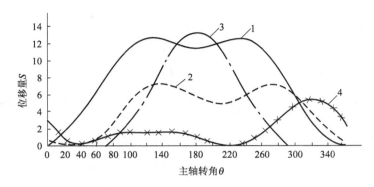

图4-69　槽针经编机的成圈机件位移曲线

　　由图4-69可知，针身和针芯的运动应很好地配合，以保证及时开启和关闭针口；为保证垫纱的顺利进行，槽针在上升至最高位置后应停顿一段时间，以便于梳栉摆动；同时在槽针经编机上，沉降片主要起牵拉和握持旧线圈的作用，其位移曲线必须与槽针的位移曲线很好地配合。

（二）舌针经编机的成圈机构

1. 成圈机件　舌针经编机的成圈机件如图4-70所示。栅状脱圈板的作用除确定织针左右位置外，主要起顶布作用，在舌针下降成圈时，不使织物与织针一起下降，以使织针完成套圈与脱圈。栅状脱圈板可上下调节，以调节弯纱深度。沉降片的作用是当针上升退圈时，其向针间伸出，将旧线圈压住，使其不随针一起上升。

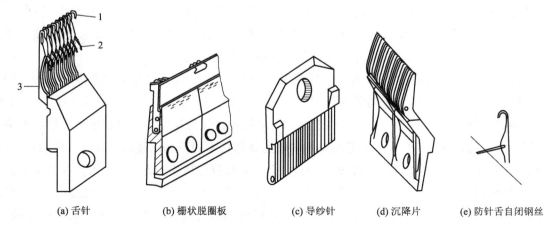

(a) 舌针　　　　　 (b) 栅状脱圈板　　　　 (c) 导纱针　　　　 (d) 沉降片　　　 (e) 防针舌自闭钢丝

图4-70　舌针经编机的成圈机件

1—针钩　2—针舌　3—针杆

2. 成圈过程　舌针经编机的成圈过程如图 4-71 所示。

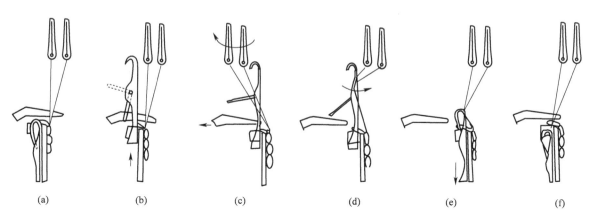

图 4-71　舌针经编机的成圈过程

　　初始位置，舌针处于最低位置，准备开始新的成圈循环，如图 4-71 （f）所示；成圈过程开始时，舌针上升进行退圈，沉降片向机前运动压住坯布，使其不随针一起上升，导纱针处于机前位置继续进行针后横移，如图 4-71 （a）所示。

　　针上升到最高位置，旧线圈滑到针杆上。在防针舌自闭钢丝的作用下，针舌不会自动关闭，如图 4-71 （b）所示；此时舌针需作一时期的停顿，导纱针向机后摆动，将经纱从针间带过，直到最后位置，如图 4-71 （c）所示，并在机后进行针前横移，之后梳栉摆回机前，将经纱垫绕在舌针上，如图 4-71 （d）所示，此时沉降片向机后退出。

　　舌针开始下降，如图 4-71 （e）所示，新垫上的纱线处于针钩内；沉降片到最后位置后又开始向前移动；舌针继续向下运动，将针钩中的新纱线拉过旧线圈。由于旧线圈被栅状脱圈板支持住，旧线圈脱落到新纱线上，在针头下降到低于栅状脱圈板的上边缘后，沉降片前移到栅状脱圈板上方，将经纱分开，如图 4-71 （f）所示，此时导纱针做针后横移。

　　当针下降到最低位置时，新纱线形成具有一定的形状和尺寸的线圈，与此同时，坯布牵拉机构将新线圈拉向针背。

　　舌针经编机成圈位移曲线随各种机型而不同，特别是针和导纱针的位移曲线变化更大。普通双梳舌针经编机的成圈机件位移曲线如图 4-72 所示。图中曲线 1 为舌针的位移曲线，向上表示织针上升，向下表示织针下降；曲线 2 为梳栉的位移曲线，向上表示梳栉由机前向机后摆动，向下表示梳栉由机后向机前摆动；曲线 3 为沉降片的位移曲线，

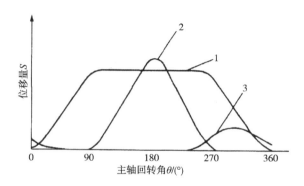

图 4-72　舌针经编机成圈机件位移曲线

向上表示退至机后，向下表示挺进机前。

由图4-72中可知，导纱针的前后摆动是在针床停顿在最高位置时进行的，特别是多梳配合更为复杂。此外，舌针与沉降片也需配合。

（三）钩针经编机的成圈机构

1. 成圈机件 钩针经编机的成圈机件如图4-73所示。沉降片的片鼻用以分开经纱并与片喉一起握持旧线圈线的延展线，使退圈时线圈不随织针一起上升；片喉还对织物起牵拉作用；片腹用来抬起旧线圈，使旧线圈套到被压的针钩上，配合钩针完成套圈和脱圈。压板用来将针尖压入针槽内，使针口封闭。压板一般采用布质酚醛层压板。经编机上的压板一般有平压板和花压板。平压板工作时，对所有针进行压针，用于编织普通织物；花压板的工作面按花纹要求配置凹口，可进行选择压针，用于编织集圈花式织物。为了压针时与针钩密切接触，增大接触面，减小磨损，压板的工作面应与底面成52°～55°倾角，花压板也可与平压板结合使用。导纱针除前后摆动外，还能像梳栉那样做侧向横移运动。

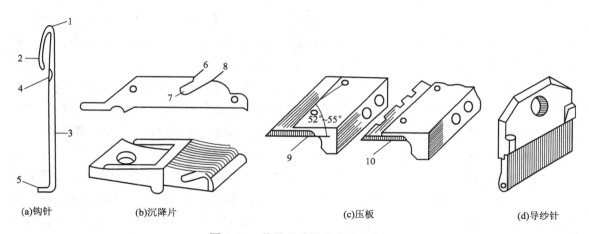

(a)钩针   (b)沉降片   (c)压板   (d)导纱针

图4-73 钩针经编机的成圈机件

1—针头 2—针钩 3—针杆 4—针槽 5—针脚 6—片鼻 7—片喉 8—片腹 9—平压板 10—花压板

2. 成圈过程 钩针经编机的成圈过程如图4-74所示。

主轴回转角为0°时，上一横列的新线圈刚形成，如图4-74（g）所示，针床处于最低位置；沉降片继续向机前运动，进行牵拉；导纱针处于机前位置，做针背横移，压板继续后退，以便让出位置，供导纱针向机后摆动。

织针上升退圈，在主轴回转角为100°左右时上升到第一高度，使旧线圈由针钩内滑到针杆上，如图4-74（a）所示；沉降片在20°时处于最前位置，除牵拉外，还辅助退圈，在20°～50°间稍向后退以放松线圈；导纱针从30°开始向机后摆动，准备针前垫纱；80°左右压板退到最后位置。

在主轴回转角为130°左右时，导纱针摆到最后位置，如图4-74（b）所示，针在第一高度近似停顿不动，导纱针摆到最后位置之后就向机前回摆，在此期间，梳栉进行针前横移

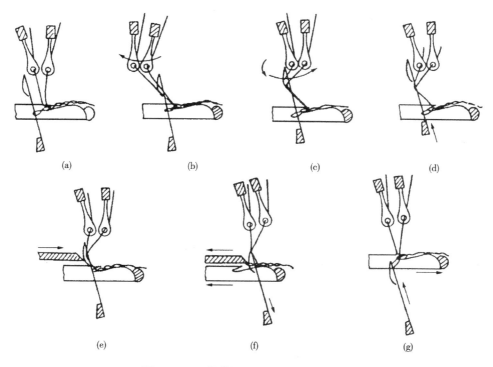

(a) (b) (c) (d)

(e) (f) (g)

图 4-74　双梳栉钩针经编机的成圈过程

（针前垫纱），沉降片和压板基本不动。

在 180°左右，导纱针已摆到针背侧，将经纱垫到针钩上，如图 4-74（c）所示，压板开始向前运动，沉降片基本维持不动。

织针在 180°继续上升，225°左右到达最高点，使原来垫在针钩上的纱线滑落到针杆上，如图 4-74（d）所示，沉降片基本不动；导纱针在 230°左右摆回到最前位置，此后就静止到下一成圈循环再摆向机后，在此期间，导纱针要做针背横移运动；压板继续向前运动，为压针做准备。

织针约从 235°开始下降，使原来略低于针槽的新纱线相对移到针钩下方；压板继续向前移动，当针钩尖下降到低于沉降片上平面 0.5~0.7mm 时，压板开始和针鼻接触，如图 4-74（e）所示；在 300°左右压板到最前位置，将针压足；240°~316°期间，沉降片迅速后退，帮助套圈，如图 4-74（f）所示，此时针继续下降。

织针继续下降，压板向后运动，当针头下降到低于沉降片片腹最高点时，旧线圈就从针头上脱下，完成脱圈，此时沉降片向前运动，对旧线圈进行牵拉，如图 4-74（g）所示；针在 360°时下降到最低位置，形成一定大小的线圈。就成圈而言，线圈长度取决于成圈阶段针头离开沉降片片喉的垂直距离和片喉伸过针背的水平距离，实际上，经纱张力和坯布牵拉力也对线圈长度有一定影响。

另外，织针下降过程中各阶段的速度不同，235°~280°时，针以较快速度下降；280°~

310°即压针时下降速度减慢；310°~360°即脱圈、成圈阶段，又以较快速度下降，以迅速完成脱圈和成圈动作。

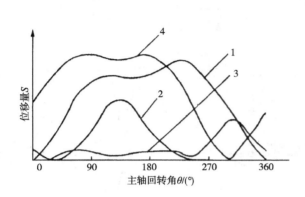

图 4-75　钩针经编机成圈机件位移曲线

3. 成圈位移曲线　不同类型的钩针经编机成圈机件的位移曲线可能不同，图 4-75 所示为一钩针经编机的成圈运动位移曲线。图中曲线 1 为钩针位移曲线，向上表示织针上升，向下表示织针下降；曲线 2 为梳栉位移曲线，向上表示梳栉由机前向机后摆动，向下表示梳栉由机后向机前摆动；曲线 3 为沉降片位移曲线，向上表示退至机后，向下表示挺进机前；曲线 4 为压板位移曲线，向上表示压板向机后运动，向下表示压板向机前运动。

由图 4-75 可知，钩针上升到第一高度后要作一段时间的停顿，以供梳栉进行针前垫纱；然后钩针上升至第二高度，使新垫上的纱线滑落到针杆上。压针最足时，压针的作用点应在针鼻处，压板离开钩针的时间必须和套圈很好地配合。此外，沉降片与钩针要密切配合。

（四）双针床经编机的成圈机构

具有两个平行排列针床的经编机称为双针床经编机，双针床经编机除了少数辛普勒克斯钩针机外，目前绝大多数为拉舍尔经编机，又称为双针床拉舍尔经编机。双针床经编机可以生产毛绒织物、间隔织物、双针床筒型织物以及成形产品等。

1. 成圈机件　双针床经编机由前后两个针床组成，最早的两针床织针配置呈间隔错开排列，但为了梳栉在针之间摆动方便，现一般采用前后针床织针背对背，前后对齐排列。在针床上方，配置一套梳栉，供前后针床垫纱成圈用；前后针床上各配置一块栅状脱圈板和一个沉降片床，图 4-76 所示为一种普通双针床经编机成圈机件的配置。由于此经编机的前后几乎是对称的，因此，机器前后的区分是以卷布机构的位置来确定，卷布机构所在的一侧为机器的前方。根据用途的不同，双针床经编机的针床配置和形式也不相同。

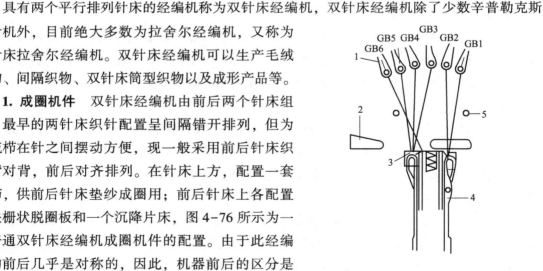

图 4-76　普通双针床经编机成圈机件

1—导纱针　2—沉降片　3—脱圈板
4—舌针　5—防针舌自闭钢丝

2. 成圈过程　机器工作时，两个舌针床轮流进行编织，每一个针床的成圈过程与单针床舌针拉舍尔经编机相同，如图4-77所示。

成圈循环开始时，前针床舌针上升，将旧线圈退至针杆，前沉降片处于最后位置握持旧线圈，导纱针摆向前针床针前进行垫纱横移，随即回摆，如图4-77（a）所示。然后，前针床下降完成带纱、针口闭合、套圈、脱圈和成圈运动，导纱针在舌针下降到脱圈位置时进行针背横移，然后再次摆向机前，以便空出位置让后针床上升编织，前沉降片配合导纱针后退，后沉降片前移，准备握持后针床的旧线圈，如图4-77

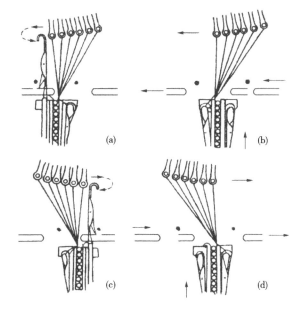

图4-77　双针床经编机的成圈过程

（b）所示，后针床的成圈过程与前针床相同，如图4-77（c）与图4-77（d）所示。

在整个编织循环（前、后针床各完成成圈一次）中，导纱梳栉一般要前后摆动6次，同时在前、后针床上各作一次针前和针后横移，共需4次横移时间。所以梳栉横移机构常采用4行程方式，即完成一个成圈循环需使用4块花板链块。

在编织过程中，各导纱梳栉不同的运动分工，将产生不同的织物结构。典型的有双面织物、圆筒形织物、间隔织物以及毛绒织物等。

二、梳栉横移机构

导纱梳栉在完成垫纱的过程中，其运动包括针间摆动及针背和针前横移，其中针间摆动是由主轴通过传动机构控制完成，针前和针背横移则由梳栉横移机构控制完成。经编机的梳栉横移机构有许多种类，类型不同其起花特性和能力不同。因此，梳栉横移机构又称花纹机构。导纱梳栉横移机构横移量应为针距的整数倍，且需与摆动密切配合。

梳栉横移机构可分为机械式和电子式两类。就横移机构对梳栉的作用方式而言，横移机构又分为直接式和间接式，按花纹滚筒的数目分为单滚筒和双滚筒。

1. 直接式梳栉横移机构　直接式梳栉横移机构又称线性控制横移机构，分为链条式和凸轮式两种。它是由横移机构中花纹信息机件（可以是凸轮或是花纹滚筒上的链条）使转换机件（如转子）获得水平运动，再由与转子连接的水平推杆直接推动导纱梳栉进行横移的一种作用方式。这种机构普遍用于高速经编机或花边机的地梳栉的控制。

链条式横移机构如图4-78所示。主轴通过一对传动轮，传动蜗杆和蜗轮，再由蜗轮轴传动花纹滚筒5（又称花纹轮），花纹滚筒上包覆有花纹链块4，当传动机构驱动滚筒时，链块作用于滑块3，使之获得一定的水平运动，并通过推杆2控制梳栉1进行针前针背的横移运动。A和B是变换齿轮，改变其齿数比，就能改变主轴与花纹滚筒的传动比，设计生产出不同横列完全组织的花纹。

滚筒上每一条花纹链条可以单独控制一把梳栉的横移运动，链块可以根据花纹需要来选择，并由销子首尾相连形成链条，如图4-78（b）所示。

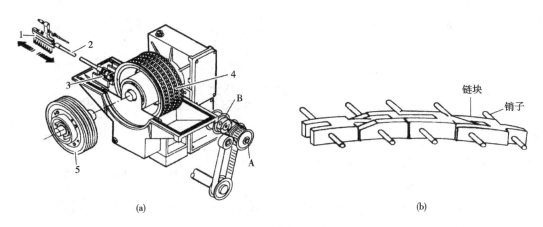

（a）   （b）

图4-78　链条式横移机构
1—梳栉　2—推杆　3—滑块　4—花纹链块　5—花纹滚筒

如图4-79所示为凸轮式横移机构的花纹凸轮。凸轮1表面有一转子2，编织时转子到凸轮轴心的径向尺寸变化，使转子获得水平运动，并通过水平连杆3传递给导纱梳栉4，使其产生水平方向的横移运动。

2. 间接式梳栉横移机构　多梳栉拉舍尔经编机常用的横移机构如图4-80所示。

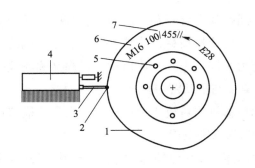

图4-79　凸轮式横移机构

1—凸轮　2—转子　3—连杆

4—导纱梳栉　5，6，7—垫纱方向确定孔

凸轮一转可编织横列数和组织

在图4-80（a）中，上滚筒1可由上述的链条式或凸轮式直接对地梳栉进行控制，下滚筒3对梳栉的作用是间接式的。其工作原理是：转子5从下滚筒链条4上获得垂直方向的运动，并通过杠杆6与连杆2的作用转换成推动梳栉横移的水平运动。这种横移机构通常用于多梳花边机上对花梳的控制，其横移距离取决于相邻两块链块的高度差及杠杆比。链条上相邻两块链块的高度差与梳栉横移距离的比通常为1：2，横移量的放大是通过杠杆来实现的，也就是说，当相邻号的两块链块高度相差一个针距时，经过杠杆放大

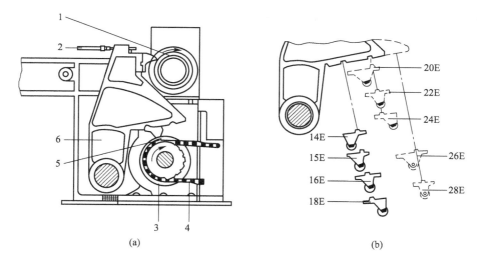

(a)　　　　　　　　　　　　　(b)

图 4-80　EH 型横移机构

1—上滚筒　2—连杆　3—下滚筒　4—链条　5—转子　6—杠杆

后，可以使其控制的梳栉发生两个针距的横移；另外，在这种机构中采用相同的花纹链块，只要变换接触转子托架及其在横移杠杆上的安装位置，就可改变杠杆比，适应不同的机号，如图 4-80（b）所示。

3. 电子梳栉横移机构　采用由计算机控制的电子梳栉横移机构，具有花型设计范围广、花纹变换时间短、生产灵活性强、操作简便的特点。电子横移机构的构成主要包括花纹准备系统和机器控制系统两部分，其中梳栉与计算机之间的接口设备形式多样。如图 4-81 所示是一种用于多梳拉舍尔经编机的 SU 型电子梳栉横移机构。

SU 系统的关键是梳栉与计算机之间的接口设备。该机构由一组偏心轮 1 和滑块 3 组成，一般有 6 个偏心轮，两个滑块之间由偏心轮一端的转子 2 隔开，故 6 个偏心轮与 7 段滑块相配套。每块滑块有宽窄两段，当偏心轮大直径转向左端时，转子左移作用于滑块的狭窄一端，滑块组收缩；反之，当偏心轮大直径转向右端时，转子右移作用于滑块的较宽一端，滑块组张开。在每个转子处滑块两端的坡度不同，因而两滑块之间的间隙也不同，但它们均为针

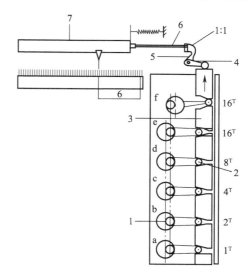

图 4-81　SU 型电子梳栉横移机构

1—偏心　2—转子　3—滑块　4—水平摆杆
5—直杆　6—推杆　7—梳栉

距的整数倍。各偏心轮所对应的间隙距离如表4-2所示。

表4-2　偏心轮号与对应的间隙针距数

偏心轮号	1	2	3	4	5	6
对应的间隙针距数	1	2	4	8	16	16

将偏心轮按一定顺序组合转动，可以使滑块组产生不同针距的收缩或张开，并使滑块组上方的水平摆杆4产生摆动，再通过直杆5和推杆6使梳栉7发生相应针距的横移。由表4-2可知，每一横列量最多可达16个针距，而且上述不同移距的组合可累计产生横移达47个针距。

图4-82所示是一种EL型电子横移机构，该机构的接口设备是直接式控制方式，适于连续快速变换花型。其主要单元是一个主轴，其内部为铁质内核，外面环绕线圈。通电时，线圈会产生磁场，使铁质内核产生线性运动，铁质内核与梳栉推杆连接，从而将线性运动通过推杆直接传给导纱梳栉，使梳栉产生横移运动。该系统的电源由事先编排好花纹信息文件的计算机控制，由电信号产生不同强度和方向的磁场，使铁质内核获得不同的水平移距，并直接传递给梳栉。EL电子横移机构的横移运动比传

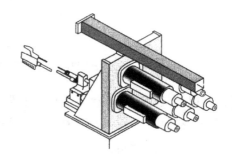

图4-82　EL型电子横移机构

统的梳栉横移机构的精确高，而且可以产生较大的横移量，主要用于4梳和5梳的特利科脱经编机，也可用于双针床拉舍尔经编机等。

现代多梳拉舍尔经编机由细的金属丝和花梳栉导纱针组成，所以又称钢丝花梳栉横移机构，其结构如图4-83所示。每一个钢丝花梳单元由花梳导纱针8与一根钢丝7组成，如图4-83（a）所示。钢丝花梳安装在导纱支架9上的孔眼内，如图4-83（b）所示。每一钢丝花梳最多可以有8把梳栉集聚。在钢丝花梳单元3中，导纱针黏附在钢丝上，钢丝花梳上的导纱针可以更换。每一根钢丝由计算机控制的伺服电动机1通过驱动轮5和带子6完成横移运动；夹持器2用于将带子6夹持住，以便更换钢丝花梳；钢丝通过弹簧装置4和空压机进行回复，并使整个横移区域保持张力一致，如图4-83（c）所示。

新型的钢丝花梳栉横移机构具有横移距离大、梳栉数目多、横移精确、机速高、易于操作、变化方便等优点。

三、送经机构

经编机在正常工作时，经纱从经轴上退绕下来，按照一定的送经量送入成圈系统，供成圈机件进行编织，这一过程称为送经。完成这一过程的机构称为送经机构。在送经过程中，

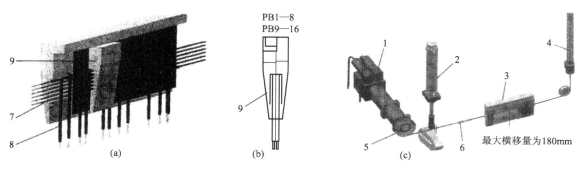

图4-83　钢丝花梳电子横移机构

1—电动机　2—夹持器　3—钢丝花梳单元　4—弹簧　5—驱动轮　6—带子　7—钢丝　8—花梳导纱针　9—导纱架

经纱的供纱速度要与编织织物的线圈长度相适应。送经量是否适当和恒定，不仅与坯布质量密切相关，还影响到经编机的效率。送经机构可以分为机械式和电子式。机械式送经机构又可以分为消极式送经机构和积极式送经机构。

（一）消极式送经机构

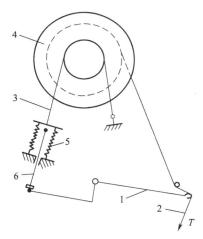

图4-84　张力控制式消极送经机构

1—张力杆　2—经纱　3—皮带
4—经轴　5—拉簧　6—滑杆

消极式送经机构中由于经轴转动惯性大，将造成经纱张力较大的波动，所以这种送经方式只能适应较低的运转速度，一般用于拉舍尔经编机。图4-84所示为张力控制式消极送经机构，利用皮带对经轴进行制动，当经纱2的张力T增大而使张力杆（弹性后梁）1压到一定程度时，通过杠杆作用使滑杆6向上移动，克服拉簧5的作用力使制动轮上皮带3放松而失去制动力，经轴4在经纱张力拉动下送出经纱；张力下降，张力杆在回复弹簧作用下复位，制动皮带3在拉簧5的作用下重新紧压制动轮，恢复制动力，降低经轴转速。

（二）积极式送经机构

在采用积极式送经机构的经编机上，随着编织的进行，经轴直径逐渐变小，因此主轴与经轴之间的传动装置必须相应增加传动比，以保持经轴送经速度恒定，否则送经量将越来越少。在现代高速经编机中最常用的是定长积极式送经机构。它以实测的送经速度作为反馈控制信息，用以调整经轴的转速，使经轴的送经线速度保持恒定。积极式送经机构的工作原理图如4-85所示，主轴经定长变速装置和送经无级变速器，以一定的传动比驱动经轴退绕经纱，供成圈机件连续编织成圈。为保持经轴的送经速度恒定，该机构还包含线速感应装置以及比较调整装置。比较调整装置有两个输入端和一个输出端，图4-85中比较调整装置的左端

A 与定长装置相连，由它所确定的定长速度由此输入；右端 C 与线速感应装置相连，实测的送经线速度则由此输入比较调整装置。当两端输入的速度相等时，其输出端 B 无运动输出，受其控制的送经变速器的传动比不作变动；当两者不同时，输出端便有运动输出，从而改变送经无级变速装置的传动比，使实际送经速度保持恒定。

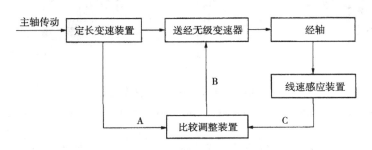

图 4-85　线速感应式送经机构工作简图

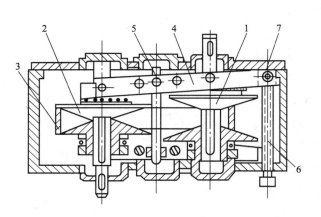

图 4-86　滚子式链条无级变速器

1—主动锥轮　2—被动锥轮　3—滚子链条

4—变速杠杆　5—支点　6—调速丝杆　7—杠杆末端

1. 定长装置　定长装置用于体现送经所需的预定速度，在经编机上根据织物组织结构和规格决定的线圈长度，由调整定长装置的传动比来达到。图 4-86 所示为滚子式链条无级变速器。滚子式链条无级变速器由主动锥轮 1 通过滚子链条 3 传动被动锥轮 2，变速杠杆 4 以支点 5 为中心，其末端 7 受双向螺纹的调速丝杆 6 的作用。当丝杆转动时，调速杠杆分别使两主动锥轮相互移近，而两被动锥轮相互移远，这时主动锥轮与链条的接触半径增大，而被动锥轮与链条的接触半径减小。如主动轴速度不变，

被动轴的速度就增大，反之减小。这样就能改变经纱的送出速度而达到调节线圈长度的作用。丝杆的回转通过手轮进行手工调节。这就可以将设计的线圈长度用手摇到需要的速比部位，定下送经的预定速度。

2. 送经变速装置　由主轴通过一系列传动装置驱动送经变速装置，再经减速齿轮传动经轴。在编织过程中经轴直径不断减小，为了保持经纱退绕线速度恒定，经轴转动的角速度应该不断增加，因此送经变速装置必须采用无级变速，使自主轴至经轴的传动比在运转中连续地得到调整。常用的送经无级变速器有铁炮式 ［图 4-87 （a）］ 及分离锥体式 ［图 4-87 （b）］ 两种。

3. 线速感应装置　线速感应装置用以测量经轴的实际退绕线速度，并将感应的实测送经速度传递给测速机件，常用的是测速压辊，如图 4-88 所示。两个测速压辊 1 安装在测速压辊臂 2 上，利用能调节的加压弹簧 3 使测速压辊紧压在经轴上并始终与经轴表面贴紧，使压辊与经轴能保持相同的线速度转动，测速压辊测出的经轴实际线速度，通过链轮 5 和空心管 4 内的轴输出，再经一系列齿轮传动，输出到比较调整装置。

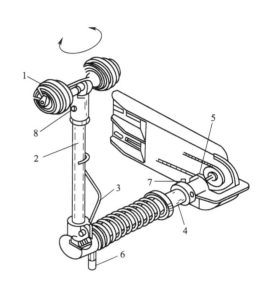

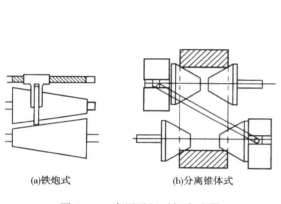

(a)铁炮式　　　　(b)分离锥体式

图 4-87　常用送经无级变速器

图 4-88　测速装置

1—测速压辊　2—测速压辊臂　3—加压弹簧　4—空心管
5—链轮　6—握持销　7—紧固螺丝　8—螺钉

4. 比较调整装置　比较调整装置是用于比较实际速度与规定速度，类型较多，结构各异。图 4-89 所示的差动齿轮式调整装置是由两个中心轮 E、F 和行星轮 G、K 以及转臂 H 所组成的差动齿轮系。中心轮和行星轮均系锥形齿轮，且齿数相等。这种差动轮系的传动特点是，当中心轮 E、F 转速相等、方向相反时，转臂 H 上的齿轮 K、G 只作自转而不作公转；当两中心轮转速不等时，转臂 H 上的齿轮 K、G 不仅自转，而且产生公转。差动轮系这一传动特点可用作送经机构中的调整装置。定长装置的预定线速和实测的送经线速分别从差动轮系的两个中心轮 E、F 输入，当实际送经速度与预定速度相一致时，转臂 H 不作公转，齿轮 1、2 静止不动；当输入端两速度不等时，转臂 H 公转，通过齿轮 1、2 驱动丝杆 L 转

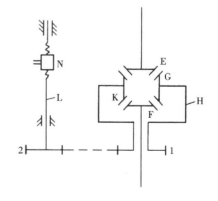

图 4-89　差动齿轮式调整装置

1，2—齿轮

动，从而使滑叉 N 带动送经无级变速器的传动环左右移动，改变送经变速器的传动比，直至经轴实际转速与预定的送经速度相等为止。由于编织过程中经轴直径不断变小，使实际送经速度低于预定速度，通过差动轮系的公转，使传动环向左移动，从而提高经轴转动速度，以使经轴线速度达到预定速度；如果实际速度高于规定速度，则通过差动轮子转臂与上述反向转动，使传动环右移，从而降低经轴转速，直至实际退绕速度与预定速度相符为止。

上述定长、送经变速、线速感应以及比较调整等装置的不同结合可以形成结构各异的线速感应式积极送经机构。

（三）电子式送经机构

在经编机向更高速度及织物品种多样化发展时，就必须使送经机构更适合于高速运转和更精确地控制送经量。电子式线速感应积极送经机构就是为此设计的，主要有 EBA 型电子送经机构和 EBC 型电子送经机构两种。

1. EBA 型电子送经机构　卡尔·迈耶公司开发的新型电子控制电动机驱动的 EBA 型送经系统，是特里科脱经编机与拉舍尔经编机的标准配置，如图 4-90（a）所示。该机构应用于花纹循环中纱线消耗量恒定的场合，其工作原理如图 4-90（b）所示，它基本与线速感应机械式送经机构相同，其基准信息来源于主轴上的交流电动机，当实测送经速度与预定送经速度不等时，通过变频器使电动机增加或减少速度。EBA 型电子送经机构配置一个大功率的三相直流电动机和一个带有液晶显示的计算机，机器的速度和送经量可以很方便地通过键盘输入，并且送经可以编程。

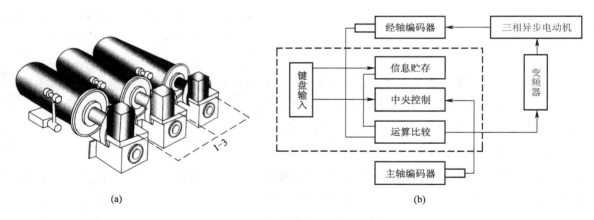

(a)　　　　　　　　　　　　　　(b)

图 4-90　EBA 型电子送经机构及其工作原理

EBA 型送经机构在设定速度时，只要简单地撤一下键，可使经轴向前或者向后转动，特别是在上新经轴时非常方便。另外，为了获得特殊效应的织物，经轴可以短时间向后转动或者停止送经。EBA 型系统可以设计成高速送经、低速送经、正常送经、向前送经和向后送经。此外，该系统还有生产数据记录等功能。

2. EBC 型电子送经机构　该送经系统由计算机辅助经轴传动，包括交流伺服电动机和可连续编程送经的积极式经轴传动。这种系统可以编制 199 种不同的顺序，累计循环可达 800 万线圈横列。其工作原理如图 4-91 所示，EBC 型送经系统中，经轴由一个大功率的伺服电动机 1 进行传动，通过键盘和多线显示，在一个循环中，不同的送经量可以编程进入相应的计算机中。电子系统可以线性同步地改变送经量。依靠 EBC 型送经系统，各种花型的纱线送经顺序可以编程控制。类似 EBA 型系统，EBC 型系统同样可以在经轴上安装一个测长罗拉 2。

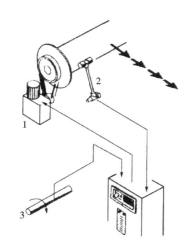

图 4-91　EBC 型电子送经机构
1—伺服电动机　2—测长罗拉　3—主轴

EBC 型电子送经机构中经轴脉冲信号来自经轴顶端，而不是经轴的表面测速，但计算机可以根据输入的经轴空卷、满卷直径等计算出经轴瞬间直径，结合经轴脉冲信号折算表面线速，并将此信息输入计算机与基准信息比较，控制调节伺服电动机。由于采用了这种逐步逼近的控制原理，使送经精度大大提高。此外，该机构具有多速送经功能，为品种开发提供了条件。此类机构不仅广泛用于高速经编机，也可用于拉舍尔经编机。

四、牵拉卷取机构

经编机的牵拉卷取机构可分为机械式和电子式两种。

（一）机械式牵拉卷取机构

目前，机械式牵拉机构的牵拉方式都是连续式的，即主轴一转中连续牵拉。牵拉结构的形式有两辊式、三辊式、四辊式等，其中以四辊式最多。牵拉辊应尽量靠近编织区域，以保证牵拉质量。卷取机构按卷取的连续与否分为连续式和间歇式两种。

图 4-92 为一连续式牵拉机构的原理图。织物通过牵拉辊 1 与转动辊 2 之间，经过很大的包围角后，到达输出辊 4，这些辊表面都包有摩擦系数较高的砂纸，以便能很好地握持织物。同时，紧压辊 3 用以增加对坯布的摩擦力。主轴通过密度变换齿轮及一系列的齿轮传动牵拉辊 1，使其匀速地转动，从而达到连续不断均匀地牵拉织物。摩擦辊 5 的动力由主轴通过牵拉辊传递，当主轴回转时，摩擦辊以一恒定的速度转动。卷

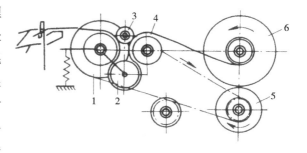

图 4-92　连续式牵拉卷取机构
1—牵拉辊　2—转动辊　3—紧压辊
4—输出辊　5—摩擦辊　6—卷布辊

布辊6的边缘紧紧地靠在摩擦辊上，因此受摩擦辊的传动而不停转动，使牵拉辊拉出的织物不断地卷绕在卷布辊上。随着布卷直径的增大，织物上的张力也有所提高，此时卷布辊与摩擦辊间发生打滑，以降低织物上的张力。

（二）EAC型和EWA型电子牵拉卷取机构

EAC型电子牵拉机构装有变速传动电动机，如图4-93所示，它取代了传统的变速齿轮传动装置，通过计算机将可变化的牵拉速度编制程序，获得诸如褶裥结构的花纹效应。EWA型电子牵拉机构仅在EBA型电子送经的经编机上使用，它可以线性牵拉或双速牵拉。

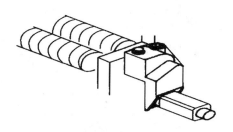

图4-93　EAC型电子牵拉卷取机构

五、传动机构

经编机上采用的传动机构指以主轴为主体，通过凸轮、偏心连杆、蜗轮蜗杆、齿轮等各种传动机构传动，使机器上的各部分机构相互协调进行工作。

现代高速经编机一般使用超启动转矩的电动机，其启动转矩一般不小于正常运转时的满载转矩的3/4，以确保快速启动，使经编机在尽可能短的时间内加速到全速运转状态，以减少开停车条痕的横列数，改善坯布的质量。经编机常用的变速方式有皮带盘变速和电动机变速两种。

经编机上采用的成圈机件传动机构，一般有凸轮机构和偏心连杆机构。

（一）凸轮传动机构

凸轮机构在经编机上的应用如图4-94所示。装有针蜡2的针床1固装在托架7上，而托架与叉形杠杆3的上端都固定在针床摆轴4上。叉形杠杆下端两侧各装有转子5，分别与主轴上的主、回凸轮6的外廓接触。当主轴回转时，凸轮6通过转子及叉形杠杆而使针床绕摆轴中心按一定的运动规律摆动。这种凸轮机构结构紧凑，有利于高速运行。

（二）偏心连杆传动机构

槽针经编机的针芯传动机构的工作原理如图4-95所示，针芯传动机构由十杆组成，但杆*CD*、*CE*及*DE*组成一个固结的三角杆组，因此该机构实质上仍为三套四连杆机构组合而成的八连杆机构。运动由固装在

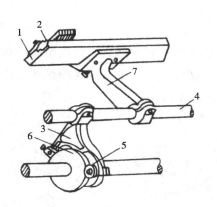

图4-94　凸轮传动机构

1—针床　2—针蜡　3—杠杆　4—针床摆轴
5—转子　6—凸轮　7—托架

主轴*A*的曲柄输入，通过第一套四连杆机构*ABCD*的作用，使三角杆*CDE*得到确定的摆动，再通过第二套四连杆机构*DEFG*及第三套四连杆机构*GFKH*的传递，使固结在摆杆*HK*上的

针芯得到成圈所需的运动。图4-96（a）、（b）、（c）分别为槽针经编机导纱梳栉、针身和沉降片传动机构的运动简图，它们的工作原理与针芯的相同。

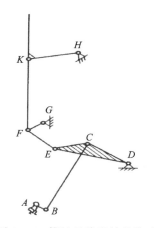

图4-95　槽针经编机针芯传动
机构简图

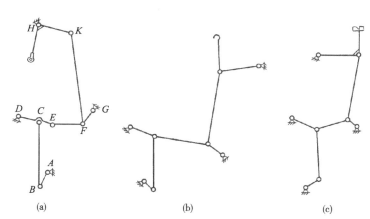

(a)　　　　　　　　　　(b)　　　　　　　　　　(c)

图4-96　槽针经编机导纱梳栉、针身和
沉降片传动机构简图

本章常用词汇的汉英对照

专业词汇	英文	专业词汇	英文
针织机	knitting machine	钩针	bearded needle/spring needle
圆纬机	circular knitting machine	三角	cam
袜机	hosiery machine	导纱器	yarn feeder
横机	flat knitting machine	沉降片	sinker
经编机	warp knitting machine	机号	gauge
舌针	latch needle	选针装置	selection device
复合针	compound needle	梳栉横移	guide bar shogging

☞ **思考题**

1. 简述针织机号的概念与表示方法，机号与可加工纱线细度的关系。

2. 普通单面舌针圆纬机的成圈机件有哪些？试述其成圈过程。

3. 罗纹机与双罗纹机成圈机件配置有何不同？

4. 简述多级式电子选针机构工作原理。

5. 单面圆袜机上如何实现收放针？

6. 简述电脑横机的主要机构与编织工作原理。

7. 简述经编机的主要机构与工作原理。

8. 简述槽针经编机的成圈机件与成圈过程。

第五章　非织造机械

本章知识点

1. 非织造生产工艺流程，非织造工艺的分类、用途及主要机械。
2. 喂入、开松及混合机械的机构原理。
3. 梳理成网机械、气流成网机械及离心动力成网机械的机构特点。
4. 平行式铺叠成网、交叉式铺叠成网及组合式铺叠成网的机构特点。
5. 化学黏合法、针刺法、热黏合法和水刺法的加固工艺及其相关机械的工作原理。
6. 纺粘法生产工艺流程及其技术特点，纺粘法生产主要机械的结构特点及其工作原理。
7. 熔喷法生产工艺流程，熔喷法生产的主要机构。
8. 湿法生产工艺流程，湿法生产的主要机械的工作原理。
9. 静电纺丝的基本原理，无针头静电纺丝技术的分类。

第一节　非织造概述

非织造布生产工艺突破了传统的纺织原理，综合纺织、化工、塑料、造纸等工业的加工技术，充分利用现代物理学、化学等学科的有关技术，实现了多学科交叉，已成为提供新型纺织结构材料的一种重要手段，在现代纺织工业中已形成一个新的行业，被誉为纺织工业中的"朝阳工业"。非织造布生产技术的发达程度成为纺织工业技术进步的重要标志之一。

一、非织造布生产工艺过程

非织造布的制造原理不同于传统的纺织加工工艺，其加工工艺流程如下。

原料准备→成网→加固→烘燥→后整理→成卷

（一）原料准备

非织造布所用的原料主要为纤维或高分子聚合物、黏合剂、后整理用试剂等，要根据产品的最终使用性能、加工工艺路线及成本等因素选用。纤维是形成所有非织造布的基础，可以是天然纤维或化学纤维。干法和湿法成网用短纤维，在成网之前必须经过开松、除杂、混合、加油润滑、喷洒除静电剂等工序。聚合物挤压法是将高分子聚合物经纺丝形成长丝或短纤维，直接铺成纤网。在某些非织造布中，黏合剂使纤网中的纤维相互黏合，形成一定的强度和结构，并与某些试剂一起应用于后整理工艺中，如涂层、叠层等。

（二）成网

成网是将纤维形成松散的网状结构材料（纤网）的工序。非织造布的成网方法主要有干法成网、湿法成网和聚合物挤压法成网三类。在不同的成网工艺中，采用的纤维可以是短纤维或长丝，相应形成的纤维网具有不同的强度。大多数纤维网的强度较低，但聚合物挤压法形成的纤网通过自身黏合可形成较高的强度。

（三）加固

加固是使纤网具有一定的强度而形成非织造布的工序，对非织造布的强度、性能和外观等方面具有决定性的影响。非织造布的加固方法主要有机械加固、化学黏合和热黏合三类。

（四）烘燥

对干法成网化学黏合、湿法成网黏合、水刺加固等方法形成的非织造布都需经过烘燥工序，常用的方法有接触烘燥、热风烘燥和辐射烘燥三种。

接触烘燥采用烘筒进行，纤维在加热的烘筒表面获得热量。

热风烘燥采用喷热风的形式进行，纤维借助空气流动传递热量。喷风的方法一般有两种，即平行于非织造布表面和垂直于非织造布表面。热风烘燥是一个较缓和的烘燥过程，使非织造布受热均匀，因而适用于各种非织造工艺，并可采用多种能源获得能量，是目前非织造工业中采用最广泛的一种烘燥方法。

辐射烘燥采用红外线加热，热能通过辐射的方法传递。

烘燥时，常将以上两种或三种方法结合起来使用，并根据生产的经济性、便利性、非织造布加工时表面张力与工作温度的要求、泳移过程的控制、安全性等因素来选择。

（五）后整理

后整理的目的是提高最终产品的使用性能，增加花色品种，改善外观。经过后整理可使非织造布具有抗水性、抗吸尘性、抗皱性、阻燃性、抗静电性以及表面具有凹凸花纹等效果。后整理包括机械后整理、化学（功能）后整理、涂层、叠层与复合整理等。在实际生产中，一般根据最终产品的性能、用途决定采用何种后整理方法。

（六）成卷

非织造布的成卷与一般传统织物的成卷不同，在成卷的同时要切边，而且卷装幅度宽、容量大。在实际生产中，要根据设备的操作情况来设计相应的成卷工艺。

二、非织造工艺的分类及用途

非织造工艺有多种分类方法，一般按照纤网的成网方法、加固方法、纤网的结构及类型等来分类。从加工工艺路线角度考虑，非织造工艺的分类如表5-1所示。

表 5-1 非织造工艺的分类

成网方法			加固方法	
干法成网	机械成网		机械加固	针刺法
				缝编法
				水刺法
	气流成网		化学黏合	浸渍法
				喷晒法
				泡沫法
				印花法
	离心动力成网		热黏合	溶剂黏合法
				热熔黏合法
				热轧黏合法
湿法成网	圆网法		水刺法、化学黏合、热黏合	
	斜网法			
聚合物挤压法成网	纺丝成网		机械加固、化学黏合、热黏合	
	熔喷成网		热黏合、自身黏合	
	静电成网		热黏合、自身黏合	
	膜裂成网		针刺法、热黏合	

非织造布的用途非常广泛，已普遍应用到国民经济的各个领域。如餐巾、台布、贴墙布、地毯、服装衬等日常用品；过滤、绝缘、土建等工程材料；还有外观酷似真皮的高级人造麂皮、航天飞机的防热外壳等高技术的新产品。

三、非织造机械

非织造布的主要生产工艺路线有 10 余种，每种方法又有多种工艺变化与组合，通过工艺变化与加工方法的组合，可生产出各种规格与结构的产品，如缝编法非织造材料就有 10 种以上的缝编工艺；每种非织造材料的生产方法又可与其他方法组合应用，如针刺与缝编、针刺与黏合等，不同的工艺对应不同的设备。根据原料、成网方式、纤网加固方式、后整理方法的特点，非织造机械主要包括喂入开松混合机械、成网机械、铺网机械、固网机械、纺粘机械、熔喷机械、湿法机械及后整理机械等。

第二节 喂入开松混合机械

喂入开松及混合机械主要对应以短纤维为原料的干法成网过程。与传统的纺纱工艺一样，非织造布生产的第一步也是喂入、开松、混合，此外，还要加油润滑以及喷洒除静电剂等。

由于非织造布生产使用的原料范围广、性能差异大，所以应根据所加工纤维原料的特性来确定开清工艺流程，对天然纤维应加强除杂作用。非织造生产所采用的喂入开松混合机械，国内大多借用棉纺和毛纺的传统设备，国外则有一些专门用于非织造布生产的短流程设备。

一、喂入机械

喂入机械又称自动抓取机，是喂入、开松、混合联合机的第一台单机，它将按预定配比的纤维依次抓取，喂入机器使之混合。目前，产量较大的生产线采用自动抓取机，它主要分为两类：一类为往复直行式抓取小车，如 FA006 型自动抓棉机；另一类为环行式抓取小车，如 FA002 型自动抓棉机（图 2-4）。

产量较小的生产线也可采用人工抓取喂入，图 5-1 所示为一种间歇式喂入机械，可由人工从棉包中抓取纤维，将纤维铺放于喂棉帘上，当重量达到设定值时，称重纤维落到混棉帘子 10 上。

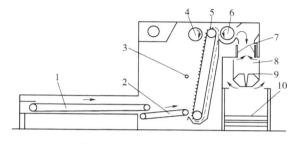

图 5-1　间歇式喂棉称重机

1—喂棉帘　2—输棉帘　3—光电控制器　4—均棉罗拉　5—角钉帘
6—剥棉打手　7—活门　8—秤斗　9—秤斗活门　10—混棉帘子

二、开松与混合机械

由于非织造布的原料主要是各种合成纤维，因此开松、除杂的要求不像传统纺织那么高，一般只用一台简单的开松机即可，如图 5-2 所示。纤维由喂入罗拉夹持慢速喂入，带有几排螺旋状金属角钉的开松辊高速回转将纤维块开松。

开松机的种类和形式有很多，有毛纺厂用的毛型开松机（如 B261 型、BC261 型等）和棉纺厂用的棉型开松机（如 FA106 型及 FA106A 型豪猪式开棉机）等，还有多辊开松机（如五辊开棉机等）。开松工序的主要工艺参数是开松遍数、开松辊的转速和开松辊上的角钉形状等。角钉的形状有刀片状和梳针状等形式。角钉的形状不同，其开松效果和对纤维的损伤程度也不同。

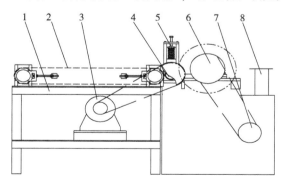

图 5-2　开松机构图

1—机架　2—传送带　3—主电动机　4—喂入罗拉
5—加压机构　6—开松辊　7—电动机　8—纤维出口

混合的目的主要有两方面，一是不同成分或不同数量的混合，二是不同色泽的混合。混合的要求是混合均匀，原料松散，品质均匀一致，为下道的梳理工序打好基础。产品要求越高，对梳理前混合的要求越高，有时需经过多遍混合。有些产品对混合工序的要求较高，一般在生产中需加入部分热熔黏合纤维，只有充分混合，才能实现均匀黏合加固，否则成品的强度及蓬松度便达不到要求。

图5-3是一种混棉帘子开棉机，由自动称量机将纤维按不同混合比例依次连续地铺在混棉帘子上，并输送至给棉罗拉，经打手开松混合后，由前方机台的风机吸走。该机产量600kg/h，机幅920mm，混棉帘子宽度900mm，打手直径405mm，给棉罗拉直径80mm，总功率3kw，总重量约3700kg。也有一些将多仓混棉机与单打手开松机相结合的混合开松设备，图5-4为兼有混合开松作用的瑞士Unimix多仓混棉机。

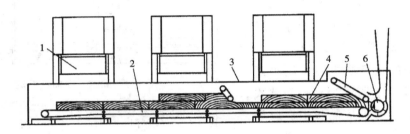

图5-3 混棉帘子开棉机

1—喂棉称重机 2—混棉帘子 3—混棉帘子开棉机 4—混棉层 5—压棉帘子 6—开松打手

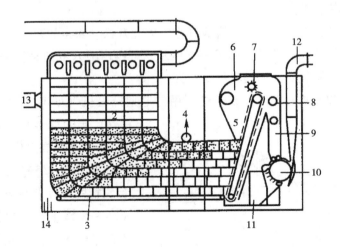

图5-4 Unimix多仓混棉机

1—输棉管 2—立式储棉槽 3—输棉帘 4—输棉罗拉 5—斜帘 6—混棉室 7—均棉罗拉 8—剥棉罗拉
9—储棉箱 10—开棉锡林 11—落棉箱 12—出棉口 13—接排风管的排气口 14—接集尘气的排气口

第三节　成网机械

干法非织造布的加工工艺过程是：纤维原料准备→开松混合→纤维成网→铺网→纤网加固→后整理。其中，纤维成网的主要方法是机械成网和气流成网。机械成网又称为梳理成网，其主要任务是对纤维进行梳理。由于纤维原料经过准备工序后，大多数纤维呈束状或块状，为了使其成为单纤维状态，进一步改善纤维混合的均匀性，因此需要进行充分的梳理，使纤维网成为由单纤维构成的纤维薄网，以供铺叠成网或者直接形成薄的纤维网并进行加固。梳理后的纤维还可以通过气流的作用制成离心动力杂乱成网或者气流杂乱成网，然后再进行加固。

一、梳理成网机械

纤维的梳理设备通常采用罗拉式梳理机和盖板式梳理机。其中罗拉式梳理机在干法非织造布的纤维梳理中使用较广泛，盖板式梳理机大多用于纺纱中的纤维梳理。另外，国内外为了满足非织造布产量、质量、自动化程度高的要求，从 20 世纪 80 年代至今已研制出许多型号的非织造布专用梳理机，如双道夫、双锡林或带有杂乱辊的专用罗拉式梳理机。

（一）普通罗拉式梳理机

图 5-5 所示为普通罗拉式梳理机。纤维原料由自动喂料机按时按量输送到喂给帘上，喂给帘将纤维输送到预梳部分，预梳部分由喂入罗拉、刺辊（开松辊）、开松锡林、工作辊及剥取辊等组成。这些回转辊体的表面均包缠有锯齿形金属针布，对纤维起到预开松的作用。经预梳理部件初步开松后的纤维进入主梳理部分，即大锡林、工作辊和剥取辊所组成的梳理工作区，又称为梳理单元，如图 5-6 所示。由于大锡林与工作辊针齿之间是分梳作用，剥取辊与工作辊之间、锡林与剥取辊针齿之间是剥取作用，再加上三者之间具有相对速度（锡林

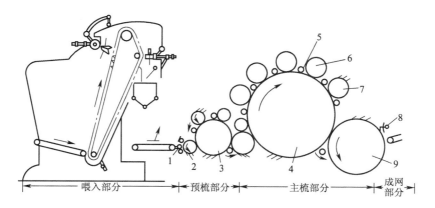

图 5-5　普通罗拉式梳理机

1—喂入罗拉　2—开松辊　3—开松锡林　4—大锡林　5—剥取辊　6—工作辊　7—风轮　8—斩刀　9—道夫

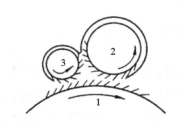

图 5-6　普通罗拉式梳理机的梳理单元

1—喂入罗拉　2—开松辊　3—开松锡林

表面速度大于剥取辊表面速度，剥取辊表面速度又大于工作辊的表面速度），回转方向分别是：大锡林顺时针方向、工作辊顺时针方向、剥取辊逆时针方向，在这个梳理单元中，纤维的转移过程是由 1—2—3—1 进行循环。

在大锡林上方分布着 4~6 组这样的梳理单元，对纤维不断反复分梳、转移和均匀混合，从而将纤维束分梳成单纤维状态。风轮 7 的针向与锡林针齿呈平行配置，风轮表面速度一般比锡林高 20%~40%，能将锡林针隙的纤维提升到锡林表面针尖处，锡林表面纤维中的一部分将凝聚到道夫上，并经斩刀（新型梳理机采用剥棉罗拉）剥下形成纤维网，通过输送网帘输出形成纤维薄网。罗拉式梳理机主要适合梳理 65mm 以上的长纤维，对纤维的损伤较轻，没有纤维损失，适合非织造布纤维的梳理。

（二）新型罗拉式梳理机

1. 双道夫罗拉式梳理机　双道夫罗拉式梳理机如图 5-7 所示，为了使锡林上的纤维及时被剥取转移，避免剥取不清，导致残留纤维在以后梳理过程中因纤维间搓揉形成棉结，影响纤网质量，在锡林后配置两只道夫，可转移出两层纤维网，达到增加输出（即增产）的目的。

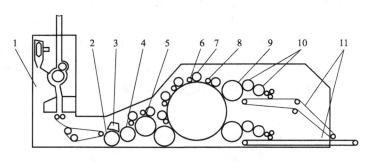

图 5-7　双道夫罗拉式梳理机

1—气压棉箱　2—给棉罗拉　3—给棉板　4—刺辊　5—胸锡林
6—主锡林　7—工作辊　8—剥取辊　9—道夫　10—杂乱辊　11—出网帘

2. 双锡林双道夫罗拉式梳理机　单锡林双道夫是通过提高锡林转速，增加单位时间内纤维输出量，在保证纤维梳理质量的前提下提高产量。而双锡林双道夫配置（图 5-8）是在原单锡林单道夫基础上增加一个锡林和一个道夫，使梳理工作区面积扩大了一倍，即在锡林表面单位面积纤维负荷量不变的情况下，以增加梳理面积来提高产量（梳理面积增加可以减少梳理时间），与单锡林相比其梳理质量更容易控制。该机具有结构紧凑、占地面积小、产量高、成网均匀等特点，适合加工以化纤为原料的非织造布产品。

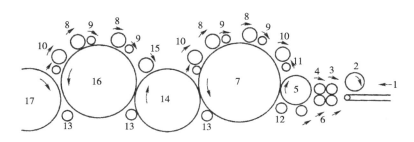

图 5-8　双锡林双道夫罗拉式梳理机

1—喂给帘　2—给棉罗拉　3—沟槽罗拉　4—锯齿罗拉　5—刺辊　6—清洁辊　7—胸锡林　8—工作辊　9—剥取辊
10—提升罗拉　11—剥取辊　12—下刺辊　13—光面罗拉　14—中间转移道夫　15—三角剥取辊　16—锡林　17—道夫

3. 带有杂乱辊的罗拉式梳理机　杂乱辊的工作原理如图 5-9 所示。如图 5-9（a）所示，此种带有杂乱辊的罗拉式梳理机靠改变杂乱辊的速比而使纤维杂乱排列，即道夫 3 的速度（100m/min）比杂乱辊 2 的速度快 2~3 倍，杂乱辊 2 的速度又比杂乱辊 2′的速度快 1.5 倍。由于一个杂乱辊比另一个杂乱辊慢，纤维就产生凝聚，过量纤维的凝聚使纤维方向性改变，实现杂乱排列。

如图 5-9（b）所示，此种带有杂乱辊的罗拉式梳理机在锡林 1 与道夫 3 间加一个杂乱辊 2，使锡林上的纤维杂乱，然后再转移给道夫输出。由于锡林、道夫和挡风轮 5 形成气流三角区，且锡林和挡风轮的转速和方向不一致，使纤维杂乱凝聚，从而实现杂乱成网。

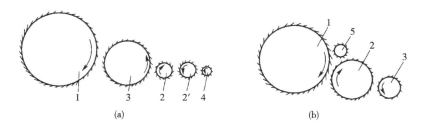

图 5-9　杂乱辊的工作原理

1—锡林　2，2′—杂乱辊　3—道夫　4—剥离辊　5—挡风轮

（三）杂乱牵伸式成网机

杂乱牵伸式成网机如图 5-10 所示。它是利用多对罗拉的小倍牵伸，使纤网中横向排列的部分纤维朝纵向移动，从而改变纤维在纤网中的排列，使纤网纵、横向强力比变小。

经杂乱作用后，纤网中的纤维呈三维空间分布，横向强力增大，由于纤维与纤维接触点增多，纵向强力也相应提高。

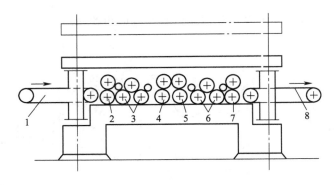

图 5-10 杂乱牵伸式成网机

1—喂入帘 2，3，6，7—光罗拉 4，5—锯齿罗拉 8—成网帘

二、气流成网机械

气流杂乱成网通常简称为气流成网，它是利用气流将道夫（或锡林）上的单纤维吹（或吸）到成网帘（或尘笼）上形成纤网，纤网中的纤维呈二、三维杂乱排列，纤网的纵横向强力差异小（1.2~1.8）:1，其不足在于成网的均匀性较差，因此，通常加工纤网的定量较大，一般在 20~1000g/m²。

（一）气流成网的原理

如图 5-11 所示，梳理机将开松、除杂和混合后的纤维原料充分梳理成单纤维后，在锡林离心力和外加气流的共同作用下，纤维从锡林锯齿针布上脱落下来，吹散的单纤维随气流通过输棉风道，在成网帘上形成杂乱的纤网，这种成网方式称为气流成网。

不同型号的气流成网机在结构和成网方式上往往有很大的差别，但其基本原理相似。根据纤维从锡林上脱落的方式可以把气流成网分为五种：自由飘落式成网、抽吸式成网、压入式成网、封闭循环式成网和压吸结合式成网。

图 5-12 所示为自由飘落式成网，纤维在锡林离心力作用下从锡林上分离下来，靠纤维本身的重量自由飘落在成网帘上形成纤维网。该方式适合短粗纤维以及矿物、金属纤维的成网，其工作原

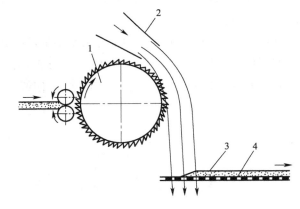

图 5-11 气流成网原理图

1—锡林 2—压入气流风道 3—凝聚后的纤网 4—成网帘

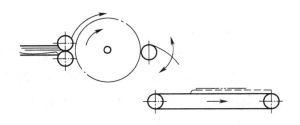

图 5-12 自由飘落式成网的原理

理简单，但成网不匀。

（二）美国兰多气流成网机

美国兰多气流成网机如图 5-13 所示，该机由喂棉箱和气流成网机组成。

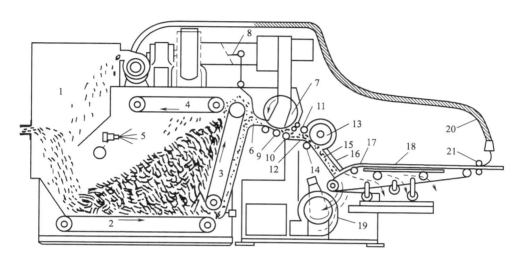

图 5-13　美国兰多气流成网机

1—喂棉箱　2—水平帘　3—斜角钉帘　4—均棉帘　5—喂棉箱棉量控制装置　6—空气桥　7—尘笼
8—风量调节装置　9—传送辊　10，11—喂给辊　12—给棉板　13—刺辊　14—速度调节器
15—文丘里管　16—防尘板　17—吸风口　18—成网帘　19—风机　20—边料吸管　21—剪切装置

喂棉箱的作用是向气流成网机定量供给开松混合好的纤维簇。空气桥起自身调节作用，若尘笼表面上吸聚的纤维量太多，气流的阻力就增大，则空气桥附近气流的吸引速度就下降，气流吸力减弱，因而由喂棉箱吸入的纤维量就减少，使尘笼表面凝聚的纤维层减薄；过一定时间等尘笼表面凝聚的纤维层变薄时，气流的阻力就减小，空气桥附近气流的吸引速度上升，气流吸力增强，由喂棉箱吸入的纤维量再增多，使尘笼表面凝聚的纤维层增厚。尘笼形成的纤维层被剥取罗拉剥下，进入给棉板，由喂给罗拉喂入刺辊，高速旋转的刺辊将纤维层分梳成单纤维状态。

兰多气流成网机属于封闭循环式成网，被分梳成单纤维状态的纤维由刺辊下部吹入的气流剥离，经输棉风道输送，最后被成网帘的气流吸引而吸附在成网帘上，形成二、三维杂乱排列的纤维网。

三、离心动力成网机械

气流杂乱成网机有许多优点，但由于高速气流作用，也带来一些不足，最主要的是产生噪声问题。针对这一问题，联邦德国的赫格斯（Hergeth）公司生产了一种离心动力杂乱成网机，如图 5-14 所示。它的工作原理，是利用锡林的高速回转，将最后一只锡林上的单根纤维高速地抛向道夫，在传输过程中造成纤维的杂乱排列，因而道夫输出的纤维网也是三维的。它可以加工 10~60mm 的各种短纤维，产量为 60~100kg/(m·h)，它可高至 200kg/(m·h)。

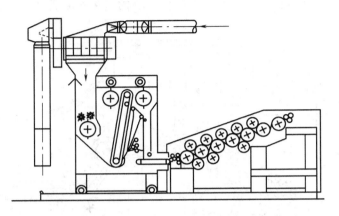

图 5-14　VF-WZW-K5-d1 型离心动力杂乱成网机

　　梳理成网机、气流杂乱成网机和离心动力成网机三种设备各有优缺点，至今仍并存于非织造布工业生产中。在实际生产中如何选择，应从技术与经济等多方面加以考虑。

第四节　铺网机械

　　在干法非织造布加工中，成网是指短纤维成网。由罗拉式梳理机、盖板式梳理机或气流成网机等输出的纤维薄网，通过机械的方式铺叠成具有一定厚度和宽度的纤维网叫机械铺叠成网。在非织造布生产中，将铺叠的纤维网经过一定方式的加固就制成了非织造布产品，所以铺网的质量对最终产品的质量，如强度、均匀度、定量等有直接的影响，纤维在纤维网中的分布是否均匀及排列的形式尤其重要。

　　传统梳理机大多采用往复式斩刀剥棉，而现代梳理机基本上采用回转式剥棉罗拉剥棉，这两种方式均存在纤网均匀度较差，纤网纵横向强度差异较大，纤网的定量和幅宽不能满足产品的要求等问题。因此，在实际生产中，往往不能直接对其进行加固，而要通过铺叠或专门的成网方式来完成。

　　为了改善纤维网的均匀度，必须采用铺叠的方式，即把几层纤维网经过铺叠以达到非织造布产品的均匀度、宽度、重量以及强度要求。

一、平行式铺叠成网

（一）串联式铺叠成网

　　如图 5-15 所示，由于从梳理机输出的纤维网很薄很轻，不能满足非织造布产品的克重、厚度要求，因此，将若干台梳理机前后串联排列，使输出的纤网铺叠成一定厚度，达到纤网的克重要求。

（二）并联式铺叠成网

如图 5-16 所示，将梳理机并列排列，将各梳理机输出的纤网在成网帘上旋转 90°，铺叠成一定厚度的纤维网。

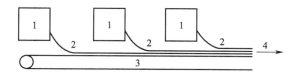
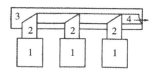

图 5-15　串联式铺叠成网
1—梳理机　2—纤维网　3—成网帘　4—铺叠后的纤维网

图 5-16　串（并）联式铺叠成网
1—梳理机　2—纤维网　3—成网帘　4—铺叠后纤维网

这两种平行铺网的优点是纤网外观均匀度高，缺点是纤维呈单向（即纵向）排列，纤网的纵横向强力差异大，为（10~12）∶1，同时非织造布产品的幅宽受梳理机宽度的限制，因此在实际生产中应用较少。

二、交叉式铺叠成网

交叉式铺网是目前在生产中使用非常广泛的铺网方法。将梳理机输出的纤网与成网帘输出的纤网呈直角配置，但是铺叠后纤网中的纤维排列却由纵向改变为倾斜交叉排列，使纤网纵横向强力相近，而且厚度、幅宽也能满足产品用途要求。

交叉铺网机有立式、四帘式及高速双帘夹持式等形式。

（一）立式交叉铺叠成网

立式交叉铺网机如图 5-17 所示，梳理机输出的单层薄纤网由斜帘输送到上面的水平帘上，然后进入一对往复摆动的立式夹持帘中，使其在成网帘上进行横向往复运动，铺叠成具有一定厚度、宽度的纤网。该方法结构简单，但是成网宽度由往复摆动夹持帘的动程所决定，限制了成品的宽度，同时速度也受限制，摆动过快，纤网受气流影响较大，因此实际使用也较少。

（二）四帘式交叉铺叠成网

四帘式交叉铺网机如图 5-18 所示，该铺网方式目前使用较普遍，它由四个

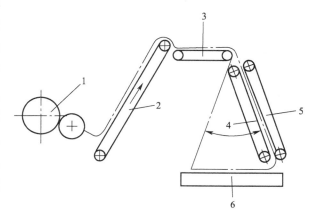

图 5-17　立式交叉铺网机示意图
1—梳理机道夫　2—斜帘　3—水平帘
4，5—立式夹持摆动帘　6—成网帘

帘子组成，均水平布置、水平运动。工作过程为：梳理机输出的纤维薄网由输网帘 2 送到储量调节帘 3 和铺网帘 4 之间，储量调节帘和铺网帘不但回转，而且往复运动，于是纤维薄网就被铺到成网帘上了，成网帘的输出方向与铺网帘垂直，所铺成纤网中的纤维呈倾斜交叉排列。

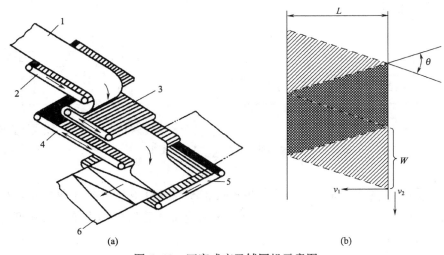

(a)   (b)

图 5-18　四帘式交叉铺网机示意图

1—梳理机输出的薄纤网　2—输网帘　3—储量调节帘　4—铺网帘　5—成网帘　6—铺叠后的纤网

　　这种成网方式所制成的纤网，其定量大小、铺网后的纤网宽度可由梳理机输出薄网的定量、速度、宽度和成网帘的输出速度来调节。

　　成网帘上铺叠纤网的层数 M 可由下列公式近似求出：

$$M \approx \frac{W \times v_2}{L \times v_3}$$

式中：W——道夫输出的薄网宽度，m；

　　　　v_2——铺网帘往复运动的速度，m/min；

　　　　v_3——成网帘的输出速度，m/min；

　　　　L——铺叠后的纤网宽度，m。

　　四帘式交叉铺网的铺叠层数应为 6~8 层，因为层数越多，纤网的均匀度越好。但是随着成网帘速度的提高，铺网帘的速度也要提高，薄网在往复铺网运动时受到高速运动产生的气流的影响，容易发生漂移现象而导致纤网紊乱，从而影响纤网的均匀度，因此，四帘式交叉铺网机的生产速度受到一定的限制。

（三）高速双帘夹持式铺叠成网

　　图 5-19 所示为法国阿萨林（Asselin）公司制造的双帘夹持式铺网机示意图，这是一种比较先进的铺网方法，它可以减轻机构的重量，防止高速时出现的薄网漂移。其工作过程是：梳理机输出的纤维薄网，经斜帘送到前帘 1 的上部，然后进入前帘 1 和后帘 2 的夹口中，因两帘呈倾斜状态，逐渐将薄网夹紧。纤网在逐渐夹紧的过程中，夹持在薄网里的空气被排出来，空气

由后帘的空隙排出机外。经过两帘夹持的纤网经传动罗拉9后改变方向，在下导网装置4被一对罗拉夹持，并随下导网装置的往复运动被铺叠在成网帘上，形成一定厚度和宽度的纤网。

这种铺网方法的优点是：由于纤网始终在双帘夹持下运动，因此不会受到意外张力和气流的干扰，既可以达到高速成网的要求，又可以改善纤网的均匀度。夹持带由聚酯长丝经纬交织而成，厚0.7~1mm，表面涂合成橡胶，涂层中混有少量碳粉，以减少帘子对纤维的静电吸附。导网装置附有一套反转装置，以帮助快速换向。

铺网速度可达80m/min左右，纤网不匀率控制在2%~3%。新型铺网机增加了自动控制系统，使铺网层数、铺网宽度和铺网速度实现自动控制。

图5-19所示机型由于纤维薄网在经过传动罗拉9后又要发生反转，这样会影响纤维薄网的均匀性。为此阿萨林公司做了改进，取消了传动罗拉9这个转弯点，把传动罗拉直接变为铺网点，结构更加简化合理，如图5-20所示。

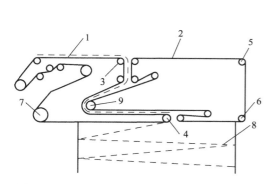

图5-19　350型双帘夹持式铺叠成网机示意图
1—前帘　2—后帘　3—上导网装置　4—下导网装置
5，6，7—张力调节系统　8—成网帘　9—传动罗拉

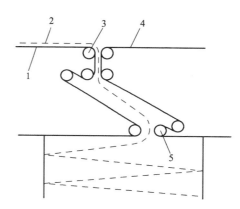

图5-20　350型双帘夹持式铺叠成网机改进后的示意图
1—前帘　2—纤维薄网　3—上导网装置
4—后帘　5—下导网装置

三、组合式铺叠成网

组合式铺叠成网是将平行式铺叠成网和交叉式铺叠成网组合起来，即在交叉式铺叠成网的上下方各铺上一层纵向纤网，将中间交叉铺叠成网的铺叠痕迹遮上，改善纤网的外观。由于交叉式铺叠成网其纤维排列偏横向，复合上纵向纤网后，可提高成网的纵向强力。

第五节　固网机械

固网就是指采用一定的方法将蓬松而无强度的疏松纤维网加工成具有一定强度、性能和符合使用要求的非织造布产品。固网的方法包括化学黏合法、针刺法、热黏合法和水刺法等。加固方法不同，非织造布产品的特性和风格也不同。

一、化学黏合法加固工艺及其相关机械

化学黏合法加固是非织造布生产中应用历史长、使用范围广的一种纤网加固方法，它是将黏合剂通过浸渍、喷洒、印花和泡沫等方法施加到纤维网中，经过加热处理使水分蒸发、黏合剂固化，从而制成非织造布的一种方法。

（一）浸渍黏合法及其相关机械

浸渍黏合法又称饱和浸渍法，图5-21所示为无网帘浸渍机示意图，这种方式由于纤网未经预加固，纤网强力很低，易发生变形。为此，对传统的浸渍机进行改进，设计了纤网专用浸渍设备，主要包括单网帘浸渍机（也叫圆网滚筒压辊式浸渍机）、双网帘浸渍机、转移式浸渍机等。图5-22所示为双网帘浸渍机示意图，它利用上、下网帘将纤网夹持住并带入浸渍槽中，浸渍后的纤网，经过一对轧辊的挤压，除去多余的黏合剂，再经烘燥而制成化学黏合法非织造布。

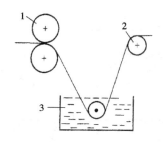

图5-21　无网帘浸渍机示意图

1—轧辊　2—导辊　3—浸没辊

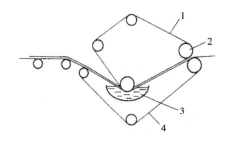

图5-22　双网帘浸渍机示意图

1—上网帘　2—轧辊　3—浸渍槽　4—下网帘

轧辊表面涂上橡胶，以增加夹持力并能顺利地除去多余的黏合剂。夹持点的压力一般为 $6.8 \times 10^4 \sim 9 \times 10^4 Pa$。纤网经过浸渍槽的长度为 $40 \sim 50cm$，浸渍速度为 $5 \sim 6m/min$，浸渍时间约为5s，设备幅宽一般为 $50 \sim 244cm$。

浸渍网帘是该类设备的主要部件，网帘按材料分有不锈钢丝网、黄铜丝网、尼龙网和聚酯网等。为保证正常生产，要对网帘随时清洗，定期更换。图5-23是美国兰多邦德（Rando Bonder）公司制造的黏合剂转移式浸渍机示意图，它采用上、下金属网帘6和7夹持纤网。黏合剂由浆槽1流到转移辊2上，透过上金属网帘的孔眼浸透到纤网中，溢出的黏合剂由下面托槽流入储液槽3。浸透

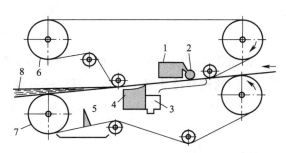

图5-23　黏合剂转移式浸渍机示意图

1—黏合剂浆槽　2—黏合剂转移辊　3—储液槽

4—真空吸液装置　5—网帘清洗装置

6，7—上、下金属网帘导辊　8—纤网

黏合剂的纤网经过真空吸液装置时，抽吸掉余液。上、下金属网帘都装有喷水洗涤装置。该机的特点是纤网呈水平运动，且由金属网帘上、下夹持，故纤网不易变形，车速可达 10m/min 以上，适用于对宽幅纤网的浸渍加工。这类饱和浸渍、真空吸液的黏合生产线，一般生产速度为 $8 \sim 10\text{m/min}$，纤网最低定量约为 50g/m^2。

（二）喷洒黏合法及其相关机械

喷洒黏合法主要用于制造高蓬松、多孔性非织造布，如过滤材料、蓬松垫等。黏合剂的喷洒由喷头来完成。喷头的安装和运动方式对黏合剂的均匀分布有很大影响。如图 5-24 所示，黏合剂的喷洒方式可归纳为多头往复式喷洒、旋转式喷洒、椭圆轨迹喷洒和固定式喷洒四种方式。往复式喷洒装置应用最广泛，它是把喷枪安装在走车上，走车往复横动，喷洒宽度可自由调整。走车上的喷头一般为 $2 \sim 4$ 个。

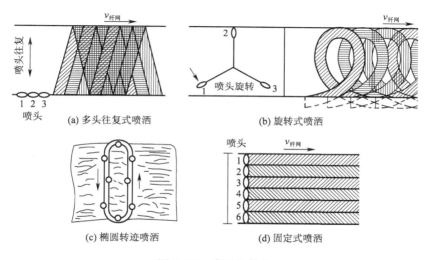

图 5-24　喷洒的方式

双面式喷洒机如图 5-25 所示，它采用横向往复式喷洒。先向正面喷洒，然后烘干、反转，再向反面喷洒，最后烘干、焙烘、切边、卷绕，即得到喷洒黏合法非织造布。为了使黏合剂渗入纤网内部，在喷头的下方采用抽吸装置。

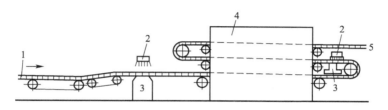

图 5-25　双面式喷洒机

1—纤网　2—喷头　3—吸风装置　4—烘房　5—成品

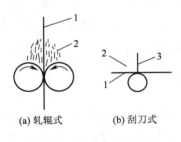

图 5-26　泡沫施加的方式

1—织物　2—泡沫　3—刮刀

(a) 轧辊式　　　(b) 刮刀式

（三）泡沫浸渍法及其相关机械

泡沫浸渍法就是利用轧压或刮涂等方式，将发泡装置制备好的泡沫状黏合剂均匀地施加到纤网中去，待泡沫破裂后，释放出黏合剂，烘干后制成非织造布。泡沫浸渍法具有显著的节能、节水、节约化学试剂和提高产品质量等优点，近几年来发展很快。

施加泡沫黏合剂的方式主要有轧辊式和刮刀式两种，如图 5-26 所示。

图 5-27 所示为德国百得补（Freudenberg）公司生产的浸渍机，它是一种刮刀与轧辊式相结合的浸渍机。图 5-28 所示为德国孟福士（Monforts）公司生产的浸渍机。

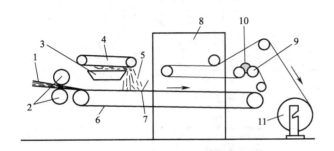

图 5-27　百得补泡沫浸渍机

1—纤网　2—压辊　3—泡沫黏合剂槽　4—发泡装置

5—泡沫黏合剂　6—网帘　7—刮刀　8—烘房

9—轧辊　10—反面施加泡沫　11—卷取装置

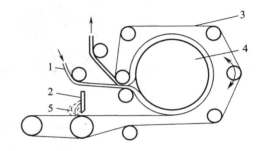

图 5-28　孟福士泡沫浸渍机

1—织物　2—刮刀　3—橡胶输送带

4—真空滚筒　5—泡沫

（四）印花黏合法及其相关机械

印花黏合法是采用花纹滚筒或圆网印花滚筒向纤网上施加黏合剂的方法，如图 5-29 所示。该法适宜加工 $20\sim60g/m^2$ 的非织造布，主要用于生产即弃型非织造布产品，成本低廉。该方法黏合剂用量虽然较少，但能有规则地分布在纤网上，即使黏合剂的覆盖面积小，也能得到一定的强度。黏合剂的分布一般占纤网总面积的 10%~80%。施加到纤网上黏合剂的多少，需根据产品的用途来决定，在工艺上可由印花滚筒雕刻深度和黏合剂浓度来进行调节。也可在黏合剂中添加染料，即可黏合加固，同时又印花，制成带有花纹的非织造布。根据

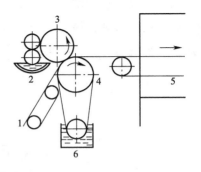

图 5-29　印花黏合法

1—纤网　2—黏合剂槽　3—印花滚筒

4—输送帘　5—烘房　6—清洗槽

印花滚筒的不同花纹，能制造出多种产品。

印花黏合法非织造布与饱和浸渍法黏合产品相比，强度低一些，应用范围受到一定的限制，但产品的手感很柔软，适宜生产纤维素纤维的卫生用和医用非织造布及揩布等。

二、针刺法加固工艺及其相关机械

（一）针刺法加固工艺

针刺法是一种典型的机械加固方法，它是利用带刺的专用刺针对纤网进行上下反复穿刺，使部分纤维相互缠结，使纤网得到加固。在干法非织造布加工中，针刺法加固占有重要比重（大约占40%）。

针刺法加固的基本工艺为：用截面为三角形（或其他形状）且棱边带有钩刺的针对蓬松的纤网进行反复针刺，如图5-30所示。当成千上万枚刺针刺入纤网1时，刺针2上的钩就带着纤网表面的一些纤维随刺针穿过纤网，同时由于摩擦力的作用，使纤网受到压缩。刺针刺入一定深度后回升，此时因钩刺是顺向，纤维脱离钩刺以近乎垂直的状态留在纤网内，犹如许多的纤维束"销钉"钉入了纤网，使已经压缩的纤网不会再恢复原状，这就制成了具有一定厚度、一定强力的针刺法非织造布。

针刺过程是由专门的针刺机来完成的，如图5-31所示。纤网2由压网罗拉1和送网帘3握持进入针刺区。针刺区由剥网板4、托网板5和针板8等组成。刺针7镶嵌在针板上，针板随主轴10和偏心轮9的回转做上下运动（如同曲柄滑块机构），穿刺纤网。托网板起托持纤网的作用，剥网板起剥离纤网的作用。托网板和剥网板上均有与刺针位置相对应的孔眼，以便刺针通过。受到针刺后的纤网由牵拉辊6搜出。

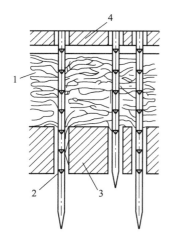

图5-30 针刺法原理

1—纤网 2—刺针

3—托网板 4—剥网板

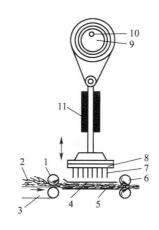

图5-31 针刺机的原理

1—压网罗拉 2—纤网 3—送网帘 4—剥网板

5—托网板 6—牵拉辊 7—刺针 8—针板

9—偏心轮 10—主轴 11—导向装置

用针刺法生产的非织造布具有通透性好、机械性能优良等特点，广泛地用于生产土工布、地毯、造纸毛毯等产品。

（二）针刺机的主要机构

针刺机通常由机架、送网（输入）机构、牵拉（输出）机构、针刺机构、传动机构以及附属机构（如动平衡机构、调节装置、花纹机构）等组成。针刺机的种类较多，按所加工纤网的状态，可分为预针刺机和主针刺机；按针刺机结构可分为单针梁式和双针梁式针刺机；按传动形式可分为上传动式和下传动式针刺机。

1. 送网机构　送网机构主要分为压网辊式送网机构和压网帘式送网机构两类。图5-32所示为压网辊式送网机构，纤网1由输送帘2输送，经压网辊3压缩后喂入剥网板6和托网板7之间，经过针板4上刺针的针刺，由牵拉辊8拉出。这是预针刺机上常用的一种送网方式。

由于剥网板和托网板的隔距有一定限度，喂入的纤网虽经压网辊压缩，但由于纤网本身的弹性，在离开压网辊后，仍会恢复至相当蓬松状态而导致拥塞（图中 A 处），此时纤网受到剥网板和托网板进口处的阻滞，纤维上下表面产生速度差异，有时在纤网上

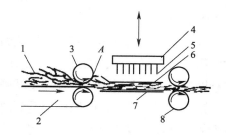

图5-32　压网辊式送网机构简图

1—纤网　2—送网帘　3—压网辊　4—针板
5—刺针　6—剥网板　7—托网板　8—牵拉辊

产生折痕，影响了预刺纤网的质量。为了克服这一缺点，可将剥网板安装成倾斜式，做成进口大、出口小的喇叭口状，或者将剥网板设计成上下活动式。

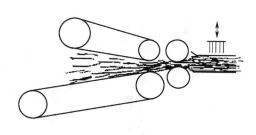

图5-33　压网帘式送网机构简图

为了克服压网辊式这种不良现象，将压网辊改为压网帘，这样压网帘与送网帘相配合，形成进口大、出口小的喇叭口状，使纤网受到逐步压缩，如图5-33所示。纤网离开压网帘后，还受到一对喂入压辊的压缩，较好地解决了纤维的拥塞现象。

2. 针刺机构　针刺机构是针刺机的主要机构，它决定和影响了针刺机的性能及产品质量。针刺频率是针刺机性能主要指标，一般800~1200次/min，最高3000次/min左右，针刺频率越高，意味着技术水平也越高。针刺机构主要由主轴、偏心轮、针梁、针板、刺针、剥网板和托网板等组成，如图5-31所示。主轴通过偏心轮带动针梁做上下往复运动，纤网从剥网板和拖网板中间经过，受到刺针的反复穿刺，从而使纤维网得到加固。

刺针为针刺机的关键机件，如图5-34所示，它由针叶、针腰、针柄和针尖四部分组成。

3. 牵拉机构　牵拉机构也称输出机构，通常由一对牵拉辊组成。牵拉辊是积极式传动，

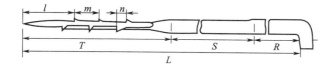

图 5-34　刺针外形

l—针尖长度　*m*—针刺隔距　*n*—相邻针刺隔距　*T*—针叶长度　*S*—针腰长度　*R*—针柄长度　*L*—全针长度

其表面包有糙面橡胶皮或金刚砂皮，其表面速度必须与喂入辊表面速度相配合。牵拉速度太快，会增大附加牵伸，影响产品质量，严重时甚至引起断针。牵拉辊、喂入辊、送网帘的传动方式有间歇式和连续式两种。一般认为，当针刺机的主轴速度超过 800r/min 时，可采用连续式传动。连续式传动与间歇式传动相比，不仅机构简单，而且使机台运转平稳，可减少振动，有利于提高车速。

三、热黏合法加固工艺及其相关机械

热黏合加固是干法非织造布生产中继化学黏合法、机械加固法之后的第三种加固方法。随着化学纤维在非织造布生产中的广泛应用（目前占到95%以上），加上合成高分子材料大都具有热塑性，因此，热黏合生产技术在非织造布生产中得到迅猛发展，已经成为纤网加固的主要方法。该方法改善了环境，提高了生产效率，节约了能源，适用范围广。特别是采用低熔点聚合物取代化学黏合剂，使非织造布产品达到了环保、卫生要求，基本取代了化学黏合工艺方法。

热黏合加固的基本工艺是：在纤维网中加入低熔点的热熔纤维、热熔性粉末或熔融裂膜网等热塑性材料，通过加热、加压后熔融流动的特性，将纤网主体纤维交叉点相互粘连在一起，再经过冷却使熔融聚合物得以固化，生产出热黏合非织造布产品。

根据对纤网的加热方式的不同，热黏合加固可分为热轧黏合加固、热熔黏合加固、超声波黏合加固等。

（一）热轧黏合法及其相关机械

热轧黏合就是当含有低熔点热熔纤维的纤网喂入由一对热轧辊系统组成的黏合作用区域时，在热轧辊的温度和压力的共同作用下，使纤网中低熔点热熔纤维软化熔融产生黏合作用，当纤网走出黏合区域后再经冷却加固制成非织造布。

热轧黏合根据其轧辊的不同组合，可分为点黏合、面黏合和表面黏合三种方式。图 5-35 所示为点黏合热轧，它采用由钢质刻花辊与钢质光辊组合的一对轧辊，在热轧黏合时，只有在刻花辊花纹凸轧点处纤维才产生熔融黏合，从而达到固结纤维网的目的。

图 5-36 所示为面黏合热轧，它通常是一对钢质光辊与棉辊（金属钢辊表面包覆棉层）和另一对棉辊和钢质光辊联合使用，

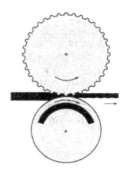

图 5-35　点黏合热轧

当纤网通过热轧光辊时，由于受到热轧光辊的轧压，纤网整体表面均匀地受到热和压力的作用，使低熔点纤维发生熔融、流动、黏结。

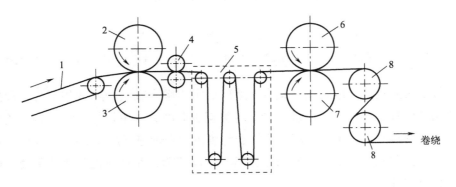

图 5-36　面黏合热轧

1—纤网　2—光钢辊　3—棉辊　4—牵拉辊　5—补偿装置　6—棉辊　7—光钢辊　8—水冷却辊

　　表面黏合热轧通常采用光钢辊—棉辊—光钢辊三辊组合方式，两根钢辊均需加热，棉辊不加热。这种方式适合加工厚型产品，因为产品厚，轧辊热量不能进入纤网的内部，只在表面加热纤网，使纤网表面熔融黏合，称为表面黏合。

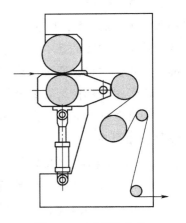

图 5-37　两辊热轧机

　　热轧黏合设备通常采用热轧机，它由热轧辊、加压油缸、冷却辊、机架以及传动系统组成。按照轧辊的数量分为二轧辊热轧机、三轧辊热轧机、四轧辊热轧机等。热轧辊根据产品需要可选用表面刻有花纹的刻花辊、不刻花的光钢辊或棉辊（金属辊表面包覆棉层）等。图 5-37 所示为意大利 Ramisch 公司生产的两辊热轧机，其表面最高温度可达到 250℃，轧辊钳口压力调节范围为 15~150N/mm。当热轧非织造布需要不同的轧点花纹时，两辊热轧机必须停产一定时间更换刻花辊。

　　根据刻花辊上凸点的形状和排列方式，可在布的表面形成一定的花纹。当生产不同定量或不同性能要求的热轧非织造布时，应选择不同轧辊花纹和不同轧点高度的轧辊才能保证产品的质量。刻花辊表面常用的轧点形状有菱形、方形、一字形、十字形等，如图 5-38 所示。

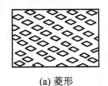　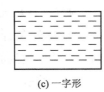　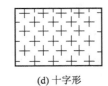

(a) 菱形　　　　　(b) 方形　　　　　(c) 一字形　　　　　(d) 十字形

图 5-38　常用的轧点形状

（二）热熔黏合法及其相关机械

热熔黏合（又称热风黏合）非织造布，是指利用热风加热方式，对混有热熔介质的纤网进行加热处理，使纤网中的热熔纤维或热熔粉末受热熔融，融体发生流动并凝结在纤维交叉点上，冷却后纤网得到黏合加固而制成的非织造布。

热风黏合采用单层或多层平网烘箱或圆网滚筒对纤维网进行加热，在较长的烘箱内纤网有足够的时间受热熔融并产生黏合加固。热熔黏合生产中大多要在纤网中混入一定比例的低熔点黏结纤维或采用双组分纤维，或是撒粉装置在纤网进入烘房前施加一定量的黏合粉末，粉末熔点较纤维熔点低，受热后很快熔融，使纤维之间产生黏合。

热熔黏合的烘房设备主要采用圆网滚筒式烘房、平网热风穿透式烘房及红外线辐射式烘房等设备。图5-39所示是一种圆网滚筒烘燥机。当采用单个滚筒时，纤网对滚筒的包围角可达300°。轴流风机以滚筒侧面抽风，形成循环气流。气流经过热交换器时进行加热。这种设备的优点是占地面积小，加热速度快，纤网贴附在滚筒上，不易产生变形等。

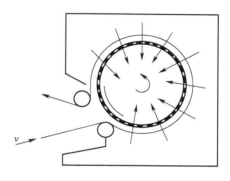

图5-39　圆网滚筒烘燥机

图5-40所示为单层平网穿透式烘燥设备示意图。这种设备可根据需要将整个工作长度分为几个不同的温度区域，以满足工艺上的要求，比较适合厚型纤网的热风黏合加工，但设备占地面积大。也有采用双层或多层平网穿透式烘房的。多层烘房的特点是节省占地面积，在保持一定的生产速度时，能增加纤网受热时间，从而保证黏结材料充分熔融，形成良好的黏合。

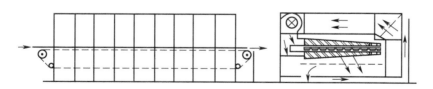

图5-40　单层平网穿透式烘燥设备示意图

（三）超声波黏合法及其相关机械

超声波黏合法加固是一种新型的热黏合加固，它利用高频转换器，将低频电流转换成高频电流，然后再通过压电效应，通过电能—机械能转换器转换成高频机械能。高频机械能通过超声波发生器将高达18kHz以上的振动能传送给纤维网，在压力和振动频率的共同作用下使纤维网内部分子运动加剧，释放出热能，使纤维软化、熔融，从而实现对纤网的黏合。

超声波黏合法不像其他热黏合法那样用外部热量进行加热熔融黏合，而是采用由内向外加热熔融的方式，即使与大头针针头尺寸差不多的区域也能有效地黏合，因此生产的非织造布产品蓬松、柔软。超声波黏合在加工一定纤维网定量的范围内速度比较高，如加工100g/m²产品时速度可达到150m/min。超声波黏合法的能量稳定，耗能少，具有较大发展潜力。超声波黏合机如图5-41所示。

四、水刺法加固工艺及其相关机械

（一）水刺法加固工艺

水刺法又称作水力喷射法、水力缠结法、射流喷网法、射流缠结法等。水刺法是依靠水力喷射器（又称水刺头）喷射出的极细的高压水流所形成的"水针"来喷刺纤网，使纤维网中的纤维相互缠结而固结在一起，达到加固纤网的目的，是非织造布固结工艺中一种独特的、正在蓬勃发展的新型加工技术，具有广阔的发展前景。水刺法加固的工艺流程如下：

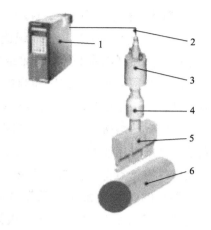

图5-41　超声波黏合机示意图
1—超声波发生器　2—高频电缆　3—能量转换器
4—变幅杆　5—振幅放大器　6—带销钉的筒

纤维准备→开松、混合→纤维成网→预湿→水刺加固→脱水→预烘燥→后整理（印花、浸胶、上色、上浆等）→烘燥定形→分切卷绕→包装

其中，纤维成网可采用干法的梳理成网、气流成网、湿法成网、聚合物挤压法的纺丝成网和熔喷成网。以干法梳理成网应用最多，其次是气流成网和湿法成网，而纺丝成网和熔喷成网应用较少。应用的纤维网克重一般为24～300g/m²，棉纤维网克重一般不低于18g/m²。

图5-42所示为水刺法加固的工作原理图。由成网机构输出的纤维网经预刺后输入水刺区，当多股、高压（20MPa左右）集束的极细水流经水刺头的水腔1、水针板垂直射向纤网（箭头下方），而纤网是由拖网拖持运动的，拖网有两层，外网是不锈钢丝网2，内网是由不锈钢板卷制焊接而成具有很大开孔率的抽吸滚筒3，滚筒内腔有真空箱5，水流穿刺过纤网后的部分水6在真空箱的负压作用下直接吸入滚筒内腔，另一部分水则在穿过纤网后冲击到不锈钢丝网上，由于不锈钢丝网具有三维结构，水流在冲向不锈钢丝网后向不同方向反弹回来，产生复杂的

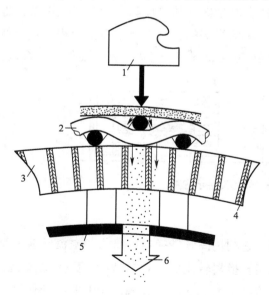

图5-42　水刺法的工作原理
1—水刺头的水腔　2—不锈钢丝拖网　3—抽吸滚筒
4—真空密封　5—真空箱　6—水流

多向反射水流，它们又再次射向纤网，因此纤网中的纤维便同时受到垂直于纤网方向及不同方向的水流冲击，纤维之间便产生了缠结作用。反射水流经一次或多次反射后，能量减小，在滚筒内真空抽吸装置负压作用下吸入滚筒内腔，然后被抽出滚筒至水过滤、循环装置。经过头道水刺冲刺缠结加固后的纤网送至第二、第三、第四、第五……水刺头，继续进行水刺加固，最终成为柔软性好、强度高的水刺非织造布。

（二）水刺机的主要机构

水刺法加固设备称为水刺机，其主要由水刺头、输送网帘、烘燥装置和水循环处理系统等部分组成。

美国 Honeycomb 公司和法国 Perfojet 公司联合研制的 Jetlace 2000 型水刺生产线如图 5-43 所示，它采用了滚筒式和平台式结合的方式，系统中有三个水刺滚筒，分别对纤网的两面进行喷刺加工，后面紧接着一个平台式水刺区，纤网的两面分别经受两种方式的水刺处理，使纤网得到充分的加固缠结作用。烘燥采用的是 Honeycomb 公司的滚筒式热风烘箱，烘燥效果好。整个生产线全部由计算机控制，自动化程度高。这种水刺生产线适合加工的纤网克重范围可达 20~400 g/m²，生产速度可达 250~300m/min，最高设备工作宽度 3.5m，水压可达到 40MPa，生产效率高，能耗低，用途广。

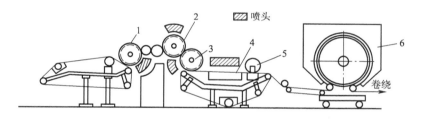

图 5-43　Jetlace 2000 型水刺生产线

1—第一滚筒水刺　2—第二滚筒水刺　3—第三滚筒水刺　4—水平式水刺区　5—吸水装置　6—滚筒式烘箱

1. 水刺头　水刺头的结构如图 5-44 所示。水刺头是产生高压集束水流的主要部件之一，它由内部带有进水孔道的集流腔体和下部的水针板组成。高压水通过喷水腔体一侧的进水管导入上水腔 2，经安全过滤网过滤后再从射流分水板 3 进入下水腔，并通过水针板 4 上的小孔射向纤网。

水针板是一块长方形的薄不锈钢片，上面开有单排、双排或三排隔距很小的微孔（一般孔直径为 0.08~0.18mm），针孔密度为单排孔 8~24 孔/cm，双排孔 16~36 孔/cm，三排孔 24~48 孔/cm。水针板厚度为 0.7~1.0mm。水针板孔的加工精度要求很高。

水刺机分为平台式、滚筒式以及平台与滚筒结合式三

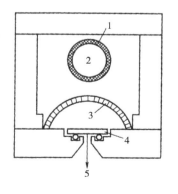

图 5-44　水刺头的结构

1—安全过滤网　2—上水腔

3—射流分水板　4—水针板　5—水针

种机型，因此，数个水刺头可沿水平方式排列（平台式），或者沿圆周方式排列（滚筒式）以及水平和圆周结合排列方式。

图5-45所示为水平排列式水刺机，水刺头位于一个平面上，输送网帘在带有脱水孔的平行板上输送纤网时作平面运动，并受到水刺头的喷刺处理。图5-46所示为圆周排列式水刺机，水刺头沿着一个拖持滚筒径向排列，滚筒表面开有蜂巢式孔，开孔率极大，滚筒内形成真空吸风系统。输送网帘套在吸风滚筒外面并随滚筒回转，纤网在负压作用下吸附在网帘上并随网帘一起运动，受到圆周式排列的水刺头喷刺固结。

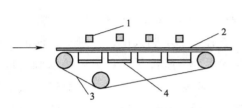
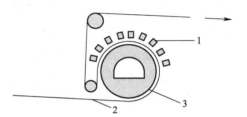

图5-45　水平排列式水刺机　　　　　　图5-46　圆周排列式水刺机

1—水刺头　2—纤维网　3—输网帘　4—真空箱　　　　1—水刺头　2—纤维网　3—圆网滚筒

2. 输送网帘　输送网帘也可称为拖网帘，采用不锈钢丝、高强聚酰胺、聚酯单丝按照工艺要求的目数、花纹、规格等编织而成，大多采用不锈钢丝编织而成，故称为金属网帘。托网帘有三个作用：一是拖持并输送纤网；二是进行花纹水刺，即通过托网帘不同的结构、目数形成水刺产品不同的花纹结构，使产品具有某种花纹图案，获得传统纺织面料的外观；三是水刺时网帘对高压水针反射，可起到纤网加固的作用。

3. 烘燥装置　经过水刺加固后的纤网，含有大量的水分。因此，当纤网进行完水刺加固后，需马上进行脱水处理，通常采用脱水装置，如真空吸水箱和抽吸滚筒，先把大部分与纤维结合不紧密的水分去除掉，然后进入烘燥装置进行烘燥。烘燥不仅可以除去纤维网中与纤维结合较紧密剩余的水分，而且可达到使产品尺寸稳定定形的目的，有利于提高产品的质量。

烘燥方式多种多样，但针对水刺法非织造布这一特定的对象来说，较为普遍的是采用平网热风穿透式烘燥（图5-47）和热风穿透滚筒式烘燥（见热黏合加固）。这种方式是采用空气对流的原理，让热空气经风机的抽吸作用把热量传递给水刺纤网，以蒸发水分，使热交换充分，提高了烘燥效率，这种烘燥装置具有烘燥效率高、占地面积小、能耗较低和烘燥比较缓和等特点，因此，产品质地柔软，且表面无极光现象。

4. 水循环处理系统　水循环处理系统主要由水循环过滤、增压、回收等装置组成。其工作过程如图5-48所示，高压水经水刺头中水针板喷射出极细微的高压水流，在完成对纤网的缠结加固后，被吸入输送网帘下的真空吸水箱，然后抽至水气分离器中，空气由真空泵抽出，回用水由供水泵 P_1 送至滚筒式连续过滤器过滤。一级过滤水和补充的新鲜水一起进入储水箱，再由供水泵 P_2 输入自清洗砂滤器，二级过滤水进入化学处理装置，使胶体杂质形成絮凝

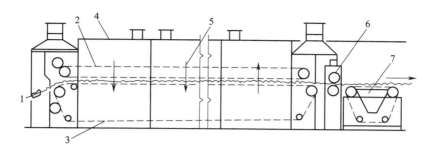

图 5-47 平网热风穿透式烘燥示意图

1—纤维 2—上帘网 3—下帘网 4—烘箱 5—热风 6—压辊 7—冷却装置

物，再经袋式过滤。最后由水泵 P_3 将水送至芯式过滤器过滤后进入高压泵 P_4 加压，高压水经水刺装置内的安全过滤网后，再从水针板针孔中喷出，完成了水的循环处理和循环使用。由于水刺非织造布所用原料的不同，对水处理系统的要求也不一样，因此，必须合理选用和配置水处理循环系统来满足水的净化质量和要求。

先进的水刺机生产线在电气控制系统方面一般采用多单元变频调速、工控机人机界面来实现自动化连续生产。工控机作为上位机，PLC 作为下位机，可显示水刺机速度、牵伸比、启动曲线，并可修改和

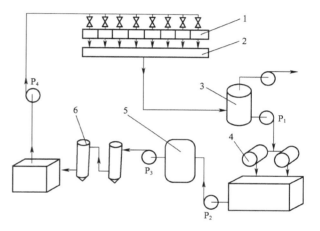

图 5-48 水循环处理处理系统工作过程

1—水刺头 2—集水器 3—水气分离器 4—滚筒式过滤器
5—袋式过滤器 6—芯式过滤器 P_1，P_2，P_3，P_4—水泵

设定工作参数。操作上可单机运行或多机联动，并可对整机的各个监控点进行监视。

第六节 纺粘机械

纺粘法非织造布工艺是利用化学纤维纺丝成型原理，在聚合物纺丝成型过程中，使连续长丝铺置成网，纤网经机械、化学或热方法固结后制成的非织造布。纺粘法非织造布以流程短、生产效率高、成本低廉、产品性能优异等特点广泛用于医疗、卫生、汽车、土工建筑及工业过滤等领域。

一、纺粘法生产工艺流程

如图 5-49 所示，纺粘法生产工艺流程如下：

切片输送→计量混合→螺杆挤压机→熔体过滤器→计量泵→纺丝→冷却吹风→气流牵伸→铺网→热轧成布（或针刺、水刺、化学黏合等）→卷取

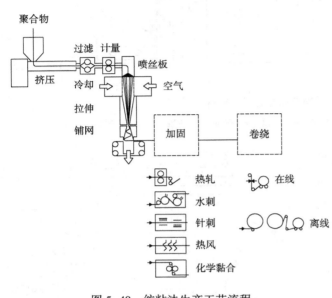

一般来说，纺粘法生产技术有纺丝、拉伸、成网、加固四大主要工艺过程，这四个工艺过程都在一条生产线上，而且纺丝、拉伸和成网是在极短时间里一次连续完成的。在这四大工艺过程中，纺丝过程是从化学纤维生产方法中移植过来的；拉伸和成网过程是纺粘工艺的核心技术，是工艺特征和技术水平的体现。拉伸装置的原理基于引射器理论，是纺粘工艺的心脏部件，对纺丝细度、能耗、内外观质量乃至生产线能力和技术水平都有决定性意义。

图 5-49　纺粘法生产工艺流程

经过多年的发展，目前已有多种较为成熟的纺粘法非织造布的生产工艺，就工作原理来分，不同工艺的差异主要表现在纺丝、冷却、牵伸和铺网方法上，而其他工艺设备基本都是一样的。

二、纺粘法生产技术特点

纺粘法非织造布生产线的运行速度已由早期的每分钟几十米到 100m，目前已达 300～500m/min，最高可达 800m/min；牵伸速度已由早期 1000～2000m/min 达到目前的 3000～5000m/min，最高可达 8000m/min；单纤维的纤度也从大于 5.55dtex（5 旦）发展到现在的小于 1.11dtex（1 旦）。同时加宽喷丝板宽度，由原来的 160mm 加宽至 220mm；孔数由原来 5000 孔/m 提高到 7000 孔/m。一条纺粘非织造布生产线年产量最高 20000t。目前世界最宽纺粘生产线已达 7m（双组分，苏拉—纽马格），我国自主研发的生产线也已达到 5.1m，达到同行业国际领先水平。

双组分纺粘非织造布也有较大的发展，约占纺粘非织造布产品的 12%～15%。美国 Hills 公司的海岛型纺粘双组分生产线，单丝直径可达 2μm，Reifenhauser、JMLaboratories、Inventa-Fisher、Ason 等公司都拥有了双组分纺丝的纺粘技术，包括皮芯型和并列型。

纺粘复合工艺形式多样，有纺粘和熔喷之间的复合，如 SMS、SMMS 等，也有纺粘和气流成网、梳理成网之间的复合。

三、纺粘法生产的主要机械

（一）干燥机

干燥装置按干燥方式可分为真空干燥和气流干燥；按与生产的衔接方式可分为间歇式和连续式。间歇式以真空转鼓干燥机为主，连续式主要为 KF 式和 BM 式。

图 5-50 为真空转鼓干燥装置，其主体是一个带夹套的可转动转鼓，切片装入转鼓后密封，电动机通过减速箱带动转鼓旋转，使切片在转鼓内不断翻转，以便其壁热均匀，干燥均匀。在转鼓夹套内加热蒸汽或其他热载体通过转鼓壁间接加热切片，转鼓内不断抽真空，使切片内所含水分汽化后不断被抽出排掉。达到干燥时间后停机，将干切片卸出。

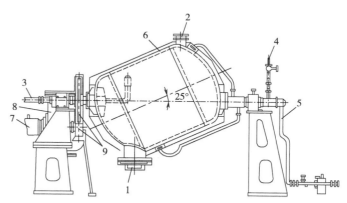

图 5-50　真空转鼓干燥装置

1—进、出料口　2—人孔　3—抽真空管　4—热载入管　5—热载体回流管
6—转鼓夹套　7—电动机　8—减速器　9—齿轮

KF 式（德国 Karl Fischer 公司）干燥机为连续式气流干燥设备，如图 5-51 所示，它由切片输送系统、充填干燥塔和热风循环系统组成。

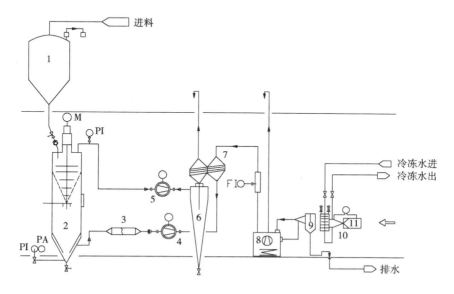

图 5-51　KF 式干燥机

1—料仓　2—干燥塔　3—干空气加热器　4—进风风机　5—吸风风机　6—旋风分离器
7—热交换器　8—脱湿器　9—水分离器　10—空气冷却器　11—空气过滤器

KF式充填干燥塔如图5-52所示，分为上下两段，上段是预结晶器，下段是充填式干燥器。切片靠自重落至干燥塔的预结晶部分，停留3~60min。预结晶器和干燥器间用开孔的不锈钢倒锥形板分隔，开孔大小应小于切片尺寸，仅让热空气上升，切片则从中央落料管下落到干燥部分。在预结晶器顶部装有立式搅拌器，防止切片急剧受热发生黏结。切片输出量的调节可通过改变预结晶器出口落料管的长度来实现，产量有150kg/h、200kg/h、300kg/h、600kg/h、1000kg/h。

热风循环系统主要由旋风分离器、鼓风机、空气过滤器、空气加热器等组成。

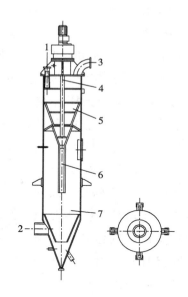

图5-52　KF式充填干燥塔

1—进料管　2—干空气进口　3—干空气出口　4—搅拌器
5—预结晶器　6—粒位管　7—充填式干燥器　8—出料口

（二）螺杆挤压机

螺杆挤压机的作用是把固体高聚物熔融后以匀质、恒定的温度和稳定的压力输出高聚物熔体。螺杆挤压机有卧式和立式两种类型，目前纺粘法和熔喷法所用的螺杆挤压机均为卧式安装机型，即螺杆挤压机的螺杆轴线处于水平位置。根据螺杆的结构和配置，常用的有普通型单螺杆挤压机和分离型单螺杆挤压机两种。按螺纹头数和螺杆根数可以分为单螺纹挤压机、双螺纹挤压机、单螺杆挤压机、双螺杆挤压机，按螺杆转速的高低可分为通用（转速小于100r/min）挤压机和高速挤压机。

螺杆挤压机主要由高聚物熔体装置、加热和冷却系统、传动系统及电控系统四部分组成，如图5-53所示。

如图5-54所示为普通单螺杆结构图，通常把常规螺杆分为加料段、压缩段和计量段三个区段。加料段螺槽深度恒定不变，将固体物料送往压缩段；压缩段也称塑化段、熔融段，螺槽容积逐渐变小，通常采用等螺距、槽深渐变的结构形式，其作用是

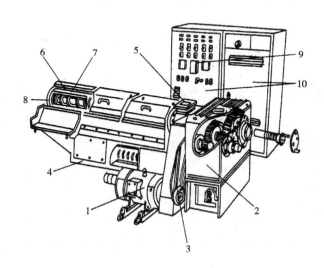

图5-53　螺杆挤压机结构简图

1—电动机　2—齿轮传动箱　3—三角皮带
4—机座　5—进料口　6—机筒　7—加热器
8—螺杆　9—压力控制器　10—控制柜

压实物料，使该段的固体物料转变为熔融物料，并且排除物料间的空气；计量段螺槽的容积基本上恒定不变，螺槽深度较浅，其作用是将熔融的物料定量、稳压挤出，并使螺杆产生一定的背压力，进一步加强熔体的剪切、混合作用，使物料进一步均化。

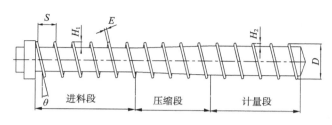

图 5-54 普通单螺杆结构图

因为单依靠螺杆在套筒内运转时产生的能量还是不能将原料融化的，为了使切片充分熔融成为熔体，并准确控制熔体的温度，挤压机都设置有加热系统及相应的温度控制装置。纺丝时的熔体温度是根据原料的品种及对产品的性能要求确定的。在熔喷法生产线中，常用的螺杆挤压机熔体温度设定值（如 PP 熔体温度）要比纺粘法生产系统的温度高 50~100℃。常用于 PP 加工的螺杆挤压机的熔体最高设计温度在 300℃。图 5-55 所示为螺杆挤压机温度，压力调节系统。

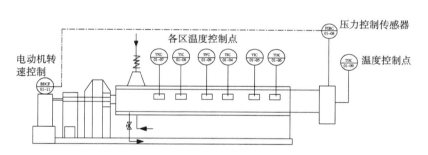

图 5-55 螺杆挤压机温度、压力调节系统

（三）熔体过滤器

熔体过滤器用于高聚物熔体的连续过滤，除去熔体中的杂质和未熔的粒子，提高熔体的纺丝性能和确保纺丝质量。熔体过滤器在高速纺丝和纺制细旦丝时，是不可缺少的设备，对延长纺丝组件寿命、提高设备利用率和提高产量方面都起着明显的作用。

在纺粘非织造布生产中，为了确保纺丝过程顺利进行，减少断丝、滴料等现象的产生，一般都安装两套过滤装置。第一道过滤（粗过滤）装在螺杆挤压机和计量泵之间，主要作用是滤掉尺寸较大的杂质，以延长第二道过滤装置的使用时间，保护计量泵和纺丝泵，增加挤出机背压，有助于物料压缩时的排气和塑化作用。第二道过滤（精过滤）装在纺丝组件中，主要作用是过滤较细微的杂质、晶点等，防止喷丝板堵塞，保证纺丝的顺利进行，并提高纤维的质量。滤网形状依喷丝板形状大小而定，一般为多层矩形滤片。

在纺粘非织造布生产中必须使用不停机换网的连续型过滤器。不停机换网过滤器可在不停机、不中断正常生产的情况下更换过滤网。与快速换网过滤器比较，增加了一个滑板或一个柱塞，熔体分流到两个流道中并被过滤。换网时，只要将一个滑板或柱塞滤网移出，并切断流道，熔体可经另一滑板或柱塞上的滤网继续过滤，从而保证了生产连续、增产、节能、无废料。

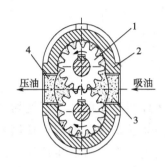

图 5-56　计量泵工作示意图

1—外啮合齿轮　2—泵体　3—吸入腔　4—压出腔

（四）计量泵

计量泵也叫纺丝泵，是对熔体进行输送、加压、计量的装置。一个纺丝箱可与一个或多个纺丝泵配套。计量泵工作如图5-56所示，泵主要由主、从动齿轮，驱动轴，泵体及侧板等主要部件构成。泵体内相互啮合的主、从动齿轮与两端盖及泵体一起构成密封工作容积，齿轮的啮合点将左、右两腔隔开，形成了吸、压腔。齿轮啮合运转时，齿轮啮合脱开使吸入腔容积增大，形成负压，聚合物熔体被吸入泵内并填满两个齿轮的齿谷，齿谷间的熔体在齿轮的带动下紧贴着"8"字形孔的内壁回转近一周后送至出口腔，由于出口腔的容积不断变化，聚合物熔体得以顺利排出。

（五）纺丝箱体

纺丝箱体的作用是对计量泵输送过来的熔体进行分配，使每个纺丝位都有相同的温度和压力降，并作为安装纺丝组件的基础。

纺丝箱体内一般装有计量泵、纺丝组件、熔体管道和加热保温几个系统。纺粘法生产的纺丝箱体形式较多，有一个箱体只装一块长喷丝板的，也有一个箱体装有多块喷丝板的。纺丝箱体大都呈长方形，其横向宽度取决于纺丝组件和熔体输送管道的配置尺寸，箱体长度由布的幅宽决定，一般为1.6m、2.4m、3.2m、4.4m、5m、6m等尺寸。

纺丝箱体的流体分配方式有熔体管道式（图5-57）和"衣架"分配流道式（图5-58）。

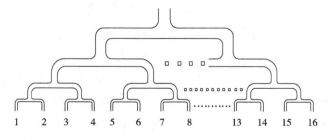

图 5-57　管道式熔体分配结构示意图

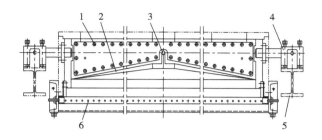

图 5-58　"衣架"式熔体分配结构示意图

1—联接螺拴　2—熔体分配岐管　3—熔体入口孔　4—模头支架　5—机架　6—抽单体孔

　　窄狭缝式和管式生产方式采用的是熔体管道分配形式，要求熔体在管道内所经过的路程相同，停留时间一样，所受的阻力相等，使熔体到达喷丝板各处的经历、压力、时间都一样，从而保证丝质均匀一致。此种箱体一般采用钢板焊接结构，箱体为夹壳式结构，分熔体腔及加热保温腔。

　　宽狭缝式生产方式因一个纺丝箱体只有一个大矩形喷丝板，熔体的分配不是用管道，而是采用"衣架"式流体分配形式。箱体以中央位置左右对称，通道将扩展到宽度方向的最宽位置，其截面尺寸则随着离中央位置的远近及熔体的流量大小而连续变化：距离越近，因流过的熔体越多，其截面也越大，从而减少熔体流动的阻力，保证熔体经箱体内部的通道到达喷丝板上不同喷丝孔的停留时间相同。纺丝箱体内"衣架"尺寸和数量与产品的幅宽、纺丝泵的数量相关，幅宽越大，"衣架"的尺寸也越大。

　　一个纺丝箱体只能生成一层纤维网，为提高生产效率，提高纤网克重，目前纺粘生产线大多配置多个纺丝箱体（多模头），或与熔喷模头组合生产复合非织造布。

　　纺丝组件的作用是对熔体进一步过滤，经熔体分配板均匀分配到各喷丝孔中，形成均匀的细流。纺丝板组件一般由滤网、分配板、喷丝板、密封装置组成，如图5-59所示。

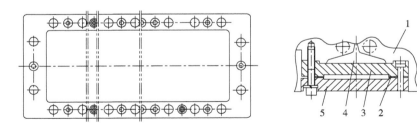

图 5-59　纺丝板组件

1—纺丝箱体　2—高温密封条　3—分配板　4—滤网　5—喷丝板

　　喷丝板由导孔和微孔组成，导孔形状有带锥底的圆柱形、圆锥形、双曲线形、二级圆柱形、平底圆柱形等几种，如图5-60所示，其中最常用的是圆柱形。导孔的作用是引导熔体连续平滑地进入微孔，在导孔和微孔的连接处要使熔体收缩比较缓和，避免在入口处产生死角和出现旋涡状的熔体，保证熔体流动的连续稳定。

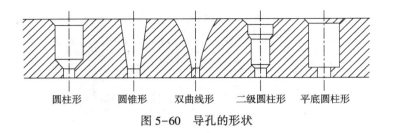

圆柱形　　圆锥形　　双曲线形　　二级圆柱形　平底圆柱形

图 5-60　导孔的形状

　　导孔的孔径主要是选择合理的直径收缩比，即导孔直径 D_1 与微孔直径 D_2 之比，其收缩比 D_1/D_2 一般为 10~14。对导孔底部的锥角，既要考虑熔体的流动性能，又要考虑加工方便。减少圆锥角可以缓和熔体的收敛程度。目前常采用 60° 和 90° 的锥角。

　　双组分复合纺粘结合了传统的纺粘法和复合纤维生产的特点，由两种不同聚合物组成。双组分长丝可以根据其用途和截面结构形态进行设计，目前最常用的结构形式为皮芯型、并列型、剥离型。双组分纺粘产品的生产以熔融纺丝为基础，常用两套完全独立的原料喂入和螺杆挤出系统，经特殊的熔体分配装置后进入纺丝的核心部件——纺丝组件，之后的冷却、牵伸、成网、成布环节比传统的机械设备并没有太多的改变。双组分复合纺粘纤维截面形状如图 5-61 所示。

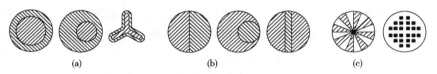

(a)　　　　　　　　　　(b)　　　　　　　　　　(c)

图 5-61　双组分复合纺粘纤维截面形状

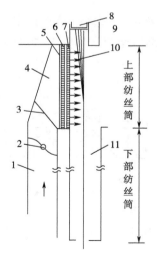

图 5-62　单面侧吹风装置

1—风道　2—蝶阀　3—多孔板　4—稳压室

5—风窗　6—蜂窝板　7—金属网　8—喷丝板

9—缓冷装置　10—冷却风　11—甬道

（六）冷却吹风装置

　　由于从喷丝板出来的初生纤维处于高温高弹的黏流状态，这时需要对初生纤维进行冷却，提供冷却的媒介是冷却风。冷却吹风一般采用侧吹风方式，即由一侧或相对两侧进行吹风，又称横吹风，如图 5-62 所示。

　　冷却风由制冷机组通过送风管道到达冷风箱体，风机采用变频调速，可根据生产工艺需要调整送风量。在丝条进行冷却之前冷风必须进行整流，目的在于使高速杂乱的冷风迅速进行均衡分配，理想状态下使冷风各点吹出的冷却风风量一致。整流层的主要部件是多孔网，实际上在进入冷风箱体入口段，采取了整流措施，使进入冷风箱体的冷风流缓和不少，有利于进入冷风箱体后迅速进入多孔网再次进行整流。冷风通过三层整流网后进入冷风窗体的蜂窝层，由规则的蜂窝层再次进行分配后经金属纱网进入纺丝室。

（七）牵伸装置

刚成型的初生纤维强力低，伸长大，结构极不稳定。牵伸的目的在于让构成纤维的分子长链以及结晶性高聚物的片晶沿纤维轴向取向，从而提高纤维的拉伸性、耐磨性，同时得到所需的纤维细度。图5-63所示为Docan纺丝工艺流程，单面侧吹风冷却，拉伸气压为1.5~2MPa，最狭窄的断面气流速度可达到一马赫数。纺丝速度为3500~4000m/min，拉伸管出口处设计成扁平扇形，高速气流到此处突然减速，气流产生紊乱而使纤维相互分离。

纺粘非织造布生产大多采用气流牵伸。气流牵伸是利用高速气流对丝条的摩擦作用进行牵伸，按风压作用形式可

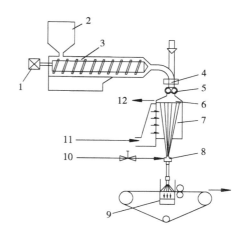

图5-63 正压牵伸工艺流程（Docan纺丝成网工艺流程）

1—电动机 2—料斗 3—挤压机 4—过滤器 5—计量泵

6—喷丝板 7—骤冷室 8—拉伸喷嘴 9—抽吸装置

10—拉伸空气 11—冷却空气 12—单体抽吸

分正压牵伸、负压牵伸、正负压相结合的牵伸，按牵伸风道结构形式可分为宽狭缝式牵伸、窄狭缝式牵伸、管式牵伸。在纺粘非织造布生产中采用宽狭缝气流牵伸技术为多，就是整块喷丝板排出的丝束通过整体狭缝气流牵伸。目前，纺粘法气流牵伸方式有宽狭缝负压抽吸牵伸、宽狭缝正压抽吸牵伸、窄狭缝正压抽吸牵伸以及管式牵伸四种。

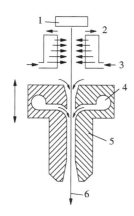

图5-64 整体可调狭缝式牵伸装置

1—喷丝板 2—排烟 3—冷却空气

4—牵伸空气 5—喷射牵引系统 6—长丝

为了适应不同的纺丝和牵伸工艺，牵伸器都设计为能上下移动调节的形式，即喷丝板到牵伸装置与冷却区的高度位置，以及牵伸装置出口到成网帘的高度都可根据需要上下调整。整体可调狭缝式牵伸装置如图5-64所示，其原理是对熔体纺丝线上丝条的牵伸取向和结晶进行控制，减少丝条牵伸的阻力，导致较高的大分子取向和结晶。

整体可调狭缝式牵伸装置的特点是牵伸速度较高，一般可在3500~6000m/min。加工的单丝不仅强力高，而且热稳定性好，纤维细且柔软。该装置的缺点是能耗高［PP产品的能耗在1500~2000（kW·h）/t］，动力消耗大，需配用大型的空气压缩机，牵伸气流的

噪声也较大。日本 NKK、诺信公司、德国 Neumag 公司等采用这种牵伸方式。

（八）成网机械

纺粘法成网工艺包括分丝和铺网两个过程。

1. 分丝 将经过牵伸的丝束分离成单丝状，防止成网时纤维间互相粘连或缠结。常用形式有气流分丝法、机械分丝法和静电分丝法。

（1）气流分丝法。气流分丝法是利用空气动力学的 coanda 效应，气流在一定形状的管道中扩散，形成紊流达到分丝目的。这种方式铺网均匀，但布的纵横向强力差异大，产品柔韧性好，并丝少，没有云斑，延伸度高（图 5-65）。

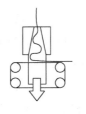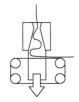

图 5-65　气流分丝

对于封闭式气流牵伸风道，在牵伸风道出口与铺网机网面之间装有扩散器，扩散器由上部收缩喇叭和下部扩散喇叭固定在幅宽两侧的端板上面。收缩喇叭约占总高的 1/4，扩散喇叭约占总高的 3/4，上部收缩喇叭的出口为喉部起点，下部扩散喇叭的上部进口紧接喉部起点，有一喉部的直线段，喉部的宽度与高度比（$b:h$）为 1~2，喉部的宽度不小于牵伸风道的出口。上部收缩喇叭的进口宽度可为喉部宽度的 2~3 倍，下部扩散喇叭的出口宽度应小于网下抽吸风道口的宽 45°，可为喉部宽度的 4~6 倍。喉部宽度和扩散段喇叭的形状均可在线调节。从这种结构形状的扩散器可以看出，气流与丝条从牵伸风道出来就扩散减速，经过喉部又加速，然后较大范围地在扩散喇叭中扩散减速，丝条在运动的网面上摆圈铺网。另一种扩散器只有一种扩散型喇叭，其形状也能调节，这种扩散器的进口与牵伸风道器的出口不是密封连接，而是留有自然补风口。由于牵伸风道出口高速气流导致负压，扩散器进口处与外界大气压形成压差将大气引入。在扩散器中由于气流扩散减速，随气流下落的丝条也减速放松，能在运动的网面上摆圈铺网。

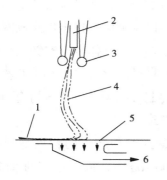

图 5-66　摆丝成网装置

1—纤网　2—气流拉伸装置　3—往复摆丝器
4—长丝　5—成网帘　6—抽吸装置

（2）机械分丝法。机械分丝法是利用挡板、摆片、摆丝辊、振动板、回转导板等机械装置使丝束经高速拉伸后遇到机械装置撞击反弹，达到纤维相互分离的目的。这种方法制得的布由于拉伸力较大，布的强力较好，横向强力大，但常有并丝现象出现（图 5-66）。

（3）静电分丝法。静电分丝法有强制带电法和摩擦带电法两种方式。强制带电法就是将纤维束吸入装有高压静电场的空气拉伸装置或喷嘴，使纤维表面带有很高的电荷量，带同性电荷的纤维彼此相斥，从而达到分丝的目的；

摩擦带电法是丝束在拉伸前经过摩擦辊的摩擦作用而带上静电，在气流牵伸后铺设成网的一种方法。

2. 铺网　铺网就是将分丝后的长丝均匀铺在成网帘上，形成均匀纤网，并使铺置的纤网不受外界因素影响而产生飘动或丝束转移。铺网工艺由铺网机完成，图 5-67 所示为一种成网机结构图。各种铺网机功能上大同小异，主要由凝网帘、网下吸风装置、压（或密封）辊、张紧装置、纠偏装置、驱动装置、抽吸风系统、控制系统等组成。

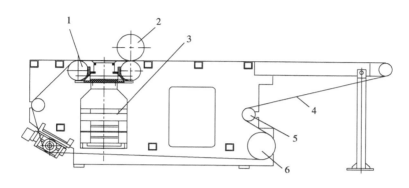

图 5-67　典型成网机结构

1—托辊部件　2—热压辊部件　3—抽吸风道部件　4—网帘　5—张紧辊部件　6—主传动部件

热压辊为成网机主要部件，它的结构大致有两种形式：固定芯轴型和整体型。

固定芯轴型内部有一个采用电加热的热辊芯，它既是一个热源，也是外面能够转动的热压辊辊皮的支撑轴。热辊芯是一个中空的滚筒，里面装上电加热棒进行加热。为了防止电加热棒的干烧，及时将热量传递到热辊芯的外壁，热辊芯里面要填充上导热的介质（氧化镁粉或导热油），如果是导热油，要注意防止热辊芯泄漏。这种结构的优点是结构简单，成本较低。缺点是温度控制精度不高，热压辊辊皮温度分布不够均匀，如图 5-68（a）所示。

整体型热压辊整体旋转，辊体内通入循环流动的导热油（也有用水或水蒸气的），导热油由专用的热油炉来加热，并通过旋转接头通入热压辊内，如图 5-68（b）所示。

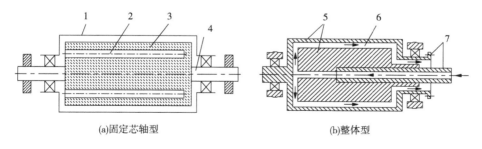

(a)固定芯轴型　　　　　　　　　(b)整体型

图 5-68　热压辊结构图

1—热压辊辊皮　2—电加热棒　3—导热介质　4—热辊芯　5—热压辊辊体　6—辊体内油路　7—接旋转接头

（九）加固机械

长丝经过冷却、牵伸、铺网后，还要经过加固才能最终成布。目前纺粘非织造布生产加固方法有三种形式：热轧法，主要处理 $10\sim200g/m^2$ 纺粘布；针刺法，主要处理 $80g/m^2$ 以上纺粘布；水刺法，主要处理 $20\sim180g/m^2$ 纺粘布。具体内容见本章第五节。

（十）卷绕机

生产线中的卷绕机就是实现对已定形的非织造布进行定宽、定长、分切卷绕的设备。纺粘法卷绕机功能一般包括卷绕、分切、自动换卷和计长。

卷绕机有多种型号，根据摩擦辊的数量可分为单摩擦辊式卷绕机、双摩擦辊式卷绕机和三摩擦辊式卷绕机。

图 5-69 所示为三摩擦辊式卷绕机，它有两个工位，其工作过程为：布卷在第一工位卷至 $\phi400\sim\phi450mm$，送入第二卷绕位置，备用芯轴上到第一卷绕位置等待卷绕，第二工位布卷卷到设定值后横向切断，断头被吹入备用芯轴，新的布卷开始卷绕。成卷完毕的布卷由顶出部件顶出，滚入落布小车。

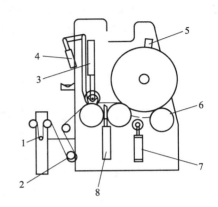

图 5-69 三摩擦辊式卷绕机
1—张力辊　2—扩幅弯辊　3—小卷加压
4—小卷推卷　5—大卷加压　6—出布辊
7—大卷顶出　8—切断、吹气

（十一）辅助机械

辅助设备主要有循环风处理系统、导热油系统、空气压缩机、组件清洗设备和质量检测设备等。

第七节　熔喷机械

一、熔喷法生产工艺及设备

熔喷法技术是一种将树脂切片或粒料制成纤维网的一步法成布技术，所制成的纤网一般用于过滤材料、吸油材料、卫生材料（如抹布）等方面。

（一）熔喷法工艺原理

熔喷法工艺原理如图 5-70 所示。聚合物母粒放入挤压机，并在挤压机内熔融，温度在 240℃左右（针对聚丙烯—熔喷法采用的主要树脂）。熔体通过计量泵，到达熔喷模头。计量泵测量输出到喷嘴的熔体流量。喷丝嘴是一排间距不到 1mm，直径在 $0.2\sim0$ 的毛细管。在毛细管的两侧就是进气孔，加入 $250\sim300℃$ 的压缩空气。在刚刚形成的聚合物挤出喷丝头时，压缩空气的头端作用于聚合物，以高于声速（550m/s）的气流将热长丝牵伸至直径为 $1\sim10\mu m$，根据其物理特性这种网被称为微纤网。热空气向下流动时与周围空气混合，使纤维冷却并最终固结成短而细的纤维。成型网帘（Forming wire）是位于喷嘴下方的多孔传送带，热空气从孔中吸走，短纤维留在成型网帘上形成纤维网。留在网上的纤维依靠自身余热互相黏合，形成牢固的纤维网，而无须进一步的处理就可用。但可以经过卷取装置卷绕成形，便于运输和进行后处理。熔喷法的主要工艺流程如下。

　　熔体准备→过滤→计量→熔体从喷丝孔挤出→熔体细流牵伸与冷却→成网

　　图 5-71 所示为美国埃克森（Exxon）公司熔喷法工艺流程。切片喂入螺杆挤压机，经加热熔融后从喷头挤出，在喷头的出口处聚合物受到高速热空气流拉伸。同时，冷却空气从喷头两侧补充过来使纤维冷却、固化，形成不连续的超细长丝。在气流作用下，这些不连续的超细长丝凝聚到多孔滚筒上形成纤网。

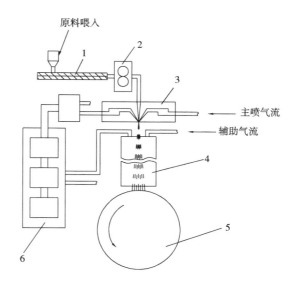

图 5-70　熔喷法工艺原理
1—螺杆挤压机　2—计量泵　3—喷头
4—风道　5—卷绕装置机　6—空气系统

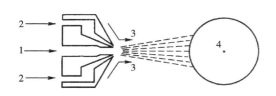

图 5-71　埃克森公司的熔喷法工艺流程
1—熔融高聚物　2—热空气　3—冷却空气　4—收集装置

（二）熔喷法与其他方法复合

　　熔喷法非织造布具有三维结构，有很多孔隙和很大的比表面积，而且其纤维粗细不同，呈一定分布，其孔隙也呈一定分布。所以，熔喷法非织造布对不同粒径的尘粒都有很好的过滤性能和较小的过滤阻力。但是，目前熔喷法非织造布均存在一个共同的缺点，就是强度低、伸长大、尺寸不稳定，很难单独使用，即使做过滤材料也常常需要与其他材料复合，以加强其强度，稳定其结构。

　　1. 纺粘法与熔喷法复合　纺粘法非织造布具有较高强力，以它为基布，可以显著提高复合非织造布的强度，两者复合还可以增加过滤面积和孔径分布宽度，提高过滤效果。图 5-72 所示为莱芬豪斯公司的纺粘—熔喷连续式复合生产线。这种连续式生产线具有效率高、中间环节少、成本低的优点，但一次性投资大，不适宜小批量、多品种生产。与连续式生产相对应的为间歇式复合生产（也称二步法）。它是将现成的熔喷法非织造布和纺粘法非织造布同时喂入复合设备，进行复合加工。用纺粘—熔喷—纺粘三层非织造布复合而成的产品（俗称 SMS）可广泛应用于医疗卫生等领域，如手术衣帽等。近年来更有向多层复合的趋势，如 SMMS、SSMMSS 等。

　　目前，国际上纺粘及 SMS 设备的发展方向是高产量，在这个领域主要有两大企业，一是

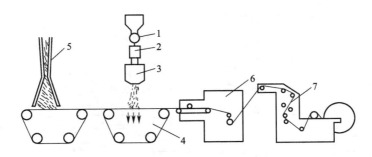

图 5-72 纺粘—熔喷复合生产线

1—螺杆挤压机 2—计量泵 3—喷头 4—成网机 5—纺粘设备 6—复合机 7—卷绕分切机

以德国莱芬豪斯为代表的高速、多模头、新型熔喷、双组分和细旦技术，目前，该公司生产的幅宽达 4.2m、产能达 1.5 万吨/年的多模头纺粘—熔喷非织造布生产线已经销往中国、巴西、捷克等国；二是以纽玛格为代表的宽幅、多模头设备。近几年，纽玛格通过一系列收购，打造出了包括梳理成网、铺网技术、折叠式卷装技术、干法非织造布技术等在内的全球独有的技术组合，已推出 4.2m、5m 和 6.4m 幅宽的纺粘—熔喷非织造布生产线，以避开和莱芬豪斯公司的同质化竞争，获取更大的市场份额。

2. 熔喷法非织造布与薄膜复合 用熔喷法非织造布与防水透气薄膜复合制得的复合材料具有防水、透气、保温等性能，是制作汽车盖篷、野外睡袋、卫生保健用品、风雨衣的好材料。这种复合产品可以在一条生产线上连续进行熔喷—薄膜复合加工，如图 5-73 所示。也可以在异地进行间歇式复合加工。

另外，用纺粘法非织造布、熔喷法非织造布和防水透气薄膜制成的"三合一"复合材料也是很有前途的复合产品。图 5-74 为连续式"三合一"复合生产线。

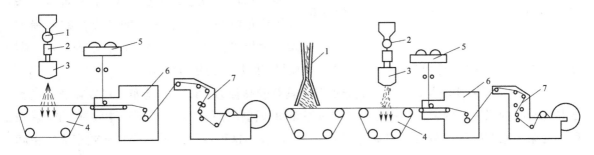

图 5-73 熔喷—薄膜复合生产线

1—螺杆挤压机 2—计量泵 3—喷头 4—成网机
5—薄膜退卷机 6—复合机 7—卷绕分切机

图 5-74 连续式"三合一"复合生产线

1—纺粘法非织造布 2—螺杆挤压机 3—喷头
4—成网机 5—薄膜退卷机 6—复合机 7—卷绕分切机

二、熔喷法生产的主要机械

熔喷机械主要有上料机、螺杆挤压机、计量泵、熔喷模头组合件、空压机、空气加热器、接收装置及卷绕装置。上料机的功能是将聚合物切片抽吸至螺杆挤出机料斗，通常具有自动功能；螺杆挤压机、计量泵性能详见第六节纺粘机械。

模头组合件是熔喷生产线中的关键设备，由聚合物熔体分配系统、模头系统、拉伸热空气管路通道以及加热保温元件等组成。

聚合物熔体分配系统的作用是保证聚合物熔体在整个熔喷模头长度方向上均匀流动并具有均一的滞留时间，同时避免熔体流动死角造成聚合物过度降解，从而保证熔喷非织造材料在整个宽度上单位面积重量偏差小、纤网均匀度高以及其他力学性能的差异小。目前熔喷非织造设备所采用的熔体分配流道绝大多数为衣架型模头。

熔喷模头组合件的模头系统通常由底板、喷丝头、气板、加热元件等组成，是整个组合件中的重要部分。熔喷法非织造布的均匀度与模头设计、制造有密切关系。通常熔喷模头的加工精度要求很高，因此熔喷模头制造成本较高。图5-75所示为埃克森（Exxon）公司的熔喷模头结构示意图。共有192个喷丝孔，分成4个区域，每个区域有48个喷丝孔，区域之间被25.4mm宽的空间所隔开，该空间用

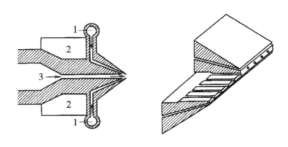

图5-75 埃克森公司的熔喷模头结构
1—热空气 2—加热单元 3—高聚物

于固定上下两块模体，因此，该熔喷模头的喷丝孔实际上是由上下模体配合形成的。先在上下模体结合面上各自加工出微细的凹槽，然后上下模体贴合，校正后可形成一排喷丝孔。该结构的特点是，可得到较大的喷丝孔长径比，模头清洁较方便，但是加工精度和装配精度要求高。喷丝头喷丝孔呈单排排列，常用直径为0.2~0.4mm，长径比应大于10，孔距为0.6~1.0mm。喷丝孔的加工方法有机械钻孔、电弧深孔和毛细管焊接加工等。常用的拉伸热空气风道夹角θ为60°，也有设计成90°和30°的。

美国Biax Fiberfilm公司开发出一种具有多排喷丝孔并列排列的熔喷设备，如图5-76所示，其熔喷系统结构紧凑，熔喷模头系统的加热依靠牵伸热空气，没有其他的电加热装置，设备投资较小。

此熔喷头的特点是采用毛细管挤出熔体。聚合物熔体1经过穿过空气腔2的毛细管3，由空气板的开孔处挤出。在此区域由热空气向聚合物的热转移十分有效。毛细管喷丝孔可有1~4排，毛细管间距约1.5mm，因此11.4cm宽的纺丝板可有22~448只孔。一组纺丝板可有8块纺丝板，每块板都有一只多管输出的行星泵输入相同数量的聚合物，而每块纺丝板的空气输入量可单独调节。几组纺丝板可并列安装，形成所需宽度的生产装置。

聚合物熔体从毛细管中挤出，空气腔中的牵伸热空气从筛网与毛细管组成的缝隙中喷出，并将从毛细管中挤出的聚合物熔体牵伸成超细纤维。由于采用多排喷丝孔，大大提高了生产

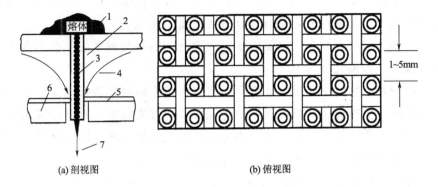

(a) 剖视图　　　　　　　　　　　　　(b) 俯视图

图 5-76　Biax Fiberfilm 公司生产的熔喷模头结构

1—聚合物熔体　2—空气腔　3—毛细管　4—热空气流　5—喷嘴中心板　6—空气盖板　7—挤出的纤维

速度，增加了产量。工作宽度较大时，配置多个计量泵，以保证熔喷纤网单位面积质量的均匀性。该系统通过更换模头，可生产纤维直径为 $1 \sim 50\mu m$ 的熔喷非织造布。若模头工作宽度为 50.8cm 时，产量为 300kg/h（纤维直径 $10\mu m$）。

第八节　湿法机械

一、湿法生产工艺流程

湿法非织造布也叫造纸法非织造布，它是从造纸工艺发展而来的，初始的生产设备也是通过传统造纸机的改造而成。湿法非织造布技术是利用造纸设备和技术生产非织造布产品的一项新技术。将置于水介质中的纤维原料疏解成单纤维，同时使不同纤维原料混合，制成纤维悬浮浆，悬浮浆输送到成网机构，纤维在湿态下成网再加固成布。该技术突破了传统的织布原理，避开了梳棉、纺纱、编织等繁杂工序，利用造纸的湿法成网技术，使纤维在造纸机上一次成网定形，形成产品。湿法成网非织造布是从水槽沉集、悬浮的纤维而制成的纤维网，再经过固网等一系列加工而成的一种纸状非织造布。

湿法非织造布的生产降低了劳动强度，提高了劳动生产率。该技术不存在对纤维原料的反复加工，直接由纤维短丝制成纤维制品，可降低能源消耗，节省人力物力，降低制造成本。只要选择不同的纤维原料、不同的加工方法，并结合不同的后整理加工，便可制成性能千差万别、用途广泛的非织造布产品。这是其他纤维制品制造方法不能比拟的。湿法非织造布生产工艺流程如下。

浆粕准备→调浆混合→"纤维+浆粕"混合→湿法成网→黏结→烘燥→卷取（或纤网准备）→湿法成网→黏合加固→后处理

湿法加工的难度除了纤维原料制浆以外，主要是成网方法（影响结构）和黏结方法（影响牢度和手感）的选择。从理论上讲，加工任何品种的纤维均可采用湿法成网的方法，该类方法生产出的纤网定量范围很大（轻定量可在 10g/m 以下），纤网纵横向强力比可在 10：1 以下。

二、湿法生产的主要机械

（一）原料准备机械

纤维准备工序的主要任务是：将置于水介质中的纤维原料开松成单纤维，同时使用不同纤维原料充分混合，制成纤维悬浮浆液；然后在不产生纤维团块的情况下，将悬浮浆液输送至成网机构。

图 5-77 所示为一种非连续式纤维制浆生产线。纤维素浆板送入料桶 1 溶解，再送入储料桶 2，经送浆泵 3 送入粉碎机 4，然后经储料桶 5 送入混料桶 6，切断短纤维则直接送入混料桶 6，进行分散，并与其他纤维混合。如果需要在悬浮浆中加入助剂和黏合剂，也可直接加至混料桶中。混料桶中的悬浮浆液经过必要的混合、反应后，批量送入成网机上的储料桶 7，由此连续地输入成网机。桶 2、5、6、7 中都装有制浆用的旋翼式搅拌器，旋翼不停地转动，再配以形状特殊的浆桶，使桶中产生具有强烈混合作用的液体流动。料桶 1 的底部有高速回转的转子，通过强烈的水流使浆粗块打烂。一般混料桶中悬浮浆的纤维含量为 0.5%~1.5%。成网机所需的纤维含量，可在悬浮浆液离开储料桶至成网机的中间由泵的转速加以调节。

图 5-78 所示为一种连续式制浆生产线。纤维原料连续地进入料斗 1，经输送帘 2 送入混料桶 3，水也连续地输入混料桶。再经过泵 4，将纤维浆送入混合桶 5、6，不断地进行均匀搅拌。最后由泵 7 将悬浮浆液送至成网机。这种连续式生产线的产量高，可得到很高的稀释度，所需料桶体积小，节省能源，并可适应较长纤维制浆。但是，这种生产线不适合那些纤维在制浆中易扭结、易结团块的纤维原料。

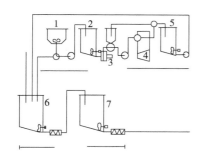

图 5-77 非连续式纤维制浆生产线
1—料桶 2，5，7—储料桶 3—送浆泵
4—粉碎机 6—混料桶

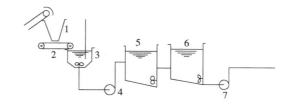

图 5-78 连续式纤维制浆生产线
1—料斗 2—输送帘 3—混料桶
4，7—送浆泵 5，6—混合桶

（二）湿法成网机械

湿法非织造布的成网过程是将制备好的纤维悬浮浆用泵输送至湿法成网机去成网，水通

过网帘滤除掉，而纤维在成网帘上形成纤网。该工序是湿法成网非织造布生产中的关键工序，纤维是在湿态下分布到成网帘上。由于在制浆工序的末端储料桶中的纤维含量一般为成网时悬浮浆液的5~10倍，因而成网前纤维悬浮浆尚需进一步稀释。湿法的成网方式主要有斜网式和圆网式，其中斜网式的应用较为广泛。近年来，通过设备的开发和改造，还出现了利用斜网式设备生产加纱线产品和双层并网产品的做法，以及采用泡沫方式制取悬浮浆的方法。

1. 斜网式湿法成网机　斜网式主要指其成网帘是以一定倾斜角度设置的，一般倾斜角度为10°~15°。由于湿法非织造布所用纤维较纸类长，悬浮浆需要有更高的稀度来分散纤维，因此只有采用斜式网帘，才能使纤维在成网区内均匀地沉积成网。这也是湿法非织造布不采用常规造纸机那种平网式成网来生产的主要原因。

在斜网式成网工艺流程中，搅拌好的纤维浆通过计量泵输送到成网区，在进入成网区之前与另一循环水路汇合，使浆液得到进一步稀释。进入成网区后，随着浆中的水溶液通过网帘渗透到帘下的集水箱，纤维便沉积在成网帘上形成了所需的纤网。

典型的斜网式湿法成网工艺如图5-79所示，纤维悬浮浆由混料筒1靠重力流入混料筒2，继续进行搅拌。经过计量泵3导入一循环水路，这一循环水路借轴流泵4流动。为了保证纤维悬浮浆在成网机料桶5均匀分布，悬浮浆必须在A、B、C、D四点进行冲击、转向，然后悬浮浆流循环运动到金属网帘6上，水透过帘子的网眼进入集水箱7，再流入静水箱8，经过处理后循环使用，而悬浮浆中的纤维便在帘子上凝聚成网。成网的质量与纤维在悬浮浆中的均匀分布及密度有很大的

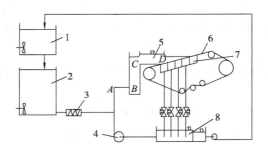

图5-79　斜网式湿法成网工艺

1—混料桶　2—搅拌桶　3—计量泵　4—轴流泵
5—成网机料桶　6—基布　7—集水箱　8—净水箱

关系。这种斜网式成网工艺，由于水箱较浅，抽吸作用不够均匀，在宽幅成网时，纤维均匀度不能保证，因此，这种工艺只使用于窄幅机器。

湿法成网成型过程实质上是一个成型及脱水的过程。德国Dorries公司设计和制造的Hydroformer湿法成网机由分配系统、成网系统和脱水系统组成。该设备结构如图5-80所示。该设备采取了封闭的箱体，即浆池区全部封闭，与开放式相比，这种方式在高速生产中可以利用压缩的空气垫所产生的静压进行操作，保持池区的较高液位，同时使纤维悬浮浆体保持在低料位。脱水系统由数个脱水箱组成，脱水箱之间有一定间隔。对应的成网区也分成数个区间，对这些区间的排水量可单独调节。成网帘下设有吸液装置，它有助于纤维牢固地附着于网帘上，同时排出留在输出端间隙中的悬浮体。

纤维悬浮浆1输入成网机，进入成网区2的上方，由一块可调节倾斜角度的挡板3使纤维悬浮浆流经成网区，纤维凝聚于成网帘6上，悬浮浆中的水被吸至集水箱4中；成网后，

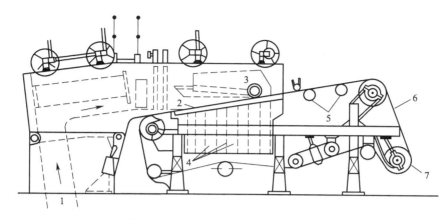

图 5-80　Hydroformer 斜网式湿法成网机

1—纤维悬浮浆液　2—成网区　3—挡浆板　4—集水箱　5—吸液装置　6—成网帘　7—传动辊

纤网中多余的水还可被两根吸管 5 再吸去一部分；成网帘由传动辊 7 传动。

对湿法成网中纤维排列形式的选择，可以通过调节悬浮浆液的输送速度与成网帘的速度比来完成。当成网帘区的悬浮浆液速度与成网帘运行速度相等时，纤维呈杂乱分布；当悬浮浆液速度低于成网帘速度时，纤维是沿纵向定向分布。该机可以通过调整挡浆板与成网帘间的角度来实现纤维的排列形式。

2. 圆网式湿法成网机　圆网式成网工艺的基本原理与斜网式相同，只是成网帘为一圆滚筒，而斜网式的是倾斜的平帘，倾斜式可以看作是曲率很大的圆网式湿法成网。

圆网式湿法成型网称为网笼，它被安放在流浆箱的堰池中。由于网笼为圆形弧面结构，为保证成网的均匀性，堰池的形状相应地改为弧槽，与其相配，弧形的堰池称为网槽，如图 5-81 所示。

纤维悬浮浆液在流浆箱中经过几个挡板转向后进入成型区网槽中，在一定的液位差作用下，水通过网笼的网眼进入网笼中被抽走，而纤维则留在网笼的网面上形成纤维网。

典型的圆网式湿法成网机（Rotoformer 型圆网式湿法成网机）如图 5-82 所示。纤

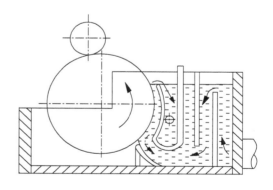

图 5-81　圆网式湿法成网机

维悬浮浆由管道 1 输进，经分散辊 2 输送至成网区 3。成网区内与圆网滚筒相对的有一可以调节挡板 4，可控制其区间大小。悬浮浆中的纤维随着圆网滚筒 5 的回转，并在设于滚筒内抽吸装置 6 的作用下不断凝集于圆网表面，而水通过圆网的网孔被吸入滚筒内，进入滤水盘 7。当圆网滚筒带着纤维转至上方时，纤维借助上方一个回转滚筒中吸管的吸引力离开圆网滚筒而转移到导网帘上形成纤网。为了保证圆网表面的清洁，有三只喷水头对圆网进行冲洗。回

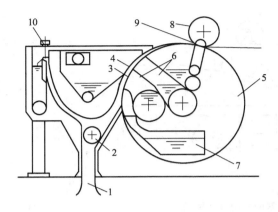

图 5-82　Rotoformer 型圆网式湿法成网机
1—送浆管道　2—分散辊　3—成网区
4—可调节板　5—成网帘　6—抽吸管　7—滤水盘
8—回转滚筒　9—导网帘　10—溢流调节阀

转辊 8 中有吸管对准圆网表面，帮助纤网离开圆网，移至湿网导带 9 上成网。悬浮浆在成网区中的高度可由溢流调节螺栓 10 调节。

圆网式湿法成网机的成网区实际上是在圆网滚筒的一段弧线上，而无须斜式成网帘所需的长度，因此设备占地面积小，便于操作。

3. 复合成网机　为了提高湿法成网非织造布的性能及扩大应用领域，人们近年来还开发了加入纱线和双层并网等复合型湿法成网工艺。这些工艺都是在湿法成网工艺的基础上通过附加和改造一些系统而实现的。

（1）加纱线型成网机。在湿法成网非织造布中，加入纱线的主要目的是为了提高产品的强度。其加入的方法是在成网区中间设立一个导纱板和纱线退绕装置。如图 5-83 所示，当纤维悬浮浆液 1 由管道输入成网区 2 后，纱线 3 由退绕装置上退下来，并由导纱板引入成网区。纱线铺置在由导纱板隔开的前区纤维沉积层上，并随成网帘进入成网后区，被后区，从而形成中间夹有纱线的非织造布。这种加入纱线的成网工艺一般由斜网式湿法成网机改进而成。

（2）双层并网型成网机。并网是指将两层具有不同性能或颜色的湿法纤维网并在一起，形成一种复合材料的方法，其目的是提高产品的功能性和外观效果。例如，将两种具有不同细度或不同功能的纤维网合并制成

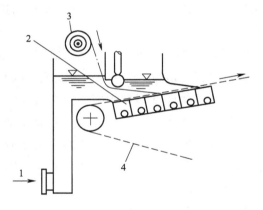

图 5-83　加入纱线的斜网式湿法成网机
1—纤维悬浮浆液　2—成网区　3—纱线　4—成网帘

一种两面具有不同过滤性能的复合过滤布，可以提高其过滤效率。将一层具有较好屏蔽性和强度的湿法纤网与一层具有抗菌性、吸收性的湿法纤网并铺成双面复合材料，可以满足医疗用途的特殊要求。这种成网方式的机器设备与加纱线的方式相似，但对纤维悬浮浆液的制备需要两套系统，并通过两个送浆管道分别把不同的纤维悬浮浆液输送到由挡板隔开的两个成网区段中。其设备结构如图 5-84 所示。

（3）侧浪式湿法成型设备。侧浪式成型器是 20 世纪 60 年代初在浙江温州蜡纸厂发明成功的，可作为中国湿法非织造布实现机械生产的标志，而杭州新华集团有限公司是目前拥有

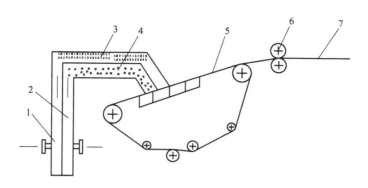

图 5-84　双层并网型湿法成网机
1，2—管道　3—悬浮浆液 A　4—悬浮浆液 B　5—成网帘　6—轧辊　7—复合纤网

侧浪式成型器最多的企业。其发明的主要目的是为了充分利用木本类长纤维原料，如桑树皮、构皮、三桠皮等生产各类湿法非织造布，即传统意义上所称的各类韧皮长纤维纸，如铁笔蜡纸基材、打字蜡基材、非热封茶叶滤纸基材等。这类产品的定量在 $9 \sim 13 g/m^2$。

侧浪式成型设备的主要成型机理是在手工抄纸的基础上脱颖而出的，手工"打浪"的目的是使纤维在成网帘上重叠交织，多次成型，以此达到纤维纵横均匀排列的目的。纤维悬浮物从成型设备的网部两侧的垂直方向，即在长网成型设备的基础上运行方的两侧，各设置 1 只浆槽，槽内安装回转式打浪器若干只，凭借打浪器内的打浪斗，把浆液提升到一定的角度，通过虑板的侧斜角把浆料以一定的流速喷向网面（图 5-85）。

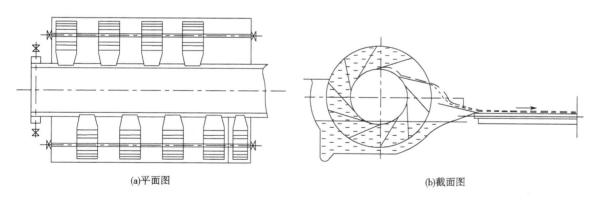

(a)平面图　　　　　　　　　　　　　　　　(b)截面图

图 5-85　侧浪式成型设备

打浪器的排列互不对称，这是为了避免浆料的冲突，也保证了两侧浆槽内液面的平衡。通过均衡排列的喷浆元件，俗称浪斗横向上浆，在网部向前运行通过压辊多次脱水成型。同时，凭借浆料在帘面上的快速流动，把浆液中的纤维束、浆疙瘩冲出帘面，以保证帘面的均匀。另外，在湿法成网成型的最后阶段，设计了一个推水器，利用网下的净水，将净水冲向网面，最后把成网过程中浆料内的纤维束等杂质冲出，保证已成型湿法非织造布的洁净，继

而进入压榨部和干燥部。

侧浪式成型设备能在 0.02% ~ 0.03% 的低浓度状态下成型，依靠高分子分散剂保持纤维的分梳状态，边脱水边成型。由于它在成型网的横向上浆，使得最终成品纵横拉力非常接近，其适合使用的纤维长度比斜网成型设备长，投资少，操作简便。其主要缺点是生产效率低，耗用分散剂，透气度、均匀度等均不如斜网成型器。

（三）加固机械

湿法成网后，对纤维的加固也像干法成网一样，可以有机械、热、化学三种方法。机械主要应用水刺、针刺技术；热方法主要（在湿法成网经干燥后）采用热风或热轧方法，使纤网中的热熔纤维部分热熔；化学方法则是湿法中用得最多、历史最长的。

湿法纤维中加入黏合剂或产生黏合加固作用的方法有两种。一种是在成网之前的纤维制浆阶段加入黏合剂，或者使用本身具有黏合性能的纤维；另外一种是在湿法成网后，纤维已经烘燥或部分烘燥的情况下加入黏合剂。

1. 成网前加入黏合剂或黏合介质　这种方法的优点是黏合剂可均匀地分布在悬浮浆液中，并且不会影响成网速度；缺点是增加了黏合剂的用量。多数采用粉状黏合剂，并在纤维制浆时加入混料桶中，也有的采用胶乳与凝胶液一起加入混料桶中，丙烯酸盐类是这类黏合剂中使用较多的。另一种是将黏合剂先加入纤维悬浮浆液中，黏合剂包覆在纤维表面而形成涂层。例如，将阳离子偶联剂加入纤维悬浮浆，经一定时间后它被纤维吸附，然后在悬浮浆中加入胶乳，使黏合剂在纤维表面产生沉淀，因而形成包覆纤维涂层。

2. 成网之后加入黏合剂　成网之后，在预热或烘燥之后在纤网中加入黏合剂，加入的方法与干法成网非织造布中的黏合加固时所采用的方法基本一样，可采取饱和浸渍法、喷洒法、泡沫法、印花法等。采用的黏合剂有丙烯酸酯、丁腈、丁苯胶乳、乙烯—醋酸乙烯共聚物等。常温下聚合物的硬度与弯曲性在很大程度上取决于聚合物的玻璃化温度，而玻璃化温度与非织造布的拉伸度密切相关，玻璃化温度越高，则非织造布的拉伸强度越大。

（四）后整理机械

湿法成网非织造布的后处理加工主要包括烘燥、烘焙，设备与干法非织造布的热处理类似。在湿法生产中，根据造纸行业的传统习惯，过去以采用烘筒的接触式烘燥方式较多，而现代的湿法非织造布生产线，则以应用红外烘燥与穿透式热风滚筒烘燥较多，很少应用平幅烘燥。旧式造纸机上采用的大烘筒（俗称扬基式烘缸），直径可达 4~6m，用蒸汽作为热源。

在干法成网非织造布后整理加工中应用的一些方法也可应用于湿法成网非织造布，应用较多的有：利用黏合剂的染色、轧花、轧光及专门为改善湿法成网非织造布的悬垂性、手感而进行的起皱整理，用于装饰性的产品则进行滚筒印花或圆网印花等。

第九节　静电纺丝非织造新技术

随着纳米材料特殊功能的发现及纳米技术的发展，纳米纤维的应用领域得到不断拓展。

由纳米纤维构成的纤维网、纤维膜或非织造布具有比表面积大、孔隙率高、长径比大、表面能和活性高、纤维精细程度高、静电驻留性好等特点，因此，在表面吸附、阻隔过滤等方面具有优越性能，被广泛应用于高效过滤、生物医学、航空航天、复合材料、电池电极及微纳米器件等领域，如工业气体和汽车尾气过滤、血液过滤、水处理、创伤敷料、组织工程支架、防毒面罩、特种防护服、太阳帆、储能材料、电池隔膜、生物传感器等。几种典型的纳米纤维的应用，如图 5-86 所示。

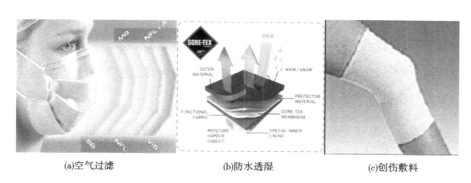

(a)空气过滤　　　　　　　(b)防水透湿　　　　　　　(c)创伤敷料

图 5-86　纳米纤维的应用

目前，纳米纤维制备方法有多种，如拉伸法、模板合成法、相分离法、自组装法、静电纺丝等。其中，拉伸法即利用拉伸的方法制备单根纤维，例如熔喷、纺粘等非织造法，该方法可实现规模化生产，但是只适用于具有热塑性的黏性聚合物材料，应用范围窄，不利于开发新材料；模板合成法是利用模板或者模具获得指定结构的纤维，该方法可通过使用不同模板制备不同直径的纤维，但生产效率较低，不能制备连续的纳米纤维，且纤维直径范围小；相分离法是利用溶剂与纤维材料两相的物理不相容性将溶剂相萃取出来而剩余纳米纤维材料的方法，该方法对设备精度要求低，但可制备的聚合物种类有限；自组装法是利用分子间的作用力将小的分子结构单元组装形成纳米纤维，该方法易获得较细的纳米纤维，但制备过程相对复杂；静电纺丝是通过高压直流电源产生的电场力拉伸聚合物溶液或熔体来制备纳米纤维的方法，与前几种方法相比，静电纺丝法是一种简单有效的制备纳米纤维的方法，属于非织造领域的新型纺丝技术。

溶液静电纺丝本质上属于干法纺丝，纳米纤维按二维扩张的形式即可制成非织造布，因此在纺丝后无须再进行加工。静电纺丝法在室温下即可纺丝，含有热稳定性不好的化合物的溶液也可纺丝。另外，静电纺丝原料来源广泛，目前已发现有 200 多种聚合物可以利用静电纺丝技术制备纳米纤维，包括天然高聚物、合成高聚物及再生纤维素等。

一、静电纺丝原理

静电纺丝概念是在 1934 年由美国的 Formhals 提出的。1964 年，Taylor 第一次提出了液滴

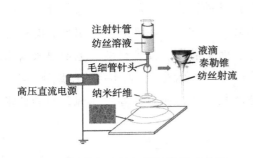

图5-87　传统单针头静电纺丝示意图

在高压电场中被拉伸呈锥形的完整理论。如图5-87所示为传统单针头静电纺丝示意图，静电纺丝技术是从单液滴泰勒锥激发理论发展而来。

（一）单液滴泰勒锥激发理论

在毛细管针头上加高压直流电，当液体从毛细管口流出时，由于表面张力的存在，液体在管口形成椭球形液滴，且液滴表面充满电荷，随着电压的升高，同种电荷斥力不断增大，液滴逐渐变成锥形。当电压达到一临界值时，静电斥力克服液体的表面张力而形成射流。Taylor研究发现，形成射流的泰勒锥角度为49.3°，临界电压公式为：

$$V_c^2 = \frac{4H^2}{L^2}\left(\ln\frac{2L}{R} - \frac{3}{2}\right)(0.117\pi\sigma R)$$

式中：H——接收距离；

$\quad\quad L$——纺针长度；

$\quad\quad R$——纺针管口半径；

$\quad\quad \sigma$——液体的表面张力系数；

$\quad\quad V_c$——临界电压。

2001年，Yarin建立了双曲面结构的带电液滴数学模型，如图5-88所示，建立椭球坐标系ξ和η，假设双曲面BCD尖端到等势面$z=0$的距离为a_0，变量ξ和η的范围分别为$0 \leq \xi \leq \xi_0 < 1$，$0 \leq \eta \leq \infty$，双曲面$BCD$在$\xi = \xi_0$时与等势面$z=0$之间的电势差大小为：

$$\Phi = \varphi_0 \cdot \frac{\ln[(1+\xi)/(1-\xi)]}{\ln[(1+\xi_0)/(1-\xi_0)]} + C$$

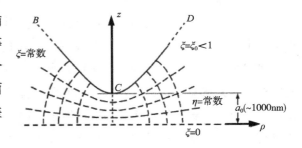

图5-88　双曲面结构的带电液滴数学模型

式中：$\varphi_0 = C_0(\sigma a_0)^{1/2}$，$C_0$为无量纲因子，$\sigma$为纺丝溶液表面张力系数，$C$为常数。对电势差$\Phi$求最大值，获得临界双曲面的半锥角度数为33.5°，从而建立了泰勒锥模型。

（二）液面自由重组理论

液面自由重组理论即利用高压电场在自由液体表面直接激发产生泰勒锥形成喷射流，该理论是Lukas在电流体动力学基本理论基础上总结出来的，其原理如图5-89所示，在静电纺丝发射极与接收极之间施加高压直流电压U，此时两极之间的电场强度为E_0，同时溶液被极化，并产生一个与电场强度E_0方向相反的感应电场E_p，外加电场与感应电场之间相互作用，在纺丝溶液与空气接触面处形成耦合静电力，静电力会增强溶液表面薄膜的不稳定性，使薄膜表面产生波长为 λ 的周期性波动，并且流体会以平均速度为 v 的速度沿水平方向运动，使溶液在界面处呈起伏分布，随着波动幅度的增大变形成了泰勒锥。

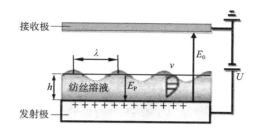

图 5-89 液面自由重组原理图

该理论中，扰动波长满足以下公式：

$$\lambda = \frac{12\pi\sigma}{2\varepsilon E_0^2 + \sqrt{(2\varepsilon E_0^2)^2 - 12\sigma\rho g}}$$

式中：ρ——液体的密度；

g——重力加速度；

σ——液体的表面张力；

ε——真空绝对介电常数；

E_0——外加电场强度。

根据该方程可知，增大电压后，液体的扰动波长会变小，进而会增大射流密度，提高纳米纤维的产量。

二、静电纺丝技术及设备

静电纺丝设备一般包括高压电源发生器、纺丝头、供液系统和纤维接收装置。其中，纺丝头是静电纺丝设备的核心。随着纳米纤维应用领域的不断拓展，迫切要求提高静电纺丝产量。按照纺丝头的纺丝机理不同，静电纺丝宏量制备技术可以归纳为多针头静电纺丝和无针头静电纺丝两类。

（一）多针头静电纺丝技术及设备

为了提高静电纺丝产量，最直接的方法就是借鉴传统单针头静电纺丝机理，增加纺丝喷头数量，从而出现了多针头静电纺丝技术。该类技术是在高压电场中通过某种方式排列一定数量的毛细针头或者一定直径的孔隙来实现多射流。图 5-90 所示为韩国 Top Tech 公司的多针头静电纺丝设备，图 5-91 所示为西班牙 Yflow 公司的多针头静电纺丝设备。

多针头静电纺丝技术的优势是：喷丝头具有尖端效应，可产生较高场强，易激发泰勒锥。该类方法能耗低，并且供液方式密闭，纺丝溶液体系稳定，但是存在一

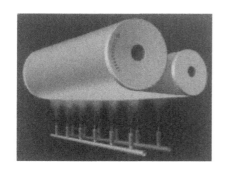

图 5-90 Top Tech 公司多针头静电纺丝设备

个根本缺陷，即毛细针孔及微孔管直径小，而纺丝溶液多为黏度较大的高聚物，因此纺丝针头容易堵塞、不易清洗，这从根本上阻碍了针头式静电纺丝的工业化进程。为此，众多学者和企业研究人员避开针头式静电纺丝方法，转而探索研究无针头静电纺丝技术。

图 5-91　Yflow 公司 40 喷头静电纺丝装置

（二）无针头静电纺丝技术及设备

无针头静电纺丝技术是基于液面自由重组理论实现纳米纤维规模化制备，即利用机械外力、电磁力、气压膨胀等作用力辅助液面扰动，使其在高压电场的驱动下在自由液体表面直接形成喷射流。该类方法不存在纺丝喷头堵塞、纺针间静电场彼此削弱等问题，还可大大提高静电纺丝产量，因此，无针头静电纺丝技术正得到深入研究与不断发展，如表 5-2 所示。

表 5-2　无针头静电纺丝技术及装置

静电纺丝技术	静电纺丝装置	静电纺丝技术	静电纺丝装置
第一代纳米蜘蛛		磁场扰动静电纺丝	
第二代纳米蜘蛛		气泡静电纺丝技术	
螺旋线圈式静电纺丝		旋转金属锥式静电纺丝	

续表

静电纺丝技术	静电纺丝装置	静电纺丝技术	静电纺丝装置
阶梯金字塔式 静电纺丝		"瀑布型"多板式 静电纺丝	
分形静电纺丝		实心针旋转静电纺丝	

在无针头静电纺丝技术中，纺丝头的形状及作用机理对于泰勒锥形成、纺丝过程、纤维形貌以及生产效率具有重要影响。目前，根据纺丝头工作机理的不同，可将无针头静电纺丝技术分为曲面发射、水平面发射、线型发射、点发射等类型。

1. 曲面发射静电纺丝　2004年，捷克Elmarco公司采用金属圆柱辊筒作为纺丝头，推出了第一代纳米蜘蛛（NanospiderTM）。如图5-92所示，圆柱形辊筒作为纺丝电极，部分浸入聚合物溶液中，通过自身旋转将溶液带动至顶部纺丝区域，纺丝电极与接收电极之间形成高压静电场，将射流拉伸形成纤维，并沉积在基材上，形成纤网。该方法纺丝产量高，是曲面发射静电纺丝的典型代表，但由于电压施加面积较大，需要较高的电压，能耗较高。另外，圆柱纺丝头置于开放的溶液槽中，溶

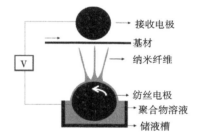

图5-92　第一代纳米蜘蛛：转辊式
静电纺丝示意图

剂容易挥发，导致纺丝液浓度随着溶剂的挥发而发生变化，从而影响纺丝质量。

2. 平面发射静电纺丝　平面发射静电纺丝方法一般是直接借助重力、磁力或气体压力等从水平液面直接激发射流实现纺丝，该类方法借助外力激发喷射点，可以减小外加电场的作用，实现低能耗。

图5-93所示为2004年出现的磁溅射静电纺丝方法，喷丝头具有双层结构，下层为磁流体，上层为纺丝溶液，在磁力作用下，磁流体会形成突起，同时上层纺丝溶液会随磁流体形成波浪状，在高压电场中突起位置便会形成喷射流。然而，由于喷丝头结构相对复杂，且纺丝过程不易控制，所得纤维比较粗糙，直径差异较大，导致该无针头静电纺丝技术没能得到推广。

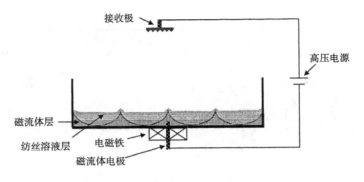

图 5-93　磁溅射静电纺丝示意图

3. 线型发射静电纺丝　线型发射静电纺丝的代表是 2012 年捷克 Elmarco 公司推出的第二代纳米蜘蛛（表 5-2），采用一根细金属丝作为纺丝发射极，采用封闭式储液盒往复涂抹法为纺丝发射极提供纺丝溶液，有效避免了溶剂挥发问题。但是，纺丝溶液涂抹过程伴随着大量液滴滴落问题，滴落的溶液回收问题难以解决，且储液盒在电场中运动对纺丝效果有不良影响。

澳大利亚迪肯大学提出了圆锥形金属线圈、多圆盘、多圆环、螺旋线圈（表 5-2）等无针头静电纺丝技术。在锥形金属线圈作为纺丝头时，溶液从线圈内部流出，在线圈外表面形成大量纺丝射流，纤维产量比单针头提高了 13 倍，纤维直径也有所减小，但是纤维不连续，纺丝时的电压较高（45kV），还需根据聚合物溶液的流变性质和表面张力调节线圈的间距，不适合工业化生产；旋转圆盘纺丝头有利于提高纤维产量，用螺旋线圈取代旋转圆盘时，螺旋线周围的电场更强，所得纤维品质更好，产量更大，增加线圈的长度和直径或者减小线圈节距均可以提高纤维产量。与"纳米蜘蛛"的圆柱形滚筒喷丝头相比，螺旋线圈喷丝头所需临界纺丝电压较低，纺丝产量和纤维品质更高。

4. 点发射静电纺丝　与多针头静电纺丝相比，上述无针头静电纺丝技术具有无堵塞、易清理且生产效率大幅提高等优势，但是它们的纺丝发射极大多为无尖端型面，且加压面积大，要激发纺丝射流需要更高的电压，导致能耗较高。此外，由于是液体表面自由重组形成纺丝射流，泰勒锥产生的位置和状态不可控，所得纤维粗细不匀，产品质量难以控制。为此，表 5-2 所列的基于实心针的规模化静电纺丝技术和基于分形原理的静电纺丝技术等相继被提出，此类技术中，纺丝头具有尖端，纺丝临界电压以及生产能耗得到大幅度降低，但是仍然存在开放式供液造成溶剂挥发，纺丝区域喷射点场强不均匀，带液量不同造成的纤维质量难以控制等问题。

三、静电纺丝技术的发展方向

目前，在静电纺丝纳米纤维宏量制备方法及工艺方面，出现了多针头静电纺丝技术及无针头静电纺丝技术，但存在诸多问题：多针头式静电纺丝设备存在针头易堵、不易清理导致可纺黏度小的问题，特别是多射流间存在库仑斥力和 End effect 现象，导致纺丝不匀、生产效率较低；无针头静电纺丝设备虽然不存在传统静电纺的针头堵塞问题，产量比针头式静电纺装置提高了很多，但是存在开放式供液造成的溶剂挥发，导致纺丝溶液体系发生变化、产品质量难以控制、能耗较高等问题，往往给工业化生产带来很大不便。

目前，静电纺丝技术在纤维质量稳定性控制及纤维产量预测方面的研究较少，特别是无针头静电纺丝方法，开放式的纺丝溶液体系本身就处于不稳定状态，故而难以实现对泰勒锥激发形态的预知及稳态控制，加之存在发射极加压面积大造成的高能耗问题，制约了溶液静电纺丝纳米纤维绿色可控制备的工业化进程。因此，将降低能耗、密闭供液作为基本要求，研究多泰勒锥稳定诱导的理论及方法是静电纺丝技术的发展方向，在实现宏量制备纳米纤维的同时，更要注重纤维质量与节能环保。

本章主要专业词汇的汉英对照

专业词汇	英文	专业词汇	英文
非织造机械	nonwoven machinery	纺粘机械	spunbonding machinery
开松混合机械	open mixing machine	熔喷机械	melt blowing machinery
成网机械	netting machinery	湿法机械	wet process machinery
铺网机械	mesh laying machine	静电纺丝技术	electrospinning technology
固网机械	fixed network machinery	针刺机	acupuncture machine

☞ **思考题**

1. 非织造技术的分类及其主要机械有哪些？

2. 简述喂入、开松及混合机械的机构原理。

3. 梳理成网机械、气流成网机械及离心动力成网机械各有何特点？

4. 简述化学黏合法、针刺法、热黏合法及水刺法加固工艺及其相关机械。

5. 说明纺粘法工艺流程、主要机械的结构特点及其基本工作原理。

6. 说明熔喷法生产工艺流程及其主要机构。

7. 简述静电纺丝的基本原理。

8. 多针头静电纺丝和无针头静电纺丝分别存在哪些不足。

第六章　染整机械

本章知识点

1. 染整的基本内容，染整机械的分类、要求及特点。
2. 染整机械的通用装置，其单元机的构成和特点。
3. 练漂机械的构成和特点。
4. 染色机械的构成和特点。
5. 印花机械的构成和特点。
6. 整理机械的构成和特点。
7. 染整机械多电动机同步控制的方法。

第一节　染整概述

染整是指纺织品通过浸轧、洗涤、烘燥、蒸化等物理化学方法进行加工处理，使其具有多种附加功能的加工过程，几乎所有纺织品都需经过染整加工后才能满足服装、装饰、工业及国防对纺织品性能和质量的要求。性能优良的染整设备是印染新技术、新工艺应用的技术保证。

一、染整的基本内容

纺织品染整加工通常包括预处理、染色、印花及后整理等内容，对于不同的纤维原料、织物组织结构、规格、成品用途和要求，其染整加工工艺过程和使用的设备也不同。这里重点介绍棉织物和毛织物的染整工艺过程。

（一）棉织物的预处理

棉织物在染色、印花及整理工序之前要进行预处理加工，以除去棉纤维中的天然杂质及纺织过程中带来的浆料污物，为后续工序提供合格的半成品，以保证成品质量。预处理包括原布准备、烧毛、退浆、煮练、漂白等工序。

1. 原布准备　原布准备包括原布检验、翻布（分批、分箱、打印）和缝头等操作。染整加工之前，对原布的规格和品质进行检验，发现问题及时采取措施，以保证成品的质量和避免不必要的损失；翻布是为了便于识别和管理，把同规格、同工艺原布划为一类加以分批分箱并打上印记，标出原布规格、加工工艺、批号、箱号或卷号、发布日期、翻布工代码等；

缝头是为了确保成批布连续地加工，将不同长度的原布加以缝接。

2. 烧毛　练漂前的织物表面上通常会有长短不一的绒毛，为了防止在染色、印花时因绒毛存在而产生染色或印花疵病，一般要采用烧毛的方法去除这些绒毛，使布面光洁整齐。烧毛是将平幅织物迅速地通过火焰或擦过炽热的金属表面，使布面上存在的绒毛很快升温而燃烧，而布身比较紧密，升温较慢，在未升到着火点时，即已离开了火焰或炽热的金属表面，从而达到既烧去绒毛，又不使织物损伤的目的。烧毛必须均匀，否则经染色、印花后便呈现色泽不均。烧毛的火焰温度通常在1000℃左右，炽热金属表面的温度也达800℃，都高于各种纤维的分解温度或着火点。

烧毛机械有气体烧毛机和热板烧毛机两种。气体烧毛机的热源一般为煤气、石油气和汽油等；热板烧毛机有圆筒烧毛机和铜板烧毛机等类型。

3. 退浆　织物经纱在织造前一般都经过上浆处理。但在染整过程中，如果浆料薄膜仍包住经纱，则会影响织物的渗透性，阻碍染料等化学品与纤维接触，因此含有浆料的织物都要进行退浆处理。退浆是织物练漂的基础，要求把原布上大部分的浆料去除，以利于煮练和漂白加工，退浆时也能去除部分天然杂质。

通常情况下，利用酶、碱、酸等退浆剂充分浸渍织物，使织物上附着的浆料溶胀，再进行充分洗涤，把已溶胀而仍黏附在织物上的浆料全部清除掉。退浆可根据原布的品种、浆料的组成情况、退浆要求和工厂设备选用适当的退浆方法。

4. 煮练　退浆去除了大部分浆料、油剂及小部分天然杂质，但大部分如蜡状物质、果胶物质、棉籽壳等天然杂质，部分油剂和少量浆料还残留在织物上，还不能适应染色、印花加工的要求。为了使棉织物具有良好的吸水性和一定的白度，有利于印染过程中染料的吸附、扩散，在退浆以后，还要经过煮练，进一步去除残存的杂质。

煮练剂通常以烧碱为主练剂，根据需要还加入一定量的表面活性剂、亚硫酸钠、硅酸钠、软水剂等助练剂。织物需充分浸渍煮练剂，并保证一定的温度和作用时间。

按织物进布方式，可分为绳状煮练和平幅煮练；按机器操作方式，可分为间歇式煮练和连续汽蒸煮练。煮练机械有煮布锅、常压绳状连续汽蒸练漂机、低张力绳洗机、常压平幅汽蒸煮练设备等，此外，卷染机、溢流染色机等机械除了用于染色，也可以用来煮练。

5. 漂白　棉织物煮练后，杂质明显减少，吸水性有很大改善，但由于纤维上还有天然色素存在，其外观尚不够洁白，一般还要进行漂白，否则会影响染色或印花织物色泽的鲜艳度。漂白的目的在于破坏色素，赋予织物稳定的白度，同时要求纤维不受到明显的损伤。

根据织物品种的不同及对白度要求不同，可采用过氧化氢漂白、次氯酸钠漂白、亚氯酸钠漂白等不同的生产工艺。次氯酸钠漂白工艺由于存在环境污染问题，目前已逐渐被淘汰，其工艺流程如图6-1所示。影响漂白工艺的因素有漂液的浓度、pH值、作用时间及温度等。

6. 开幅、轧水、烘燥　经过练漂加工后的绳状织物必须回复到原来的平幅状态，才能进行丝光、染色、印花或整理。为此，必须通过开幅、轧水及烘燥工序，简称开轧烘。

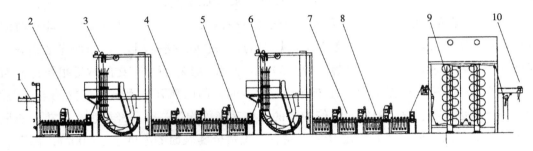

图 6-1　次氯酸钠漂白工艺流程

1—进布　2—浸轧次氯酸钠　3—堆置　4,8—水洗　5—浸轧酸液　6—带酸堆置　7—中和　9—烘燥　10—落布

绳状织物扩展成平幅状态的工序叫开幅，且在开幅机上进行。开幅机有立式和卧式两种。开幅后轧水能消除绳状加工工序造成的皱折，使布面平整，还能使织物含水减少并均匀一致，利于烘干。棉织物经过轧水后，还含有一定量的水分，这些水分还需通过烘燥的方式去除，一般采用烘筒烘燥机烘干织物。

7. 丝光　在张力条件下，用浓烧碱溶液处理纤维素纤维织物的加工工艺叫作丝光。棉织物或棉纱线经过丝光后，棉纤维除了获得良好的光泽外，尺寸稳定性、染色性能、拉伸强度等都获得一定程度的提高和改善。影响丝光效果的主要因素是碱液的浓度、温度、作用时间以及对织物所施加的张力。

棉织物丝光所用的丝光机械有布铗丝光机、直辊丝光机及弯辊丝光机三种。阔幅织物用直辊丝光机，其他织物一般用布铗丝光机丝光。

（二）织物染色

染色是把纤维制品染上颜色的加工过程，是借助染料与纤维发生物理或化学的结合，或者用化学的方法在纤维上生成颜色，使整个纺织品色泽均匀且有一定色牢度。染色是在一定温度、时间、pH 值和所需染色助剂等条件下进行的。

按纺织品形态的不同，染色主要有织物染色、纱线染色、散纤维染色三种。纱线染色多用于纱线制品和色织物或针织物所用的纱线。散纤维染色则多用于混纺织物、交织物和厚密织物所用的纤维。各类纤维制品的染色，如纤维素纤维、蛋白质纤维、再生纤维和合成纤维制品的染色，都有各自适用的染料和适应的工艺条件。

1. 染色的过程

（1）吸附。当纤维进入染浴以后，染料先扩散到纤维表面，然后渐渐地由溶液转移到纤维表面，这个过程称为吸附。

（2）扩散。吸附在纤维表面的染料向纤维内部扩散，直到纤维各部分的染料浓度趋向一致。由于吸附在纤维表面的染料浓度大于纤维内部的染料浓度，促使染料由纤维表面向纤维内部扩散。此时，染料的扩散破坏了最初建立的吸附平衡，溶液中的染料又会不断地吸附到纤维表面，吸附再次达到平衡。

（3）固着。固着是染料与纤维结合的过程，染料和纤维不同，其结合方式也各不相同。

上述三个阶段在染色过程中往往是同时存在的，不能截然分开，只是在染色的某一时刻某个过程占优势而已。

2. 染料　纺织品染色使用的染料种类很多，具体特点如表6-1所示。

表6-1　染料的种类和特点

染料	适用范围	工艺特点	典型工艺
直接染料	棉、麻、羊毛、丝黏胶纤维	一般能溶解于水，可不依赖其他助剂而直接上染	卷染、浸染、轧染
活性染料	棉、麻、丝黏胶纤维	直接上染，使用碱剂固色处理	浸染→烘干→浸轧固色液→汽蒸→水洗→皂洗→水洗→烘干
还原染料	纤维素纤维	在碱性条件下经还原剂还原才能溶解于水。染在纤维上后，经过氧化，再回复成不溶性染料	浸轧悬浮体染液→烘干→轧还原液→汽蒸→水洗→氧化→皂煮→水洗→烘干
硫化染料	纤维素纤维	染色前需要还原、溶解才能上染纤维，然后氧化，回复成不溶性染料	卷染
不溶性偶氮染料	棉、麻、黏胶纤维	由色酚、色基两个中间体组成，染色时，溶解在烧碱中的色酚先上染，然后浸轧色基重氮化溶液，二者在纤维上偶合显色，生成不溶性偶氮染料固着	棉布打底→烘干→透风冷却→浸轧显色液→汽蒸→透风→水洗→皂煮→水洗→烘干
酸性染料	羊毛、丝、锦纶	可溶于水，在酸性或中性介质中上染蛋白质纤维和聚酰胺纤维	浸染、卷染
阳离子染料	腈纶	染料分子溶于水呈阳离子状态	浸染、卷染
分散染料	涤纶、锦纶	在水中溶解度很低，染色时用分散剂将染料分散成极细颗粒，在染浴中呈分散状态对纤维染色；也可以使染料受热升华与纤维结合	高温高压溢流染色、热熔染色

3. 染色方法　根据把染料施加于染物和使染料固着在纤维上的方式不同，染色方法可分为浸染和轧染两种。

（1）浸染。浸染是将织物反复浸渍在染液中，使织物和染液不断相互接触，经一定时间使染料上染纤维并固着在纤维上的染色方法。浸染时，染液和织物可以同时循环，也可以只循环一种。它适用于散纤维、纱线和小批量织物的染色。

浸染设备较简单，操作较容易，适用于各种类型染物的染色。但由于是间歇式生产，劳动生产率较低。浸染时染物质量与染液体积之比叫作浴比。染料用量一般用对纤维质量的百分数表示，称为染色浓度。

浸染时，染液各处的温度和染料助剂的浓度要均匀一致，被染物各处的温度也要均匀一致，否则就会染色不匀，因此染液和染物的相对运动是很重要的。浴比的大小对染料的利用率、能量消耗和废水量等都有影响。浸染法所用染料通常采用分次加入的方法以求染色均匀，并加促染剂以提高染料的利用率。

（2）轧染。轧染是将织物在染液中经过短暂的浸渍后，随即用轧辊轧压，将染液挤入纺织物的组织空隙和纤维中，并除去多余的染液，使染料均匀分布在织物上，染料的上染在后处理过程中完成。

织物浸在染液里一般只有几秒到几十秒，浸轧后织物上带的染液（通常以轧液率表示）不多，不存在染液的循环流动，没有移染过程。轧染一般是连续染色，染物所受张力较大，通常用于机织物的染色，丝束和纱线有时也用轧染染色，它适用于大批量织物的染色。

轧液率表示织物中的干基含水率，即以织物中含的水分质量除以干布质量的百分率计算。轧液要求均匀，前、后、左、右的轧液率要求均匀一致。

轧液后，经汽蒸或焙烘（或热熔）等方法使染料或染料与化学品作用后，扩散进入纤维内部与纤维固着，之后再根据不同要求进行水洗、皂洗等后处理，最后经烘筒烘干。

（3）超临界二氧化碳无水染色新技术。该项新技术改变了以水为溶剂的传统染色工艺，实现了无污染、零排放的清洁化生产，能节约大量的水资源。

二氧化碳在温度$\geq 31.06℃$、压力$\geq 7.39MPa$时，会达到超临界状态，在超临界范围内的物质既不是气体，也不是液体，兼具气体和液体的双重特性。超临界二氧化碳能溶解染色剂，并能在染色程序完成后迅速挥发。这一特性应用于染色技术，具有上染率高、色牢度好、工艺流程短、占地面积小、染料和二氧化碳可循环使用的特点，且具有选择性好、无毒、易分离、无残留、价廉等优点，可满足小批量多品种的生产要求。

（三）织物印花

织物印花是在纺织品上通过特定的机械和化学方法，局部施以染料或涂料，从而获得有色图案的加工过程。其生产过程通常包括筛网制版（或花筒雕刻）、色浆配制、印制花纹、蒸化及水洗处理等工序。

在印花加工中，印花按使用的设备可分为筛网印花、滚筒印花、转移印花及喷墨印花等；按印花工艺可分为染料印花、涂料印花及特种印花，染料印花又分为直接印花、拔染印花、防染印花等。

印花必须用染料、糊料及必需的化学药品调制成印花色浆，这样才能避免染料印制到织物上产生的渗化现象，得到精致的花纹。织物在印花后通常都要进行蒸化处理，使色浆中的染料扩散进入纤维，或者与纤维反应而固着。蒸化处理后，纺织品上的糊料、残余的染料及化学药剂等物质，必须通过水洗加以去除。活性染料印花还需要皂洗，还原染料需要经过皂煮才能获得预期的色泽、色牢度及手感。

1. 平网印花　平网印花前，使用贴布浆将织物固定在印花台板上。印花时，筛网框平放在织物上面，把印花色浆倒入筛网框内，用刮刀在筛网上均匀刮浆，色浆通过筛网空隙印到织物上。一套颜色印好后，继续下一套色的印花，直至全部花纹印好。平网印花已从半机械化发展为全自动化。

2. 圆网印花　平面的筛网改为圆筒形镍网，便成为圆网印花。圆网由金属镍制成，圆网上面有孔洞组成的花纹。圆网安装在印花机两侧的机架上。色浆刮刀安装在圆网内的刮刀架上，色浆经给浆泵通过刮刀刀架进入圆网中。印花时，被印织物随循环运行的导带前进，织物紧紧粘贴在导带上不松动。圆网在织物上方固定位置上旋转，印花色浆经刮浆刀的挤压作用透过圆网孔洞印到织物上。织物印花以后，进入烘干机械。

圆网印花机根据圆网排列的方式不同，可分为卧式圆网印花机、放射式圆网印花机以及立式圆网印花机。

3. 滚筒印花　织物紧贴在承压滚筒上，刻有花纹的花筒通过一定压力作用，将印花色浆施印在织物上。滚筒印花机可分为放射式、立式、倾斜式及卧式等数种，而以放射式使用较普遍。滚筒印花的特点是劳动生产率高，印花花纹的轮廓清晰，但由于机械张力较大，一些容易变形的织物，如针织物、合成纤维绸缎等因对花困难而不太适用。

4. 转移印花　转移印花是先将染料印到纸上，印花时，将转移印花纸的正面与被印织物的正面紧密贴合，在一定温度、压力下，紧压保持一定时间，使转移印花纸上的染料升华而染着到被印织物上，所以也称为气相转移法，目前主要用于合成纤维的热转移法印花。其他的转移印花方法有熔融转移印花法和剥离转移印花法，但实际应用很少。

转移印花设备简单，操作简便，转移后不需蒸化、水洗等后处理，节省能源，又无污水等问题。转移印花设备有平板热压机、连续转移印花机及真空转移印花机。

5. 喷墨印花　喷墨印花的工作原理与计算机喷墨打印机的原理基本相同，是通过各种数字输入手段把花样图案输入计算机，经计算机分色处理后，将各种数字信息运算存储，通过计算机控制喷嘴，将需要印制的图案喷射到织物表面上，再经后加工完成印花。该印花方式完全不同于传统印花工艺，具有加工流程短、精度高、环保节能等优点，但对生产所使用的墨水有特殊要求，目前还存在生产速度不高的缺点，但喷墨印花具有广泛的应用前景。

6. 特种印花　随着高分子化学的发展和新材料的不断出现，印花加工中常用一些特殊的材料和方法来印制特殊效果的花纹，如发泡印花、静电印花、烂花印花、泡泡纱印花、发光印花、透明印花、珠光印花及静电植绒转移印花等。

（四）棉织物的后整理

织物整理通常是指织物在练漂、染色或印花以后的加工过程。通过物理、化学或物理化学加工，改善织物的外观和内在质量，提高服用性能或赋予其特殊功能。

1. 整理的作用

（1）形态稳定整理。改善织物形态、尺寸稳定性，如拉幅、防缩及热定形等。

（2）织物外观整理。提高织物的白度、光泽，或者使织物表面形成凹凸花纹或绒毛等，如增白、轧光、电光、轧纹、起毛、拉绒等。

（3）改善织物手感整理。使织物获得不同的手感，如柔软、硬挺等。

（4）特殊功能整理（特种整理）。使织物具有一些特殊的功能，如防水、拒水、拒油、易去污（防污）、阻燃、抗菌、抗静电、防紫外线、仿真丝绸、仿毛麻等。

2. 织物整理的分类

（1）物理整理。利用水、热、压力及拉力等物理作用来达到整理目的，如拉幅、轧光、电光、轧纹、起毛、拉绒、剪毛、机械预缩、机械柔软及热定形等。

（2）化学整理。采用一定的化学药品，与纤维发生化学作用，从而达到整理目的，如化学柔软和硬挺、防水、拒水、拒油、防污、阻燃、抗菌、抗静电、防紫外线、仿真丝绸、仿毛、仿麻、防蛀、防霉等。

（3）物理化学整理。采用化学和物理联合加工方法来达到整理目的，如耐久性轧光、电光、轧纹整理及涂层整理等。

3. 整理的方法

（1）定幅（拉幅）。定幅整理是利用纤维在潮湿状态下具有一定的可塑性能，在加热的同时，将织物的幅宽在一定尺寸范围内缓缓拉宽至规定尺寸。通过拉幅消除织物部分内应力，调整经纬纱在织物中的状态，使织物幅宽整齐划一，纬向获得较为稳定的尺寸。棉织物常采用布铗热风拉幅机（热拉机），热风拉幅机的拉幅效果较好，而且可以同时进行上浆整理和增白整理。

（2）机械防缩（机械预缩）整理。机械预缩整理是降低织物经向缩水率的最有效的方法之一，它是对织物进行某种机械处理，使织物经向预先回缩，长度缩短，从而消除或减少以后的潜在收缩。机械预缩的方式因设备不同而异，棉及棉型织物的预缩整理常用设备是胶毯预缩机、呢毯预缩机及阻尼预缩机。

（3）轧光、电光、轧纹整理。轧光、电光、轧纹整理是利用纤维在湿热条件下具有可塑性，经不同条件的轧压后，使纱线被压扁，织物的孔隙率降低，耸立纤毛被压服在织物的表面，使织物变得比较平滑，改变了对光线的反射程度，从而使织物外观得到改善，如光泽增加、平整度提高、表面轧成凹凸花纹等。

（五）毛织物的染整

由于纤维性能的不同，羊毛的染整加工与棉织物区别较大，主要加工内容有选毛、洗毛及炭化等羊毛初步加工，还包括剪毛、缩呢、煮呢、蒸呢等后整理工艺。

1. 洗毛　洗毛的主要作用是去除原毛中的羊毛脂、羊汗及尘土杂质，其方法一般有皂碱法、合成洗涤剂纯碱法及溶剂法等，通常使用耙式洗毛机等机械。

2. 炭化　炭化是从羊毛中去除植物性杂质（如枝叶、草籽及草刺等）。这种方法是基于羊毛纤维和纤维素物质（植物性杂质的主要成分）对强无机酸具有不同的稳定性而实现的。工艺流程由浸轧酸液、脱酸、烘干、焙烘、碎炭除杂、中和、水洗及烘干等工序组成。炭化的方式有散毛炭化、毛条炭化及匹炭化三种，其中散毛炭化通常在散毛炭化联合机上进行。

3. 洗呢　洗呢可除去毛织物中还存在的和毛油、抗静电剂、浆料及烧毛时留在织物上的灰屑、油污、灰尘等杂质。洗呢是利用表面活性剂对毛织物的润湿、渗透、洗涤、乳化及分散等作用，再经过一定的机械挤压、揉搓作用，使织物上的杂质脱离织物并分散到洗涤液中加以去除。

洗呢设备有绳状洗呢机、平幅洗呢机及连续洗呢机。影响洗呢效果的因素有洗涤剂种类、温度、时间、浴比、pH 值、压力、洗后冲洗、呢速等。

4. 煮呢　煮呢是将毛织物在一定的张力和压力作用下，用热水浴处理一定的时间，使毛织物获得稳定的形态、耐久的光泽、柔软丰满的手感、良好的弹性，并提高织物对染料的吸附能力。煮呢是一种湿热定形工序，其主要工艺影响因素有温度、张力、压力、时间及冷却方式等。煮呢机主要有单槽煮呢机、双槽煮呢机及蒸煮联合机等。

5. 缩呢　粗纺毛织物在水和表面活性剂作用下，毛织物通过反复挤压处理，使织物变得结构紧密、手感柔软丰满、尺寸缩小、表面浮现一层致密绒毛的加工过程叫作缩呢。通过缩呢作用，不仅可改善外观，还可控制织物尺寸、单位面积克重等参数，是控制织物规格的重要工序。缩呢效果与缩呢剂的种类、缩呢液的 pH 值、温度及机械压力有密切的关系。常用的缩呢机有滚筒式缩呢机和洗缩联合机两种。

6. 脱水及烘呢定幅　脱水是为了去除湿整理后毛织物中的水分，便于运输和后续烘燥加工。烘呢前，脱水以尽量降低织物含湿量，以缩短烘干时间和节省能源，提高效率。常用的脱水机械有离心脱水机、真空吸水机及轧水机。

烘呢定幅是烘干织物且保持适当的回潮率，同时将织物幅宽拉伸到规定的要求。烘呢机械一般使用多层热风针铗拉幅烘干机，适用于精纺织物和粗纺织物的烘干。工艺条件有烘呢温度、呢速、张力等。

二、染整机械的分类及要求

为满足各种染整生产工艺的要求，染整机械的数量和种类都非常多。根据设备功能的不同，通常将其分为通用单元机、通用装置、练漂机械、染色机械及整理机械等。虽然，染整生产工艺及其设备的要求有所区别，但仍可概括出以下几点共性的要求。

1. 工艺适应性强　通用装置和通用单元机能广泛使用在不同的染整生产机械中，完成特定的功能和作用，如轧、洗、烘、蒸单元机可适用许多联合机的要求。

2. 自动化程度高　染整生产过程中，许多工序或机械要求温度、湿度、压力、速度等参数具有稳定性或按一定的规律变化。随着自动控制技术的不断发展，许多染整机械已广泛应用了计算机自动控制技术。

3. 设备耐腐蚀性好 染整生产较多的使用了各种化学制品，通过合理设计和选材，使机械具有较好的耐腐蚀性，保证安全生产出合格的产品。

4. 重视低碳生产 染整生产要使用大量的水资源和热能资源，且污水废液的排放对环境有不小的影响。所以，降低消耗，防治污染是现今染整生产技术进步的重要方向，如小浴比或无水生产技术、低能耗烘燥技术等。

5. 经济性 降低生产成本，提高产品质量，操作、维修方便。

三、染整机械的特点

从染整设备的性能、工艺要求、应用方法来看，染整设备具有如下特点。

1. 设备种类多 染整加工的对象涉及各种纺织纤维的散纤维、纱线、机织物及针织物等，由于它们染整加工的方法、工艺特点及质量要求各不相同，与之相适应的加工机械也各不相同，因此染整机械的种类繁多。

2. 通用单元机广泛应用 在染整加工过程中，多数工序要有浸轧、汽蒸、水洗、烘燥等基本加工工序，因而这些单元机可以通用，如浸轧机、水洗机、烘燥机、蒸洗机、汽蒸箱等。然而，有些工序是采用专用机完成的，如平网印花机、轧光机、预缩机等。一个完整的染整加工过程，往往采用多台通用单元机和专用机组成联合机进行连续加工。

3. 设备使用的材料种类较多 在染整加工过程中，要采用多种物理和化学的方法对织物进行处理，如高速传动、酸碱处理、高温、高压、超硬、高弹处理等，要求设备或其中某些零部件材料不仅要有一定的刚强度，还必须具有一定的耐腐蚀性和良好的绝热性能。因此，机械所用材料的种类也就较多，如铸铁、碳钢、不锈钢、有色金属、橡胶、纺织纤维、工程塑料、石棉等，都是染整机械的常用材料。

4. 设备的体积较大 为了满足染整工艺所规定的作用时间，许多染整机械同时采用多种专用机械、单元机组成联合机进行加工，故生产流程较长。有些机器要求具有较大的容布量，或者为了适应宽幅织物的加工，机器的宽度较宽。另外，染整机械大多备有可施加机械压力的轧辊组，并在较高布速下运转，为确保这些设备所需的机械强度，减轻机械振动，机架和有关部件需要较大尺寸。因此，染整机械的外形一般比较庞大。

5. 传动要求高 染整生产线或联合机往往是由多台单独传动的通用单元机和专用机组合而成。因此，加工时要求各单元机之间的线速度能根据工艺要求自动同步稳定协调运行，以保证织物在机内和单元机之间速度、张力恒定。否则，织物张力过紧或过松都会影响加工的正常进行，产生疵布。同时，由于加工织物的品种、工艺要求不同，很多机械要求运行布速可以在较大范围内调节。

6. 自动化程度要求高 为了保证机器正常运转，获得良好而稳定的加工质量，合理利用能源，减轻操作人员监视、操作设备的劳动强度，自动控制技术已广泛应用于染整设备。自动控制技术包括染整工艺参数（如温度、流量、液位、流体压力、溶液浓度、织物带液率、烘后含湿量、织物涂层料重量、湿热废气湿度、单位面积织物重量等）的自动检测与调节，以及一些加工过程的程序自动控制和某些机械动作的自动控制。

第二节　染整机械的通用装置和单元机

染整加工通常由染整联合机来完成。染整联合机将各种通用装置和单元机按不同的染整工艺流程排列组合，对织物进行连续加工。

通用装置是在单元机或联合机中具有通用性和特定功能，对完成整个染整加工流程起辅助作用的一类装置。通用装置的种类很多，如导布辊、进出布装置、吸边器、扩幅器、整纬器、线速度调节器等，它们不能独立完成工艺操作，但具有各自的功能，可使织物按照一定的要求，如方向、位置、张力、速度等正常运行，从而保证生产的安全顺利进行和织物的加工质量。

染整单元机可分通用单元机和专用单元机两大类。通用单元机是指在多种联合机中能够通用的单元机，如轧车、烘燥机、平洗机等；专用单元机一般只能完成染整加工中的某一工序，如印花机、预缩机、轧光机等。

一、通用装置

（一）进出布装置

车间堆布车里的织物通常是处于无张力、折叠堆放状态。如果织物直接进入机器加工，则容易产生折皱和歪斜等不正常状态，将影响染整加工的顺利进行和产品质量。为了克服上述现象，一般情况下要使织物先经过进布装置处理后再进入后面的工序。

进布装置能给织物以适当的张力，使织物能平整地进入机台而不致产生折皱，引导织物在机台允许的正常位置运行，防止织物过分左右偏离，使织物表面的灰尘、杂物容易自然落下，或者便于操作人员及时发现并除去，防止尘埃等杂物进入机台而损坏轧辊或影响产品质量。另外，如果发现布打结或未缝头等情况，可及时停车处理，起到缓冲作用。

1. 平幅进布装置　平幅进布装置也称进布架，结构如图6-2所示，适用于平幅织物加工时引导进布。

（1）张力杆。一般由固定在机架上相互平行的一

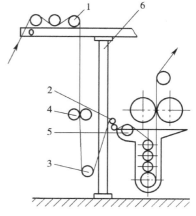

图6-2　平幅进布装置的结构

1—张力杆　2—紧布器　3—导布辊

4—吸边器　5—扩幅辊　6—机架

组导布杆（木杆或镀锌管）组成，利用其表面与织物间的摩擦力来增加织物的经向张力，引导织物运行。

（2）紧布器。紧布器是一种组合的可调式固定导布辊，支架上安装着调节机构及紧布杆。通过调节织物在紧布杆上的包绕角，达到调节织物张力的目的。

（3）导布辊。导布辊是平幅染整设备中最常见的通用件，它的主要作用是支撑和引导织物按一定的方向运行，并调整织物在运行方向上的张力。导布辊有多种形式，通常由导布的辊体和支撑的轴头组成。

2. 平幅出布装置 平幅织物出布采用最多的是摆布式出布。平幅出布装置俗称落布架，其作用是将织物导出工作机台，并且以一定的幅度摆动，使织物整齐地堆入堆布车中。平幅出布装置主要由牵引导布部分、摆动荡布部分、传动系统、机架等组成，如图6-3所示。

3. 落布成卷装置 落布成卷装置是将导出的平幅织物卷绕成布卷的装置，它结构简单、生产效率高。成卷出布方式车速较高，出布平整，卷装容布量大，可以提高生产效率并降低出布和运输的劳动强度。落布成卷装置通常由卷布装置、落轴车及传动机构等部分组成，如图6-4所示。

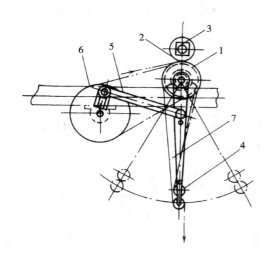 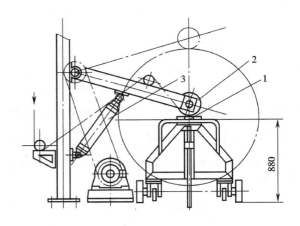

图6-3　平幅出布装置

1—主动出布辊　2—压布辊　3—加压装置　4—落布辊
5—连杆　6—偏心轮　7—平皮带

图6-4　落布成卷装置

1—卷布辊　2—主动辊　3—控制气缸

卷布装置的种类很多，按传动方式来分，有表面摩擦传动卷布装置和主动卷布装置两种方法。表面摩擦传动卷布装置是靠主动辊表面摩擦传动卷布辊，使布卷表面线速度恒定；主动卷布装置是用变速电动机直接传动卷布辊，即随着卷绕直径的增大，卷布辊转速相应减慢，以保持卷取线速度不变。

（二）吸边器

吸边器是平幅导布器的组成部分，一般对称安装在平幅织物两侧的机架上，其作用是保证平幅织物按照规定位置运行，防止织物左右跑偏，同时对织物起到一定的扩幅防皱作用。

吸边器按工作原理可分为释压型和摆动型两大类，目前广泛使用的是释压型。释压型吸边器按其释压机构，可分为重锤型、电动型和气动型；按其控制机构，又可分为触杆式、摩擦轮式和光电式。

（三）扩幅装置

平幅织物在加工过程中通常纬向张力很小，织物容易发生纬向收缩而产生经向皱条，若不及时发现并立即予以清除，皱条将延续、加剧，造成大量疵品，严重影响产品质量，甚至会造成机械的损坏。

扩幅器就是通过机械作用增加织物的纬向张力，达到防皱和去皱的目的。扩幅器有螺纹扩幅器、弯辊扩幅器、伸缩板式扩幅器、锥辊扩幅器以及挠性螺旋扩幅器等。

（四）整纬器

织物在染整加工过程中，由于受到经向连续的拉伸和各种因素的影响，经常会产生纬纱歪斜和弯曲的现象，这种现象一般称为纬斜。如果不及时纠正纬斜，那么在成衣后会使衣服变形，尤其是横条或格子的花布和色织布，变形更为明显，从而严重影响产品质量。

整纬器是纠正纬斜的通用装置，其工作原理是通过整纬机构的机械作用，调整织物各经纱间的相对运行速度，使纬纱弯斜的相应部分"超前"或"滞后"，从而恢复纬纱与经纱在全幅内垂直相交的状态。

整纬器种类很多，常用的有直辊式整纬器、弯辊式整纬器等形式。目前，最新型的自动整纬机采用高灵敏度的光电探测系统对织物进行扫描，使用计算机处理检测数据，并自动驱动直辊或弯辊准确地完成纠纬动作。

（五）线速度调节器

染整联合机中的各单元机的传动已广泛采用单机传动的形式。为了保证织物在运行过程中不致因经向张力失调而发生松弛缠绕或绷紧断裂，造成运行故障或影响产品加工质量，要求各单元机织物运行的线速度必须协调一致。线速度调节器就是通过机械或电气的调节机构来调节有关单元机的运行速度，使织物能在一定的经向张力下，按照基本恒定的线速度连续地进入各单元机台，不致发生松弛或绷紧现象。

线速度调节器按其调节方式可分为张力式、重力式和悬挂式三类。

二、轧压机

轧压机在染整加工过程中作为通用单元机被广泛应用，其作用主要有两个方面。

（1）轧除织物中的水分，降低织物含水率。如在烘燥前轧水以降低烘燥时的能量消耗，各水洗单元之间，安排多浸多轧来提高洗涤效果。这类轧压机一般称为轧水机，特点是要求最大限度地降低织物的轧液率，轧液均匀性为次要指标，有绳状和平幅两种加工形式。

（2）轧除一定量的溶液，控制织物带液量和均匀性。如练漂轧碱液或浸渍染色时，要控制织物具有一定的轧液率并使之均匀地分布于织物中。这类轧压机一般称为轧液机，其轧液率和轧液均匀性指标均要求较高，通常只有平幅加工形式。

（一）轧压机的基本组成

轧压机也称为轧车，主要由轧辊、机架、加压装置、轧液槽、传动装置及安全防护装置等组成。二辊倾斜式气压加压轧车如图6-5所示。

轧车的类型很多，根据机型及加压的大小，可分为大轧车和小轧车；按照轧辊的排列方式不同，可分为立式轧车、卧式轧车及斜式轧车；根据轧车轧辊的数目，可分为两辊轧车和三辊轧车；根据轧车加压方式的不同，可分为液压加压式轧车、气压加压式轧车及重锤杠杆加压式轧车。

1. 轧辊　轧辊是轧车的主要部件，通常主动轧辊由传动装置直接拖动，而被动轧辊则由主动轧辊摩擦带动。轧辊的结构形式很多，如图6-6所示。

轧辊一般由辊轴、辊体、外包层等组成。

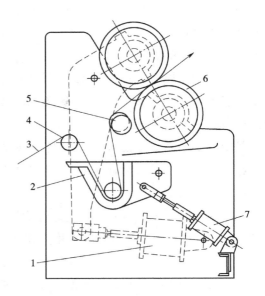

图6-5　二辊倾斜式气压加压轧车

1—加压气缸　2—轧液槽　3—织物　4—导辊
5—扩幅辊　6—橡胶轧辊　7—轧槽升降气缸

辊轴有通轴和短轴两种形式。辊体常用铸铁或无缝钢管制成，需要时可在外面包覆不锈钢或橡胶层，并且高速辊还需校正动平衡。

2. 轧车的加压装置　轧车工作时，要对轧辊施加一定的压力，使轧辊之间的织物受到轧压作用。根据工艺要求，要能够控制加压压力的大小和一定的均匀性。按加压方式的不同，有重锤杠杆加压装置、液压加压装置及气压加压装置等形式。

（1）重锤杠杆加压。重锤杠杆加压装置是用一定重量的重锤通过杠杆作用对轧辊轴头轴承座施压。该形式的加压结构简单，维修方便，但轧点压力波动大，操作不方便，轧点的压力也受到限制，现在已经很少使用。

（2）液压加压装置。液压加压装置是使用液压油缸活塞杆顶起下轧辊两端的支撑，使下轧辊沿导轨压向位置固定的上轧辊，完成加压。这种加压方式容易获得较高的压力，操作方便，使用比较安全，但机器费用较大，并且液压系统必须有良好的密封，以防止漏油及沾污织物。

（3）气压加压装置。气压加压装置是使用气缸顶起轧辊两端的支撑完成加压。其结构简

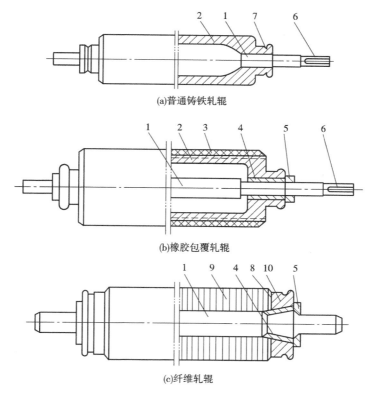

(a)普通铸铁轧辊

(b)橡胶包覆轧辊

(c)纤维轧辊

图 6-6 轧辊的结构形式

1—辊轴 2—辊体 3—外包覆 4—瓦片销 5—红套圈 6—键槽 7—阻水圈 8—过渡层 9—纤维片 10—压板

单，操作方便快捷，便于远程操纵和集中控制，干净清洁，不会因泄漏而对织物造成沾污。同时，由于空气的气压缩性，当通过轧辊轧点的织物厚度发生变化时，气动加压的压力波动较小，轧液率比较均匀。

3. 轧液槽 轧液槽用于存放各种浸渍液，根据织物加工的工艺要求及操作，需考虑以下因素。

（1）轧液槽的容积。轧液槽的容积必需足够大，织物要在处理液中有足够的浸渍时间，以保证织物充分浸透。但是，轧液槽的结构要尽量紧凑，以便于槽内染液的更新和减少残液量。因此，可以在槽内排列多根导布辊，以增加浸渍时间，还可以在槽内加装小轧辊，以强化织物的浸渍过程。

（2）使用操作。槽内的导布辊或轧辊要合理安装，不能有泄漏现象，要便于穿布和清洁。槽底要装排液阀，以便排除废液。如果需要对溶液加温、保温或冷却，可在槽底或两侧装蒸汽管，或在槽外装传热夹套，以通入蒸汽或冷却水。

（3）材料。轧液槽的材料应根据溶液的化学性质（腐蚀情况）来选择。可以选用普通钢板或不锈钢板焊接，结构要尽量简单，不仅要减少制造成本，还要方便槽内的清洁工作。

（二）轧水机

轧水机是用于除去湿织物上多余的水分。在不损伤织物纤维的前提下，轧液率越小越好。影响轧车轧液率的主要因素有轧压压力、轧辊的结构尺寸、材料硬度以及轧压的工艺参数等。下面介绍几种轧水效果比较好的轧压方式。

1. 小直径轧辊 在同样的工艺条件下，较小直径的轧辊可以获得较大的线压力和轧点压强，从而降低轧液率，提高轧水效率。但是，小直径轧辊的刚度较小，使轧液的不均匀大大增加，所以必须采取措施保证小直径轧辊的刚度，以满足使用要求。

在三辊轧车中，可采用小轧辊配在中间的形式提高轧辊的刚度；在两辊轧车中，则可通过改进加压方式加以克服，如气袋均布加压式轧车和水压式轧车。

气袋均布加压式轧车如图6-7所示。轧车顶部有一只气袋，当压缩空气进入气袋后，使气袋向下膨胀，通过双排支承座及多个小压力辊，使小直径的上轧辊加压。这种轧车轧液比较均匀，压力波动也小，其缺点是加压和卸压的动作比较缓慢，且上轧辊表面易被压力辊磨损。

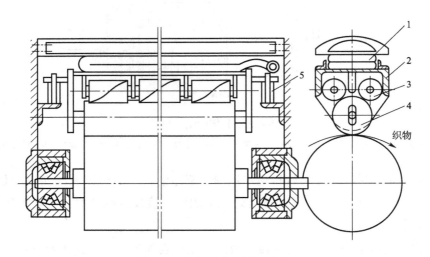

图6-7 气袋均布加压式轧车

1—气袋 2—双排支承座 3—小压力辊 4—小直径上轧辊 5—弹簧

水压式轧车的上轧辊为普通橡胶辊，固定在机架上，下轧辊是一只浮在水面上的小直径浮压辊，用聚酰胺材料制成。利用水压系统，将浮压辊均匀地压向上轧辊，这样，小直径的浮压辊就不会产生挠度，但该设备需要配备一套水压装置，浮压辊和水之间的密封件又易磨损，因此水压式轧车现在较少使用。

2. 微孔弹性轧辊 微孔弹性轧辊是一种由涂胶纤维薄片经压制而成的高效轧水辊，轧辊表面有许多微孔，在一定条件下可以吸附进或排出水分。

微孔弹性轧辊的轧水原理如图6-8所示。由于辊体微孔的毛细管作用，当弹性轧辊与织物接触时，织物中的水分被吸到微孔中，同时，由于辊体具有较好的弹性，当织物进入轧点至轧点中点（图6-8中 ao 段）时，微孔中水分及空气被压出，且轧辊对织物纱线间的水分进行挤压；当织物进入轧点中点至出轧点（图6-8中 ob 段）时，轧压力减小，辊体回弹，微孔扩张恢复，形成局部负压，织物中的水分被吸到微孔中。

为了使微孔弹性轧辊连续工作，必须将吸入微孔中的水分及时排出，其连续轧水的工艺流程如图6-9所示。在微孔弹性轧辊轧点的另一侧，安装一根附加挤压辊，用它即可将轧辊微孔中的水分预先挤压排除。微孔弹性轧辊不仅可提高轧水效率，而且由于轧压力较低，对加工织物和轧辊自身的损伤很小，尤其适用于针织物等不宜承受高压的织物。但是，随着使用时间的增加，轧辊的弹性将会逐渐减低，影响轧液率。另外，由于轧辊微孔吸水需用一定时间，因此限制了车速的提高。

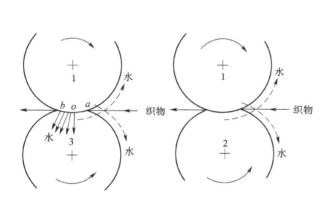

图6-8 微孔弹性轧辊的轧水原理
1—硬辊 2—普通橡胶辊
3—微弹性轧辊

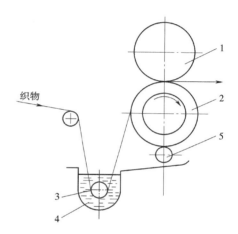

图6-9 微孔弹性轧辊连续轧水工艺流程
1—上轧辊 2—微孔弹性轧辊 3—导布辊
4—轧液槽 5—附加挤压辊

（三）轧液机

1. 轧液机的作用及要求 用于轧压染液等化学试剂的轧液机，在浸轧织物后除了要保证一定的轧液率外，更要保证织物中的带液量能均匀分布。织物经向的轧液均匀度主要依赖浸轧过程中车速、轧压压力等工艺参数稳定，而织物纬向的轧液均匀度，则主要与轧车，特别是轧辊的结构有关。

2. 轧液均匀度的保障措施 影响轧液均匀度的因素很多，如轧压压力、轧辊表面硬度以及轧辊刚度等。由于轧辊的刚度是影响轧液均匀度的主要结构因素，因此提高轧辊刚度是提高轧液均匀度的根本措施。

从轧辊结构考虑，在不过分增大其截面的前提下，尽可能减少轧辊的挠度，以提高轧液的均匀度。如图6-10所示，分别采用中高轧辊、预加弯矩轧辊、中支轧辊及中固轧辊等不同的结构形式，来降低轧辊的挠度，使轧车的纬向轧液均匀度得到保证。

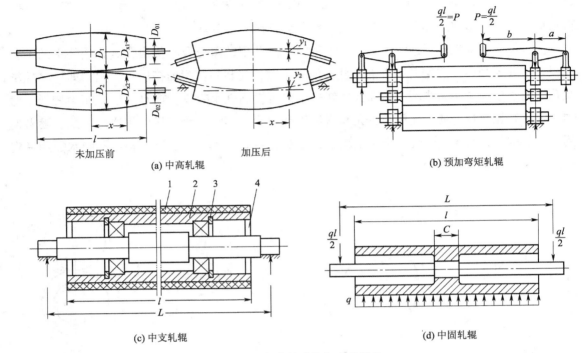

图 6-10　提高轧液均匀度的措施

三、水洗机

织物在练漂、染色、印花及整理等加工过程中产生的表面浮色、多余染料、浆料、分解物或其他污物，通常要以水作为洗涤介质去除。可溶性污物一般通过洗液的交换和溶质扩散去除；若可溶性污物与织物纤维发生吸附作用，则采用酸碱中和的方法，提高洗涤效果；对油脂、蜡质及其他不溶性污物，则只能采用适当的洗涤剂将它们除去。

水洗机按净洗的物理机制可分为水洗机和净洗蒸箱；按织物的加工形状不同可分为绳状净洗机和平幅净洗机；按织物在加工过程中所受张力状态的不同，又可分为松式水洗机和紧式水洗机。

（一）绳状水洗机

绳状水洗机简称绳洗机。

1. 紧式绳状水洗机　紧式绳状水洗机中，绳状织物处于经向拉紧状态下进行洗涤。该机工作效率较高，结构比较简单，主要由轧水槽、轧槽中的前后导布辊、轧槽上的一对轧辊组成。一般绳状织物要回绕若干圈（即浸轧多道洗涤，不断降低织物中的污水浓度），最后双头绳状织物在大轧辊中部经喷洗后进入上轧辊轧点，再次轧除洗液，然后从大轧辊中部分头，经导布瓷圈出布。

2. 松式绳状水洗机　在松式绳状水洗机中，单头绳状织物在松弛状态下进行浸渍轧洗，由于绳状织物在洗液中松弛浸渍，有助于污物向洗液中扩散。松式绳状水洗机如图 6-11 所示，织物成环状导入水槽内，依次在槽内浸渍并在两轧辊间进行轧洗，最后经小轧车轧液后出布。

（二）平幅水洗机

平幅水洗机简称"平洗机"。

1. 普通平幅水洗机　普通平幅水洗机主要由轧水槽、轧槽中的导布辊或六角辊、轧槽上的一对轧辊组成。平幅织物处于经向拉紧或松弛状态下进行洗涤。平幅织物由进布装置导入轧水槽，绕过轧槽中的多根导布辊或六角辊牵引以充分浸水，然后进入轧

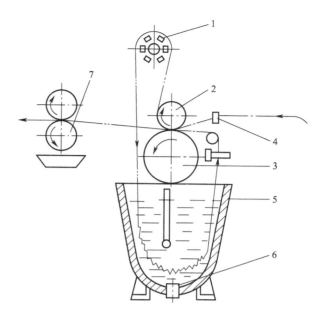

图 6-11　松式绳状水洗机

1—六角盘　2—上轧辊　3—主动下轧辊
4—进布瓷圈　5—轧水槽　6—排污口　7—小轧车

槽上方的轧辊，通过轧水去除污水，由出布架出布，完成一浸一轧一次洗涤过程。平洗工艺通常安排多浸多轧以提高洗涤效果。紧式平幅水洗机的工艺流程如图 6-12 所示。若平幅水洗机前后与平幅水洗机或浸轧机、蒸箱、烘燥机等相连接，则进布架和落布架可省去。

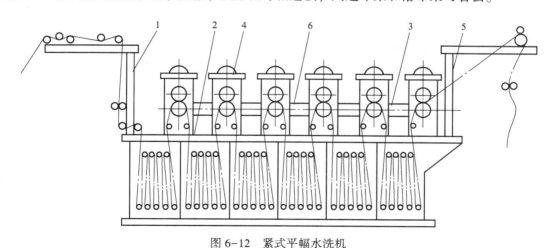

图 6-12　紧式平幅水洗机

1—进布装置　2—平洗槽　3—扩幅辊　4—小轧车　5—出布装置　6—传动装置

2. 高效平幅水洗机　要提高洗涤效率，节约生产成本，除了改进洗涤工艺条件以外，还可使其具有保持洗液与污物的较高浓度差、加速洗液的交换、减薄与破坏固液相边界层等功

能。目前，主要采取的措施有逆流洗涤、高温蒸洗、强力喷轧（或强力喷吸）、机械振荡以及延长洗涤的作用时间等。

（1）高温蒸洗。对水洗槽采取密封措施，使洗涤温度升高，改善洗涤效果。

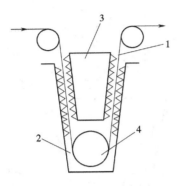

图6-13　楔形浸渍振荡槽

1—织物　2—振荡槽　3—固定搓板　4—导布辊

（2）逆流洗涤。使织物与洗液逆向运动，强化扩散作用。采用低水位、小浴比工艺，使洗液更换快，有利于织物上的污物向洗液扩散，减少耗水、耗汽。

（3）机械振荡。低频声波楔形浸渍振荡槽如图6-13所示。振荡槽2与固定搓板3构成楔形，织物1从两者形成的窄缝中通过。槽壁及搓板的三角波纹有助于振荡水洗液产生湍流。振荡槽在专门的激振器所产生的激振力作用下，沿垂直方向按设定频率作单自由度线性简谐定幅振动，从而导致工艺洗液的弹性振动。振荡槽体积小，洗液更新周期短，可节约用水及减少蒸汽消耗。

四、干燥机

织物在染整加工过程中，通常要进行多次干燥处理，使水分脱离织物，达到工艺规定的含水率要求。干燥机按烘燥方式的不同，可分为烘筒烘燥机、热风烘燥机、红外线烘燥机、过热蒸汽烘燥机、真空干燥机、高频干燥机及微波干燥机等。

（一）烘筒烘燥机

烘筒烘燥机是通过烘筒直接加热织物进行干燥，损失的热量少，烘燥效率高，机器结构比较紧凑，在染整加工中被广泛使用。烘筒烘燥机由立柱、烘筒、烘筒支承装置、密封装置、疏水器、进汽和排水管、扩幅器及传动装置等组成，其中烘筒、烘筒支承装置及疏水器是其主要机构。立式烘筒烘燥机的结构如图6-14所示。

烘筒一般使用蒸汽加热，蒸汽由蒸汽总管分别通入各只烘筒内。每根进气管上均装有调节阀、安全阀及压力表。当蒸汽压力超过规定后，安全阀便自动开启释放超压的蒸汽。进入烘筒内的蒸汽，将热量传递给烘筒表面，加热围绕于烘筒表面的含水织物后，蒸汽由于散失了热量而冷凝成水，冷凝水由排水斗或虹吸管排出烘筒，通过排水端的出水管，经疏水器排出机外。由于疏水器的作用，防止了冷凝水和蒸汽同时排出。

1. 烘筒　水斗式紫铜烘筒如图6-15所示。筒体用2~3mm的紫铜板卷成，两端用红套箍把闷头和筒体紧密连接在一起，再用螺钉把法兰空心轴固定在闷头口上。烘筒的非传动端闷头上装有空气安全阀，防止烘筒内产生负压（开冷车或停车时）将筒体压坏（俗称为"吸瘪"）。烘筒只有在低速运转时，冷凝水才能克服离心力通过水斗排出筒体。

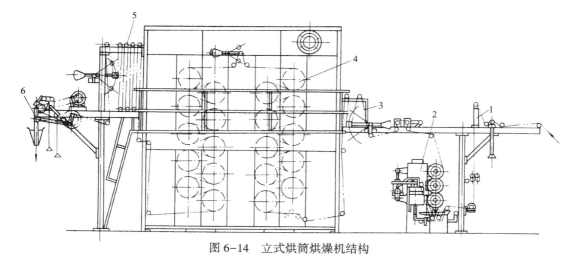

图 6-14 立式烘筒烘燥机结构

1—进布装置 2—轧车 3—线速度调节器 4—烘筒 5—透风装置 6—出布装置

2. 烘筒支承装置 烘筒轴端除了用轴承支承烘筒转动外，还要有转轴密封装置，以解决蒸汽进入和冷凝水的排出问题。

3. 疏水器 疏水器的作用是在排除冷凝水时，防止蒸汽泄出，减少热量损失，提高传热效率。常用的疏水器有浮筒式、钟形浮子式及偏心热动力式三种形式。

（二）热风烘燥机

热风烘燥机是利用干热空气接触或穿透织物，使热空气在烘房内把热能传给湿织物，并带走织物上汽化的水蒸气。热风既是载热体，又是载湿体。热风烘燥作用比较均匀而缓和，织物所承受的张力小，温度高，可满足某些工艺（如热定形、焙烘等）的特殊要求，但热风烘燥机占地面积较大，且热效率较低。

热风烘燥机按工艺用途来分，有烘干机、热定形机、焙烘机；按热源来分，有蒸汽、煤气、烟道气、液化石油气、电热、各种有机载热体等。在实际生产中，为了降低能耗，提高热风烘燥机的热效率，热风烘燥机常采用单循环和大循环两种热空气加热循环使用的方法，分别如图 6-16 和图 6-17 所示。

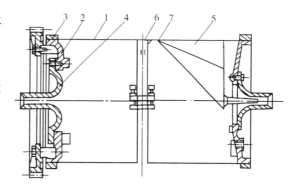

图 6-15 水斗式紫铜烘筒

1—筒体 2—闷头 3—红套箍 4—法兰空心轴

5—水斗 6—撑箍 7—搭扣

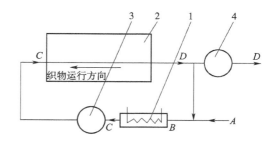

图 6-16 单循环热空气循环

1—加热器 2—烘房 3—循环风机 4—排气风机

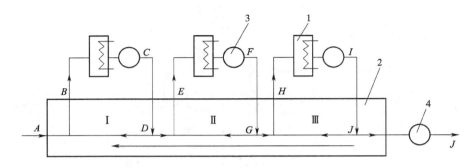

图 6-17 大循环热空气循环

1—加热器 2—烘房 3—循环风机 4—排气风机

1. 热风拉幅烘干机 适用于精纺、粗纺织物的烘干机如图 6-18 所示。织物采用针板拉幅，具有自动进呢、脱针自停和超喂装置。烘呢定幅时，呢匹的工艺流程如下。

张力架→自动吸边器→超喂装置→呢边上针毛刷压盘→随链条进入烘房烘呢→烘后出机。

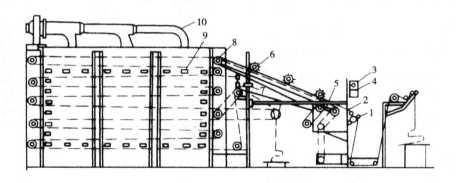

图 6-18 多层热风针铗拉幅烘干机

1—张力架 2—调幅、上针装置 3—开关 4—按钮 5—超喂装置 6—毛刷压盘

7—调幅电动机 8—拉幅链条传动盘 9—蒸汽排管 10—排气装置

2. 圆网式热风烘燥机 圆网式热风烘燥机是以两只或四只主动回转的圆网输送被烘织物，在烘房内以热空气喷向织物，并强制穿过织物的方法进行烘操。如图 6-19 所示，烘房内装有两只圆网，圆网由布满小孔的薄钢板制成，每只圆网一侧由离心式风机送入热风。圆网的非工作面内侧由固定的密封板阻止热空气穿透网孔。被烘织物经超喂装置超速喂入第一只圆网的工作表面，并随该圆网回转送到下一只圆网的工作表面。在此过程中，由于每只圆网的抽吸作用，织物被热空气均匀穿透而被烘燥。

（三）红外线烘燥机

红外线烘燥机是利用辐射传热方式来进行烘燥的，它不需要其他物质做媒介，即能通过织物表面进入内部，使织物的内外温度同时迅速升高，从而在很短时间内对织物进行烘燥。

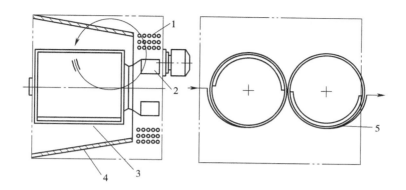

图 6-19　圆网式热风烘燥机

1—加热器　2—离心风机　3—圆网　4—导流板　5—密封板

这样，不会因烘燥不匀产生染料"泳移"，以及表面树脂、整理剂分布不匀等问题而影响产品质量。远红外线烘操机按其热源，可分为电热式和燃气加热式两种。

第三节　染整预处理机械

一、烧毛机

（一）气体烧毛机

针对不同的加工对象，烧毛工艺、单元机的配置及机器结构虽有所区别，但通常要包括进布、预烘、刷毛、烧毛、灭火、冷却、轧水、落布等工序。气体烧毛机的结构如图 6-20 所示。

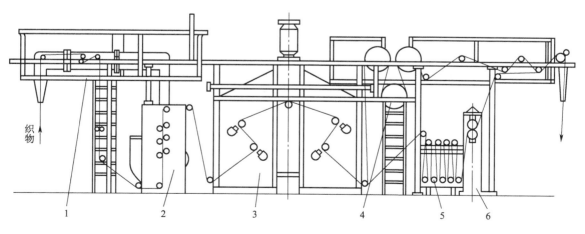

图 6-20　气体烧毛机的结构

1—吸尘风道　2—刷毛箱　3—烧毛火口　4—冷却辊　5—浸渍槽　6—轧车

1. 进布装置 进布由导布杆、紧布架、吸边器等组成的通用装置完成。由于烧毛机运行速度高，为了防止织物进布走偏、起皱，有时也设置扩幅装置。

2. 刷毛箱 刷毛的作用是刷去织物坯布表面的纱头、杂物及尘埃，并将纱线中突出的纤维末端竖立起来，以利烧去。如果刷毛前织物含水较多，可以增加预烘工序。刷毛箱内装有螺旋形刷毛辊，不仅能对织物进行刷毛，还具有开幅去皱作用，可以延长吸尘时间。吸尘风管在毛刷下面，将刷下的纱头、杂物及尘埃排送到室外的除尘箱中。刷毛辊与坯布的接触面以及转速可调，以控制刷毛的强度。

3. 烧毛室 烧毛室中有若干个气体烧毛火口或接触式热板，火口应具有高能量的火焰以保证充分、均匀地烧去织物表面的绒毛。火焰与坯布的接触时间尽可能短，这样不伤织物，而且有较好的节能效果。

4. 灭火浸渍槽 坯布离开烧毛火口后温度较高，表面会残留火星，必须立即进入浸渍槽降温灭火，否则会损伤到织物的内在质量，甚至引起坯布燃烧。通常浸渍槽内可注入清水或退浆碱液，并可用冷却滚筒进一步降温。

5. 轧水车 使用轧水减少并控制烧毛坯布的带液量，以利于后道退煮漂前处理工艺的加工。

6. 落布装置 有摆布斗平幅折叠堆布箱落布和大卷装 A 字架收卷出布两种形式。

7. 辅助设施 烧毛机的辅助设施主要是供油、供风系统。

（二）圆筒烧毛机

粗特厚密织物及低级棉类织物常采用接触式的圆筒烧毛机烧毛，以炭化和去除棉结，改善布面白芯，如图 6-21 所示。圆筒烧毛机圆筒的回转方向与织物运行方向相反，以充分利用炽热筒面。烧毛圆筒数量有 1~3 只，具有 2 只圆筒以上者可供织物双面烧毛。

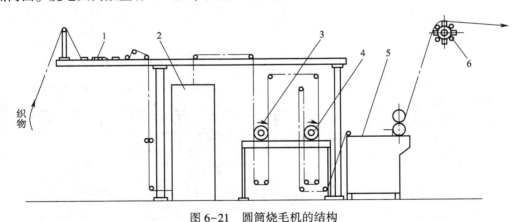

图 6-21 圆筒烧毛机的结构

1—平幅进布装置 2—刷毛箱 3，4—烧毛圆筒 5—浸渍槽 6—出布装置

二、练漂机

练漂机械用来完成退浆、煮练及漂白等工序的加工内容。通常由各种单元机组成练漂联合机完成练漂加工，分别适应绳状、平幅、紧式、松式以及不同温度和压力等工艺条件。

（一）煮布锅

煮布锅煮练是一种间歇式生产方式。在实际操作中，将退浆后的织物置于煮布锅内，在高温高压下，将煮练液循环进行煮练，煮练后用热水、冷水充分洗涤。它的优点是去杂效果好，生产比较灵活，适应范围广；缺点是生产周期长，操作繁复，劳动强度高，生产效率低。

煮布锅多为立式，由直立的铁质圆筒形锅身、加热器及循环泵三部分组成。

（二）常压绳状连续汽蒸练漂机

常压绳状连续汽蒸练漂机如图6-22所示。由于其汽蒸容布器呈"J"形，所以也称为J形箱式绳状连续汽蒸练漂机。织物通过进布装置进入浸液槽浸渍煮练液，通过蒸汽加热器加热后，进入J形箱保温堆置，使煮练液有充分的作用时间，最后从J形箱引出织物进行水洗。J形箱体呈一定倾斜度，箱内衬光滑的不锈钢板，使其具有良好的光滑度，以防织物被擦伤。本机的特点是车速快，生产效率高。

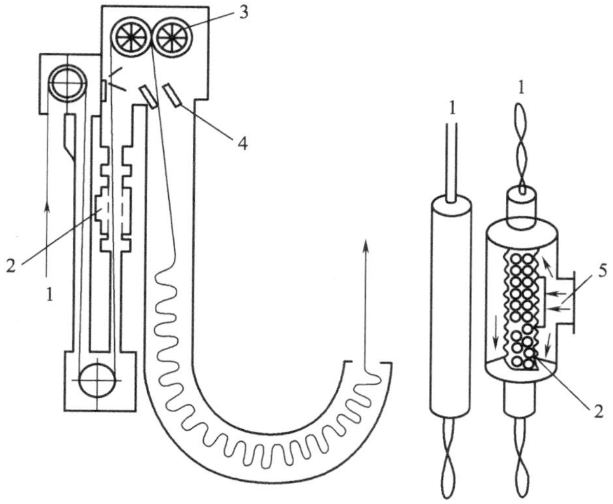

（三）常压平幅汽蒸煮练机

常压平幅汽蒸煮练的工艺流程如下。

轧碱→汽蒸→水洗

常压平幅汽蒸煮练机按汽蒸箱形式

图6-22　J形箱式绳状连续汽蒸练漂机

1—织物　2—蒸汽加热器　3—导布辊

4—摆布架　5—饱和蒸汽

不同分履带式、R形式、J形箱式、轧卷式、叠卷式及翻板式等多种形式。

履带式常压平幅汽蒸煮练机有单层和多层之分，其中单层履带式汽蒸箱如图6-23所示。织物经平幅浸渍煮练液后经轧辊轧液控制带液量，后进入蒸箱内，先经蒸汽预热，再经摆布

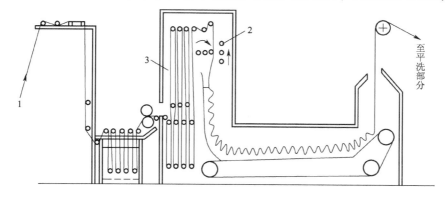

图6-23　单层履带式汽蒸箱

1—织物　2—摆布器　3—加热区

装置疏松地堆置在多孔的不锈钢履带上，缓缓向前运行，与此同时，继续汽蒸加热。由于堆积的布层较薄，因此织物的横向折痕、所受张力及摩擦都较小。

（四）平幅高温高压汽蒸煮练机

为了提高煮练加工的速度和效率，可采用平幅高温高压汽蒸方式，它去杂效果好，煮练半制品质量匀透，特别适宜于厚重织物的加工，但高温高压对机器要求较高，尤其是对进口、出口的密封要求高，以防止唇封漏汽，影响煮练效果。

三、丝光机

针对不同的加工对象，丝光机的结构组成也有所不同。丝光机主要有布铗丝光机、弯辊丝光机和直辊丝光机三种。

（一）布铗丝光机

布铗丝光机扩幅能力强，对降低织物纬向缩水率，提高织物光泽都有较好效果。布铗丝光机有单层及双层两种，以单层布铗丝光机应用较广。布铗丝光机主要由轧碱装置、布铗链扩幅装置、吸碱装置、去碱箱、平洗槽等部分组成，如图6-24所示。

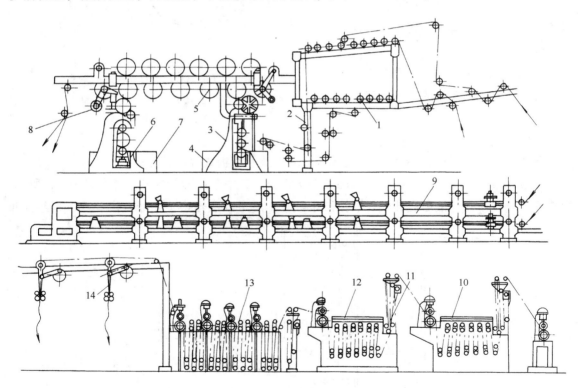

图 6-24　布铗丝光机

1—进布透风辊　2—进布架　3—第一轧车　4—第一浸轧槽　5—绷布辊　6—第二轧车　7—第二浸轧槽　8—气泵活塞式线速度调节器　9—拉幅装置　10—第一去碱箱　11—升降式线速度调节器　12—第二去碱箱　13—平洗机　14—落布架

1. 透风装置　透风装置可以降低布面温度，防止热量带入碱液，从而影响丝光效果。

2. 轧碱装置　轧碱装置由轧车和绷布辊组成，前后是两台三辊重型轧车，在浸轧槽内装有多根导辊，以增加织物在碱液中的浸渍时间。浸轧槽具有可通冷水冷却槽内碱液的夹层。两个浸轧槽间有连通管，以便碱液的流动。第一浸轧压力可小些，以使织物带较多的碱液，有利于碱液与纤维素的作用。第二浸轧压力要大，使织物带碱量小，便于冲洗去碱，降低耗碱量。

为了延长织物的带碱时间，使碱对织物充分渗透和反应，同时防止织物溶胀后收缩，在两台浸轧槽之间的机架上方装有十几根上下交替排列的空心绷布辊。空心绷布辊一般被动运行，织物在绷布辊上的接触面包角较大，后台轧车的线速度略大于前轧车，可以使织物的经向保证一定的张力，以防收缩。

3. 布铗扩幅装置　布铗扩幅装置的作用是用布铗夹住织物布边，在纬向施以张力，防止织物吸碱后发生收缩，影响产品的光泽、缩水率及尺寸稳定性。

布铗链扩幅装置主要是由左、右两排各自循环的布铗链组成。左、右两条环状布铗链各自铺设在两条轨道上，通过螺母套筒套在横向的倒顺丝杆上，摇动丝杆便可调节轧道口之间的距离。布铗链中间宽，两端窄，两端窄便于织物顺利地上铗和脱铗，中间宽使织物得以扩幅。为了防止棉织物的纬纱发生歪斜，左、右布铗长链的速度可以分别调节，将纬纱维持在正常位置。

4. 吸碱装置　当织物在布铗链扩幅装置上扩幅达到规定宽度后，将稀热碱液（70～80℃）冲淋到布面上，在冲淋器后面，紧贴在布面的一面，有布满小孔或狭缝的平板真空吸水器，可使冲淋下的稀碱液透过织物。这样冲、吸配合（一般为5冲5吸），有利于洗去织物上的烧碱。织物离开布铗时，布上碱液浓度低于50g/L。在布铗长链下面，有铁或水泥制的槽，可以存放洗下的碱液，当槽中碱液浓度达到50g/L以上后，用泵将碱液送到蒸碱室回收。

5. 去碱箱　为了将织物上的烧碱进一步洗涤下来，织物在经过扩幅淋洗后进入洗碱效率较高的去碱箱。箱内装有直接蒸汽加热管，部分蒸汽在织物上冷凝成水，并渗入织物内部，起到冲淡碱液和提高温度的作用。去碱箱底部呈倾斜状，冲洗下来的稀碱液在箱底逆织物前进方向流入布铗长链下的碱槽中，供冲洗之用。织物经去碱箱去碱后，1kg干织物含碱量可降至5g以下，接着在平洗机上再以热水洗，必要时用稀酸中和，最后将织物用冷水清洗。

（二）弯辊丝光机

弯辊丝光机的结构组成基本上与布铗丝光机相同，只是其扩幅去碱部分采用弯辊，使带碱织物扩幅。

扩幅部分的弯辊由弯芯轴、轴套和套筒组成。芯轴上套有多节胶木或铸铁套筒，以防芯轴被磨损。在袖套外套有多节可以转动的铸铁套筒，轴套和套筒之间有滚珠轴承。而橡胶弯辊是在铸铁套筒的外面再包一层橡胶，以抗腐蚀和增加扩幅时的摩擦力。弯辊的扩幅是当织物紧贴弯辊的凸形弧面时，经向张力产生纬向分力而将织物拉宽。一般来说，扩幅力与弯辊的直径成正比，与圆弧半径成反比。织物从凹弧到凸弧的包绕角越大，扩幅效果越好。

弯辊丝光机占地面积小，结构紧凑，但扩幅效果差，易产生纬弯和边密中稀的经密不匀及门幅难控制等问题，故应用较少。

（三）直辊丝光机

直辊丝光机由进布装置、轧碱槽、重型轧辊、去碱槽、去碱箱及平洗槽等部分组成。直辊丝光机无扩幅作用，它是利用织物紧贴在直辊表面，靠摩擦阻力防止织物纬向收缩，可以双层加工，丝光均匀，机器占地面积小，操作方便，常与布铗丝光机联合使用。

织物先通过弯辊扩幅器，再进入丝光机的碱液浸轧槽。碱液浸轧槽内有许多上下交替相互轧压的直辊，上面一排直辊包有耐碱橡胶，运转时紧压在下排直辊上，下排铸铁硬直辊浸没在浓碱中。由于织物是在排列紧密且上下辊相互紧压的直辊中通过，因此强迫它不发生严重的收缩，接着经重型轧辊轧去余碱，而后进入去碱槽。去碱槽与碱液浸轧槽结构相似，也是由铁槽和直辊组成，下排直辊浸没在稀碱洗液中，以洗去织物上大量的碱液。最后，织物进入去碱箱和平洗槽以洗去残余的烧碱，丝光过程即完成。

四、毛织物练漂设备

（一）煮呢机

单槽煮呢机是最普通的一种煮呢设备，如图6-25所示，它由煮呢辊、煮呢槽、压呢辊、加压装置及蜗轮升降装置等组成。煮呢时，平幅织物经张力架、扩幅装置，以平整状态卷绕于煮呢辊上，煮呢辊缓慢转动进行煮呢，结束后冷却出机。织物张力通过调整张力架的角度控制，煮呢温度由蒸汽加热控制装置调节，压呢辊的压力由加压装置来实现。

该机结构简单，占地面积小，煮呢后呢坯平整、光泽好、手感挺括并富有弹性。但是，煮呢过程中织物内外层温差较大，需调头煮呢，生产效率不高，且可能产生水印。单槽煮呢机主要用于薄织物及部分中厚型织物。

双槽煮呢机的结构与单槽煮呢机相似，可以看作是由两台单槽煮呢机并列组成。煮呢效率高，所受的张力、压力较小，但定形效果不如单槽煮呢机。

（二）缩呢机

常用的缩呢机有辊筒式缩呢机和洗缩联合机两种。辊筒式缩呢机应用更为普遍，有轻型缩呢机和重型缩呢机两种，它们的结构、织物运转及缩呢方式基本

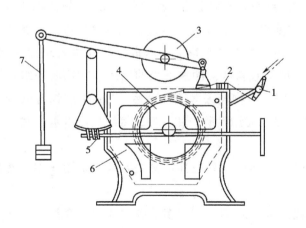

图6-25　单槽煮呢机

1—张力架　2—扩幅板　3—压呢辊　4—煮呢辊
5—蜗轮升降辊　6—煮呢槽　7—丝杠加压装置

相同。

1. 辊筒式缩呢机　如图 6-26 所示，缩呢机有上、下两只大辊筒，下辊筒为主动辊，可牵引织物前进，上辊筒为被动辊，绳状织物经过两辊筒间时受到挤压作用，从而促进缩呢加工。辊筒压力的大小可用手轮进行调节。缩箱是由两块压板组成的，上压板采用弹簧加压，调节活动底板和上压板之间的距离，即可控制织物径向所受到的压力大小，从而控制织物的伸缩。而织物的幅缩是由缩幅辊完成的。缩幅辊由一对可以回转的立式小辊组成，两辊之间的距离可以调节。当两辊之间距离较小时，织物纬向受到压缩，所以可通过调节两辊间的距离来调节缩幅。分呢框的作用是防止在缩呢机中运转的织物纠缠打结。呢坯打结时，抬起分呢框便可自动停车。

缩呢时，呢匹以绳状由滚筒带动在设备中循环，并把呢匹推向缩呢箱中，通过缩箱板的挤压作用使织物长度收缩，织物出缩箱后滑入底部，然后再由辊筒牵引经分呢框和缩幅辊后，重复循环，完成缩呢加工。

2. 洗缩联合机　洗缩联合机是洗呢机和缩呢机的结合，如图 6-27 所示。在洗呢机的上下辊筒前后分别装有缩呢板和压缩槽等缩呢机构，在同一机器上达到既缩呢又洗呢的目的，但洗缩联合机效率不高，缩呢效果也稍差。

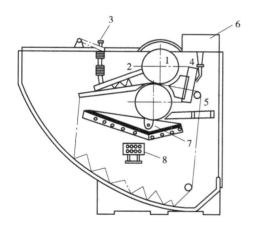

图 6-26　辊筒式缩呢机

1—辊筒　2—缩箱　3—加压装置　4—缩幅辊

5—分呢框　6—储液槽　7—污水斗　8—加热器

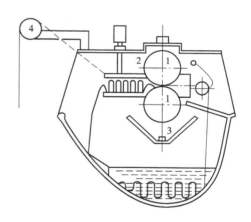

图 6-27　洗缩联合机

1—辊筒　2—缩箱

3—污水斗　4—出呢导辊

第四节　染色机械

染色机械按照机械运转性质，可分为间歇式染色机和连续式染色机；按照染色方法，可分为浸染机、卷染机、轧染机等；按被染物状态，可分为散纤维染色机、纱线染色机、织物染色机、成衣染色机，织物染色机还可分为绳状染色机、平幅染色机等。本节仅介绍其中一些典型的染色机械。

一、绳状染色机

绳状染色机中的织物以松弛状态在喷射区（或溢流区）和浸渍区循环运转，不断受到染液的冲击和浸渍，完成上染过程。加工过程中织物所受张力较小，效果匀透，手感柔软丰满，多用于毛、丝、高档混纺织物、黏胶纤维织物和针织物的染色。

绳状染色机如图6-28所示，由染槽、椭圆形或圆形主导布辊、导辊、分布挡、直接或间接蒸汽加热管和加液槽组成。染色时，织物经椭圆形主动导布辊的带动送至盛有染液的染槽中，在染槽中间向前自由推动，逐渐染色，然后穿过分布挡，通过导布辊继续运转，直至染成所需的色泽。染毕，织物由导布辊导出机外。

二、卷染机

卷染机是一种间歇式织物平幅浸染设备，适用于多品种、小批量织物的染色，根据其工作性质可分为普通卷染机、高温高压卷染机、轧卷染联合机等。其中，轧卷染联合机的结构如图6-29所示，由染缸、导布辊、卷布辊、布卷支架、直接或间接蒸汽加热管和输液管等部分组成，而且还有一对加强染液扩散作用的轧辊。

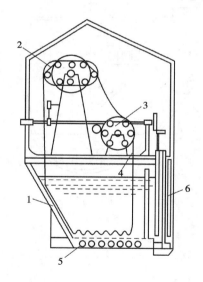

图6-28　绳状染色机

1—染槽　2—主动导布辊　3—导辊

4—分布挡　5—蒸汽加热管　6—加液槽

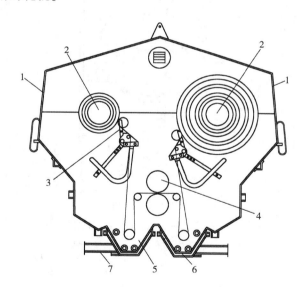

图6-29　轧卷染联合机

1—门　2—卷布辊　3—扩幅辊　4—轧辊

5—染槽　6—加热器　7—输液管

染色前，先将待染织物卷绕到一只卷布辊上；染色时，白布进入染缸浸渍染液后，带染液被卷到另一只卷布辊上，直到织物卷完，此过程称为一道染色。然后，两只卷布辊反向旋转，织物又进入染缸进行第二道染色。在布卷卷绕过程中，由于布层间的相互挤压，染料逐渐渗入纤维内部。织物染色道数根据染色织物色泽浓淡需要决定。染毕，放出染液，织物再进行清洗。

两只卷布辊均有主动传动装置，根据工作要求，退卷的一只为被动辊，卷布的一只为主动辊。卷布辊的转速要满足织物张力恒定的要求不断变化，目前多采用变频调速自动控制，能实现自动换向、记忆并自动控制道数和停车等功能。

染槽底部装有直接蒸汽管加热染液，间接蒸汽管起保温作用，槽底有排液管。

三、连续轧染机

连续轧染机适用于平幅棉或涤/棉织物大批量连续化生产，效率高，生产成本低。根据所使用的染料不同，连续轧染机由多台不同单元机组合而成，如还原染料悬浮体轧染机、不溶性偶氮染料轧染机、硫化染料轧染机等，它们的单元机组成按各自的染色工艺要求而定。

还原染料悬浮体轧染机的单元机组成如图 6-30 所示。织物经两辊或三辊轧车浸轧染液，带染液的织物经红外线预烘并用烘筒烘干；然后，进入蒸箱还原汽蒸，使染料向纤维内部扩散；再经平洗氧化，皂煮固色；最后，进行水洗和烘干。

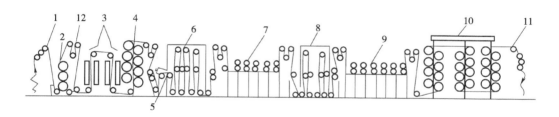

图 6-30　还原染料悬浮体轧染机

1—进布架　2—轧车　3—预烘　4—烘筒　5—升降还原槽　6—还原蒸箱　7—氧化平洗槽
8—皂煮蒸箱　9—皂、热、冷洗槽　10—烘筒　11—落布架　12—松紧调节架

四、溢流染色机

溢流染色机是特殊形式的绳状染色机，染色时织物处于松弛状态，受张力小，染后织物手感柔软，着色均匀。

（一）高温高压溢流染色机

如图 6-31 所示，高温高压溢流染色机由卧式高温高压染槽、导布辊、溢流口、溢流管、浸染槽、循环泵及加热器组成。织物在密封的高温高压容器中，由主动导布辊带动，以绳状松弛状态经过溢流口，送入倾斜的溢流管，然后织物通过倾斜的输送管道进入浸染槽，在浸染槽中以疏松堆积状态缓缓通过，再经导布辊循环运行。机内染液在密封加压器中，由循环泵输送入加热器加热后，通过溢流口流入溢流管。机内织物则受液体的流动推动运行，织物在染色过程中，不断受到高压染液的冲击和浸渍，得色匀透，手感柔软丰厚。

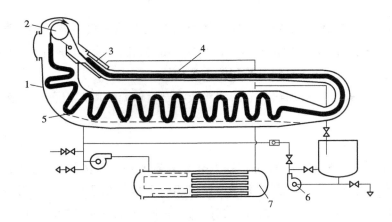

图6-31　高温高压溢流染色机

1—染槽　2—导布辊　3—溢流口　4—溢流管　5—浸染槽　6—循环泵　7—加热器

（二）高温高压喷射染色机

高温高压喷射染色机仅比高温高压溢流染色机多一个矩形喷射箱。染色时，织物由主动导布辊带动进入矩形喷射箱，先通过温和喷浸区，再通过高压振荡喷射区，使织物反复受到高压染液流的冲击以及涡流的振荡，织物时受压时松弛，染液容易向织物内部渗透，获得良好的染色效果。

第五节　印花机械

印花机械种类较多，其中较为常用的是平网印花机、圆网印花机、滚筒印花机及连续转移印花机等。

一、平网印花机

平网印花机是先按照图案的颜色不同，分色制作若干个筛网，用框架固定，筛网上非印花图案部分的网孔被封闭。经绷网和制版后的筛网称为色框。印花时，将织物粘贴在长而平直的台面上，色框置于织物上，在色框内加入色浆，用刮印器在色框上往复刮压色浆，使色浆透过筛网印花图案部分的网孔印至织物上。

根据加工方式的不同，平网印花机可分为网动平网印花机和布动平网印花机两类，其中网动平网印花机又分为手工台板印花机和半自动台板印花机，布动平网印花机又分为间歇进出布式和连续进出布式两种。

平网印花机印制花回长度范围大，网面幅度宽，套色多，不易传色，能印制轮廓清晰而精致的花纹，制版快且容易，织物承受的张力小，适宜品种多、批量小的轻薄、高档织物印花。

（一）自动平网印花机的印花过程

自动平网印花机将织物粘贴在沿经向循环运行的平直无缝的环形导带上，随导带做间歇运行。色框固定在织物上方一定的位置上做升降运动，导带静止时，色框下降，刮印器往复刮压色浆，使色浆透过网孔印至织物上。刮印完毕后，色框提升，织物随印花导带向前运行一个花回的距离（等于筛网中花纹的长度）。印好的织物在印花单元的尾端被拉起脱离导带而进入烘燥机烘干后落布。导带运行到非印花区时，由清洗装置去除残留在导带上的色浆，准备下一次印花循环。印花机每一次印花循环依次自动完成以下动作。

导带行进→导带静止→色框下降→刮印器刮印→色框提升→导带行进→……

（二）自动平网印花机的结构组成

自动平网印花机属布动平网印花机，其结构如图 6-32 所示，它能自动进布、自动贴布、色框自动升降、自动刮印、自动烘干织物以及自动出布，操作简单，生产效率高，是目前应用较多的一类平网印花机。

自动平网印花机一般与其他单元机和通用装置组成印花联合机，由进布装置、印花单元以及烘燥和出布装置等组成。其中，印花单元是自动平网印花机的核心部分，主要由贴布装置、导布机构、色框升降机构、刮浆机构、导带清洗机构等组成。

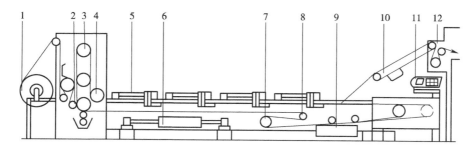

图 6-32 平网印花机的结构

1—布卷 2—热压辊 3—垂直方向印花导带游动辊 4—印花导带引导辊 5—平网印花单元
6—液压推进系统 7—印花导带连续驱动辊 8—印花导带张力调节辊 9—印花导带水洗单元
10—烘房传送装置 11—控制面板 12—烘房传送带张力调节装置

1. 进布装置 根据需要可采用卷装进布和折叠进布，保证织物以平整、低张力的状态以及印花导带同步进入机台，还可采用集尘装置，去除织物上的灰尘、绒毛及纱头。

2. 贴布装置 为使织物平整地粘贴在导带上，通常采用水溶性浆贴布和热塑性树脂贴布两种形式。

（1）水溶性浆贴布。此形式是通过两辊给浆装置，由给浆辊将浆槽中的水溶性浆料均匀传递到印花导带的表面，织物在压辊的作用下平整地粘贴于导带上。浆层的厚薄可随织物规格品种不同通过调节给浆辊与导带的间隙来调整，适用于亲水性织物和门幅较窄的平网印花机。

（2）热塑性树脂贴布。此形式是通过热压辊使织物紧贴于热塑性树脂涂层的印花导带上。热压辊采用内加热方式且温度可控，为保证导带均匀受热，热压辊的线压力与导带的运行速度连锁，导带速度高时，压力就大。它适用于任何织物及各种幅宽的平网印花机，特别适合于疏水性织物。

3. 导布机构 导布机构由印花导带和导带传动系统组成。印花导带的作用是把织物定长地从一个网框送到另一个网框。印花导带是一条无接缝的环形橡胶导带，由多层帆布涂橡胶制成。印花导带按花回大小精确控制和调整运行距离及暂停位置，能做出加速、减速、刹车及自动循环动作。印花织物始终平整地粘贴在印花导带上，并随导带一起运行和停止。导带由平直的台面支撑。

非印花区导带的连续运行原理如图6-33所示。印花导带在台板上方印花区保持间歇运行，而在非印花区的导带则维持连续运行，这样，织物可以在较小的张力下连续输入并均匀地粘贴于进布端导带的表面，印花后的织物在出布端也是连续地剥离导带后被送入烘燥机中进行连续烘燥。

印花区间歇运动与非印花区连续运动这两种运动在每一印花循环中出现的差别，由进布端的游动辊 I 和出布端的游动辊 II 自动补偿，其工作原理为：印花循环开始，印花导带由夹持器夹持，在油缸推动下，以 v_a 速度行进一个花回长度，此时导带连续回送速度 v_r 小于 v_a，所以游动辊 I 从位置 A 垂直向下移动到 A'，游动辊 II 在牵引链条2的作用下，由位置 B 水平移动到 B'。当刮印时，印花区导带静止（$v_a=0$），而非印花区导带在液压变速电动机控制的主动辊 A 的带动下，以连续变化的速度 v_r 连续输送导带，因而游动辊 II 被导带从位置 B' 拉回到原始位置 B，游动辊 I 也由位置 A' 回复到原始位置 A。

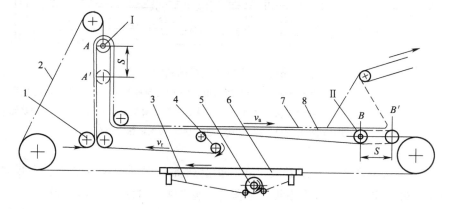

图6-33 非印花区导带的连续运行原理

1—热压辊 2—牵引链条 3—张紧链条 4—主动辊 5—链轮 6—连接板 7—织物 8—导带 I，II—游动辊

导带传动系统是决定印花质量和精度的关键。要求导带在传动时准确定位，不出现任何偏移。导带传动方式分机械传动和液压传动两大类。机械传动结构简单，制造方便，动力消耗少，但机械磨损大，对花精度差；液压传动对花精度高，自动化程度高，便于集中控制，操作方便，但动力消耗较大。

4. 色框升降机构　印花时，色框自动下降到与织物接触并压紧后方可刮印色浆，刮印完毕，色框需立即提升到一定高度，完全脱离印花织物，然后印花织物随导带行进一个花回长度，因此色框升降必须平稳，且必须与导带运行、刮印器往复运动配合得当。筛网框架的升降运动可由电动机或液/气压驱动。

5. 刮印装置　刮印装置分为橡胶刮浆刀（简称为刮刀）式和磁性刮浆辊（简称为磁辊）式两种。刮刀式刮印装置由传动箱、导架、滑座、刮刀、色框及色框调整架等组成。

6. 导带清洗机构　在印花过程中，色浆常常会从布的正面渗到反面沾污导带，导带还粘有绒毛等污物，必须及时清洗干净，因此在导带非印花区装有导带的水洗装置，且此水洗装置由喷淋器、水箱、刮水器等组成。

7. 花布烘燥机　印花织物脱离印花导带后，被送到花布烘燥机的传送网带上进行无张力烘燥。传送网带是由聚酯纤维单丝织成表面粗糙和透气率很大的网状带。织物在烘燥过程中，不论织物的厚薄、组织的稀密以及印花色浆的渗透性如何变化，都不会出现"搭色"现象。

（三）筛网制作

平版筛网制版包括筛网框的制作、绷网及感光制版。筛网框通常选用坚硬的木材或合金材料，再将一定规格的锦纶长丝或涤纶长丝网紧绷在筛网框上，即成筛网。丝网的网孔大小与花纹的面积和花纹的精细程度有关。花纹精细，网孔要小，印花出浆量小；花纹大，网孔要大，印花出浆量大。筛网花纹的制作常用感光法。

二、圆网印花机

圆网印花机的圆网通常由金属镍制成，圆网上有孔洞组成的花纹。圆网安装在印花机两侧的机架上。色浆刮刀安装在圆网内的刮刀架上，色浆经给浆泵通过刮刀刀架进入圆网中。印花时，被印织物随循环运行的导带前进，导带为无缝环状橡胶导带。当导带运行到机头附近处，由一上浆装置涂上一层贴布浆或热塑性贴布树脂，通过进布装置使织物紧紧粘贴在导带上而不致松动。圆网在织物上方固定位置上旋转，印花色浆经刮浆刀的挤压作用而透过圆网孔洞印到织物上。织物印花以后，进入烘干机，导带经机下循环运行，在机下进行水洗并经刮刀刮除水滴，再重复上述印花过程。

圆网印花机根据圆网排列的方式不同，可分为卧式圆网印花机、放射式圆网印花机及立式圆网印花机。其中，卧式圆网印花机的结构如图 6-34 所示。

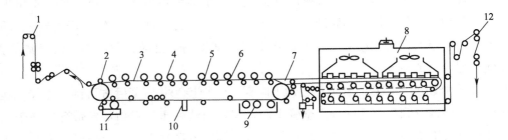

图 6-34　卧式圆网印花机

1—进布架　2—压布辊　3—导带　4—圆网　5—刮刀　6—承压辊　7—织物

8—烘房　9—水洗槽　10—刮水刀　11—浆槽　12—落布架

三、滚筒印花机

滚筒印花机采用表面刻有凹版（阴纹）或凸版（阳纹）花纹的铜辊进行印花，所以滚筒印花机又叫铜辊印花机。滚筒印花机按铜辊排列的形式，可分为放射式、立式、倾斜式及卧式等形式，而放射式应用最普遍；按机头所能安装花筒的多少，滚筒印花机可分为四套色、六套色、八套色等形式。

滚筒印花可以适应多各种花型，劳动生产率高，印花花纹的轮廓清晰，但印花套色数和单元花样大小有限，织物在加工过程中受张力较大。

（一）滚筒印花机的结构组成

滚筒印花机通常与其他单元机和通用装置组成印花联合机，如图 6-35 所示，它主要由印花机车头和烘燥两大部分组成。

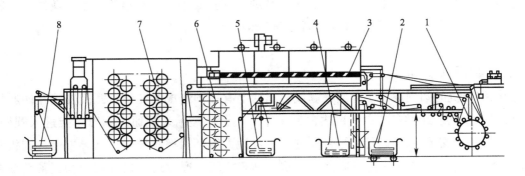

图 6-35　滚筒印花机

1—印花机车头　2—花布进布　3—烘燥　4—衬布进布　5—衬布落布　6—衬布烘燥　7—花布烘燥　8—花布落布

印花机车头是滚筒印花联合机的核心部分，主要由机架、花筒、承压滚筒（也叫承压辊）、加压机构、给浆装置、对花装置及传动装置等组成，如图 6-36 所示。

1. 承压辊　承压辊是一个直径很大的空心辊，表面具有一定的弹性以使花纹印制清晰。

承压辊轴上活套一只花筒中心齿轮，由传动机构驱动该齿轮与各只花筒上的齿轮啮合，传动各只花筒，而承压辊则是由花筒摩擦传动，从而避免花筒间周长的误差累积。

2. 花筒　花筒是由铜锌合金离心浇铸而成的空心圆筒，装在花筒轴承座上。印花图案雕刻在花筒上，花纹在花筒上是凹陷的，凹纹由均匀的斜线或网点组成，用以储存印花色浆。

3. 给浆装置　给浆装置由浆盘、给浆辊、刮浆刀和除纱刮刀等组成，每只花筒配备一套给浆装置。

4. 对花装置　在多套色印花时，各花筒花纹的相应部分，必须按标准花样要求保持精确的相对位置，因此，印花机必须有调节精度高、结构简单、性能可靠、操作方便灵活的对花机构。花筒的调整包括压力调整、水平调

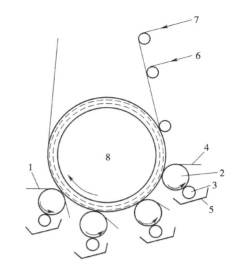

图 6-36　放射式滚筒印花机机头示意图
1—除纱刮刀　2—花筒　3—给浆辊　4—刮浆刀
5—给浆盘　6—印花织物　7—衬布　8—承压辊筒

整、横向调整及前后方向（织物经向运行方向）调整等，后三种调整确定了花筒的空间位置，直接影响对花精度。

（二）辊筒印花机的工作过程

辊筒印花机印花时，花筒紧压在承压辊筒上，每只花筒的下面紧靠着给浆辊，给浆辊浸在相应的色浆盘中，浆盘中盛有色浆，色浆被给浆辊从浆盘中带到花筒表面，花筒旋转时，携带印花色浆，在花筒与承压辊筒接触以前，先与刮刀接触，将花筒平面（未刻花部分）黏附的色浆刮去，而凹陷的花纹处仍然保留色浆，这些色浆与有一定弹性的承压辊筒接触时，经过承压辊筒和花筒之间轧点压轧，花筒凹纹内的色浆便均匀地压印到织物上。出印花轧点处，花筒上装有除纱刮刀，用以刮除从印花织物表面黏附到花筒光面的印花色浆，还可以刮除由织物传到花筒上的纱头、短纤维等，防止这些杂质再由花筒传入给浆盘，沾污印花色浆或堵塞花纹而产生印花疵病。

一只花筒能印一套颜色，如果同时有几只花筒一起印花，则可以印得相应色数，花筒按照一定的位置互相配合，便能在织物上形成图案。印花时，印花织物和印花衬布一起送入印花机。出印花机机头后，印花织物和衬布随即分开，印花织物进入机后烘燥部分进行烘干。衬布经过洗涤烘干，可循环使用。

（三）花筒雕刻

花筒上的花纹采用雕刻方法制作，花筒雕刻主要有缩小雕刻、照相雕刻、电子雕刻及钢芯雕刻四种方式。在实际生产中，以照相雕刻和缩小雕刻的应用较为普遍。缩小雕刻能刻制

出各种图案和花型，但加工工艺流程较长；照相雕刻生产的花型生动活泼、丰富多彩、层次浓淡匀称、富有艺术性，且劳动生产率较高，劳动强度较低。

四、连续转移印花机

连续转移印花机结构组成如图6-37所示，机器上有一旋转的加热滚筒，织物的正面与转移印花纸的正面相贴一起进入印花机，围绕在加热滚筒表面加热使染料转移到织物中，织物外面用无缝的毯子紧压。加热辊在有效工作范围内各点的温度一致，以确保转移印花后无色差。

工作毯能保证被印织物沿工作幅宽内各点得到均匀的压力和温度。被印织物在无拉力情况下，由毯带自动送进和导出，印花纸和被印织物无相对滑移，不产生花样错位。

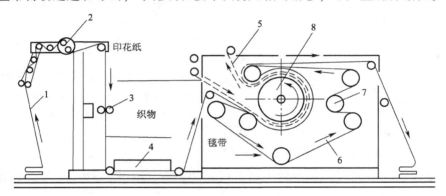

图6-37 连续转移印花机

1—织物 2—紧布架 3—吸边器 4—踏板 5—印花纸 6—毯带 7—毯带纠偏辊 8—热辊

第六节 整理机械

一、布铗热风拉幅定形机

布铗热风拉幅定形机适用于棉织物拉幅定形，全机由浸轧槽、预烘烘筒、热风拉幅烘房及落布装置组成，如图6-38所示。织物先浸轧水或浆液等整理剂，经单柱烘筒烘至半干，使含湿均匀，再喂入布铗进入热风房，经强迫对流的热空气加热，使织物在行进中逐渐伸幅烘干，固定织物幅宽。需要纠正织物纬斜时，可操作单柱烘筒后的整纬器进行整纬。

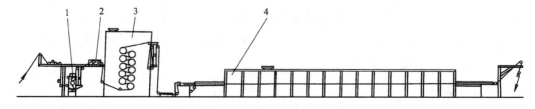

图6-38 热风拉幅定形机

1—浸轧机 2—四辊整纬装置 3—烘燥机 4—热风拉幅烘燥机

二、预缩机

预缩整理机主要由给湿单元、橡胶毯预缩单元及呢毯整理单元组成，其中预缩单元是预缩整理联合机的核心组成部分。

（一）预缩机的工作原理

橡胶是一种具有很强伸缩特性的弹性物体。当橡胶带弯曲时，弯曲的外侧面变长，内侧面变短。如图 6-39 所示，利用橡胶带的这种特性，设计一条环状无缝厚橡胶毯，在加热的承压辊和加压辊之间运行的橡胶毯产生的变形使其中间的织物也随之产生变形，从而实现预缩的目的。在加压点 P 之前，橡胶毯的外侧 b' 伸长，而内侧 a' 收缩；出加压点 P 之后，原来伸长的 b' 收缩为 b''，而原来收缩的 a' 伸长为 a''，橡胶毯的中心层 c（c'、c''）理论上保持不变。当加压辊在 P 点加压时，PQ 弧段橡胶毯处于剧烈收缩阶段，而橡胶毯出 Q 点之后，

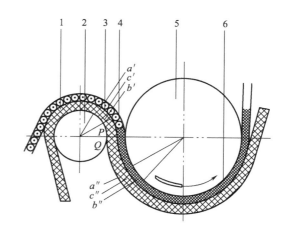

图 6-39 预缩机的工作原理

1—橡胶毯 2—加压辊 3—纬纱
4—经纱 5—加热承压辊 6—织物

开始回复原状。紧贴在橡胶毯表面上的织物在湿、热作用下，从 P 点引入之后，随着橡胶毯的加压变形至回复原状而被迫进行收缩，必然会缩减织物经向原有长度。

影响织物预缩率的因素是综合性的，它与橡胶毯性能、加压压力大小、承压辊直径及织物穿布路线等因素有关。

（二）预缩机的结构组成

预缩机的结构如图 6-40 所示，主要由给湿装置、预缩单元及进出布装置等组成。

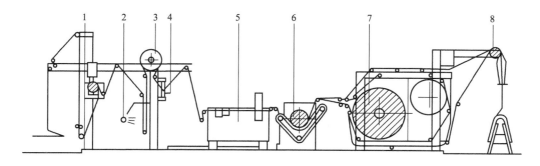

图 6-40 预缩机的结构

1—进布装置 2—给湿装置 3—蒸汽转鼓 4—整纬装置 5—小布铗拉幅装置
6—预缩单元 7—呢毯整理单元 8—落布装置

1. 给湿装置　目前采用的给湿装置主要有喷雾给湿、汽蒸给湿等形式。

2. 小布铗拉幅装置　设置小布铗拉幅装置，其目的是使给湿后的织物经拉幅达到工艺所要求的幅宽，然后较平整、无折皱地进入三辊橡胶毯预缩装置，同时也能调整织物进橡胶毯的速度和织物经纬向的张力。

3. 橡胶毯预缩装置　三辊橡胶毯预缩装置是预缩机的核心单元，主要由承压辊、进布加压辊、出布张力调节辊、固定辊、橡胶毯、橡胶毯冷却装置、橡胶毯磨削装置等组成。

（1）承压辊。承压辊内通蒸汽加热，停车后内通冷水进行冷却。目前，承压辊通常采用主动传动，位置固定不动，由其带动橡胶毯运行。承压辊启动转矩大，受力较均匀，运行稳定，但停车后橡胶毯不能充分松弛，长期处于弯曲状态会影响使用寿命。

（2）进布加压辊。用以调节轧点压力大小、橡胶毯压缩的厚度。

（3）出布张力调节辊。用以调节橡胶毯的张力。

（4）橡胶毯。橡胶毯是该装置中的关键部件，因其弹性对织物的收缩率影响很大，所以要具有良好的弹性，还要耐高温、耐腐蚀、耐磨损。

（5）橡胶毯冷却装置。用于橡胶毯的冷却。在橡胶毯出布处外侧有喷水冷却装置和橡皮刮刀刮水装置；在橡胶毯内侧有喷水冷却装置，通过一对轧水辊将水分轧干。

（6）橡胶毯磨削装置。定期对橡胶毯进行表面磨削，以增加橡胶毯的使用寿命。

4. 呢毯整理装置　呢毯整理是为了确保织物烘干，改善预缩后织物的手感，消除织物表面的极光，保证下机织物的缩水稳定性。呢毯整理单元主要由呢毯大烘筒、呢毯小烘筒、呢毯、呢毯张紧装置、呢毯整理装置等组成。

（1）呢毯大烘筒。主要作用是使织物紧密地夹在烘筒与呢毯之间，在热的作用下达到整理的目的。

（2）呢毯小烘筒。呢毯小烘筒也叫作呢毯烘干烘筒，其作用是烘燥与织物接触后带有一定湿度的循环呢毯，使之保持干燥的工作状态，确保织物的整理效果。

（3）呢毯。也是预缩机的关键部件。在工作状态下，它必须具备耐热、不变形、不老化以及毯边与中间具有相同的较低的伸长率等特征。

三、轧光、电光及轧纹机

轧光机、电光机及轧纹机都是用来改善织物外观的，前两者是以增进织物的光泽为主，而轧纹机则使织物具有凹凸不平的立体花纹或产生局部光泽效果。

轧光机、电光机及轧纹机的结构类似普通的轧车，主要由机架、轧辊、加压装置、传动装置、加热系统及进出布装置等组成。主要区别在工艺条件和轧辊结构的不同，具体特点见表6-2。

无论轧光整理、电光整理，还是轧纹整理，如果只是单纯地利用机械加工，效果均不能持久，一旦水洗，光泽花纹等都将消失。通常要与树脂整理配合，才能获得耐久性效果。

表 6-2 轧光、电光、轧纹的特点

项目	轧光机	电光机	轧纹机
工艺条件	压力、湿度、温度	压力、湿度、温度	压力、湿度、温度
轧辊配置	硬软硬或软硬软	上硬下软	硬软
轧压压力	大	中	小
（热）硬辊	光面	平行细纹	凸花纹
（纤维）软辊	光面	光面	凹花纹

四、液氨整理机

棉织物除用浓烧碱溶液丝光外，也有以液氨进行丝光整理的。液氨丝光是将棉织物在 -33℃的液氨中浸轧，在防止织物经、纬向收缩的情况下透风，再用热水或蒸汽除氨并回收。液氨丝光整理后，棉织物的强度、耐磨性、弹性、抗皱性、手感等物理性能优于浓烧碱丝光整理，因此，液氨丝光整理特别适合于进行树脂整理的棉织物，但成本较高。

液氨整理机的工艺流程如图 6-41 所示。织物先通过烘筒以控制织物的含潮率，避免影响织物上的液氨浓度。为了防止过热织物进入液氨槽中，导致液氨过度挥发，在进行氨处理前，一定要先经过冷却。氨处理室的进布通道有双层封口和一道真空封口，防止氨气逸出。织物在氨处理室内先浸轧定量液氨，液氨温度保持在 -33.4℃的沸点左右，这时织物已被 99% 的氨气所包覆，浸轧后先在氨气中定时透风，使织物在液氨和氨气中暴露一定时间。此后，在氨处理室的剩余部分中进行加热处理，先经合成纤维呢毯式烘干机，用蒸汽加热，去除织物上大部分的氨，氨气用排气装置抽送至冷冻压缩机中压缩冷冻，重新液化以备再用。液氨有 5%~10% 被织物吸收并与棉纤维化学结合，但可用水取代去除，因此织物离开氨处理室后需

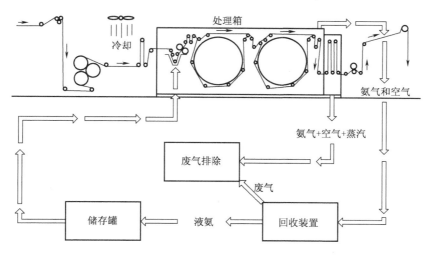

图 6-41 液氨整理机

用饱和蒸汽汽蒸，汽蒸出来的氨导入氨气回收装置。织物出蒸箱后再经透风和喷射蒸汽以去除残余的氨。

五、蒸化机

蒸化的目的是使印花织物完成纤维和色浆的吸湿和升温，从而促使染料的还原和溶解，并向纤维中转移和固着。蒸化机是用于对织物印花或染色后进行汽蒸，使染料在织物上固色的专门机械。

在蒸化机中，织物遇到饱和蒸汽后迅速升温，此时凝结水能使色浆中的染料、化学试剂溶解，有的还会发生化学反应，渗入纤维中，并向纤维内部扩散，达到固色的目的。因此，蒸化机必须提供完成这一过程所需的温度和湿度条件。根据织物传送形式的不同，蒸化机一般可分为导辊式和长环式两类。

长环式蒸化机有无底钟罩式和有底式两种形式。无底钟罩式长环蒸化机又称常压高温蒸化机，它由平幅进布、悬挂式长环汽蒸箱、同端落布三个部分组成，其设备结构如图6-42所示。织物悬挂在蒸箱内处于无张力状态加工，并且它的汽蒸箱底部是敞开的，适用于各类织物印花后的汽蒸。

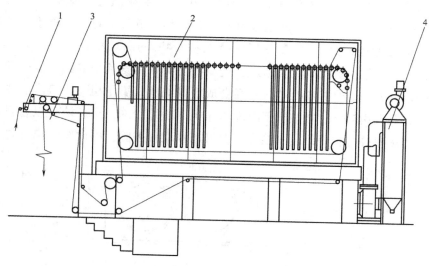

图6-42　无底钟罩式连续长环蒸化机的结构

1—进布架　2—蒸化室　3—同端落布　4—过热蒸汽发生器

第七节　染整机械多电机同步控制

传统的纺织机械大多采用主电动机驱动，通过机械传动系统，将动力传递到每个执行单元。由于机械传动是接触式传动，其同步性可以得到较好的保障；然而机械传动系统存在结构复杂、磨损大，传递范围和距离有限等不足。当采用多台电动机分别独立驱动各执行装置时，可以克服机械传动系统的诸多不足，但必须从时间和空间两个维度兼顾好多电机驱动的同步控制。

在生产实践中，多台电动机的同步主要有三种形式：

（1）系统中的多台电动机保持同样的速度，这是最简单的同步形式。

（2）系统中的多台电动机速度之间保持某种恒定的比例关系。在系统实际运行时，并不要求各台电动机的速度完全相等，而是要求各台电动机之间协调运行，即要求系统中第 1 台电动机的速度和第 1+i 台电动机速度之间保持比例关系以满足系统的工艺要求。虽然电动机速度会发生变化，但是电动机之间的速度比值是保持不变的，因此也属于一种同步形式。

（3）系统中的多台电动机转速之间保持某种特定的关系，这种关系不是简单的比值关系，而是根据工艺要求在不同情况下计算得出的关系，这是一种比较复杂的同步形式。

无论是哪种同步形式，各个电动机之间的协同效果都直接影响整个系统的精度和可靠性。

一、多电机同步控制结构和算法

（一）多电机同步控制结构

多电机同步控制的形式较多，主要有并行控制、主从控制、交叉耦合控制、电子虚拟总轴控制等。

1. 并行控制　并行控制也称主令控制，所有电动机单元共享一个输入信号，各个单元由各自独立的电动机驱动。这种控制办法侧重于控制实际速度和理论速度的误差，不太注重于不同电动机间的误差情况。由于各个单元之间没有耦合关系，当其中某一个单元受到扰动时，其他单元不会做出相同变化，各轴的同步性也就得不到保证。并行控制方式的优点是系统结构简单，多台电动机在停止、启动阶段具有良好的同步性。缺点是整个系统处于开环控制中，系统一旦受到外界因素干扰，很容易降低其同步性能，不能有效保证电动机的同步控制性能，影响电动机的运行质量和效率。

2. 主从控制　在主从控制的结构中，各从属轴以主轴的输出信号作为其输入参考信号，再按照一定的传动关系跟随主轴同步运行，稳态时能够获得良好的同步性能。在动态过程中，主电动机接收到速度或位置命令，或受到负载扰动或者速度发生突变时，从轴可以实时跟随主轴变化，从而满足多轴同步运动的要求。然而，当从轴出现负载扰动或速度突变时，由于主轴不能接收到从轴的反馈信息，造成两台电动机不同步的现象，无法达到系统的精度要求。一般情况下，应该选择系统中控制性能最差的那根轴作为主轴，在其他各台电动机的精度能够得到保证的前提下，就可保证整个系统的同步性。主从同步控制方式通常多适用于同步系统中各独立系统的控制目标基本一致的情况。

3. 交叉耦合控制　交叉耦合控制是将两台电动机的速度或位置进行比较，并将得到的差值作为附加的反馈信号，然后用这个反馈信号作为跟踪信号，从而满足同步控制的精度要求。

交叉耦合控制系统在并行同步结构上增加了转速反馈和转速差补偿，从而形成闭环系统。运行时转速补偿模块通过检测两台电动机之间存在的转速差，实现对每台电动机转速的调整，因此系统有着较高的同步性能。

系统根据相邻两个电动机的转速反馈差值对两个电动机转速进行相应的补偿，以减小同步误差。当电动机转速因负载扰动或环境因素干扰而产生波动时，系统能较快地消除转速差，因此交叉耦合控制方式的抗干扰能力较强。缺点是当控制的电动机数量超过两台时，转速补偿计算量变大且效果较差，因此交叉耦合控制方式不适合两台以上电动机同步控制的场合。

4. 电子虚拟总轴控制　电子虚拟总轴（Electronic Line Shafting，ELS）控制模拟了传统机械总轴的物理特性。机械总轴传动系统以一台功率较大的电动机拖动一根长轴，其他各分电动机则通过齿轮箱连接在这根总轴上，机械长轴为各个独立的伺服驱动单元提供动力源，带动各个分区单元的传动元件运行。在机械总轴同步控制系统中，各个分区单元都是紧密耦合在一起的，任意一个分区单元运动状态的变化都会通过机械扭转力矩的作用反馈给机械总轴，从而影响其他分区单元的运行，这种机械结构稳定，同步性能较好，受控制和其他因素影响较小。然而在机械总轴传动系统中，各连接装置的阻尼系数、弹性系数、衰减系数等参数完全取决于机械轴本身，不容易更改，其传动范围和距离也不可能很大。而ELS控制策略则是以虚拟的电子总轴取代机械长轴起主导作用，各个轴跟随该虚拟主导轴运动，并通过转矩的综合和反馈实现各个轴与电子总轴的耦合，因而具有机械总轴控制方式所固有的同步性能。

（二）多电机同步控制算法

多电机同步控制算法种类较多，主要有PID控制、模糊控制、模型参考自适应、滑模变结构等算法。

1. PID控制算法　PID控制是一种经典控制理论，根据给定值和实际输出值构成控制偏差，将偏差按比例、积分和微分通过线性组合构成控制量，对被控对象进行控制。常规PID控制器作为一种线性控制器。PID控制仍然是在工业控制中应用较为广泛的一种控制方法，其特点是：结构简单、易实现，鲁棒性和适应性较强；调节整定很少依赖于系统的具体模型；大多数控制对象使用常规PID控制即可以满足实际的需要。但由于实际对象通常具有非线性、时变不确定性、强干扰等特性，应用常规PID控制器难以达到理想的控制效果；在生产现场，由于参数整定方法繁杂，常规PID控制器参数往往整定不良、性能欠佳。这些因素使得PID控制在复杂系统和高性能要求系统中的应用受到了限制。

2. 模糊控制算法　模糊控制算法建立在模糊推理基础上，它不需要非常精确地建立数学模型，通过模糊语言表达常用的操作经验和尝试推理规则，因此适用于复杂系统或模糊对象，对受控对象的干扰有较强的抑制能力。模糊算法核心是模糊控制器，采用这种控制策略的控制器即模糊控制器。模糊控制器是以模糊理论为基础发展起来的，并已成为把人的控制经验及推理纳入自动控制策略之中的一条简洁的途径。典型的模糊控制器包括规则库、推理机、模糊化和模糊判决等部分，其结构如图6-43所示。

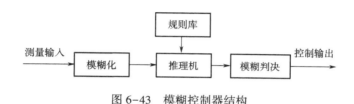

图 6-43　模糊控制器结构

3. 模型参考自适应算法　模型参考自适应（简称 MARS）是一种自适应系统，也可以应用在多电动机同步中。它是利用可调系统在运行中不断提取各种信息，使模型更加完善。但是系统调整和辨识都需要一个过程，所以对于一些参数变化较快的系统会因为来不及校正而得不到良好的效果。

4. 滑模变结构控制算法　滑模变结构控制算法本质上是一种较为特殊的非线性控制，其控制策略的特点在于系统的结构并不固定，它可以在动态过程中依据系统不同的状态实时做出相应变化。由于滑动模态可以进行设计且与对象参数及扰动无关，这就使得变结构控制具有快速响应、对参数变化及扰动不灵敏、无须系统在线辨识、物理实现简单等优点，但是这种控制策略不能避免出现抖振现象。

二、染整机械的多电机同步控制系统

染整联合机中的各单元机在运行过程中，由于静态时负载的波动，减速比和轧辊直径的差异，启动、调速、制动时各单元机负载转矩和转动惯量的变化，都可能造成速度差，使织物产生过于松弛或绷紧，因此，需要通过机械或电气的调节机构来调节有关单元机的运行速度，使各单元机织物运行的线速度协调一致，实现多单元传动系统的同步。

传统的同步控制装置有安装在两单元机中间的松紧架同步控制装置、自整角系统等，但这些装置的精度较低，可靠性较差。随着计算机和自动控制技术的发展，纺织印染设备常常根据工艺要求组合成联合机进行工作，为改善张力均匀性，多个加工单元的主动辊分别由独立电动机驱动，形成多电动机传动系统。在对织物进行连续加工的过程中，织物从各单元进出的速度应满足一定关系，所以要求多电动机传动系统能"同步"地协调运行。

（一）典型的纺织印染机械多电机同步控制系统

如图 6-44 所示的卷绕系统是一种典型的纺织印染机械多电机同步控制系统，为了实现加工工艺要求，该系统的传动辊驱动电动机的转速必须与退卷辊驱动电动机的转速相协调，可选定主从同步控制方法，以退卷辊的转速或线速度作为主令信号（也可以卷绕辊的转速或线速度作为主令信号），卷绕辊和传动辊根据退卷辊的转速或线速度按一定的比例运行，达到同步跟踪效果。第一台电动机为主令电动机，它决定系统的车速，其他电动机称为从动电动机，各电动机的线速度始终向主令电动机看齐，使整个生产过程中各个单元保持协调一致。在织物的连续加工过程中，根据工艺上的不同要求，各单元以一定的速度关系保持协调运行。其关系如下式所示：

$$k_i V_i = k_{i+1} V_{i+1}$$

式中：k_i 为协调系数，当 $k_i > k_{i+1}$ 时，$V_i < V_{i+1}$，为牵伸加工，适用于合成纤维的后处理工艺和帘子线的浸胶工艺；当 $k_i = k_{i+1}$ 时，$V_i = V_{i+1}$，为紧式加工，也称同步运行，适用于一般的棉布和涤/棉织物的染整，是一种极其普遍的印染加工控制要求；当 $k_i < k_{i+1}$ 时，$V_i > V_{i+1}$，为松式加工，适用于中长纤维织物和针织物的染整工艺。前两类加工最为普遍，工艺要求保持各单元之间加工物料的张力恒定或者线速度呈适当关系。

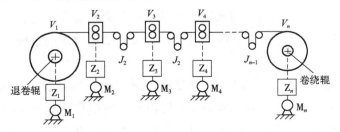

图 6-44　卷绕系统结构简图

图 6-44 中，V_1，V_2，$\cdots$，V_n 为各单元线速度；M_1，M_2，$\cdots$，M_n 为驱动电动机；J_2，J_3，$\cdots$，J_n 为单元之间的松紧架同步装置；Z_1，Z_2，$\cdots$，Z_n 为减速器。

虽然工艺要求 $V_1 = V_2 = \cdots = V_n$，但是，在系统实际运行过程中，由于种种原因，如静态时负载的波动，减速比和轧辊直径的差异，动态（起动、调速、制动）时各单元机负载转矩和转动惯量的不同，会造成速差，织物可能垂下来或拉得过紧，这就要求把异常情况检测出来，通过控制从动电动机的转速，使系统协调运行，从而实现多台电动机之间的协调同步。在单元之间安装松紧架同步控制装置、自整角系统等虽可实现同步控制，但精度较低，可靠性较差。

（二）基于 PLC 和变频调速的多电机同步控制系统

印染设备（包括坯布练漂、染色、印花和整理设备）常采用多台交流电动机或直流电动机作为驱动源，而系统中多台电动机的同步传动控制技术是染整成套装备的关键共性技术。可编程逻辑控制器（PLC）具有的高频率脉冲输出，定时和高速计数、算术运算、数据处理、网络通信等功能已很强大，并且抗干扰能力强，已在印染机械多单元同步控制系统中得到应用。

以三台电动机为研究对象，控制方案如图 6-45 所示。

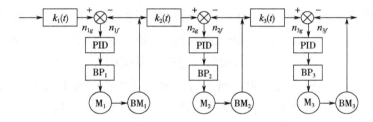

图 6-45　多电动机同步传动系统的控制方案

M_1、M_2、M_3为 3 台电动机，且 M_1 为主令电动机，驱动退卷辊，M_2、M_3 为从动电动机，分别驱动中间传动辊和卷绕辊；BP_1、BP_2、BP_3 为 3 台电动机的调速装置；BM_1、BM_2、BM_3 为各辊轴端安装的光电编码器，反馈信号一方面作转速反馈，另一方面经转换作下一台电动机的给定，BM_1、BM_3 的 Z 相脉冲（即零位脉冲，编码器每旋转一周发一个脉冲）用于计算退卷辊和卷绕辊的卷径；采用比例—积分—微分（PID）控制对同步误差进行调节。

卷径计算时，BM_1 的 Z 相每出现 1 个脉冲（即编码器旋转一周），退卷辊卷径减少 $2h$（h 为织物厚度），而 BM_3 的 Z 相每出现 1 个脉冲，卷绕辊卷径增加 $2h$，系统中：

$$n_{1g} = V_g k_1(t) = \frac{V_g}{\pi D_1(t)}$$

$$n_{2g} = V_{1f} k_2(t) = \frac{\pi n_{1f} D_1(t)}{\pi D_2(t)} = \frac{n_{1f} D_1(t)}{C}$$

$$n_{3g} = V_{2f} k_3(t) = \frac{\pi n_{2f} D_2(t)}{\pi D_3(t)} = \frac{n_{2f} C}{D_3(t)}$$

式中，V_g 为系统给定线速度；$D_1(t)$，$D_2(t)$，$D_3(t)$ 分别为退卷辊卷径、中间辊直径和卷绕辊卷径，且中间辊直径 $D_2(t) =$ 常数 $= C$；n_{1g}，n_{2g}，n_{3g} 分别为各辊轴的给定转速。

本章主要专用词汇的英汉对照

专用词汇	英文	专用词汇	英文
染整机械	dyeing and finishing machinery	平网印花机	flat screen printing machine
单元机	unit machine	圆网印花	rotary screen printing
轧压机	rolling press	滚筒印花	roller printing
水洗机	washing machine	转移印花	transfer printing
干燥机	dryer	整理机械	finishing machinery
预处理	preprocessing	拉幅定形	stretching and setting
烧毛机	singeing frame	预缩机	pre shrinking machine
练漂	scouring and bleaching	轧光机	calender
丝光机	mercerizing machine	轧纹机	embossing machine
染色机	dyeing machine	蒸化机	steaming machine, steamer
卷染机	jig dyeing machine	液氨整理	liquid ammonia finishing
轧染机	pad dyeing machine	同步控制	synchronous control

思考题

1. 染整的基本内容有哪些？

2. 染整机械的通用装置有哪些？各自的作用和结构是什么？

3. 染整机械的通用单元机有哪些？各自的结构特点是什么？

4. 布铗丝光机由哪几部分组成？说明其工作流程。

5. 染色机有哪些类型？分别有何特点？

6. 自动平网印花机由哪几部分组成？说明其各部分的工作特点。

7. 预缩机由哪几部分组成？说明预缩流程及特点。

8. 简述轧光机、电光机及轧纹机的共同点与不同点。

9. 染整机械的同步传动控制的类型和特点有哪些？

第七章　化纤机械

本章知识点

1. 化学纤维的基本概念与性能指标。
2. 化学纤维的生产工序、纺丝方法及其相关的机械原理。
3. 螺杆挤压机的工作原理及其结构组成。
4. 聚酯纤维纺丝成型机械及其相关工艺参数。
5. 纺丝卷绕机械的工作原理。
6. 聚酯纤维后加工的工艺流程及其相关机械的工作原理。

第一节　化学纤维概述

一、化学纤维的分类、品种及性能指标

（一）化学纤维的分类

化学纤维按照原料来分，可分为再生纤维和合成纤维两大类。再生纤维是用天然高分子化合物为原料，经化学处理和机械加工而制得的纤维；合成纤维是用石油、天然气、煤及农副产品等为原料经一系列化学反应，合成高分子化合物，再经加工而制得的纤维。根据大分子的化学结构，合成纤维又可分为杂链纤维和碳链纤维两类。杂链纤维的大分子主链中除碳原子以外，还含有氮、氧等其他原子。碳链纤维的大分子主链则只有碳原子。化学纤维的分类详见图7-1。

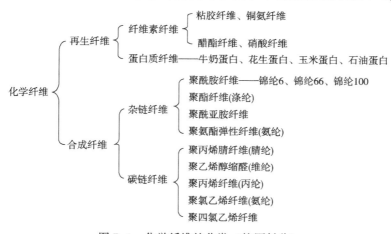

图 7-1　化学纤维的分类（按原料分）

化学纤维按照成型度来分，可分为初生丝、拉伸丝、变形丝三类，具体见图7-2。

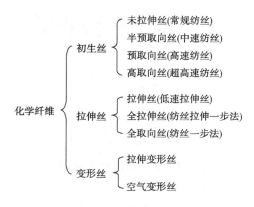

图7-2　化学纤维的分类（按成型度分）

（二）化学纤维的品种

1. 长丝　在化学纤维生产过程中，将纺丝流体（熔体或溶液）从喷丝孔挤出，在纺丝套筒中冷却或在凝固浴中凝固成型，成为连续不断的细丝，再直接进行后加工，得到长度以千米计的光滑而有光泽（如未经消光处理）的丝称为长丝。

长丝包括单丝和复丝。单丝原指一根单纤维的连续丝条，用单孔喷丝头纺制，但在实际应用的概念上往往也包括那些由3~6孔喷丝头纺成的含3~6根单条丝的少孔丝。较粗的合成纤维单丝（直径0.08~2mm）称为鬃丝，用作绳索、毛刷、日用网袋、渔网、拉链或工业滤布。细的锦纶单丝可用于制作透明女袜及高级针织品。

复丝一般指由数十根单纤维组成的丝束，化学纤维的复丝一般由8~100根单纤维组成。用于制造轮胎帘子线的复丝俗称帘子线，由一百多根到几百根单纤维组成。

2. 短纤维　为了与其他纤维混纺，往往把化纤产品切成几厘米至十几厘米长的短段，这种短段纤维通常称为"短纤维"或"切段纤维"。模拟棉花的短纤维线密度较小，长度为25~38mm，模拟羊毛的短纤维线密度较大，长度为75~150mm。

3. 丝束　丝束可以由几百根至百万根单丝条汇成一束，用来切断成短纤维，或经牵切而制成条子，后者又称牵切纤维（相当于棉纺上的棉条）。用于牵切纺的丝束的线密度通常为$(2.2\sim5.5)\times10^{4}$tex〔$(20\sim50)$ 10^{4}旦〕。

4. 异形截面纤维　在合成纤维成型过程中，采用非圆形喷丝孔纺制出各种不同截面形状的纤维或中空纤维，以改善纤维的手感、回弹性、起球性、光泽等性能，这种纤维称为异形截面纤维，简称异形纤维。

5. 复合纤维　复合纤维又称双组分纤维，它的制造原理是将两种或两种以上组分、配比、黏度或品种不同的成纤高聚物的熔体或溶液，分别输入同一个纺丝组件，在组件中的适当部位汇合，从同一纺丝孔中喷出而成为一根纤维，这样就能在同一根纤维上同时存在着两种或两种以上的聚合体，称为复合纤维。复合纤维与普通纤维最突出的区别是它具有三维空间的立体卷曲，因而具有高度的体积蓬松性、延伸性和覆盖能力，而且这种卷曲还具有可回复性。

6. 变形丝　将长丝经不同的变形加工，改变其外观、几何形状、内部结构与性能而形成的丝叫变形丝。其中，利用高聚物的热可塑性，把长丝加热、变形，经冷却后制成有相当伸缩性的丝称为弹力丝。锦纶弹力丝宜用于制造袜子，涤纶弹力丝大多用于外衣，丙纶弹力丝大多用于家用织物及地毯。若将两种不同热收缩性的合成纤维毛条按比例混合，经热处理后，其中高收缩性的毛条就迫使低收缩性的毛条屈曲，形成具有伸缩性和蓬松性的、类似毛线的膨体纱。膨体纱大多用于腈纶生产，用于制作针织外衣、内衣、毛线、毛毯等。

7. 差别化纤维　随着人们生活水平的提高，一般常规的化学纤维已满足不了人们的衣着、装饰、工业用和医用上的需要，从而产生了特殊外观、手感、风格和某种特异功能的化学纤维——差别化纤维。差别化纤维可以通过物理的或化学的各种途径获得；或在聚合阶段进行改性，使之与改性剂共聚；或采用特别的纺丝机构改变纺丝成型条件；或改变纤维的形态和集合状态，如各种变形方法；或在纤维后加工过程中赋予某种特性，如阻燃加工、抗静电加工等；或采用新原料，开发新的化学纤维品种。

8. 高性能纤维　高性能纤维具有普通纤维没有的特殊性能，是一种优质的工程材料，是纤维科学和工程界开发的一批具有高强度、高模量、耐高温的新一代合成纤维。主要品种为有机的对位芳纶、全芳族聚酯纤维、超高分子量聚乙烯纤维，以及无机的碳纤维。主要应用于航空、航天、交通运输、能源、环境保护等领域。

（三）化学纤维的性能指标

纤维的品质是由许多指标综合决定的。有一些指标对任何纤维在其一切应用范围内都很重要，另一些指标只在某些用途上有其重要性。反映纤维品质的主要指标有：

1. 物理性能指标　包括纤维线密度（纤度）、相对密度、断裂强度、断裂伸长率、初始模量、断裂强力、回弹性、光泽、吸湿性、热性能、电性能、耐多次变形性等。

2. 稳定性能指标　包括对高温和低温的稳定性，对光和大气的稳定性，对高温辐射的稳定性，对化学试剂的稳定性，对微生物作用的稳定性，耐（防）燃性，对时间的稳定性等。

3. 加工性能指标　包括纺织加工性能和染色性。纺织加工性能包括纤维的抱合性、起静电性、静态和动态摩擦系数等；染色性包括染色难易、上色率和染色均匀性。

4. 实用性能指标　包括保形性、耐洗涤性、可穿性、吸汗性、透气性、导热性、保温性、抗沾污性、起毛结球性等。

二、化学纤维的生产工序

化学纤维的生产主要有原料制备、纺丝流体制备、纺丝成型以及化学纤维的后加工四个工序，如图7-3所示。

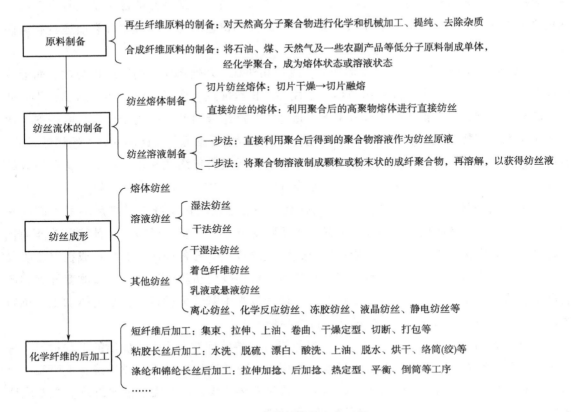

图 7-3 化学纤维的生产工序

（一）原料制备

1. 再生纤维原料的制备 由天然高分子聚合物经化学加工制造而成，其原料制备过程是将天然高分子化合物经一系列的化学处理和机械加工，提纯去除杂质。

2. 合成纤维原料的制备 以石油、煤、天然气及一些农副产品等低分子为原料制成单体后，经过化学聚合，而成为具有一定官能团、一定平均分子量和分子量分布的线型聚合物，然后再制成纤维。由于聚合方法和聚合物的性质不同，合成的聚合物可能是熔体状态或溶液状态。

（二）纺丝流体的制备

纺丝流体的制备按照纺丝方法（熔体法、溶液法）的不同，分为纺丝熔体制备和纺丝溶液制备两类。

1. 纺丝熔体的制备 凡高聚物的熔点低于其分解温度的，多采用将高聚物熔融成流动的熔体（纺丝熔体）进行纺丝（如涤纶、锦纶、丙纶等）。熔体纺丝法用于工业生产有切片纺丝和熔体直接纺丝两种实施方法。

（1）切片纺丝的纺丝熔体制备。

①切片的干燥：经铸带和切粒后得到的成纤高聚物切片在熔融之前，必须先进行干燥，提高聚合物的结晶度和软化点，避免因熔体中的水分气化导致纺丝断头率增加。

②切片的熔融：切片的熔融是在螺杆挤出机中完成的。切片自料斗进入螺杆，随着螺杆的转动被强制向前推进，同时螺杆套筒外的加热装置将切片加热熔融，熔体以一定的压力被挤出而输送至纺丝箱体中进行纺丝。

（2）熔体直接纺丝的纺丝熔体制备。与切片纺丝相比，直接纺丝法省去了铸带、切粒、切片干燥及再熔融等工序，这样可大大简化生产流程，有利于提高劳动生产率和降低成本。但是，利用聚合后的高聚物熔体进行直接纺丝，对于某些聚合过程中留存在熔体中的一些单体和低聚物难以去除，不仅影响纤维质量，而且还会恶化纺丝条件，使生产线的工艺控制也比较复杂。

切片纺丝法工序较多，但具有较强的灵活性，产品质量也较高，还可使切片进行固相聚合，进一步提高聚合物的分子量，生产高黏度切片，以制取高强度的纤维。目前，对于产品质量要求较高的帘子线或长丝，以及不具备聚合生产能力的企业，大多采用切片纺丝法。

2. 纺丝溶液的制备　采用溶液纺丝时，纺丝熔液的制备有两种方法：一是直接利用聚合后得到的聚合物溶液作为纺丝原液，称为一步法；二是将聚合物溶液先制成颗粒状或粉末状的成纤聚合物，然后再溶解，以获得纺丝液，称为二步法。

目前，在采用溶液纺丝法生产的主要化学纤维品种中，只有腈纶既可采用一步法，又可采用二步法纺丝，其他品种的成纤高聚物，无法采用一步法生产工艺。虽然采用一步法省去了高聚物的分离、干燥、溶解等工序，可简化工艺流程，提高劳动生产率，但制得的纤维质量不稳定。

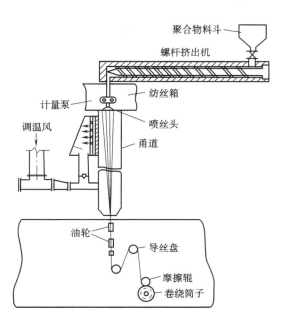

图 7-4　熔体纺丝

（三）化学纤维的纺丝成型

将纺丝熔体或溶液，用纺丝泵（或称计量泵）连续、定量而均匀地从喷丝头的喷丝孔中压出，呈液体细丝状，再在适当介质中固化成细丝，这一过程称为纺丝，这是化学纤维生产的核心工序。常用的纺丝方法根据纺丝流体制备的方法和液体细丝固化的方法不同，分为熔体纺丝和溶液纺丝两类。

1. 熔体纺丝　熔体纺丝的工艺过程如图 7-4 所示，成纤高聚物熔体经喷丝头流出熔体细流，在周围空气（或水）中冷却凝固成型。如涤纶、锦纶、丙纶等采用熔体纺丝方法制得。此法流程短、纺丝速度高（纺丝速度一般为900~1200m/min，高速纺丝可达4000m/min以上），成本低，但喷丝板孔数较少，长丝1~150孔，短纤维一般为300~800孔，高的可达1000~2000孔。该法适用于能熔化、易流动、不易分解的高聚物。

2. 溶液纺丝　溶液纺丝分为湿法纺丝和干法纺丝。

（1）湿法纺丝。湿法纺丝是将高聚物在（无机、有机）溶剂中配成纺丝溶液后经喷丝头流出细流，在凝固浴中凝固成型的方法（图7-5）。腈纶、维纶、黏胶纤维、氯纶等可以采用湿法纺丝方法制得。此法喷丝板孔数较多，一般为4000~20000孔，高的可达5万孔以上。但纺丝速度低，为50~100m/min。由于液体凝固剂的固化作用，虽然仍是常规圆形喷丝孔，但纤维截面大多不呈圆形，且有较明显的皮芯结构。该法适用于不耐热、不易熔化但能溶于某一种溶剂中的高聚物。

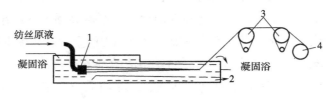

图7-5　湿法纺丝

1—喷丝头　2—凝固浴　3—导丝盘　4—卷绕装置

（2）干法纺丝。干法纺丝是将纺丝溶液经喷丝头形成细流，溶剂被加热介质（空气或氮气）挥发带走的同时，使得高聚物凝固成丝的方法。腈纶、维纶、氯纶、氨纶、醋酯纤维等可以采用干法纺丝。干法纺丝要求采用易挥发的溶剂溶解高聚物。此法纺丝速度较高，为200~500m/min，成品质量好。但喷丝孔数较少，一般为300~600孔，辅助设备多，成本高。

3. 其他纺丝方法　除了上述三种经典纺丝方法以外，为了使化学纤维具有特殊的效果或织染性能，还有一些特殊的纺丝方法。

（1）干湿法纺丝（干喷湿纺）。干湿法纺丝是将干法与湿法的特点结合起来的纺丝方法，纺丝溶液从喷丝头压出后，先经过一段空气，然后进入凝固浴。从凝固浴中导出的初生纤维的后处理过程与普通湿法纺丝相同。其优点是：由于纺丝液细流出喷丝孔后，先通过空气层，这样就能大大提高喷丝头拉伸，因而纺丝速度可比一般湿法纺丝高5~10倍，大大提高了纺丝机的生产率。

（2）着色纤维纺丝。在化学纤维的纺丝熔体或溶液中加入适当的首色剂，经纺丝后直接制成有色纤维，该方法可提高染色牢度，降低染色成本，减少环境污染。

（3）乳液或悬液纺丝。乳液或悬液纺丝就是把成纤高聚物分散介质（载体）构成乳液或悬液以进行纺丝的方法。此法适用于某些熔点高于分解温度，且没有合适的溶剂可使它溶解或塑化，因而无法转化成纺丝溶液体的成纤高聚物的纺丝。其基本过程与湿法纺丝相类似。

先将粉状的高聚物分散于某种成纤载体中，配制成乳液（或悬液），载体通常是另一种高聚物的溶液，这种溶液应易于纺制成纤维，并能在高温下被破坏掉。载体除去后，高熔点聚合物的粒子被烧结或熔融而连续化起来形成纤维。为了提高纤维的强度，在烧结时，通常要进行热拉伸。该法可纺制橡胶纤维、陶瓷纤维、聚四氟乙烯纤维（氟纶）。

（4）离心纺丝。将高聚物溶液或熔体自轴心引入一快速转动着的喇叭筒或漏斗口中央，由于离心力的作用使流体甩出，通过喇叭筒的内表面而成为一逐渐变薄的薄膜。在离开喇叭筒边缘后，薄膜被分散成纤维，随后被干燥（除去溶剂）或冷却而固化。

此外，还有化学反应纺丝、冻胶纺丝、液晶纺丝、静电纺丝等方法。

（四）化学纤维的后加工

纺丝流体从喷丝孔中喷出刚固化的丝称为初生纤维。初生纤维虽已成丝状，但其结构还不完善，力学性能较差，如伸长大、强度低、尺寸稳定性差，沸水收缩率很高，纤维硬而脆，没有使用价值，还不能直接用于纺织加工。为了完善纤维的结构和性能，得到性能优良的纺织用纤维，必须经过一系列的后加工。后加工随化纤品种、纺丝方法和产品要求而异，其中主要的工序是拉伸和热定形。

短纤维的后加工主要包括集束、拉伸、上油、卷曲、干燥定形、切断、打包等内容。对含有单体、凝固液等杂质的纤维还需经过水洗或药液处理等过程。粘胶长丝后加工包括水洗、脱硫、漂白、酸洗、上油、脱水、烘干、络筒（绞）等工序。涤纶和锦纶 6 长丝的后加工包括拉伸加捻、后加捻、热定形、平衡、倒筒等工序。

虽然化学纤维的纺丝方法和相应的设备很多，但应用比较广泛的是湿法纺丝设备和熔体纺丝设备。湿法纺丝设备由于纺丝品种不同设备也不同，即使同一品种，也由于溶剂不同、腐蚀性不同，设备使用的材料也不相同，因而较难相互通用，而且湿法纺丝工艺路线长、设备复杂，因而湿法纺丝的合成纤维的发展受到影响，产量远不及熔融纺丝类的合成纤维；熔融纺丝设备大部分都可以通用，且纤维性能优良，产量大，设备的加工速度高，因而发展很快，应用非常广泛。

第二节　聚酯纤维的纺丝成型及其相关机械

一、聚酯切片的干燥

工业化大量生产的聚酯纤维是用聚对苯二甲酸乙二醇酯（PET）制成的，我国的商品名为涤纶，是当前合成纤维的第一大品种。PET 作为聚酯纤维的原料，通常称聚酯切片。聚酯切片在用于纺丝之前，必须经过干燥。

（一）聚酯切片干燥的目的

1. 除去切片中水分　微量水分的存在会大大加速高聚物在熔融纺丝过程中水解，使高聚物分子量降低。同时，由于水在高温下汽化，被熔体夹带而出喷丝孔，会形成气泡丝而造成纺丝断头或毛丝，不但降低纺丝质量，严重时更会使纺丝无法进行。因此，必须将切片进行干燥，使含水量从 0.4% 下降到：纺制普通短纤维时的不大于 0.012%，或者纺普通长丝时的不大于 0.007%，高速纺丝的切片含水率要低于 0.005%。

2. 提高软化点　聚酯熔体铸带时，要在水中急剧冷却，得到的切片是无定形结构。这种切片软化点很低，如用这种切片纺丝，则在进入螺杆挤压机后很快软化变黏，造成"环结"阻料，使生产中断。而经过干燥的切片会形成部分结晶，使软化点大大提高，从而使切片变硬，这样的切片进入螺杆挤压机以后，就不易发生"环结"现象。

（二）聚酯切片干燥的要求

（1）切片干燥的含水率应符合纺制纤维的要求。

（2）含水量和结晶度应尽量均匀一致。

（3）干燥过程中黏度降要小，一般低于 0.01。

（4）干燥过程中产生粉末要少，并要去除干净。

（5）干切片要避免在输送或储存过程中再度吸湿。

干燥设备除须满足上述要求外，还应符合干燥速度快、能耗低、操作方便、设备制造容易、运转安全、机器价格便宜等要求。

二、聚酯纤维的纺丝成型

聚酯纤维的纺丝可分直接纺丝和切片纺丝两种。如图 7-6 所示，直接纺丝是把聚合釜中的熔体直接送到纺丝箱中纺丝成型，省去了铸带、切片、干燥及再熔融的工序。此法适用于大规模生产，但由于聚合与纺丝直接相关，工艺参数相互牵连，品种调换不方便。而切片纺丝工艺流程虽然较长，但聚合和纺丝分开控制，互不干扰，容易保证纤维质量，可以单独建立纺丝厂，调换品种较方便，适合于中小型合成纤维厂的生产。

（一）熔融

切片纺丝最早的熔融方法是将切片堆放在加热管制成的炉栅上，待加热成熔体后，靠自重流入炉栅下方的熔池中，然后由压力泵及计量泵送入纺丝头纺丝成型，称为炉栅纺丝。这种熔融设备生产效率低，熔体在炉栅内停留时间长，聚合物易热分解，品种变化也较困难，只适用于黏度较低的锦纶纺丝。聚酯熔体黏度高，难以靠自重流动，因此，从 20 世纪 50 年代开始，开发应用了螺杆挤压纺丝。

螺杆挤压机有单螺杆和多螺杆之分，现代生产中熔融纺丝大多采用单螺杆挤压机。单螺杆挤压机可分为卧式和立式两种。

卧式螺杆挤压机如图 7-7 所示，螺杆和套筒是水平安装的，装拆和维修较方便，但螺杆为一悬臂梁，挠度较大，螺杆头部易磨损。而立式挤压机的螺杆和套筒垂直安装，不易变形，占地面积较小，但需要较高的厂房，减速箱密封要求高，装拆和维修较麻烦。因此，卧式挤压机应用较广。

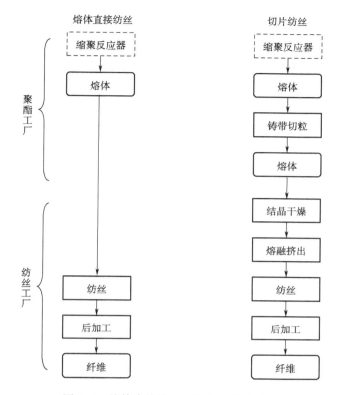

图 7-6　熔体直接纺丝与切片纺丝的工艺

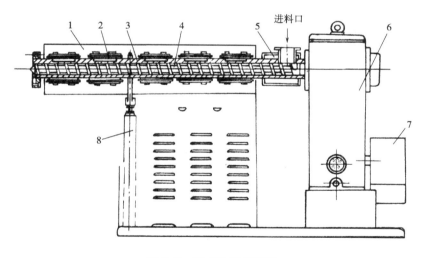

图 7-7　卧式螺杆挤压机

1—保温套　2—加热器　3—套筒　4—螺杆　5—冷却夹套　6—传动箱　7—电动机　8—支撑

1. 挤压过程　切片在挤压机中熔融挤出，是一个从常温固态转化为高温黏流态的挤压过程，因而挤压机要同时完成加热熔融和挤压输送的作用，所以它既是加热器，又是熔体输送泵。

物料沿着螺杆的螺槽向机头方向前进，经历着温度、压力和黏度的变化，由玻璃态、高弹态转变成黏流态。按物态的不同，可把螺杆长度分成加料段、压缩段和计量段三部分。

（1）加料段。加料段螺槽容积最大，可预热物料。螺槽内固相物料运动，沿着螺纹的旋进方向移动。为了增加输送量，应该尽量减小螺杆对物料的摩擦力，加大套筒内壁对物料的周向摩擦力，增加阻滞物料的旋转运动。

（2）压缩段。物料在压缩段逐渐由固相转化成液相，所以压缩段是固液共存的熔融区主要段，如图7-8（a）所示。其主要作用是把物料进一步加热升温到熔融温度，并有压缩和排气作用。在熔融压缩过程中，固相物料逐渐减少，熔体不断增加，直到完全熔化。图7-8（b）表示压缩段螺槽的截面，靠近套筒内壁的物料升温快，首先熔融成一层熔膜，当熔膜超过螺纹与套筒间隙的3~5倍时，受旋转螺杆的推动，不断向螺纹的推进面汇集，形成涡流状的熔池。同时压缩段螺槽的容积逐渐缩小（一般是螺槽深度减小），使物料被压实而产生足够的熔体压力，这样既可改善物料的传热性能，还可将熔体中残留气泡排出。

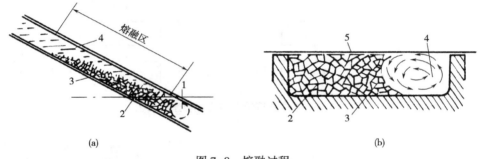

(a)   (b)

图7-8　熔融过程

1—加料口　2—冷粒子　3—热粒子　4—熔池　5—熔膜

（3）计量段。熔体在计量段进一步被加热熔化，计量段兼有混合、均匀和稳压的作用。螺杆旋转运动，产生了沿着螺纹前进方向的顺流及垂直螺纹方向的横流。由于机头压力和间隙的存在，还有逆流（与顺流相反方向）和漏流（套筒与螺纹间隙中沿着螺杆轴向的流动），使得实际熔体的流动较为复杂，在螺槽内形成顺流、横流和逆流的复合运动。

2. 螺杆挤压机的结构　螺杆挤压机是由螺杆、套筒、加热装置、冷却装置以及传动系统等组成。其中，螺杆与套筒是关键零件，其类型、结构尺寸、材料、热处理质量、加工制造与装配精度均会影响挤压机的产量、功率、熔体均匀性等主要性能。

（1）螺杆。螺杆可分为单头与多头，渐变与突变，有无混炼头等形式。聚酯纤维的纺丝螺杆一般选用单头渐变螺杆，在压缩段螺槽变化规律是螺距相等而螺槽深度逐渐变浅，如图7-9所示。这种螺杆适用于从高弹态到黏流态范围较宽、熔体黏度较高的聚合物纺丝，加工方便，工艺容易控制，还可用于纺制锦纶和丙纶等纤维。

螺杆的主要结构尺寸如图7-10所示。D为直径、L为工作长度、h为螺槽深、t为螺距，α为螺纹升角，e为棱边宽。

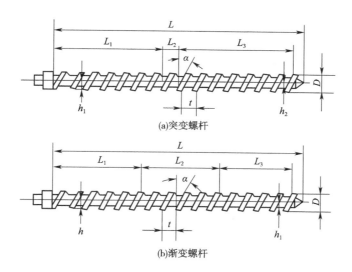

图 7-9 螺杆结构

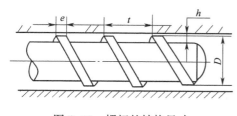

图 7-10 螺杆的结构尺寸

螺杆直径 D 是指螺杆外径的名义尺寸，也是挤压机的特征尺寸。我国的螺杆直径 D 已经系列化，有 45mm、60mm、65mm、80mm、90mm、100mm、110mm、120mm、150mm、200mm、250mm 等。工作长度通常用长径比（L/D）表示。L/D 大，物料可以在较长的路程中完成加热熔融和挤压输送作用，使挤压机出口的熔体充分熔融、混合均匀，机头压力、流量、温度波动较小。但是 L/D 大的螺杆和套筒加工制造较难，功率消耗也较大。一般 L/D 取值为 24～27，最大可达 30。由于纺丝用螺杆的螺距 t 一般等于直径，所以长径比也意味着螺槽数的多少。

（2）套筒。套筒既是一个加热的高压容器，又是支撑挤压机加热器、传动箱与出料熔体管道连接的机架，它与螺杆配合完成对物料的加热熔化和挤压输送作用。套筒结构如图 7-11 所示，主要结构尺寸是内径 D（名义尺寸与螺杆直径 D 相等）、外径和长度。

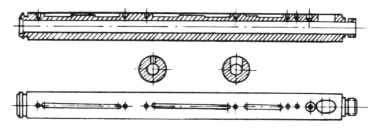

图 7-11 套筒的结构

（3）加热与冷却装置。挤压机熔化固相切片所需的热能，一是由加热装置供给，二是由物料摩擦、剪切作用机械能转化成的热能供给。一般螺杆转速较低，主要依靠外界的电热器供给。电加热方式一般都采用电阻丝加热，干扰小，热容量大，效率高。为了提高电阻丝使用寿命，把电阻丝放入有绝缘材料充填的管子内，制成电热棒，使电阻丝不与氧气接触，防止热氧化烧断。为了装拆方便，根据加热功率分配，把电热棒插入或浇铸在铝合金的夹壳中，做成如图7-12所示的铸铝套加热器，然后沿着套筒长度配置4~6组加热器，自动控制螺杆挤压机各段所需的温度。

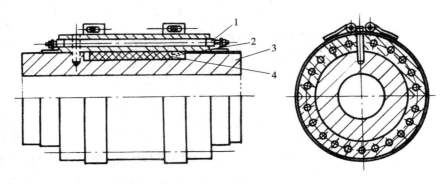

图7-12 铸铝套加热器

1—加热元件 2—绝缘材料 3—铝套 4—金属套管

为了防止料口物料过早突然升温，使切片表面熔化（芯部仍是固态）而黏附在螺槽内，产生"环结"现象，导致堵料而无法正常操作，还为了热量不传递到减速箱中，需要在料口装有通冷却水的夹套式或蛇管式的冷却装置，如图7-13所示。

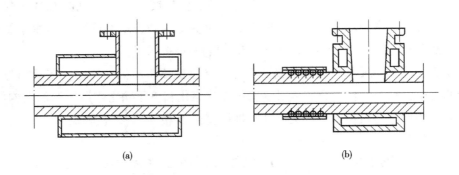

(a)   (b)

图7-13 冷却装置

（4）螺杆的传动装置。由于螺杆转速较低，约每分钟几十转，而电动机转速又很高，所以必须采用减速传动。为了方便变换品种，调节产量及机头压力，需要无级变速传动。

挤压机传动简图如图7-14所示，广泛采用"变速电动机→减速箱→螺杆"的传动系统。直流电动机调速稳定、范围广、效率高，电动机特性符合螺杆恒扭矩的工作特性，因而应用

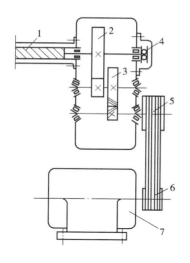

图 7-14　挤压机传动简图

1—螺杆　2，3—齿轮　4—止推轴承

5，6—三角皮带　7—电动机

较多，近来也有采用变频电动机的；减速箱较多选用齿轮减速箱，由于螺杆承受很大的轴向力（由机头熔体压力产生的），螺杆传动端的支承必须特殊设计，使铸造的箱体不承受轴向力，故不能采用标准圆柱齿轮减速箱。

3. 新型螺杆　普通单螺杆挤压机在提高纺丝产量方面具有局限性，因为如果加大螺杆直径，则将使挤压机外形尺寸庞大，提高转速又将使物料作用时间缩短而来不及熔透，此外，普通螺杆挤压机的流量、温度和压力的波动都比较大。为此，人们研发了各种特殊结构的新型螺杆，以满足产量高而熔体质量好的要求。

目前，合成纤维纺丝用的新型螺杆类型有分离型、分流型及屏障型，如图 7-15 所示。

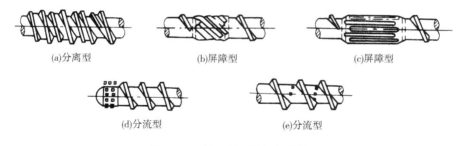

(a)分离型　　(b)屏障型　　(c)屏障型

(d)分流型　　(e)分流型

图 7-15　几种新型螺杆的结构

（1）分离型螺杆。在挤压机的熔融区内，设置两条螺纹（主、副螺纹），把固、液两相隔开，使切片加速熔化，熔化成的熔体则进一步加热剪切和混合。在图 7-16 所示的分离螺杆中，熔融区长度 L_4 比压缩段长度 L_2 多一个螺槽，主螺纹螺距为 t_1，副螺纹螺距为 t_2，$t_2 \neq t_1$，其差值大小影响熔融区长度。主、副螺纹的外径差为 $2G$。即 $D-D_1=2G$。当固相螺槽内物料熔化成液相时，通过 G 通道流入液相螺槽，由于 G 尺寸较小（0.25~0.60mm），熔体受到很大剪切作用，进一步使混在熔体内的微粒熔化；而在熔融区一开始就有液相螺槽，相当于延长了螺杆的计量段，熔体受到充分的混合均匀计量作用，出口熔体均匀性得到提高。

（2）分流型螺杆。常用的是销钉螺杆，在压缩段后部或计量段设计一定数量的销钉，如图 7-17 所示。

位于压缩段固、液两相共存区（一般固相含量为30%左右）内的销钉，其主要作用是使未熔化的固相粒子加速熔化，因为销钉的阻滞，增强了固、液两相搅拌作用，不断更换热交换面积，提高了传热效果。而且物料通过销钉之间的狭窄通道，加强了剪切作用，使液相中

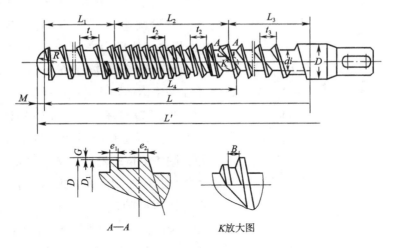

图7-16　分离型螺杆的结构

的微粒熔透。位于计量段或螺杆头部的销钉，其作用在于使熔化的液相更加充分混合均匀，熔体流经销钉分而合、合而分的分流作用，使熔体的流量、温度、压力均匀性得到提高。

销钉螺杆结构比较简单，制造方便，效果也较好，比普通螺杆产量可提高30%左右，出口熔体温差可降为±（1.5~2.0）℃。

（3）屏障型螺杆。在螺杆一定位置上设置混炼元件，称为屏障型螺杆。混炼元件可分直槽型、斜槽型及变槽型等结构，如图7-18

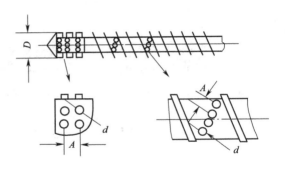

图7-17　分流型销钉螺杆结构示意图

所示。混炼元件的作用是把熔体径向分割成若干液流进入液槽，越过剪切沟棱面，由出液槽流出再汇合，从而可加强剪切、混合作用。混炼元件一般设置在熔融区后部或计量段开始处，大多数固相物料已熔化，尚有少量微粒子含在熔体内，当物料通过混炼元件时，受到较大的剪切作用。剪切所做的机械功骤然转化成热能，使其进一步均匀熔化，并可增大计量段槽深（可比普通螺杆的 h_2 加大 20%~50%），以提高产量。由于混炼元件

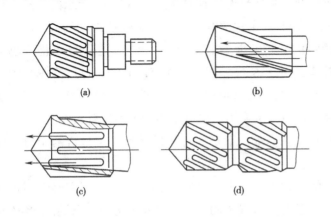

图7-18　各种屏障型螺杆的结构

结构简单，故加工制造比较方便，适应性也较广。

（二）混合

混合的目的是提高熔体的均匀性，有动态混合和静态混合之分。新型螺杆的实质是改进螺杆结构，加强对物料的动态混合作用。凡完全依靠静止不动的混合元件达到混合作用的设备就称为静态混合器。静态混合器有结构简单、外形紧凑、操作连续、节省能量和维修简单等优点。表7-1中列出了几种典型的混合元件及其结构特点。熔融纺丝机中，一般将静态混合器设置在挤压机出口的管道内，使送入纺丝箱中的熔体更加均匀；若纺制有色丝，可使白色切片和有色母粒混合充分，获得色差小的丝条。

表 7-1　静态混合元件结构类型

元件名称	结构特点
螺旋片元件	左旋和右旋的螺旋片扭转180°，左旋和右旋片呈90°排列
斜纹板式元件	斜纹板相互重叠组成元件，各元件斜纹板呈90°交错排列
流道式元件	每一元件有四个通孔，流入侧外边的孔通至流出侧的中心位置
增强式元件	在两道孔中插入左旋或右旋扭转180°的螺旋片，各元件呈90°交错排列

（三）过滤

熔融纺丝成型过程中，由于所纺制丝条直径很细，喷丝孔很小，不允许熔体中混有任何杂质或凝胶粒子，故提高熔体的纯度是保证纺丝正常进行和成品丝质量的关键之一。常规纺丝时，由挤压机出来的熔体，在纺丝组件中应经喷丝板前的过滤层清除杂质。而高速纺丝需要加装预过滤器（即在挤压机出口到纺丝箱之间设置过滤器），以提高熔体的纯度，降低纺丝组件中过滤层的负担，延长使用周期，减少因调换纺丝组件而产生的废丝。

预过滤器必须具有过滤面积大、不易堵塞、耐压、耐温、耐腐蚀的特点，并且要适应连续纺丝要求。采用带两个过滤室的过滤器，可连续交替操作，并要求切换时尽量降低波动。

三、纺丝成型机械及其工艺参数

纺丝成型工艺及设备是合成纤维生产过程中的关键。熔融纺丝按速度分有常规纺丝、高速纺丝及超高速纺丝；按纺丝熔体压力分有常压纺丝和高压纺丝。

高速纺丝也叫拉伸纺丝。当纺丝速度达到一定值时，纺丝过程中丝条受到很高的速度梯度和空气阻力的影响，获得相当高的大分子轴向取向（称为取向度），制得预取向丝，剩余拉伸倍数小于2倍。预取向丝力学性能稳定，染色性能均匀，纺丝机产量还可提高，后加工可省去单独的拉伸工序，将其合并到其他机器中，缩短了工艺流程，降低了生产成本。当纺丝速度提高到 6000~8000m/min 时，可获得全取向丝，无须后拉伸，一步法制得全取向丝。若将纺丝、拉伸和变形联合在一台机器上完成，就是一步法制成变形丝。这种方法已成功地应用于丙纶地毯纱的生产中。

高压纺丝是指纺丝组件内熔体压力提高，使组件内熔体在较高的压力下流经组件内过滤层及喷丝板，以提高丝条的内在质量。因为熔体在过滤层内有较高的压力降，能产生较大的剪切作用，使机械能瞬间转化为热能，故熔体温度可均匀地上升，能改善其流动性而不易产生较大的热裂解，从而提高了丝条的强度、纤度均匀性，改善了拉伸性能。采用高压纺丝技术，可以实现高速或超高速纺丝。

熔融纺丝成型设备包括纺丝箱和冷却吹风装置。由螺杆挤压机制得的高温高压熔体，经过弯管或波纹管（高速纺时中间加装静态混合器、预过滤器等），流入纺丝箱，由纺丝箱中的熔体分配管均匀分配到各纺丝部位，每个纺丝部位均有计量泵和纺丝组件，经过精确计量和精细过滤后，在喷丝板微孔中喷射成熔体细流，最后在由冷却吹风装置提供的冷却条件下固化成丝条。

（一）保温箱

保温箱为一密闭容器，一般用 8～12mm 钢板焊接而成，每个纺丝部位有一个泵座，泵座与熔体分配管及箱壁焊成一体。泵座内装计量泵及纺丝组件。保温箱中有载热体加热，使通入计量泵、纺丝组件中的熔体在纺丝温度下完成喷丝成型。

1. 加热方式　保温箱加热分密闭气液两相加热和循环气相加热两种方式。密闭气液两相加热方式是在箱体内装入一定量的联苯混合液体（为箱体高的 1/2～2/3），由配置在泵座间的电热棒加热升温。由于是密闭式，渗漏较少，但温差较大。

循环气相加热是在纺丝机外专设联苯锅炉，将联苯蒸气通入保温箱内加热。联苯蒸气渗漏较大，但各纺丝箱之间温差小，丝条均匀性好。

2. 熔体分配管　熔体进入纺丝箱中，由熔体分配管均匀分配给各纺丝部位的计量泵及纺丝组件。要求熔体在分配管中流经时间短，以防止热裂解；总管到各分管及纺丝部位所受阻力相等，能均匀分配熔体，以保证丝条线密度均匀。一般方法是使分配管路对称和等长。

（二）计量泵

计量泵又称纺丝泵，一般采用结构简单的齿轮泵，其作用是把熔体定量定压地输入纺丝组件中，保证丝条线密度均匀。

1. 工作原理及相应要求　计量泵的结构如图 7-19 所示，一般由一对外啮合的齿轮及三块上、中、下泵板组成。在下泵板上开有入口和出口。当主动齿轮和被动齿轮啮合转动时，入口吸入熔体，充满齿谷，沿着中间板的"8"字形孔内侧带到出口处，由一对齿的啮合把齿谷中的熔体压出，输送到纺丝组件，故齿轮泵属于容积泵。

为了传动平稳，主、被动轮重叠系数大于 1，即同时有一对或两对齿啮合，形成封闭腔，而且啮合过程中封闭腔容积由大到小，再由小到大变化，一方面使部分熔体重新带到入口，减小流量；另一方面封闭腔内熔体增压或卸压，会引起计量泵负荷增加、发热、振动、噪声、产生气泡等问题，故在计量泵的下泵板内侧开有补偿槽，当封闭腔容积缩小时与出口相通，

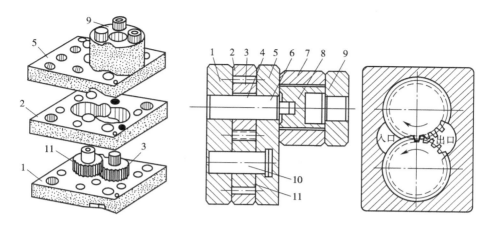

图 7-19　纺丝计量泵的结构

1—下泵板　2—中间板　3—主动齿轮　4—主动轴键　5—上泵板

6—主动齿轮轴　7，8，9—联轴带　10—被动轴　11—被动齿轮

容积扩大时与入口相通，所以对计量泵的转向应有规定，否则出、入口及补偿槽的作用将产生混乱。为了保证机械精度及吸入时间足够，要求转速较低，一般为 10~40r/min。

纺丝计量泵是保证丝束均匀的一个关键部件，其计量的精度直接影响丝束的均匀度，一般有如下要求：

（1）泵供量精确，流量不匀率要低。

（2）泵的机械特性要硬，即在出口压力波动时流量波动要小，泵供量稳定。

（3）制造精度高、耐磨，使用寿命长。

（4）材料要耐腐蚀，不渗漏。

（5）装拆简便，应有通用性及互换性。

图 7-20 所示为 JA-0.6X8-KW 计量泵的行星式结构，该泵是由一个主动齿轮 9 带动四个从动齿轮 10，并由两层中间板围成两个齿轮腔，齿轮外圆与中间板孔保持均匀的间隙配合，熔体从进口通过斜孔进入齿轮吸入腔，通过中间板齿轮啮合，上层中间板 3 的出口经过外盖板 2、进液板 1 流出，下层中间板 5 的出口处熔体经过隔板 4、从动轴 8、进液板 1 流出。

2. 计量泵的传动　计量泵的工作转速较低，要采用减速比大的减速箱，为了调节品种及纺丝速度，要设置无级调速装置，而且不允许打滑及失控。

短纤维纺丝机常采用集体传动，其传动路线为：普通电动机→齿链式无级变速器（PIV）→长轴→每个纺丝部件的蜗轮减速器→泵轴→计量泵联轴节，每个部位的计量泵无法单独调速，因此，对计量泵的流量差值率控制更严，以保证所纺丝条的线密度均匀性。现代的短纤维纺丝机大多采用单独传动，即每个部位有"同步变速小电动机→电磁离合器→泵轴→计量泵"的联轴节，每个部位的计量泵就可以微调。

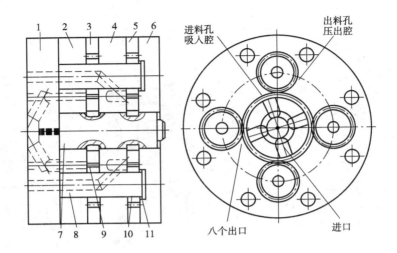

图 7-20　JA-0.6X8-KW 八出口双层纺丝计量泵的结构

1—进液板　2—外盖板　3—中间板（上）　4—隔板　5—中间板（下）　6—内盖板

7—主动轴　8—从动轴　9—主动齿轮　10—从动齿轮　11—销键

（三）纺丝组件

聚酯纤维根据所纺品种不同，纺丝组件可分为普通纺丝组件、复合纺丝组件、异形纺丝组件等类型，而每类又有长丝和短纤维纺丝组件之分。长丝和短纤维的不同之处是，长丝因为纺丝成型后每束丝条均需分开卷绕，为了提高每部位产量，只能采用多头纺，即一个纺丝部位装有 2~8 个纺丝组件。而短纤维最终切成散纤维，在纺丝机中就只需并条盛放，故采用多孔纺，即尽量增加每个纺丝组件中喷丝板的孔数，纺丝组件结构尺寸较大。

纺丝组件的主要作用是，进一步过滤掉熔体中的机械杂质和凝胶粒子，以防堵塞喷丝板中的微孔，避免造成毛丝或断头；把熔体均匀分配到每个喷丝孔中，并且使其充分混合，使整个喷丝板面上熔体的温度、黏度和分子量的均匀性得到提高，使熔体最终通过喷丝孔喷射成均匀的丝条。

1. 短纤维纺丝组件　高压纺丝的短纤维纺丝组件结构如图 7-21 所示。熔体从组件侧面通入，经分配板均匀分布后，在过

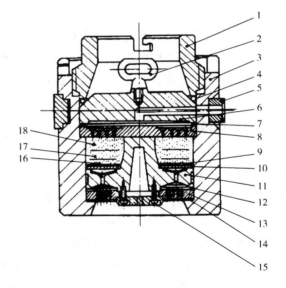

图 7-21　短纤维高压纺丝组件的结构

1—压紧螺母　2—吊环　3—喷丝板座

4，5—O 型密封圈　6—扩散板　7，12，14—密封垫片

8—分配板　9，10—过滤网　11—耐压板

13—喷丝板　15—压板　16，17，18—滤砂

滤层中去掉杂质并产生压力降，其作用载荷由耐压板承受，以减轻喷丝板的负荷，耐压板上还有导流孔，保证达到喷丝板上的熔体能均匀地分配到各喷丝孔中，最后通过喷丝孔喷射成熔体细流。

　　过滤层是产生压力的关键。常用过滤材料是海砂、不锈钢丝网、玻璃珠等散状滤材，也可采用耐腐蚀的烧结金属。要求过滤材料能耐压，过滤精度高，压力升高的速度慢。组件内各零件之间用软铝片（圈）密封。

　　2. 长丝纺丝组件　图 7-22 为长丝高压纺丝组件的截面图，纺丝组件为下装式，计量泵垂直传动。每一纺丝部位装有四套纺丝组件，即称为四头纺，每两组件合用一只叠泵供给熔体。图 7-22 左面剖截在熔体进计量泵的入口处，图右面剖截在计量泵两出口到组件之处。

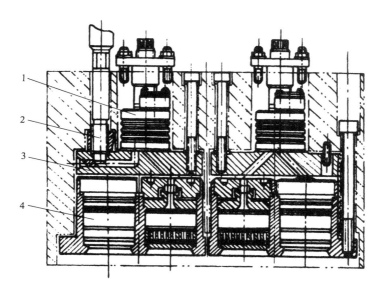

图 7-22　长丝高压纺丝组件的结构

1—计量泵　2—针型阀　3—泵座　4—纺丝头

　　长丝组件与短纤维组件原理相同，不同之处是长丝组件由于喷丝板较小，组件也较紧凑，采用下装式组件劳动强度较小，计量泵可以由上往下安装，装拆较方便，传动装置也容易安排。

　　上述纺丝组件安装的喷丝板若具有非圆形截面的喷丝孔，就称为异形纺丝组件。

　　3. 复合纺丝组件　复合纺丝技术是把两种或两种以上不同结构或性能的聚合物纺制成一根丝条。如图 7-23 所示，根据不同组分的黏合类型的不同，复合丝条可分为并列型、皮芯型和海岛型三种。

　　并列型的两组分是沿丝条轴向并列黏合在一起的；皮芯型从丝条截面上看，两组分是以圆周与中芯的形式黏合在一起；海岛型采用互不相容的两种成分充分混合纺丝，并使一种聚合物分散在另一种成分中而制成分散型的复合纤维，目的是为了纺制超细纤维，即把该分散

(a)并列型1　　(b)并列型2　　(c)皮芯型1　　(d)皮芯型2　　(e)皮芯型3　　(f)海岛型1　　(g)海岛型2

图 7-23　复合纤维的截面

型的复合纤维再用溶剂将"海"溶掉，剩下的"岛"即为很细的纤维。

一般要求并列型和皮芯型复合纤维的两种组分具有较好的互容性，在后处理中利用两种成分的不同性能即可产生永久性的卷曲，并呈三维卷曲状。

纺制复合纤维的关键是纺丝工艺参数的控制以及配备特殊的纺丝组件。复合纺丝组件与普通单组分纺丝组件不同之处是具有多块分配板的分配系统，各种不同成分熔体分别均匀分配，到达喷丝板时才按一定方式汇合进喷丝孔。若喷丝孔为非圆截面形，配合特定的工艺条件，即可纺成异形复合纤维。

图 7-24 所示的复合纺丝组件是纺短纤维的分配系统。A 组分经扩散板中间腔，到达下分配板上各放射形直槽，再经奇数环形槽及直孔到达下分配板下面的奇数圈分配槽，然后进入与各奇数圈相通的狭缝控制面；B 组分经扩散板上面环形槽，经过上分配板下面各圆圈弧梯形槽，到达下分配板上面各偶数圈分配槽，然后进入与各偶数圈相通的狭缝控制面，在进入喷丝孔处与 A 组分相遇，并列而成复合丝条。

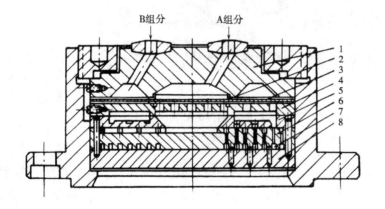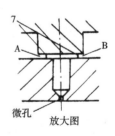

图 7-24　复合纺丝组件（下装式）的结构

1—扩散板　2—密封垫片　3—滤网　4—耐压板　5—上分配板　6—下分配板　7—狭缝　8—喷丝板

在分配板上经过两次圆周方向和一次半径方向的分配，以保证熔体能稳定流动，两组分分别经过过滤层过滤，压力由耐压板承受。上、下分配板、耐压板、扩散板及喷丝板均需与分配板固定相对位置，以保证两种组分的熔体按指定通道流动。它们可用销钉或键来定位。

4. 喷丝板　喷丝板按外形可分为圆形及矩形两种，按喷丝孔的形状可分为圆孔及异形孔两种。喷丝板材料采用含钛的奥氏体不锈钢，能耐高温、耐腐蚀，性韧，质软，容易冲挤加工成型。

（1）圆形孔喷丝板。圆形孔喷丝板的结构如图7-25所示。板上喷丝孔由导孔、过渡孔和微孔构成。导孔直径一般为2~3mm的圆形孔，也有曲线形，但加工一致性较差。过渡孔一般为60°~90°的锥孔，60°孔加工较难，但导流作用好，若能加工成抛物面形则更好。微孔对丝条成型影响最大，主要要求是孔径d_0、长径比l/d_0及形位公差精度等。孔径d_0按所纺品种熔体的黏度而异，黏度高则孔径大。例如纺锦纶采用孔径为0.25mm，纺涤纶采用孔径为0.25~0.30mm，纺丙纶采用孔径为0.30~0.45mm。

另外，微孔直径还与所纺纤维种类、喷丝速度、冷却条件和牵伸倍数有关。棉型纤维较细，孔径也应小些。孔深即长径比大，对熔体控制作用较大，稳定性好，但受制造条件限制，一般$l/d_0 = 1.5 ~ 2$。喷丝板上孔的排列，必须有利于熔体的均匀分配，透风性好，冷却均匀，保证板有足够的刚度。尤其是短纤维喷丝板，孔数多，直径大，更要加以考虑。

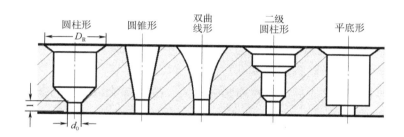

图7-25 圆形喷丝板结构示意图

图7-26所示的矩形喷丝板用于纺制帘子线的多孔纺，孔呈横向排列，可以采用侧吹风冷却，这种排列可以减少吹风层数，透气性好，冷却均匀，其缺点是矩形板在纺丝组件内，四周的密封问题难以解决，矩形面加工精度及垫片密封可靠性要求更高。

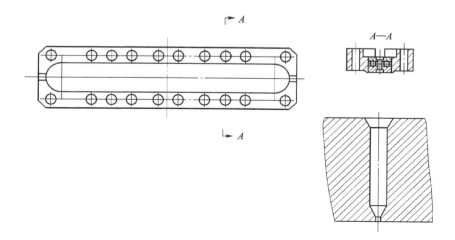

图7-26 矩形喷丝板示意图

（2）异形孔喷丝板。采用异形孔喷丝板可以提高合成纤维的力学性能，如透气性、吸湿性、染色性、保暖性、复蓄性及闪光性等。仿制天然纤维如蚕丝时，用双孔不等边的凸三角形；仿制棉纤维时，用中间有空腔的椭圆形、扁平的或多叶的异形孔等。

异形纤维的纺丝技术关键是喷丝板和相应的工艺条件，如冷却成型及后加工等。异形孔与所纺丝条截面如图7-27所示。

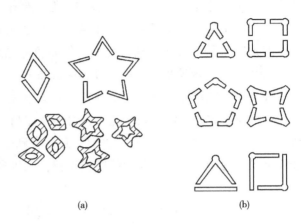

(a)　　　　　　　　　(b)

图7-27　异型孔与所纺丝条截面

（四）冷却吹风成型

熔体从喷丝板上的微孔中喷射成细流后逐渐冷却成型。沿着丝条运行的路程称为纺程，丝条上各质点的运动速度、直径、温度、黏度、受力和内部结构都在不断变化，并且相互影响，十分复杂。尤其是在离喷丝板距离1m以内变化最大，外界条件对所纺丝条的纤度均匀性、强度和伸长不匀率、后拉伸性能影响很大，故冷却吹风固化的条件很重要，特别是高速纺丝时更为重要。

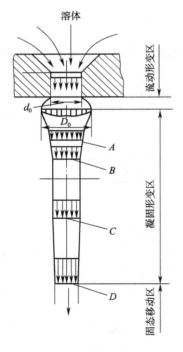

图7-28　冷却固化过程

1. 冷却固化过程　冷却固化过程是一个在受力状态下的传热过程。如图7-28所示，沿着纺程坐标，丝条的固化过程可分三个区域：流动形变区、凝固形变区和固态移动区。凝固形变区结束处是凝固点，随后就以等速移动了。

（1）流动形变区。熔体离开喷丝板微孔的控制后，离喷丝板面5~10mm距离内，由于熔体流速突变产生的弹性形变能和静压能的释放，会产生直径膨胀变大的现象，称为膨化现象。膨化区的存在对纺丝是不利的，使丝条不均匀，也易黏附在喷丝板上，造成断头、毛丝。适当降低熔体的黏度（提高纺丝温度）和选用长径比大的喷丝孔，可以降低膨化程度。

（2）凝固形变区。在该区域内，熔体细流在卷绕机构的牵引下和一定的冷却条件下，逐渐凝固成丝条，发生了直径、温度、黏度和大分子结构等变化，也是冷却固化的最重要区域。

（3）固态移动区。从凝固点开始，丝条以相同的牵引速度移动，成型结束。为了使丝条进入导丝盘或卷绕机构时温度能下降至50℃左右，一般尚需有一定冷却距离。故丝室下面有5~7m长的甬道，但当纺丝速度提高时，甬道所起的作用较小。

2. 冷却吹风装置

（1）侧吹风装置。图7-29所示为长丝纺丝采用的侧吹风装置，经过空调的冷风，从总风道进入分风道，分布在整流装置整个高度上，冷风垂直于丝条移动的轴向进行吹风冷却，故又称横吹风装置。丝室高度约2m，是考虑到凝固形变区的长度要求及调换纺丝组件操作的方便。在丝室下方装有导丝器，它握住丝条防止振动。高速纺时为了减小卷绕张力，增大单丝之间的抱合力，起集束作用等目的，可把上油给湿装置提高到丝室下部。一般用喷嘴将乳化后的油剂喷射到丝条上，这样上油均匀性好。

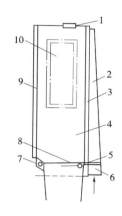

图7-29　侧吹风装置
1—喷丝板　2，6—风道　3—整流装置
4—侧门　5—阀　7—照明灯　8—导丝器
9—排风门　10—视窗

丝室内冷风经过整流装置来控制流动状态（例如保证不产生涡流和符合风速的分布规律等），整流装置采用多孔板、钢丝网、蜂窝板或泡沫塑料等材料，还可以用不同厚度或几种材料的组合来调节整流器的阻力分布。

侧吹风装置结构简单，操作方便，但冷却程度不均匀，靠近风面的丝条冷却快，离开风面在丝室外侧的丝条冷却慢，整个喷丝板上的熔体细流会产生向外侧鼓起的飘丝现象，丝条受附加应力发生摆动，而此处丝条较嫩弱，很容易发生粘并。故侧吹风装置只适宜长丝纺丝，因其孔数较少，冷却散失热量较少。如果用于孔数较多的短纤维纺丝，必须采用矩形喷丝板，丝条并排分布，减少吹风丝层的厚度，从而使受风面和背风面的冷却速度差异减少。

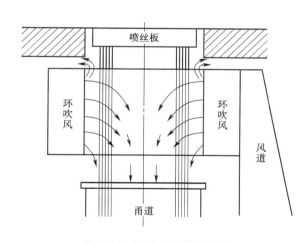

图7-30　环吹风装置示意图

（2）环吹风装置。短纤维纺丝时，每块喷丝板的孔数多，多孔纺时达几千孔，要求吹风装置风量大，透风性好。一般采用四周吹风冷却的环吹风装置，如图7-30所示。环吹风装置按气流循环方式可分密闭式及开放式两种。

开放式环吹风装置与纺丝箱装配不密封，离开喷丝板一定距离，当空气从风道进入吹风头后，由四周环形的整流层控制流速，吹向丝条使其冷却，要求冷风穿透丝层后保持正压，顺着丝条下移，而吹风头上端在喷丝头周围应有一定量的气流外溢，形成一个保护性"气幕"，防止环境中空气对熔体细流的干扰。吹风头内装导流板，使冷风在涡壳内流动。风压低，是这种装置的一大优点。

密闭式环吹风装置的吹风头的上部与纺丝箱密封，下部与通道连接，整个冷却系统与周围环境隔绝，保证丝条在稳定的条件下冷却，为此要求用高压冷风。吹风头中的关键是要有高阻尼的过滤层，冷风经过多孔板、导流网板和高阻尼层吹向丝条，该阻尼层由青铜基粉末烧结的内胆和不锈钢网组成，也有采用两层相隔一定距离的钢丝网组成的。

（五）纺丝成型的主要工艺参数

纺丝成型过程中，主要的工艺参数有纺丝温度、纺丝压力、纺丝速度及喷丝冷却固化条件等。

1. 纺丝温度 纺丝温度是指熔体到达喷丝板时的温度，是影响纺丝成型的最重要的参数，应高于熔融温度而低于分解温度。聚酯纺丝温度一般取高于熔融温度 $18\sim34℃$，并且要求其波动小，应控制在 $\pm1℃$ 范围内。

2. 纺丝压力 纺丝压力是指进纺丝组件时的熔体压力，也就是计量泵出口处的熔体压力。一般应保证熔体能克服纺丝组件内的阻力损失，在进喷丝孔时达到一定的熔体压力，能顺利从喷丝微孔中喷射出熔体细流。常压纺时纺丝压力为 $6\sim10MPa$，高压纺时需提高到 $40\sim50MPa$。

3. 喷头拉伸 喷头拉伸倍数是指牵引速度（或卷绕速度）与喷丝微孔中喷射速度之比，它将影响冷却成型过程丝条拉长变细的速度、大分子取向度及卷绕丝条的纤度等。聚酯纺丝的喷头拉伸约为 100 倍。

4. 冷却固化条件 主要是指风温、风速和丝室的温湿度。必须配合纺丝速度、喷头拉伸倍数和所纺丝条纤度来选择合适的冷却条件。

风温、风速要随环境而定。一般纺丝车间无空调，故夏季风温要低些，风速要高些；冬季风温应较高，而风速较低。风速不能过大，尤其在距喷丝板附近的膨化区内，否则丝条就会冷却凝固，造成不均匀，甚至造成断头。而且，风速大时飘丝现象严重，易产生并丝或毛丝等问题，所以一般风速应小于 $0.5m/s$。

丝室温度对成型过程固化速度影响较大，丝室温度太高时，冷却较慢，固化时间延长，丝经不起牵引速度而会断头；相反，丝条冷却快，则固化时间短，对大分子的结晶及取向均不利。

第三节　纺丝卷绕设备

合成纤维纺丝成型后，长丝必须按照一定规律卷绕成具有一定形状和容量的卷装。在纺丝机上的卷装为圆柱形，每一丝层的长度不变，卷装容量大，相应的卷绕机构较简单；在牵伸加捻机和变形机上的卷装是带双锥边的圆柱形；在络丝机上是采用锥形筒管，卷绕成三锥面的卷装，因为这些机器上的卷装通常是送往外厂使用的，两端锥面的卷装结构较为稳定，不易塌边、脱圈，也较容易退绕。

短纤维的纺丝卷绕，因为最终成品是制成散纤维，故可以在纺丝成型后集成粗丝束，按一定规律有条不紊地放入盛丝桶内，大大简化机械结构，省去频繁的生头落筒操作，也方便了搬运和简化了后加工操作。

一、长丝纺丝卷绕机械

卷绕工艺及设备是熔融纺丝技术的关键，尤其是卷绕速度起着关键性的作用。在聚酯纤维长丝纺丝技术中，开发的高速纺丝和超高速纺丝技术，除能有效地提高纺丝机的产量外，还对丝条的内在质量和结构产生了有利影响。当卷绕速度大于 3000m/min 时，纺成的丝条取向度大大提高，剩余拉伸倍数小于 2，丝条性能较稳定，有利于组织生产，还可以省去单独的后拉伸，使剩余拉伸任务与其他机器合并完成而简化了工艺流程。超高速纺丝在卷绕速度大于 5000~6000m/min 时，可获得全取向丝，无须后拉伸，大大缩短了生产过程。

图 7-31 所示为高速纺丝卷绕机结构示意图，主要由四部分组成：给湿上油装置、引丝装置、卷绕机构和传动系统。其中卷绕机构由往复导丝机构和回转卷取机构组成，是纺丝卷绕机中最主要的机构。

（一）给湿上油

给湿上油的目的是将乳化剂均匀喷涂在刚冷却成型的丝条上，使其达到一定的含水、含油率，具有集束性，且柔软光滑，以减少单丝之间及丝条与接触的元件之间的摩擦力，防止毛丝和静电的产生，便于卷绕和后加工。

一般卷绕机上采用油盘方式给湿上油，但当纺丝速度加快时，油盘方式的上油均匀性差，盛放在油槽中的油剂停留时间长短不一，而且又暴露在空气中，容易污染。

高速卷绕机则采用油嘴喷雾方式，油剂经过微量泵精密计量后送到各上油嘴中，能均匀地将油剂喷敷在丝条上。通常一根丝条用一只油嘴，有的为了改善各单丝上油的均匀性，可采用双油嘴方式，上下两油嘴呈 180°安装，由一个微量泵分路供应两个油嘴。为了减小卷绕丝条的张力，将油嘴配置在丝室下方，使丝条集束光滑，

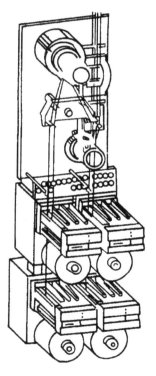

图 7-31 高速纺丝卷绕机的结构

降低通道内空气阻力，可明显减小卷绕张力。

（二）引丝

引丝也称为导丝。通常卷绕机上由引丝盘（又称纺丝盘、导丝盘）来控制丝条的张力和运动速度等。它可使纺丝张力与卷绕张力分开，从而使卷绕张力的波动不会直接传递到冷却固化区而影响冷却成型；也可以利用引丝盘及卷绕速度的差异来控制卷绕张力。

引丝盘的结构如图7-32所示。通常采用上下两个引丝盘。引丝盘表面镀硬铬抛光处理，以减小对丝条的摩擦，盘的前端有一段锥面，以便于清除废丝。引丝盘需作动平衡校正，保持稳定匀速回转，使引丝速度恒定，减少丝条线密度不匀及张力波动。

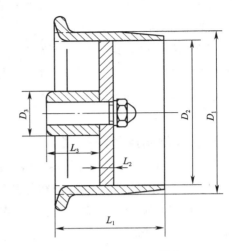

图7-32 导丝盘的结构

引丝盘有集体传动和单独小电动机传动两种。新型纺丝卷绕机采用单独传动，以减少机械传动件，提高纺丝速度和电气化程度。

为了减少高速回转件和简化结构，在高速卷绕机上大多数不带引丝盘，实际生产中对张力的控制影响也不大。

（三）卷绕机构

任何卷绕机构都可按运动规律的要求分成两部分：完成往复运动的导丝机构和完成回转运动的卷取机构。导丝机构中有圆柱凸轮式、旋翼式、皮带式等，卷取机构中有摩擦传动式、直接锭轴传动式等。

1. 导丝机构

（1）圆柱凸轮式导丝机构。如图7-33所示，主要由圆柱凸轮和导丝器组成，结构简单，加工方便，但要配置机械式或电气式的变频机构。

当卷绕速度提高到 3000~4000m/min 的高速纺丝时，要采用多头凸轮式导丝机构，导丝速度最高达 6000m/min（100m/s）。

图7-34为多头圆柱凸轮沟槽展开示意图，该凸轮为四头凸轮，A端及B端各有四个转向点，导丝器将沿着 $A_1B_1A_2$、$A_2B_2A_3$、$A_3B_3A_4$、$A_4B_4A_1$ 往复四次后，回复到 A_1 起点，

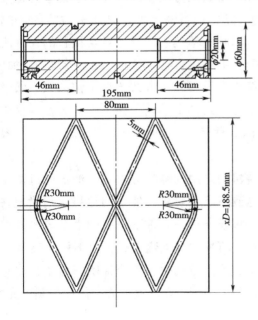

图7-33 导丝凸轮的结构

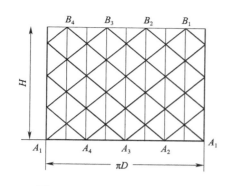

图 7-34 四头凸轮展开示意图

即导丝器往复若干次后才通过了全部沟槽，也即凸轮工作完成了一个周期（n 头凸轮，往复 n 次回到出发起点），这就使每条沟槽与导丝器的接触次数相对减少，可减少沟槽磨损和冲击，并且沟槽与导丝器接触间隔时间长，摩擦热易散发，导丝器不会因受热膨胀而运转不灵活。

多头凸轮还可以改变其中一头转向点的轴向位置，消除卷装凸边，等速回转时也有防叠作用。因为转向点位置的改变，意味着导丝器往复动程缩短，导丝速度变化，不必采用另外的变频装置使凸轮变速传动即可防叠，所以可大大简化机构和减少振动噪声，有利于高速纺。

多头凸轮的缺点是沟槽交叉点增多，机械加工时交叉点两侧的沟槽直线度不易保证，对导丝器运转不利，所以头数不能太多，一般为 2~5 头较适宜。

为了适应高速导丝，必须尽量减轻导丝器的重量，使转向时惯性力下降。一般改成整体式导丝器，选用耐磨尼龙或高强度聚乙烯等质轻的非金属材料。图 7-35 为整体导丝器。凸轮导丝机构中的导丝器在沟槽中往复滑动，磨损剧烈，无论如何精心设计，换向时的惯性力是不可避免的，超高速卷绕时其数值相当大。

（2）拨叉式导丝机构。将导丝构件设计为用回转运动来完成丝条的往复运动，则导丝机构中无往复滑动零件，导丝速度就可以大大提高。拨叉式导丝机构在这类导丝机构中已有比较充分的研究，并已有了实际应用。

图 7-35 整体导丝器

图 7-36 所示的拨叉式导丝机构共有六个拨叉，分别装在三根轴上。每根轴上有两个拨叉，一个装在轴上作正转，另一个装在与轴同心的套筒上作反转。工作时，正转三个拨叉为一组，相互作接力式运动，把丝条从 P_1 拨到 P_4 位置。另一组反转拨叉负责把丝条拨向另一端。正、反转拨叉间交换要迅速、正确，要求每组拨叉之间动作协调性高。这种机构没有冲击，噪声低，拨叉使用寿命长，但是机构体积较大，结构比较复杂，导丝运动除了拨叉外，还需要保持导丝速度 V_2 不变的导丝板来控制，加工精度较高。

2. 卷取机构

（1）摩擦传动卷取机构。由摩擦辊传动的回转卷取运动，当摩擦辊转速恒定时，可使卷装与摩擦辊接触表面线速度恒定，而卷装转速则与卷绕直径 d_k 成反比。摩擦传动的卷取机构无须变速装置，结构简单，应用广泛。

随着卷绕直径的增大，摩擦辊与卷装夹头间的中心距必然会相应加大。图 7-37 所示为几

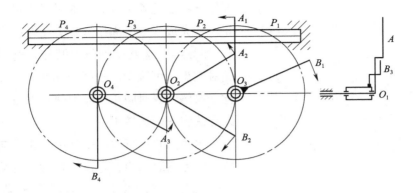

图 7-36　拨叉式导丝机构

种相对位置的配置方式。

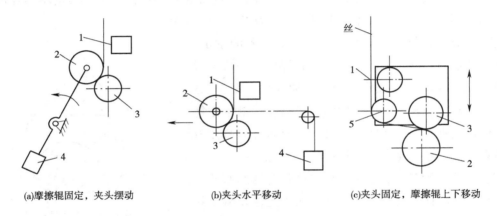

(a)摩擦辊固定，夹头摆动　　　(b)夹头水平移动　　　(c)夹头固定，摩擦辊上下移动

图 7-37　几种卷取机构相对位置配置方式
1—导丝器　2—卷装　3—摩擦辊　4—重锤　5—槽辊

　　在摩擦辊轴固定方式中，虽然卷装和夹头两者的总重量较轻，移动比较灵活，但是卷装重量及转速在卷绕过程中均要发生变化，使接触压力也随之变化，又由于夹头结构复杂，容易引起振动；夹头轴线固定方式是把摩擦辊和导丝机构装在同一箱式机架上，该机架可沿导轨移动，接触压力可用平衡重锤或气缸来控制调节，另外，由于卷装和夹头位置固定，有利于实现自动落筒和生头，因而采用较多。

　　摩擦传动卷取机构主要由摩擦辊和筒管夹头组成。摩擦辊是高速回转件，精度要求高，一般是由无缝钢管焊制而成的，表面镀硬铬或特殊处理，使其能耐磨、耐腐蚀和不拉毛丝条。摩擦辊可直接装在永磁同步电动机的轴上，结构简单，同轴度好。

　　筒管夹头是卷取机构中的关键部件，转速很高，而且又要在相当宽的转速范围内运行，大体可以分为三种形式：机械夹紧、机械释放型；机械夹紧、气动释放型；气动夹紧、气动释放型。对筒管夹头的基本要求如下：

①要求夹放动作迅速，夹紧动作迅速可靠，不会无故松筒影响卷绕成形质量和正常工作。

②制动器（刹车装置）工作可靠，制动时间适宜，避免制动太快而使卷装内外丝层发生错位。

③要求结构紧凑、尺寸小、重量轻、启动惯量小，夹头的同轴度要好、运转平稳、振动小，在落纱时工作转速偏离临界转速。

④操作简单、方便可靠。

摩擦传动的卷取机构结构简单，应用广泛。但是当卷绕速度提高到超高速时，就不宜采用摩擦传动了。一方面卷装易打滑，卷取速度的恒定难以保证；另一方面丝层直接与摩擦辊表面接触摩擦，发热产生较大的热应力，丝条易损伤。摩擦辊零件载荷加大，强度降低。所以速度高于 5000m/min 时，必须采用锭轴直接传动筒管回转来完成卷取运动。

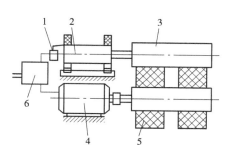

图 7-38　直径控制式卷取机构

1—电位机　2—同步电动机　3—控制辊
4—变速电动机　5—卷装　6—控制调速器

（2）直接传动卷取机构。为了保持恒定的卷取速度，必须使筒管的转速随卷绕直径增大而相应下降。根据检测参数的不同可把卷取机构分为直径控制式、张力控制式等。

直径控制式的卷取机构如图 7-38 所示。筒管夹头直接由变速电动机驱动，与卷装表面紧靠着有一控制辊，当卷绕直径增大时，由于控制辊 3 与同步电动机 2 作为一组件安装在框轴上，测得卷绕直径变化，控制调速器 6 发信号，使变速电动机降速，以调节线速度恒定。

张力控制式卷取机构如图 7-39 所示。由变速电动机传动夹头轴，通过锭轴传动导丝凸轮，所以这种卷取机构也属于等比卷绕类型。丝条绕过张力检测杆上小转子进入卷绕机构，当卷绕直径增大时，筒管转速不变，线速度加快，随之丝条张力加大，张力检测杆发生位移，通过调节器发出信号，电动机降速，以保持卷绕线速度不变，张力又趋平衡，张力杆回到初始位置。此后，随着卷绕过程的进行，不断重复调速。该机构调速的稳定性，要依靠张力检测杆的灵敏度。当速度高时滞后现象较明显，造成卷取速度较大的波动。丝条绕过检测杆上小转子，会附加张力，小转子转速太高，将影响其轴承寿命。

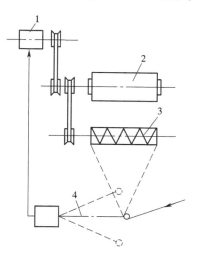

图 7-39　张力式控制卷取机构

1—电动机　2—卷装　3—导丝凸轮　4—张力检测杆

二、短纤维纺丝卷绕机械

短纤维纺丝成型后，可以集中各纺丝部位的丝条为一粗丝束，然后由圈条机构有条不紊地铺放在盛丝桶内，供后处理。这样，可以降低操作强度，减少丝条接头及过长纤维等。

（一）短纤维卷绕机

涤纶短纤维纺丝卷绕机如图7-40所示，它主要由给湿上油装置、导丝小转子、牵引装置、喂入轮、圈条机构等组成，其中牵引装置和圈条装置是与长丝卷绕机完全不同的机构，其余作用原理及结构基本类同。每个纺丝部位的丝束经过油盘给湿上油后，在导丝小转子处转弯合股成一粗丝束，再经总上油盘第二次给湿上油，由牵引辊组引向喂入轮，然后由圈条机构将丝束铺放在盛丝桶中。

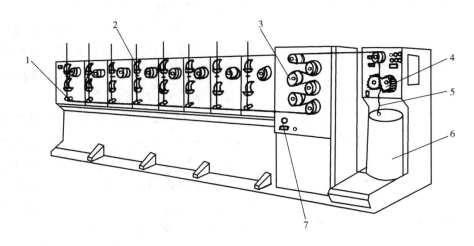

图 7-40　短纤维纺丝卷绕机

1—小转子　2—上油装置　3—牵引辊　4—喂入轮　5—圈条成形　6—条桶　7—总上油轮

（二）牵引装置及喂入轮

牵引装置由数个牵引辊组成，一般由4~7个上下交叉排列而成。牵引辊的主要作用是调节控制丝束进入圈条机的张力，故又称引力轮。由于初生纤维强度较低，伸长较大，而牵引速度又很高，所以要求牵引辊运转平稳无振动。为了防止缠辊，要求牵引辊表面光滑，有的还附装缠辊检测装置，一旦缠辊立即发出信号，以便及时处理。为了保持丝条有一定的张力，牵引辊表面线速度略高于导丝盘速度。牵引辊可以集体由一台电动机传动，也可每只牵引辊由单独小电动机传动，但都要无级变速传动，以适应调速要求。

喂入轮分滚筒式和啮合式两种结构。滚筒式喂入轮中有两个辊，一个为表面镀硬铬的金属辊，另一个为表面包覆丁腈橡胶的橡胶辊。金属辊为主动辊，而橡胶辊为摩擦传动的被动辊，两者间由弹簧力压紧接触，并握住丝束向圈条机构输送。滚筒式喂入轮结构非常简单，运转时无噪声，但易缠辊；啮合式喂入轮为一对模数相等的齿轮，由该两齿轮的啮合来握住丝束喂给圈条机构。

（三）圈条机构

圈条机构是将丝束按一定规律盛放入条桶中，丝束分布要均匀、层次分明、排列紧凑，尽量减少桶中心和桶壁处的空间，使盛放的丝束容量多些，保证后道工序集束时能顺利引丝，不发生缠结及混乱而造成废丝等现象。

丝束盛放规律是由圈条机构的复合运动来完成的，通常可分三种复合运动规律，如图7-41所示。

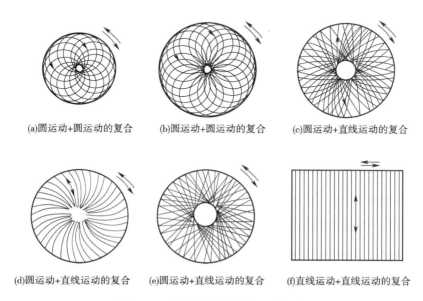

(a)圆运动+圆运动的复合　　(b)圆运动+圆运动的复合　　(c)圆运动+直线运动的复合

(d)圆运动+直线运动的复合　　(e)圆运动+直线运动的复合　　(f)直线运动+直线运动的复合

图7-41　圈条机构的复合运动规律

1. 摆动式圈条机构　条桶放在回转的传动箱底盘上作等速圆周运动，丝束由摆丝装置作弧形摆动铺覆入条桶内，丝圈铺放规律如图7-41（d）所示。

2. 往复式圈条机构　条桶一面旋转一面做往复摆动，丝束由喂入轮送入桶内，条桶的底盘又由电动机通过蜗杆、蜗轮传动作慢速回转，同时由连杆作用产生往复运动，形成的丝圈如图7-41（e）所示。

第四节　聚酯纤维后加工设备

一、聚酯长丝后加工设备

由普通长丝纺丝机得到的初生纤维强力低，延伸度大，结构不稳定，不具备纺织加工的性能，必须再经过一系列的后加工工序，才能具备稳定的结构和一定的力学性能，以满足各种不同的使用要求。由于聚酯长丝品种规格多，其后加工工艺流程也多有不同。

（1）无捻或变形丝生产工艺流程。

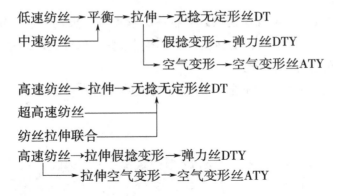

（2）有捻丝生产工艺流程。

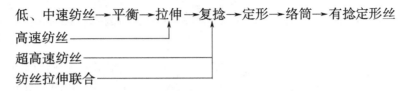

牵伸加捻机对普通长丝加工是必不可少的，而对变形丝的生产加工，则由于高速纺丝和拉伸变形工艺及其设备的普遍成熟和完备，可取消不用，但作为一种典型的加捻卷绕工艺，牵伸加捻机仍有其代表性，后面将介绍。

（一）存放

无论是普通纺丝还是高速纺丝，因为成型的聚酯初生纤维的预取向度是不均匀的，在进行后加工以前，丝都必须在恒温恒湿条件下存放一段时间，使内应力减少或消除，还使前纺卷绕时所加油剂均匀扩散，从而改善纤维的拉伸性能。

（二）牵伸加捻机

聚酯长丝的拉伸是在一定条件（如温度、拉伸介质等）下沿纤维轴线方向施予外力，使纤维中原来处于卷曲、无序排列状态的大分子链较为伸直，并沿纤维轴向取向，使纤维变细，降低纤维的延伸度，提高其强度和纺织性能；加捻可使复丝中各根纤维之间互相抱合，减少在纺织加工中发生紊乱现象，并提高纤维束的整体断裂强度，对纤维还有一定的消光作用，使纤维光泽柔和，制成的织物具有厚实感，不易折皱。

聚酯长丝的拉伸和加捻是由一束复丝在同一台牵伸加捻机上完成的。若以拉伸为主，仅给予少量的捻度，这样的丝称为弱捻丝，可用于制头巾、窗帘、沙发等装饰布；若再把弱捻丝进行复捻、定形，得到有捻定形复丝，可用于制丝绸织物和长丝线等产品。

牵伸加捻机是由棉纺细纱牵伸加捻时的环锭细纱机演变而来的。牵伸加捻机按拉伸区域可分为单区牵伸和双区牵伸加捻机；按加工纤维的粗细可分为细旦和粗旦牵伸加捻机；按加热方式可分为冷牵伸和热牵伸加捻机。

如图 7-42 所示，牵伸加捻机由车头箱、筒子架、机架、拉伸机构、加捻机构、卷绕机构、温控箱等组成。

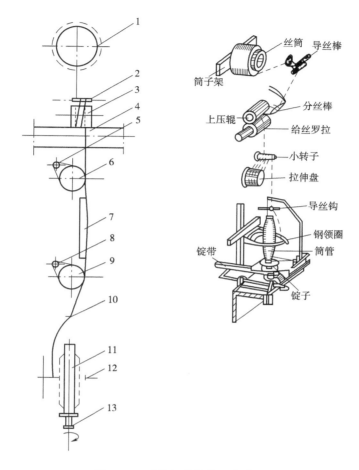

图 7-42　牵伸加捻机的工艺流程

1—未牵伸丝筒子　2—分丝瓷棒　3—橡胶压辊　4—送丝罗拉　5—热牵伸盘小转子　6—热牵伸盘　7—加热板
8—冷牵伸盘小转子　9—冷牵伸盘　10—导丝钩　11—牵伸后的卷取筒子　12—钢领、钢丝圈、升降钢领板　13—锭子

1. 车头箱和筒子架　车头箱是全机传动中枢系统。电动机有一路是通过龙带传动锭子，另一路则通过减速齿轮分别传给罗拉、拉伸盘、横动装置、成形机构、升降机构等。全部变换齿轮均集中安装在箱体外侧，使调换方便。整个传动系统密封于车头箱内。由于转速高，齿轮都经过磨削加工，以提高精度，降低噪声，并有润滑油飞溅到所有齿轮和轴承。

筒子架用来安置待加工的原丝筒子，其安放位置要便于丝线在轻微牵引力作用下就能从筒子上自由轻快退绕下来。

2. 拉伸机构　拉伸机构由导丝钩、喂入罗拉、橡胶压辊、热拉伸盘、小转子、冷拉伸盘、热箱或热板等组成。丝从筒子架上的卷装退绕下来以后，经过横动装置上的导丝钩引到橡胶压辊和喂入罗拉之间作为一个握持点，再到小转子和热盘上，并在其外表面绕 3~5 圈作为另一个握持点。由于小转子轴线与热盘轴线成一定的角度，所以丝按一定的间隔距离近似螺旋线形状绕在热盘上，下面的冷拉伸盘也如此，再作为一个握持点，完成二级拉伸工艺。为增加摩擦力，橡胶压辊通过弹簧和杠杆的作用，以一定的压力与喂入罗拉接触，并被罗拉摩擦传动，从而完成喂给运动。热盘侧面有侧压辊也是为了增加摩擦力，用气压加压便于调节压力，但辊上容易起凹槽，影响丝的质量。热盘也叫第一拉伸盘，冷盘也叫第二拉伸盘，中间有热箱加热，拉伸主要在这一区间完成。

第一拉伸盘的表面线速度要比喂入罗拉的高，完成第一次拉伸（拉伸比很小）；丝条从第一拉伸盘出来后经过热箱的矩形窄缝，绕到第二拉伸盘上。第二拉伸盘线速度高于第一拉伸盘，从而完成第二次拉伸。

拉伸盘通常是由 45 号钢制成，表面镀硬铬并抛光，以增加其耐磨性，减少毛丝，转动应灵活，外圆无明显跳动，以保证拉伸稳定。

加热器的形式有加热板、加热箱、热拉伸盘等。加热板结构较简单，操作方便，但是停车时易断头，热量散失大。目前大多采用槽式加热箱，窄缝式热板装于铁板制的盒内，丝条通过热板窄缝，由窄缝中热空气传导使丝束升温。由于丝条经过热板窄缝时不与热板接触，这样就减少了丝条的损伤和毛丝，而且丝条受热均匀，染色的均匀性较高，但丝条升温慢。

3. 加捻卷绕机构　加捻卷绕机构在形式上与棉（毛）纺细纱机相似。由于化纤卷装大，因而锭子、钢领、钢丝钩（相当于钢丝圈）都很大，要用油压升降。又因卷装大，内外层张力和捻度有明显差异，一般牵伸加捻机的卷绕机构都有锭子变速系统。

（三）牵伸卷绕机

随着化纤工业的发展，牵伸加捻机由于锭子加捻卷绕方式的限制，卷装容量小（3kg）、劳动强度高、生产效率低，难以适应新型高速整经和高速织造设备对丝（特别是对细旦丝）的加工要求，因此，在原牵伸加捻机的基础上将锭子加捻卷绕系统取消，改为无捻大卷装，成为一种新的机型，即牵伸卷绕机。这种无捻大卷装可采用变形机的卷绕机构，其导丝动程随卷绕直径增大而逐渐减短，使卷装两端绕成锥形，卷装容量可达 6kg 左右，从而减少了落丝次数和停台时间，减少废丝（仅是牵伸加捻机的 10% 左右），还减轻了劳动强度，日产量可提高 15%~20%。该机也可安装网络喷嘴生产网络丝。

（四）拉伸整经（上浆）联合机

拉伸整经（简称 WD）和拉伸整经上浆（简称 WDS）是一种先进的后加工技术。前者是将长丝的拉伸与整经工序合二为一，直接加工成经轴，缩短了工艺流程。后者更是将拉伸、整经、上浆三道工序合在一起，这种技术突破了长丝生产与后续织造厂生产的传统界限，降低了生产成本，大大提高了经轴质量，尤其是加工细旦长丝更显出其优越性。拉伸整经（上浆）有以下特点：

（1）经轴质量好。原多道工序要经过多次卷绕和多次运输，丝易损坏，易产生毛丝或断头。现将原丝排成整片丝束，连续经过拉伸、整经（和上浆）等几道工序，拉伸条件缓和（速度较低等），不易产生毛丝，断头极少，又由于整片丝束同时加工能使拉伸、张力和加热等条件完全相同，不存在锭位差异，故染色性能特别均匀，经轴使用性能也好。

（2）适宜加工细旦和超细纤维。拉伸整经还可用缓和条件来加工细旦和超细纤维做经丝使用。

（3）生产成本低。由于生产流程缩短，故拉伸整经法生产的经轴成本仅为常规法生产的60%左右。

（4）对原丝要求高。拉伸整经大多使用POY（也可使用其他品种），使生产过程连续正常，要求原丝卷装成形良好，卷绕长度相同，拉伸性能好，毛丝少。

图7-43为一种湿法拉伸整经上浆联合机的流程图。其中，拉伸机构大体有两种形式，一种是采用热辊和热板加热方式的干法拉伸，另一种是在水浴中拉伸的湿法拉伸。

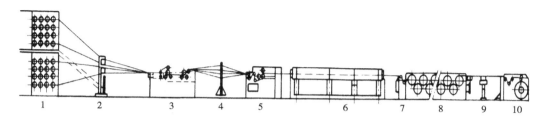

图7-43 湿法WDS联合机的工艺流程

1—筒子架 2—穿经孔架板 3—拉伸机构 4—网络板 5—上浆槽
6—干燥器 7—张力调节辊 8—干燥定形辊 9—上油辊 10—经轴架

1. 筒子架 筒子架用来放置原丝筒子，并调节出丝张力，保证片状丝束进入拉伸机构时有均匀的张力。筒子架上容纳筒子可达2000个左右，而且都是大卷装，所以体积非常庞大。为减少占地面积，往往设计成上下两层，筒子架可分为固定式和活动式两种。

2. 拉伸机组 拉伸机组由拉伸机构、松弛定形装置、网络装置等构成，是联合机的核心部分，拉伸质量直接影响到经轴质量和整经效率。

3. 网络装置 网络加工可开松丝线，使其含水量（湿法拉伸）从60%左右下降到20%左右，更有利于上浆。然而对不同的丝，网络加工的目的是各不相同的。网络生成的原理是：当合成纤维长丝束在网络器的丝道中通过时，受到与丝条垂直的喷射气流横向撞击，产生与丝条平行的涡流，使各单丝产生两个马鞍形运动和高频率振动的波浪形往复。长丝束首先开松，随后整根丝束在网络喷嘴丝通道里通过，折向气流使每根单丝不同程度地被捆扎和加速。丝道中间的单丝得到气流所给予的最大加速，而位于丝道侧壁的单丝则进入边缘较弱的气流回流里。当这两股气流所携带的单丝在丝道内相汇合时，便发生交络、缠结，产生沿丝条轴线方向上的缠结点。

如图7-44所示，两股折向气流形成的涡流给一部分丝加S捻，给另一部分丝加Z捻，在两个反向涡流碰头点，即形成了合成纤维长丝束的网络点。由于不同区域涡流的流体速度不同，从而形成周期性变化的网络间距和结点。

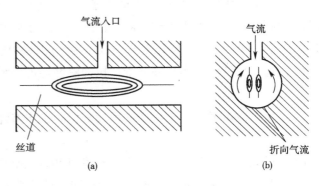

气流入口

丝道

(a)

气流

折向气流

(b)

图7-44　网络加工原理

4. 上浆机组　上浆机组主要由上浆系统、干燥系统和上蜡槽等组成。经网络加工后的丝片进入上浆槽，槽中有浸浆辊、上浆辊和压浆辊。浆液温度一般为40℃，上浆是在网络点之间进行的。由于网络点很多，也由于编织时清理器操作条件的要求，这里的上浆工艺要求低度上浆8%左右，多余的浆液由压浆辊除去，因此，比传统上浆少，不仅能节省浆料，而且编织时更加洁净。WDS联合机上浆操作目前的速度最高达400m/min。

（五）假捻变形机构

利用某些化学纤维的热塑性进行变形加工，可以得到各种特性来满足衣着方面多种多样的需要。例如，以弹性为主的可以制成袜子和弹力衫；以蓬松性为主的可以制成外衣。变形加工的方法很多，其中以假捻变形法应用最为广泛，由这种方法加工的变形丝具有较细的卷缩形态和均匀的变形，因而弹性好，手感柔软。近年来，由于高速纺丝工艺的出现，与牵伸工序合并的牵伸变形机在国外发展尤为迅速。磁性转子式假捻器的生产速度可达80万转/min；摩擦式假捻器的加工速度可达1000m/min。

1. 假捻变形加工的基本原理　把丝的一端固定，另外一端绕其本身轴线旋转 n 转，丝线即可获得 n 个捻回，这是真捻，如图7-45（a）所示；若两端固定中间旋转，则在握持点上下两端生成数量相等而方向相反的捻回，就整体而言，捻度的代数和等于零，这就是假捻的特征，如图7-45（b）所示。

若给丝以一定的速度 V 向前运动，假捻器以 nr/min 旋转，则在假捻器前（加捻区）生成 $+n/V$ 的捻度（单位长度上的捻回数），而在加捻器后（解捻区或称退捻区）形成 $-n/V$ 的捻度。由于丝线不断地从加捻区向退捻区移动，丝线在加捻区所获得的捻度恰巧被抵消，在退捻区内的捻度就等于零，如图7-45（c）与图7-45（d）所示。

如果在加捻区内设置加热器（一般

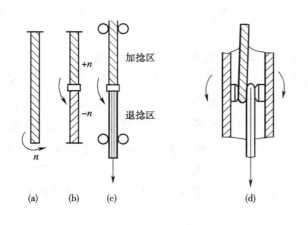

$+n$

$-n$

n

加捻区

退捻区

(a)　(b)　(c)　(d)

图7-45　假捻原理

称为"热箱"），使丝得到的卷曲固定下来，那么经过退捻区时，虽然复丝的真捻度为零，但每根单丝的正反向螺旋状卷曲却保留了下来。因此，加捻—热固定—退捻，这三个过程就是变形加工的三个基本过程，这样制得的丝称为变形丝（或称弹力丝）。

2. 转子式假捻器　假捻器是变形机的关键部件，它有转子式假捻器和摩擦式假捻器两种基本形式。转子式假捻器由增速轮和磁性转子组成。假捻变形质量容易保证，对细旦丝加工一般为 400 ~ 600kr/min。

图 7-46 为普遍使用的转子式假捻器。两个增速轮中，一个带管形皮带轮的为主动增速轮，另一个是被动增速轮，它支持转子又被转子带动，转子则由磁钢吸引而紧靠在两个增速轮上。

（1）小转子。图 7-47 所示是生产上常用的一种小转子，它由转子头、横销、传动管和硅钢片组成。横销如在中间则容易动平衡，但丝线不在旋转中心，会形成气圈。偏心横销则不易动平衡。传动管是由增速轮接触传动的，一组硅钢片则是为了消除或减少小转子在磁场中旋转所产生的感应涡电流。

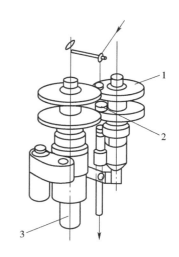

图 7-46　双增速轮式假捻器

1—增速轮　2—小转子　3—管形皮带轮

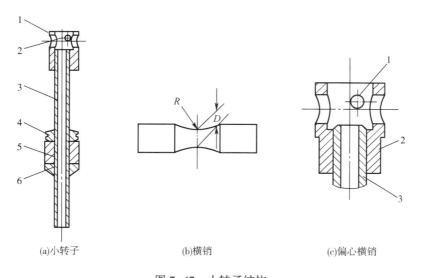

(a)小转子　　　　　　(b)横销　　　　　　(c)偏心横销

图 7-47　小转子结构

1—横销　2—转子头　3—传动管　4—上定位圈　5—硅钢片　6—下定位圈

（2）增速轮。转子式假捻器的增速轮结构如图 7-48 所示，因为增速轮要摩擦传动近百万转的高速小转子，其本身也要 40 ~ 50kr/min，所以也是一个高速回转体。除具有高速回转体的特点外，轮缘还要有较高的摩擦系数、良好的耐热性以及高速回转下的尺寸稳定性。增速轮轮缘的材料一般采用聚氨基甲酸酯橡胶，邵氏硬度应在 97 度以上。在摩擦热和离心力的作用下，轮缘外径尺寸的增加将使两增速轮之间的间隙缩小，但间隙缩小太多则会相互轧住。增速轮的轴承也要适应高速化，为此不用轴承内座圈而把滚珠跑道开在芯轴上，目的在于减小滚珠的线速度。增速轮也必须进行精确的动平衡，否则将严重影响轴承的寿命。

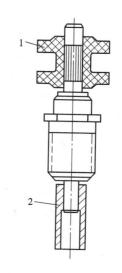

3. 摩擦式假捻器　摩擦假捻是以高速回转面或移动面直接与被加工原丝接触，利用摩擦力直接给丝以假捻的一种方法。如图 7-49 所示，绕过摩擦盘的丝线在摩擦盘平面内有一分力 T，这一分力产生的正压力的反力 F 作用在丝线上，产生摩擦力 μF（μ 为摩擦系数）。若丝线的半径为 r，则可以得到加捻力矩 μFr，由它来克服丝的扭转刚度而加捻。

图 7-48　主动增速轮
1—增速轮　2—管形皮带轮

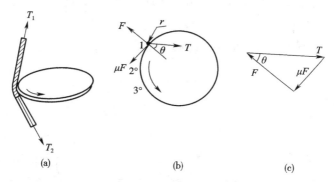

图 7-49　单轴外摩擦式的丝线受力情况

若张力的分力 T 与 F 成 θ 角度，当平衡时，则

$$T\sin\theta = \mu F = \mu T\cos\theta$$

$$\tan\theta = \mu$$

若 $\tan\theta < \mu$，则 $T\sin\theta < \mu F$，丝线位置 1 向位置 2 滑动；若 $\tan\theta > \mu$，则 $T\sin\theta > \mu F$，则向相反方向滑动，都是不稳定状态。在实际生产中，摩擦系数的大小和张力的方向随时都可能发生变化，这就是只用一个单轴外摩擦盘进行假捻的不稳定特征。

双轴外摩擦式假捻情况如图 7-50 所示。张力对摩擦盘 O_1 和 O_2 产生对丝线的正压力 F_1 和 F_2，其加捻力各为 μF_1 和 μF_2，若对称则两者相等。如果张力方向改变，如 μF_1 增大，其趋势是增加 F_2 和 μF_2，根据作用力与反作用力的原理，F_1 和 μF_1 将减少，结果总是能维持丝

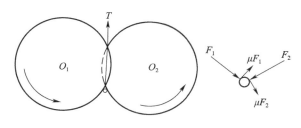

图 7-50　双轴外摩擦式的丝线受力情况

线加捻力矩总和相对稳定，丝线能稳定地处于原来位置上。

（1）三轴外摩擦式假捻器。摩擦式假捻器有很多种，可分为外摩擦式、内摩擦式和平面摩擦式。其中以三轴外摩擦式应用最广，它有结构紧凑、速度快而加工稳定性好、操作方便等优点。

（2）球形摩擦式假捻器。球形摩擦式假捻器由摩擦球和支撑摩擦盘组成，如图 7-51 所示。球和盘同向旋转，丝条与摩擦表面的接触增加了，由球形摩擦表面加捻而获得捻度，丝在进入摩擦球时接触球的小圆，达中间时接触球的大圆，因而是逐渐加捻的；退出时则相反，也是逐渐退出的。在高速加工时，为了减少摩擦盘的磨损，又出现了多摩擦盘式的球形摩擦式假捻器，如图 7-52 所示。

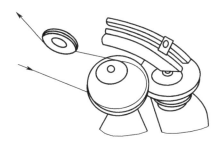

图 7-51　球形摩擦式假捻器的结构

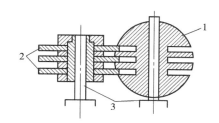

图 7-52　球形多盘摩擦式假捻器的结构
1—球体　2—摩擦盘　3—锭子

（3）内摩擦式假捻器。内摩擦式假捻器的结构如图 7-53 所示。它的优点是只要一个假捻筒即可进行加捻操作，也可以两个假捻筒串联使用，增加加捻摩擦力矩和稳定性，传动较简单。缺点是轴承体积较大，不易提高速度，穿丝生头操作麻烦，难以自动接头。

（4）皮圈式摩擦假捻器。皮圈式摩擦假捻器是平面摩擦式的一种。丝条由两个交叉排列的皮圈进行加捻，如图 7-54 所示。其优点是对丝的摩擦损伤小，因而"雪花"少，加工丝的强力较高，机器噪声小，但传动机构较复杂。

（5）钳环摩擦式假捻器。钳环摩擦式假捻器也属于

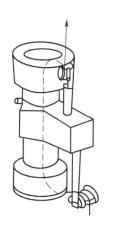

图 7-53　内摩擦式假捻器

平面摩擦式，如图 7-55 所示，1 和 2
为一对圆盘，1 为刚性金属盘，表面上
贴有弹性合成橡胶圆环，2 为弹簧钢片
圆盘，也贴有弹性合成橡胶圆环。两
盘作相反方向旋转，压缩空气在圆盘 2
背面把盘弯曲变形形成加捻点，丝束
被钳持在两盘之间而被加捻，调节两
圆盘轴的间距，即能改变 β 角。β 角越
大，切向加捻分速度越大，加捻度越
大。改变 β 角就能调整假捻度。β 角调
整范围是 35°～70°。这种假捻器也有
"雪花"少、强度较高的优点，更适用
于加工高蓬松丝。

4. 加热器 变形机中的加热器也叫
热箱，加热温度可达 250℃。它是保证
变形丝质量的一个重要部件，对变形丝
的强度、紧缩伸长率、热定形效果以及
卷缩不匀率和染色不匀率等有很大的影
响。另外，它的长度又是影响机器排
列、生产速度和加工操作的主要参数。

电阻丝加热器如图 7-56 所示，这
种热箱制造容易但热容量小，温度容易
波动，两端温度降低较多，中部恒温区
短，因而长度利用率低，常用于生产速
度不高的场合，中间安装直线形加热
管，可以用于定形加热箱。

热媒加热器如图 7-57 所示，它由电
热棒加热热载体（一种有机混合物），
热载体沸腾后由其蒸气加热不锈钢加热
板，冷凝后再从中间管子流回加热棒处，
通过控制蒸汽压力来控制热箱温度。由
于热载体处于沸点，在恒定蒸气压的控
制下，热箱温度恒定不变，外界影响只
能改变蒸汽和冷凝液的多少。热箱温度

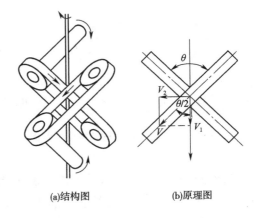

(a)结构图　　　　(b)原理图

图 7-54　皮圈式摩擦假捻器

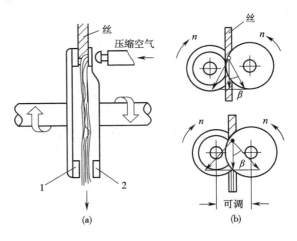

图 7-55　钳环摩擦假捻器

1—刚性金属圆盘　2—弹簧钢片圆盘

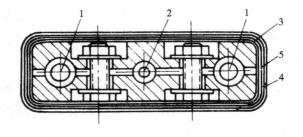

图 7-56　电阻丝加热器结构

1—加热管　2—测温　3—绝缘漆

4—玻璃丝带包覆层　5—电阻丝缠绕层

控制精度很高，可在±1℃内，而且热载体的热容量很大，温度不易变动，上下温度一致，所以恒温区长；热箱长度利用率高，热箱长而温度均匀，有利于提高变形丝的加工生产速度。因此，高速变形加工大多采用热媒式热箱。

（六）空气变形机

空气变形又称喷气变形，是利用压缩空气喷射加工方法来处理长丝，使其获得蓬松性，并具有类似短纤纱的某些特性，其产品称为空气变形丝（ATY）。

1. 空气变形机的工艺流程 空气变形丝的生产工艺流程如图7-58所示。从原丝架引出的POY长丝经过非接触式切丝器，由第一喂入罗拉（W_{01}、W_{02}）进入牵伸区，对POY原丝进行热拉伸，完成剩余拉伸，然后经过丝线检测器进入变形区。丝束应在进入喷嘴前先行给湿，以强化变形效果。丝束在喷嘴内的高速气流作用下被吹散，蓬松成弧形和环圈，并且相互缠络而成为变形丝。通过稳定区的一对罗拉（W_{1x}和W_2）

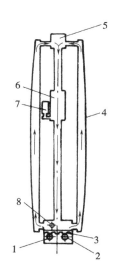

图7-57 热媒加热器的结构

1—基本加热电热棒 2—调节加热电热棒
3—热媒 4—热板 5—集气管 6—冷凝管
7—压力控制器 8—测温点

2%~8%的拉伸以及拉毛装置的作用，使变形丝的丝圈较为均匀和紧密，提高变形丝的稳定性。然后，变形丝进入热箱，经过定形而进一步固定丝圈，消除内应力，再经过丝线检测器和油轮上油处理，最后进入卷绕区绕成卷装。

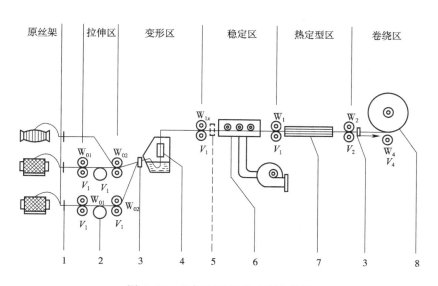

图7-58 空气变形机的工艺流程图

1—切丝器 2—热辊 3—断丝检测器 4—变形喷嘴 5—线密度传感器 6—拉毛装置 7—定形热箱 8—卷装

2. 空气变形机的变形原理　如图 7-59 所示，空气由小孔进入，在导丝针与缩放管（或称为文丘里管）之间的环形缝隙处得到加速，从而在紊流室的环形缝隙处产生强烈的紊流，这股气流的动能使得由导丝针小孔进入紊流室的长丝束中的各根单丝被吹散、蓬松；由于导丝针偏心气孔单侧供气，产生了气流漩涡，使丝束中已分散的各根单丝产生纵向滑移、弯曲；高速气流经缩放管后进一步得到加速、降压，这就使得被紊流打开的丝束进一步蓬松，且以高速波浪运动到达喷嘴出口处；由于喷嘴出口处的压力低于外界气压以及挡球的作用，使丝束在垂直偏移时迅速膨化；单丝在相对滑移和弯曲的同时发生频繁的错位和交缠，从而产生大量的丝圈，成为变形丝。

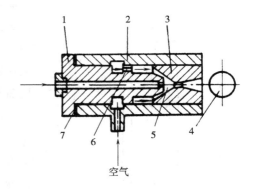

图 7-59　喷嘴的工作原理
1—导丝针　2—外壳　3—缩放管　4—挡球
5—紊流室　6—偏心气孔　7—调节垫片

3. 空气变形机的结构组成　空气变形机主要由原丝架、拉伸部件、变形部件、稳定部件、热定形部件、卷绕部件和传动系统等组成。

（1）原丝架。原丝架的作用是放置原丝，它有一排主原丝架和一排辅助原丝架，可以根据所需加工丝花色品种的不同而喂入单股丝、双股丝或三股丝。主丝架的形式是旋转式的，而辅助丝架是采用固定式的。

（2）拉伸部件。拉伸部件的作用是对 POY 原丝进行剩余拉伸。拉伸部件有两组罗拉，每组罗拉之间有一只热辊，这样就形成了热拉伸，不同股丝条可以分别经过不同的拉伸区进行拉伸，如果生产单股变形丝，则只需要使用一组罗拉进行拉伸即可。

（3）变形部件。经过拉伸的丝，接着便进入隔音变形室加工成变形丝。变形部件主要由给湿装置和喷嘴组成，并都安装在消音盒内，以降低机器的噪音。

给湿装置用来对原丝进行给湿处理，以强化变形效果，并有洗污作用，有两种给湿方式：一种是水浴给湿，每个变形室都有温度为 20~30℃ 的水浴，丝束在进入喷嘴前先经过水浴，水量的调节是通过电磁阀来控制的，如果水位太高，水就越过溢流板，沿着溢流管流走；另一种是给湿头给湿，丝束通过给湿头与水接触，并带走水分，这种方式较为均匀，油剂和灰尘不会污染水质。

喷嘴是空气变形加工的关键部件，它不仅决定了变形丝的质量，而且还影响到空气的消耗量和变形速度。由变形机理可知，气体流动状态如处在层流范围内，各单丝间是无法缠络的，丝束中各根单丝只有在喷嘴内的高速气流作用下才会蓬松、弯曲，并且相互缠络，产生大量的丝圈。因此，在相同的工艺条件下，变形效果的好坏主要取决于喷嘴中的气流状态。而不同的喷嘴结构和气流截面将产生不同的气流状态。

喷嘴内湍流度的大小是变形加工的必要条件。调节环形缝隙的大小可以调节紊流速度，一般是缩放管固定，而调节导丝针的轴向位置，使环形缝隙截面等于或稍大于喉道截面。此时进入紊流室的气流速度最大，长丝束得到充分蓬松，变形效果也达到最佳。若此缝隙太小，进入紊流室的气体体积流量很小，则紊流度减小，丝束不能充分地打开；若缝隙太大时，紊流室的气体压强接近喷嘴进气压强，气体不能正常从缩放管内排出，反而使大部分气体从导丝针通丝道上溢出，就会降低变形效果。

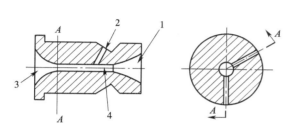

图 7-60　赫马型喷嘴芯
1—进丝口　2—进气孔　3—丝道出口　4—丝道

尽管空气变形喷嘴的种类很多，但按其结构基本可归纳为两类：一类是以 Taslan 喷嘴为代表的缩放喷管型（杜邦型喷嘴），原理如前所示；另一类是包括一个圆柱形孔的 Hema 型喷嘴（赫马型），如图 7-60 所示。

赫马型喷嘴的喷嘴芯与喷嘴体分离，喷嘴芯上三个进气孔在径向等分，与喷嘴轴线成一定角度，通过小气孔的大小、轴向位置及倾斜度的变化，产生高速偏流场。压缩空气经进气小孔，以近于音速的速度射入主孔道，在直孔段形成临界截面，又经喇叭形逸出口自由射入大气中，由于存在超音速气流产生的条件，从而在出口区域形成超音速的主气流。超音速气流遇到挡体形成弓形激波，致使气压增加，其压力障对运行的丝束起阻尼减速作用，使得丝束在垂直偏转时迅速膨化，同时也提高了挡体前的湍流度，当丝束经过挡体上方时，由于实际调节该方向上的偏流场强度最强，该处的负压区最为强烈，丝束缠结作用增大，从而形成了良好的圈结。

在喷嘴出口处的挡体有平板形、球形、半球形、柱形等，其作用是使丝束在出口处垂直偏转时迅速膨化，并增强出口处的湍流度，使单丝频繁地错位和交缠，产生大量的丝圈，提高变形效果。目前采用球形挡体效果最佳，挡体与丝出口距离可以通过调节螺钉来调整。

（4）稳定部件。稳定部件由一对罗拉（W_{1x} 及 W_2）与拉毛装置组成，其作用是稳定变形后的丝圈。刚从喷嘴出来的变形丝，各单丝之间虽已交缠，但还不够紧密，丝圈的稳定性较差，进入稳定区以后，经罗拉 W_{1x} 和 W_2 之间 2%~8% 的拉伸，消除了部分松散的丝圈，丝束就变得紧密些。为了获得仿短纤维的变形丝，在这一对罗拉之间设置拉毛装置，它有四个表面光滑的小转子，小转子略带锥度，丝束经过小转子时就带动小转子转动，由于丝与丝之间以及丝与小转子之间有一定的摩擦，使约 10% 的大丝圈被拉断，小丝圈被拉紧，拉断后的自由端纤维仍与变形丝束结合在一起，从而提高了变形丝的仿毛效果，使其具有抗起毛和抗起球特性。经过拉毛装置后，丝损失 0.04% 的飞花，这些飞花通过管路被风机吸入位于车头一侧的吸毛筒中。

（5）热定形部件。热定形部件由一对罗拉（W_2 和 W_3）及热箱组成，其作用是消除变形丝内应力，进一步提高其尺寸稳定性。经稳定区初步固定的变形丝以一定的超喂率喂入定形热箱，从而消除了变形时产生的内应力，同时丝束在松弛的状态下充分定形收缩，使丝圈缩小、紧密，增强了丝束表面的毛绒感，提高了尺寸稳定性。热箱是一个长为 1.6m 的联苯加热箱，一般是非循环联苯气、液相加热，其热源是电热棒，热箱的结构与假捻变形机中热箱结构相同。

（6）卷绕部件。丝束经过罗拉 W_3 及上油辊后，便卷绕到筒管上。卷绕装置与假捻变形机的卷绕装置结构相同，也装有防凸、防叠机构，一般卷绕成直边筒子。

（7）传动系统。空气变形机一般都由直流电动机通过同步齿形皮带传动各罗拉轴和各卷绕轴。采用齿形皮带传动，噪声小，不需润滑。同时还采用微处理机对速度、温度等工艺参数进行数据处理及监测。机器还装有一套断丝检测头、乌斯特检测头以及切丝器。断丝检测头利用感应原理，在无丝经过时，发出一切割脉冲，以控制切丝器动作。用乌斯特检测头检测丝的线密度，当丝的线密度超过一定范围时，它也会发出切割脉冲，使切丝器动作。

二、聚酯短纤维后加工机械

聚酯短纤维在纺丝成型后，必须经过一系列后处理才能成为优良的纺织短纤维，其后加工的工艺路线和设备都与长丝截然不同。短纤维则是将几十万乃至几百万根单丝集合成一股较粗的丝束，然后在数台牵伸机之间进行拉伸并进行其他后处理。这种集束拉伸的优点是机台效率高，可大大减少机器台数和操作人员，减少占地面积，并提高劳动生产率。

聚酯短纤维后加工的工艺流程和设备除了因纤维品种和具体条件的不同而稍有不同外，基本都是相同的，如图 7-61 所示。以高强低伸型聚酯短纤维为例，其工艺流程如下：存放→集束→头道七辊拉伸→$\dfrac{\text{油剂浴加热}}{\text{一次拉伸}}$→二道七辊拉伸→$\dfrac{\text{过热蒸汽加热}}{\text{二次拉伸}}$→三道七辊拉伸→紧张热定形→卷曲→松弛干燥热定形→切断→打包。

（一）短纤维的存放和集束

1. 纤维的存放　短纤维和长丝一样，纺丝成型得到的初生纤维也需在恒温恒湿的条件下存放一定时间，一般存放 8~48h，然后再集束拉伸。

2. 纤维的集束　把若干个盛丝桶中的丝束通过集束架合并集中组成一定粗细的扁平丝片，以便集中进行拉伸。集束总线密度指拉伸后纤维的总线密度，主要是由拉伸机的拉伸能力和卷曲机中卷曲轮的宽度来决定。一般为 83000~222000tex。集束后的丝片应该厚薄均匀，各单丝间张力也要求均匀，不能有毛丝、乱丝和缠结丝，并应有序地排列起来，以保证后处理能顺利地进行。集束器由集束架本体、导丝器、张力检测装置、乱丝检测装置、打结检测装置等组成，如图 7-62 所示。

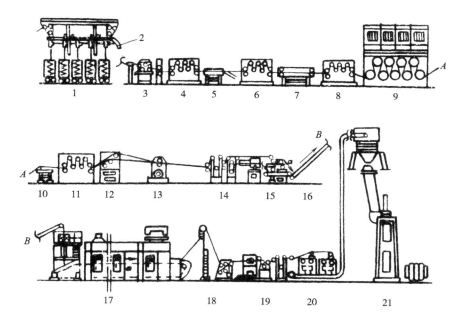

图 7-61 聚酯短纤维后加工的工艺流程

1—集束辊 2—导丝架 3—八辊导丝机 4—头道七辊牵伸机 5—油（水）浴加热器 7—热水或热汽加热器
8—三道七辊牵伸机 9—紧张热定形机 10—油冷却槽 11—四道七辊机 12—重叠架 13—二辊牵伸机 14—张力机
15—卷曲机 16—皮带输送机 17—松弛热定形 18—捕结机 19—三辊牵引机 20—切断机 21—打包机

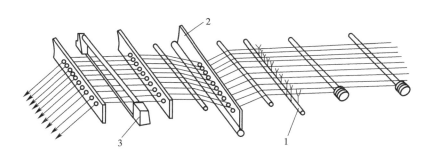

图 7-62 集束器

1—打结检测装置 2—张力检测装置 3—乱丝检测装置

（二）拉伸

短纤维拉伸工艺过程如图 7-61 所示，丝束从集束架 1，经过导丝架 2、浸油水槽以及八辊导丝机等，直到紧张热定形机 9。

1. 浸油（水）槽和八辊导丝机 浸油（水）槽主要由浴槽箱体、浸渍罗拉、蒸汽蛇管加热系统、油液循环和整流系统等组成。其作用是调节丝束含油（水）量，给丝束升温以利拉伸，与导丝架配合，将丝束铺成一定宽度的厚薄均匀的丝片。

　　八辊导丝机主要由两个固定辊和八个转辊组成，如图 7-63 所示。改变固定辊的位置，就可改变丝束的张力。八个转动的导辊是由电磁涡流机构的阻尼力起制动作用，当丝条的张力大于该制动力时，才能带动八个转动导辊转动，这样就给予丝束以一定的预张力，然后再开始拉伸。

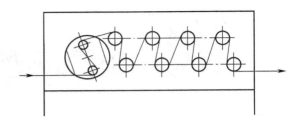

图 7-63　八辊张力导丝机

　　2. 加热器　由于短纤维的拉伸一般采用热拉伸工艺，因此在各道拉伸机之间常设置加热器浴槽或热箱。在头、二道拉伸机之间常采用（油、水）浴槽加热器，二、三道拉伸机之间常采用热水或热箱蒸汽加热器。

　　3. 牵伸机　牵伸机由牵伸箱、牵引辊、浸渍辊、压辊、毛刷、缠辊自停装置、润滑油路及压缩空气管路等组成。

　　牵伸箱体内装有牵伸轴、中间轴、进轴和传动齿轮，还装有润滑油装置，分别对各轴承及齿轮进行润滑，而牵伸辊、压辊、缠辊自停、浸渍辊等则装在箱体外的前面一侧。

　　牵伸辊部件是牵伸机的主要零件之一。牵伸轴材料为 40Cr，它由两根双列调心滚柱轴承支承在箱体内，牵伸辊材料为 25 号钢，表面镀铬，硬度为 1000HV 以上，表面粗糙度为 0.2。由于牵伸辊承受很大的扭矩，所以滚筒体需经过多次探伤检查。

　　每台牵伸机都有一只压辊，压辊外面包有丁腈或聚氨酯橡胶等，用以提高丝束的握持力，减少打滑现象。压辊排列方式有两种：上压辊和下压辊。上压辊依靠丝束的张力或气缸的压力使压辊紧紧地压在牵伸辊上；下压辊由两端两只气缸压力由下向上紧紧地压住牵伸辊，压紧力可调节。也有的通过一套杠杆机构来扩大压辊的压紧力。

　　4. 长边轴传动系统　短纤维后加工拉伸段中的各道牵伸机通常组合成牵伸联合机，全机合用一台电动机作为总传动，通过一根公共长轴，经减速箱、变速箱将动力传递给各道牵伸机，有时还传递给卷曲机的一部分，以达到全机同步运转的目的，这种传动方式常称作长边轴传动。长边轴传动有以下优点：

　　（1）动平稳可靠，可以在低速起动。

　　（2）在低速或正常运转时，能使各道牵伸机同步，以保证各道牵伸机之间一定的拉伸倍数。

　　（3）由于长边轴传动能在低速运行，因此便于生头和去毛丝，操作方便。

　　（三）干燥热定形

　　干燥热定形是合成纤维后加工生产中的一个重要工序，它对拉伸、卷曲效果能否稳定可靠以及成品纤维能否符合使用要求起着相当显著的作用。干燥的目的是降低纤维的含水率，提高纤维的温度，为热定形创造条件。热定形的目的是消除纤维拉伸过程中产生的内应力，使大分子发生一定程度的松弛，提高纤维的结晶度，改善纤维的弹性，以及降低纤维的热收缩率，使其尺寸稳定。

当生产普通型聚酯短纤维时，一般在链板式或圆网式热定形机上以自由收缩状态进行，因此又称松弛热定形。生产高强低伸型纤维时，一般先采用热辊式热定形设备，在一定张力下进行紧张热定形，而后再进行松弛热定形。

1. 链板式松弛热定形机　如图 7-64 所示，它由烘房、链板、传动机构、铺丝机构、热风循环系统等组成。

纤维铺放在由多孔链板组成的链带上，链带通过烘房时，干热空气透过链板上的丝束，带走水分，使纤维干燥和热定形。烘房一般由角钢或槽钢作机架，四周是用玻璃纤维或石棉制成的隔热板围起来，烘房共分三个区十个单元，前一个单元为冷却区，中间六个单元为热定形区（120～150℃），后三个单元为烘干区（110～150℃），各区间用隔板隔开，借以分隔和稳定各区的温度和气流。每一单

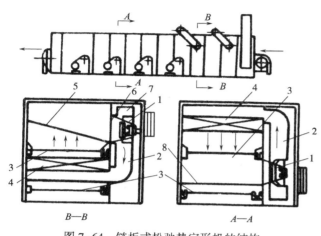

图 7-64　链板式松弛热定形机的结构

1—风管　2—风机　3—链板　4—加热器
5，6—过滤网　7—排风管　8—下隔板

元又分为主室和侧室两部分，也以隔板分开，在主室（图 7-64 的 A—A 剖视图）内，上部装有加热器 4，中间是链板 3，下部有过滤网板及底部隔板 8，在侧室内装有风机、风道、调节门以及排风管。

链板一般采用厚 2mm 左右不锈钢板制成，板上冲有许多直径为 2～3mm 的透气小孔，链板表面要求光滑，以免挂丝。每块链板两端分别固定在循环转动的两根滚子链条上组成链带，起承载以及输送丝条的作用。

传动机构包括为传动链板、铺丝机构和风机。传动机构由交流电动机经无级变速器、行星减速器来拖动链板传动主轴上的链轮，使链条带动链板运行。链条的松紧可由一对被动链轮来调节。

铺丝机构是将丝束均匀地铺放在链带上，使纤维能得到均匀的热定形效果。机械式铺丝机构由喂入轮、摆丝器和翻斗组成。丝束通过斜皮带输送到摆丝器上方，靠自重进入喂丝斗，经喂入轮被引到摆丝器。摆丝器摆幅大小可由调节偏心盘的偏心距来控制，摆动频率则由偏心盘转速来控制。当摆丝器上的丝束铺积到一定量后，靠自重向下滑移，行至翻斗出口处就被运转中的链板带走。

热风循环系统的风由侧室的风道流入主室，经过主室内上部加热器后，风温升高，并吹向丝束，透过丝束及链板上小孔被吸入风机，形成热风循环系统。

链板式松弛热定形机在工作时的工艺条件为：冷却区吹冷风，干燥区温度一般为110～115℃，热定形温度较干燥区温度稍高，为120～130℃，干燥和定形时间一般为15～20min。在时间和温度之间两者可相互调节，如果提高了干燥热定形温度，则定形时间就可相应减少。烘房长度和时间确定以后，即可算出理论丝速。但为了保证纤维在较松弛状态下进行干燥，所以在实际生产中就要控制丝束出干燥机的速度必须比进干燥机的速度低。其差值与纤维的收缩率相适应，同时应注意纤维在各个干燥阶段的收缩率是不相同的。

2. 圆网式松弛热定形机 纤维吸附在回转着的一组上下交叉排列的圆网滚筒表面，由离心风机进行循环的干燥空气不断地从圆网外边透过纤维层吸入圆网内，同时一部分湿热空气不断地被排除。每个圆网滚筒的转动方向与相邻滚筒的方向相反，当纤维从一个滚筒传送到另一个滚筒时，使它的两面都得到了均匀的干燥。

3. 九辊紧张热定形机 采用上述松弛热定形设备时，纤维处于自由松弛状态，纤维中内应力得到完全消除，使纤维发生完全收缩，故其强度降低，延伸度增大，得到的是普通型聚酯短纤维。为了得到高强低伸的聚酯短纤维，在松弛热定形前，应先进行紧张热定形。九辊紧张热定形机主要由九个结构相同的加热热滚筒及其传动系统组成。

（四）卷曲

1. 卷曲的目的和方法 聚酯短纤维通常与棉、毛或其他化学纤维混纺，以织造各种织物。棉纤维外形呈天然卷曲状，羊毛的表面则呈鳞片状，并具有天然的卷曲。而聚酯纤维表面光滑、外观像圆柱形，纤维间抱合力极差，不易与其他纤维抱合在一起，故可纺性差。为使聚酯短纤维能够模仿天然纤维的卷曲性能，就要进行卷曲加工，使纤维具有一定的抱合力。卷曲的好坏对纺织加工的各道工序有重大的影响。

化学纤维的卷曲方法可分为三种类型：化学卷曲、物理卷曲和机械卷曲。

（1）化学卷曲。用化学方法使纤维卷曲，需要应用化学试剂，成本高，污水处理困难，有时甚至会使纤维的其他性能变差，因此实际生产中极少采用。

（2）物理卷曲。利用物理的方法改变分子间的作用力，使纤维卷曲。如涤/锦复合纤维，由于涤纶和锦纶的收缩性能不同，故在成型或热处理后两侧应力不同，因而形成卷曲。这种卷曲可以成为三维空间的立体卷曲，所以比较理想。又如，三维卷曲的涤纶或丙纶短纤维，它是利用非对称冷却成型工艺，使纤维在截面上产生两种以上的不同高分子结构，因而具有不同的热收缩行为，纺丝后即制得潜在螺旋形的三维卷曲纤维。

（3）机械卷曲。施加机械力使已纺制的纤维形成卷曲。聚酯纤维是种具有热塑性的纤维，故在一定温度下能通过机械卷曲的方法造成纤维卷曲。如通过一对啮合齿轮使其压出波纹，或将丝束填塞在卷曲箱内，使其弯折，形成二维空间的平面卷曲等。

填塞箱式卷曲的效果显著，抱合力好，设备紧凑，因此在实际生产中被广泛采用。

2. 填塞箱式卷曲机 填塞箱式卷曲机主要由上下卷曲辊轮、卷曲箱、上下卷曲刀、左右侧板、传动系统、加压机构、热水循环系统、机架等组成。其工作原理是：经蒸汽预热后厚薄均匀的丝片，通过一对均作主动回转的卷曲辊轮喂入卷曲箱内，卷曲箱的上卷曲刀的活动板能摆动，气缸通过该活动板将压力加到卷曲箱内的丝束上。卷曲辊轮不断地将丝束送入箱内直至完全塞满填塞箱内空间，由于活动板对丝束的移动产生阻力，因而使纤维在箱内进行卷曲，又由于卷曲辊的推力作用，卷曲了的丝束就连续不断地被推出卷曲箱。

（1）卷曲辊轮机构。卷曲辊轮机构包括上、下两卷曲辊轮。上卷曲辊轮轴线位置固定在机架上，下卷曲辊轮安在摆臂上，并随摆臂摆动，由气缸来调整上、下卷曲辊轮之间的压力大小。调节摆臂的轴向位置，使上、下卷曲辊轮的侧面位于同一平面上，以免丝束在卷曲时轧丝。上、下两卷曲辊轮轴线必须平行，以保证丝束卷曲度均匀。

上、下卷曲辊轮内均通有温水，使卷曲辊轮保持在一定温度下工作。卷曲辊与丝束摩擦产生热量，会引起辊面温度过高，导致纤维过热而发黏，对丝束有不良的影响。但如果温度过低，则会对丝束起冷却作用，抵消丝束预热效果。

（2）卷曲箱机构。卷曲箱机构主要由上卷曲刀、活动板、下卷曲刀、左右侧板、回转侧板等组成。上、下两把卷曲刀分别与上、下两个卷曲辊轮相对应，刀与轮一样宽，在刀的两侧由左右侧板封住，只有在尾部敞着口，以便丝束推出。卷曲辊轮、卷曲刀、侧板构成一个封闭腔，丝束在腔室里得到卷曲。

（3）传动系统。传动系统如图7-65所示。直流电动机通过链条联轴节与齿轮减速器相连，再经由一对三排套筒滚子链轮带动传动箱内的一对啮合齿轮，将运动分别传递给上、下卷曲辊轮。上卷曲辊轮位置固定，可采用链条联轴节传动。但下卷曲辊轮要随摆臂摆动，故必须采用万向联轴节传动，使下卷曲辊轮在摆动一定角度范围内仍能正常运转。卷曲辊表面的线速度表示卷曲速度，可以通过改变直流电动机的转速来调节，并使其在联合机中与前后设备同步，也可由前道牵伸联合机中长边轴来传动，使卷曲机与牵伸机同步运转。回转侧板传动系统由微型电动机经过齿轮减速器、谐波减速器和两对链轮，使小气缸的活塞杆极其缓慢地回转。装在活塞杆另一头的圆形铜衬板也一起以相同的速度回转。

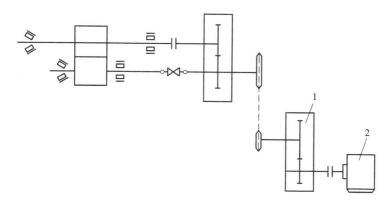

图7-65　填塞箱式卷曲机的传动系统

1—ZD减速器（$i=4.92$）　2—Z_2-52电动机（7.5kW）

（4）加压机构。加压机构可分为卷曲辊轮之间的双气缸下顶式加压机构（即主压加压机构）、活动板的加压机构（即背压加压机构）、回转侧板的加压机构三部分。

（五）切断

聚酯短纤维通常是与棉、羊毛以及其他化学纤维混纺的，根据所纺纤维品种长度的不同，要求聚酯纤维也被切断成相应的不同规格的长度。棉型短纤维切断长度为38mm，并要求具有良好的均匀度，严格控制超长纤维，否则将影响纺织厂的加工。中长纤维用来与粘胶短纤维或与其他纤维混纺，切断长度为51~76mm；毛型产品则要求纤维较长，用于粗梳毛纺的切断长度为64~76mm，用于精梳毛纺的切断长度为89~114mm。对于毛型短纤维长度不匀率的要求比对棉型短纤维的要求低。

1. 牵引张力机　经过卷曲、松弛热定形后的纤维，在进入切断机以前，必须把卷曲基本拉直，这样切断的纤维长度才能符合要求，即长短比较均匀，否则，如带着卷曲去切断，拉直后长度就超过标准，或者原来卷曲时的卷曲程度不一，那么切断后的长度也将变化不一。在切断过程中，纤维被拉直，卷曲度下降，这一因素在卷曲工序中已经被考虑进去了。

2. 沟轮式切断机　沟轮式切断机结构如图7-66所示，它主要由箱体、牵引辊、固定槽盘、气动槽盘、切断刀、刀盘、加压系统及传动系统组成。丝束通过牵引辊喂入切断机，并由一对槽盘将丝束夹住，槽盘上开有许多沟槽，在两槽盘转动的垂直平面上有一回转刀盘，在刀盘上装有数把切断刀，随着刀盘的回转，切断刀正好从沟槽中通过，切断后的纤维顺着槽盘下的喇叭口落入风管被吸走。

3. 转轮式切断机　图7-67所示为转轮式切断机（也称为压轮式切断机或罗姆斯切断机），它有一大直径的刀盘和一与其保持一定距离的压轮。刀盘上径向安装众多刀片，刀片的刀刃向外，刀刃与刀刃之间的距离即为短纤维的切断长度。工作时，进入切断机构的丝束预先经过张力装置，以均匀的丝束张力连续地绕在刀盘外周上，丝束层越绕越厚，当厚度大于刀盘和压轮之间的间隙时，压轮把丝束压向刀刃，绕在刀盘上的内层丝束就被刀刃割断，切断后的短纤维就从刀盘中引出。切断速度最高能达260m/min。

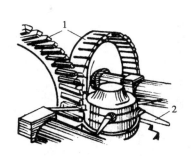

图7-66　沟轮式切断机的结构

1—钩轮　2—回转刀盘

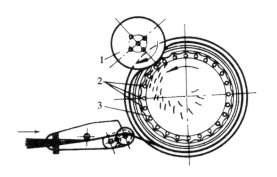

图7-67　转轮式切断机的结构

1—压轮　2—刀片　3—刀盘

转轮式切断机是由刀盘（转轮）、刀片、压轮、加压系统、传动系统等组成。刀盘组件如图 7-68 所示。

（1）刀盘、刀片。刀盘由前、后两圆盘与刀片托座连成一个整体。在刀片托座外圈开设有放射形刀槽，刀片插入槽内，刀刃向外，刀刃间的距离即为纤维的切断长度，如有 38.1、50.8、64.6mm 三种，则刀盘的槽数相应地有 56、42、33 三种。刀盘中央是空心的，卷绕在刀盘上的丝束被切断后就从刀片间隙中进入刀盘中心，然后排走。刀盘材料为胶木，可减少静电作用。

（2）压轮。压轮的材料也是胶木，它活套在轴上，由丝束带动回转，通过气缸加压压向纤维，进行切割。压轮与切断刀刀尖之间的距离 S 可由调整活塞杆的出入量来调节，该间距 S 与加工纤维的线密度有关。

压轮与刀盘两侧间隙要均匀，如左右不匀称，易使纤维咬紧，造成错误的切割。

（3）传动系统。直流电动机通过同步齿形带、蜗轮减速器、链条联轴器等传动刀盘轴，其传动示意图如图 7-69 所示。在电动机出轴尾端装有盘式制动器，防止在停车时因丝束张力而引起刀盘倒转，同时还起紧急制动停车作用。

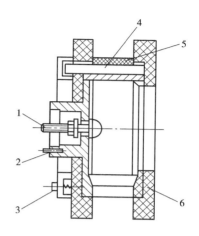

图 7-68　刀盘组件的结构
1—切断刀　2—销子　3—刀罩
4—切断刀　5—丝束　6—刀盘

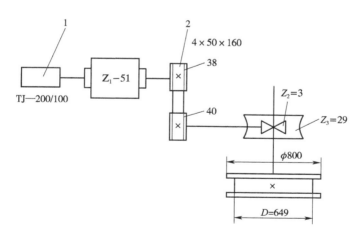

图 7-69　轮转式切断机的传动系统
1—交流盘式制动器　2—同步齿形带

（六）打包

打包机的作用是将松散的纤维打成一定重量、一定体积的包装。

目前国内使用的打包机有两大类，一类是机械传动螺杆压缩打包，另一类是液压传动活塞压缩打包。后者的应用较为广泛。

本章主要专用词汇的汉英对照

专用词汇	英文	专用词汇	英文
化学纤维	chemical fiber	喷丝板	spinneret
合成纤维	synthetic fiber	纺丝组件	spinning pack
螺杆挤压机	screw extruder	导丝机构	thread guide mechanism
计量泵	metering pump	圈条机构	loop mechanism
卷绕机	winding machine	牵伸加捻机构	draft twisting mechanism
长丝	continuous filament	单丝	monofil
复丝	multifilament	短纤维	staple
丝束	tow	异形截面纤维	shape fibre
复合纤维	bicomponent fibres	变形丝	textured yarn
切段纤维	cut fibres	膨体纱	bulky yarn
拉毛装置	texspun		

思考题

1. 化学纤维有哪些品种？长丝和短纤维有什么不同？

2. 化学纤维有哪些典型的纺丝方法？简述其纺丝原理。

3. 聚酯切片干燥的目的是什么？

4. 螺杆挤出机的作用及其结构特征有哪些？

5. 计量泵在使用上有哪些要求？

6. 简述纺丝组件的结构组成。

7. 简述聚酯纤维纺丝冷却吹风装置的主要种类及其各自的特点。

8. 简述纺丝卷绕机的主要机构及其工作原理。

9. 聚酯长丝后加工的方法有哪些？

10. 假捻变形的基本原理是什么？

11. 简述聚酯短纤维后加工的工艺流程及其相关机械的工作原理。

12. 聚酯纤维纺丝机械及其长丝或短纤维后加工机械为何都要求无级调速？

第八章 纺织机械的发展趋势

本章知识点

1. 纺织机械光机电一体化技术的应用现状和发展趋势。
2. 纺织机械设计的发展趋势。
3. 纺织智能制造的概念和模式。

第一节 纺织机械设计的发展趋势

在纺织机械技术的发展过程中，机电一体化成为推动纺织机械发展的重要驱动力，它使得纺织机械结构简化，体积缩小，控制灵活，增加纺织机械的柔性、节能、人机友好，从而大大地提高了纺织生产过程的自动化水平，有效地降低了成本，改善了劳动条件，提高了产品性能、质量和劳动生产率。

21世纪，创新、高效、节能、柔性、环保型纺织机械是未来的发展趋势，这一发展趋势必然带来设计理念的变革。在纺织机械设计过程中，不断融入机械设计理论、现代设计方法和设计技术，在新工艺、新材料应用技术方面不断取得新的突破。

一、光机电一体化技术在纺织机械上的应用

PLC（可编程序控制器）已广泛应用于清花、梳棉、并条、精梳、粗纱、络筒、并纱、捻线整经、浆纱、无梭织机等主流纺织机械产品；变频器已应用于从清花设备到无梭织机的所有设备；交流伺服技术广泛应用于高档梳棉机、带自调匀整的并条机、新型粗纱机、数控细纱机、分条整经机、浆纱机、园网印花机等设备；工控机与PLC组成的控制系统已应用于浆纱机、新型粗纱机、化纤设备；现场总线技术已应用于数控细纱机、浆纱机、分条整经机、双层起毛机、新型粗纱机、圆网印花机、涤纶纺丝后加工设备等。触摸屏人机界面也广泛应用于各类纺织设备中。

此外，并条机自调匀整装置、粗纱机的CCO张力检测、细纱机的电子凸轮、异纤维自动检测、织物自动检测、无梭织机的电控系统、电子选纬、电子送经和电子卷取以及主传动技术，都广泛采用了机电一体化技术。

纺织机械的机电一体化在技术实现上，主要体现在以数字化、模块化技术为基础的检测、控制、传动、遥信和人机接口五个方面。

（一）检测

包括传感器和测试系统，它为纺织机械电气电子系统中控制、遥信、传动系统提供各类物理信息，如织机上的纱线张力和断头检测就是典型的事例。高速、高精度、智能化、网络集成型传感器将是未来传感器的发展方向，并将在今后的纺织机械中逐步得到大量使用，从而为系统的快速响应和高精度提供必备的基础。

（二）控制

纺织机械的控制目前主要采用计算机控制，一般分为 PLC、工业 PC 和专用控制系统，其中 PLC 用量最大，其次是专用控制系统，用的最少是工业控制计算机。基于嵌入式产品的专用控制器相对于 PLC 具有计算能力强、通信方便的特点，大批量运用还具有成本较低的优点。如果纺织机械的控制要求相对简单，运用批量大，适合开发专用控制器。以现场总线技术为代表的网络及通信技术越来越多地应用于纺织机械，一些纺织机械由多个关联紧密的工序组成，使用现场总线来协调各道工序能有效地提高生产效率。

（三）传动

传动包括电、液、气三类基本传动系统。纺织机械以电力拖动为主，应用广泛的有三相异步电动机、同步电动机、开关磁阻电动机和无刷直流电动机。利用电力拖动调速系统来改造传统机械调速系统是一个趋势。与集中驱动通过机械传动并分配动力的方式相比，多电动机传动能有效地降低设备的复杂程度，提高驱动效率，方便工艺调节，降低维护量，缩短新设备的设计开发周期。目前，粗纱机、细纱机、络筒机、浆纱机、印染成套设备以及各种化纤机械都已经使用了多电动机传动技术，其优越性已经凸显。成本是限制多电动机传动广泛运用的关键因素，驱动器价格的逐步降低将推动多电动机传动技术的应用。

（四）遥信

遥信功能是以计算机通信为基础来实现的，它为远程故障诊断、远程实时监控和无人操作的纺织机械提供了可能。它包括各种现场控制总线协议和远程通信协议构成的有线和无线通信系统。

（五）人机接口

人机接口主要包括文本形式和图形形式接口两大类。其中，图形形式的人机接口界面是未来的发展趋势。在高档的纺织机械中，触摸屏已经得到使用。文本形式的人机接口界面实现形式比较简单，而图形形式的人机界面较为复杂，一般在一个实时操作系统中，利用专业图形人机接口系统来实现特定的人机界面。

二、纺织机械设计的新理念

纺织机械设计作为纺织机械技术创新的重要基础，主要融合纺织机械产品设计理论、设计方法和设计技术（如创新设计、概念设计、系统设计、计算机辅助设计、优化设计、可靠性设计、反求工程设计等），以机构学、机械结构强度学、机械动力学、摩擦学为基础，探索设计过程本身的一般理论、方法和技术，以及与其他学科相互交叉融合，在新工艺、新材料、新技术及光机电一体化应用技术方面不断取得新的突破。现代纺织机械设计主要有以下发展趋势。

（一）基于纺织新工艺的设计

纺织机械与纺织工艺结合非常紧密。纺织新工艺、新原理、新机构的不断涌现，为现代纺机产品的设计带来全新的变革，将会涌现出一些全新的纺织设备。如超临界二氧化碳流体染色技术及设备，将改变传统染色的工作原理和设备构成，采用高温、高压、大流量条件下超临界二氧化碳流体（含有染料）循环系统对织物进行染色，每一个染色循环残余的染料也可再用，染色不用助剂，染后不需清洗，能耗低，生产周期短（染色时间缩短，染后即为成品），无污水排放；如被誉为 21 世纪"绿色纤维"的 Lyocell 纤维，其废弃物可自然降解，生产过程中的氧化胺溶剂可 99.5% 回收再用，毒性极低，且不污染环境，其纤维制备工艺将催生新的纤维生产设备。

（二）纺织机械设计的基础理论研究

纺织机械的高速化与机械动力学紧密相关，如纺织机械高速传动机构的误差和噪声问题、织针的漏针问题、高速剑杆织机的剑头交接失误问题等，都与机械动力学相关。纤维—金属、纤维—陶瓷的磨损机理，与纺织关键零部件的失效形式和寿命紧密相关。纺织物理的基础理论问题，如柔性体与刚体、柔性体与气流之间的作用机理等，是纺织新工艺的核心基础理论；热力学问题与纺织烘干装备的热效率设计有很大的关系。因此，优质高效的纺织机械的设计，需要解决一系列支撑纺织机械设计的基础理论问题。

（三）基于新材料的设计

新材料的出现推动了现代纺机产品的创新设计，使纺织机械产品结构更新、体积更小、重量更轻、速度更快、精度更高、刚度更强、动态性能更好、热变形更小、耐磨性更好。

复合材料在纺织机械上的应用，实现了一些纺织机械关键部件的高速轻质化，如碳纤维增强复合材料在剑杆织机的剑头、剑轮、剑带上的应用。

无机材料在纺织器材上的应用越来越广泛。如工程陶瓷材料广泛应用于摩擦盘、切线器、导纱件等量大面广的纺织零部件。陶瓷摩擦盘具有耐磨、对丝线的运行和纺丝油剂的种类不敏感、在高变形速度下容易引丝等优点；陶瓷切线器大量应用于自动络筒机、喷水织机、喷气织机及空气捻接器的剪刀；陶瓷导丝器具有耐磨损、耐高温、不粘污、防摩擦静电等优点。此外，高精密陶瓷旋转元件用于拉伸、变形、卷绕工序；陶瓷剑杆驱动小齿轮，因陶瓷较低的密度，可减轻剧烈运动的惯性；陶瓷滑板应用在针织横机上，有很低的静态和动态摩擦，并有极好的干态运转性；陶瓷钢领和钢丝圈具有优异的耐磨性。

（四）数字化设计

数字化设计在纺织生产中的应用有以下四个方面。

（1）利用基于网络的 CAD/CAE/CAPP/CAM/PDM（C4P）集成技术，实现产品全数字化设计与制造，实现产品无图纸设计和全数字化制造。

（2）CAD/CAE/CAPP/CAM/PDM 技术与企业资源计划、供应链管理、客户关系管理相结合，形成制造企业信息化的总体构架。

（3）随着电气自动化技术的迅猛发展，纺织机械设备中繁杂的机械结构已逐渐被电气控制系统所替代，设计时要考虑以电代机或实现机电融合设计，进行产品功能配置。

（4）利用系列件、标准件、借用件、外购件以减少重复设计。

（五）虚拟设计

虚拟设计、虚拟制造、虚拟企业、动态企业联盟、敏捷制造、网络制造以及制造全球化，已成为现代纺机产品的设计和制造的发展方向。虚拟设计、虚拟制造技术以计算机支持的仿真技术为前提，形成虚拟环境、虚拟设计与制造过程、虚拟产品、虚拟企业，从而大大缩短产品开发周期，提高产品设计开发的一次成功率。随着数字网络技术的高速发展，越来越多的企业通过国际互联网、局域网及内部网，组建动态企业联盟，进行异地设计、异地制造，然后在最接近客户的生产基地制造产品。

（六）可靠性设计

1. 纺织机械产品可靠性问题的特点

（1）故障模式具有多样性和复杂性，与其材料、具体结构、载荷性质和大小等有密切关系，故障形式一般包括损坏、失调、渗漏、堵塞、老化、松脱等。

（2）纺织机械产品门类繁多，零部件通用化、标准化程度低。纺织机械产品可靠性设计的难点之一是缺乏材料强度和载荷分布的数据，难以给出像电子元器件那样工程上实用的机械零部件故障率手册。

（3）绝大多数纺织机械产品是长效运转的，零部件的故障既有偶然性故障，又有耗损性故障。耗损性故障机理大多与磨损、疲劳、腐蚀、老化等耗损过程密切相关。

（4）机械加工制造质量对产品可靠性影响大。机械产品通过设计获得了固有可靠性，但在加工制造过程中，工艺设备、工艺方法、工艺流程、各种工艺因素控制、装配工艺等对产品质量都产生影响。

2. 可靠性设计的原则
可靠性设计是对全部或部分设计变量进行统计，在建立统计数学模型的基础上，运用概率统计理论解决工程设计问题。可靠性设计的原则有四个方面。

（1）传统设计与可靠性设计相结合。对条件成熟或精度要求非常高的关键部件可逐步开展可靠性概率设计。按照传统设计方法确定零部件的材料及结构尺寸等，而后根据相应的模型进行可靠性定量计算，若不满足可靠性要求，则修改结构、尺寸或更换材料，再进行可靠性校核，直至满足要求。

（2）定性设计与定量设计相结合。定量设计不能解决所有的可靠性问题。对于难以进行定量计算的零部件进行可靠性定性设计往往更加有效。

（3）既要进行系统可靠性设计，又要进行零部件可靠性设计。

（4）既要进行可靠性设计，又要进行耐久性设计。可靠性设计针对的是偶然性故障，耐久性设计针对的是渐变性故障，它们的故障机理是不同的。

（七）柔性化与模块化设计

纺织机械的门类和品种繁多，引入模块化设计尤为必要。模块化设计由于充分考虑了零部件的通用性和变换配置的便利性，可降低成本，加快产品的市场供给进度，为产品多样化、差别化、多功能性创造条件，并能实现纺织机械产品的可靠性、稳定性及一致性。运动机构的电气化，纺织机械的专业基础件、器材及装置的快速发展，可以支撑纺织机械产品的模块化、系列化。

（八）绿色设计与制造

机械制造在将资源转变为产品的制造过程，以及在产品的运转过程中，将产生大量的工业废液、废气、固体废弃物、噪声等污染，并耗费大量的能源。纺织机械的绿色制造应综合考虑环境影响和资源消耗等因素，使产品从设计、制造、包装、运输、使用到报废处理的全生命周期中，废弃物和有害排放物最少，对环境的负面影响最小，对健康无害，对资源的利用率最高，减少能源浪费，保证产品符合安全认证、绿色环保要求，提高企业经济效益和社会效益。

（九）工业设计

纺织机械产品除了有完善的性能外，还要求操作方便，符合人机工程学，在色彩、造型等方面满足结构合理、外形美观的要求，并与环境相协调。纺织机械的工业设计使其更加人性化，是现代纺织机械产品设计的重要发展方向。

（十）集成化设计

由于纺织生产工序多、生产链较长，使得纺织机械设备的品种尤其繁多。现代纺织机械越来越趋向于由单机走向系统集成，以缩短纺织机械设备的工艺流程，减少工序衔接的劳动用工，提高生产效率，降低劳动强度，减小生产线的空间。如清梳联、细络联、转杯纺、非织造工艺与设备、针织工艺与设备都具有缩短工艺流程的特点。纺织机械产品的集成化设计具有广阔的应用空间。

（十一）专利战略

在开发产品时如何有效规避专利，如何对自己的原创技术进行专利保护，是需要研究和实践的课题。实施专利战略一般需要两方面的支持：一是丰富的专利信息源，并配以科学的检索工具和信息分析工具；二是专门人才（行业专家、专利管理专家）的支撑，专利人员应参与从产品开发到推向市场的全过程。专利战略主要包括以下内容。

（1）以专利信息作为制定专利战略的重要依据。全世界最新的发明创造90%以上是通过专利文献来反映的，因此，通过检索专利信息，可以及时掌握本行业技术领域最新发展动态，了解国内外本行业的技术发展趋势、市场动向等信息，以决定自己的经营战略。

（2）以专利信息作为确定开发方向的"参谋"。在产品开发的创新过程中，可以发挥专利信息的参考借鉴作用，避免开发的盲目性，拓宽开发思路，提高产品开发的起点和成功率，也可以有效避免知识产权纠纷。

（3）以专利信息作为建立产品生产领地的"警示牌"。企业在新产品生产经营的各个环节上，所获得的专利权同样以专利信息的方式公开传播，公布专利的具体保护范围，从而警示竞争对手以及仿冒者不得侵权，实现新产品开发效益的最大化。

（4）正确处理引进与创新的关系。从技术来源看，我国纺织机械行业仍然处在引进技术为主、自主创新为辅的阶段，这一状况需要改变。单纯的引进，一味地模仿，只能永远受制于人。引进技术、消化吸收是技术创新的有效途径之一。

（5）努力提高知识产权的数量和质量。我国纺织机械行业应强化知识产权意识，不仅要重视知识产权的数量，还要提高知识产权的质量；不仅要注重外围专利技术的申请，还要寻求基础性发明专利技术的申请；不仅要申请国内专利，还要进行专利的国际申请。

第二节　纺织智能制造技术

一、智能纺织装备技术

（一）纺织智能传感器与控制单元、智能检测与分析器件

研发和应用异纤检测，棉网、棉条、纱线均匀度在线检测，并条机自调匀整在线检测及控制，染液、浆液浓度在线检测与精确控制，纺织材料湿度、回潮率检测，织物疵点检测单元和器件，纺丝关键部件工况在线检测，纺织材料色差、色度在线检测与控制，环锭纺纱线智能在线检测，三维人体智能测量单元和器件等。

（二）纺织机器人

研制并应用具有工序切换或补给功能的柔性化纺织机器人、换管机器人，化纤长丝生产中的落丝机器人，经纱准备系统中的整经机换筒机器人，棉卷、条桶、小卷输送系统，全自动络筒机自动络筒和筒子纱传输系统，化纤丝饼搬运、分拣和仓储技术，染整全流程织物或色纱搬运与调度，服装生产智能调度与吊挂线，纺织品自动检测分级、运输和仓储单元；研制并应用纺纱工序中的各种接头机器人，经纱准备系统中的穿经机器人，织造过程中的挡车机器人，基于机器视觉的漏纱、次纱、废纱、织物疵点的检测机器人，毛衫加工过程中的针织套口机器人，服装机械中的袖（裤）口缝制机器人，纺织复合材料的铺丝机器人等。

（三）纺织生产智能化成套装备

通过工艺集成，研发化纤、纺纱、织造、针织、非织造、染整、制衣等智能化成套设备。例如，研发化纤生产成套智能装备并推进产业化应用，研发长丝生产线自动落丝饼、丝饼物流自动输送技术，丝饼嵌入智能传感器件，成为智能产品；研发和应用主机智能化、车间环境智能监控、物流智能、数据智能分析预测系统集成的棉纺智能化成套系统；研发和应用经编针织内衣生产智能化成套装备，并由涤纶长丝、棉纱、筒子纱（经轴纱）染色，向涤纶短

丝、锦纶、毛麻等纤维原料拓展，向成衣、家纺等其他加工工艺拓展。

（四）纺织装备制造智能化

研发数字化工厂、设计、仿真优化与验证集成的纺织装备全生命周期数字化设计和生产技术，涵盖智能物流系统、智能加工系统、智能装配及纺织装备整机智能测试与质量控制系统的纺织装备智能制造（车间）工厂技术。面向纺织装备制造大数据和云计算平台，开展包括企业应用软件、数据可视化、在线监控、预防性维护、物流预测和智能决策等的纺织机械智能制造信息物理系统（CPS）融合技术研发和产业应用。

二、纺织生产的智能制造模式

现代纺织生产具有多工序、连续化、多机台作业以及劳动密集型、轮班作业、成本比重高、产品变化快等特点。在纺织行业推进智能制造，必须紧密围绕实施智能制造将带来的整个生产方式和制造模式的变革，紧扣关键工序智能化、生产过程智能优化控制、供应链及能源管理优化，加快建设数字化车间和智能工厂，不断培育、完善、推广智能制造新模式。现阶段重点培育离散型智能制造、流程型智能制造、网络协同制造、大规模个性化定制、远程运维服务等五类智能制造新模式，并展开试点示范，不断丰富，成熟后实现全面推广，从而推进纺织装备、产品、生产过程、制造方式，以及管理、服务等的全方位智能化。

（一）离散型智能制造模式

离散型智能制造模式是指针对离散化生产过程形成的制造模式。在纺织行业中，棉纺、织造、印染和非织造布等生产过程中原材料基本上没有发生物质改变，只是物料经过各种方式的组合发生了的形状与外观的改变，即最终产品是由各种物料装配以及添加化学物质而成，具有离散制造的特点。离散型智能制造新模式重点在于开展智能车间/工厂的集成创新与应用示范，推进数字化设计、装备智能升级、工艺流程优化、精益生产、可视化管理、质量控制与追溯、能源管理、节能减排、智能物流等试点应用，推动企业全业务流程智能化整合。

（二）流程型智能制造模式

流程型行业的特点是管道式物料输送，生产连续性强，流程比较规范，工艺柔性比较小，产品比较单一，原料比较稳定。在纺织行业中，化纤生产流程具有流程型制造特点。流程型智能制造新模式重点在于开展智能工厂的集成创新与应用示范，提升企业在资源配置、工艺优化、过程控制、产业链管理、质量控制与溯源、能源管理、节能减排及安全生产等方面的智能化水平。

（三）网络协同制造

纺织行业中各领域加强信息网络化建设，集研发、设计、运营、服务于一体，实现管理智能化，是目前信息化时代企业管理的必然要求。网络协同智能制造新模式重点在于建设网络化制造资源协同平台，集成企业间研发系统、信息系统、运营管理系统，推动企业间、企业部门间创新资源、生产能力、市场需求的跨企业集聚与对接，实现设计、供应、制造和服务等环节的并行组织与协同优化。

（四）大规模个性化定制

纺织行业中针织产品与服装、面料、家用纺织品等各种纺织终端产品、某些半成品，结合电子商务、个性化定制等新模式，实现需求多样化、市场应对快速化的反应机制。大规模个性化定制智能制造新模式重点在于建设用户个性化需求信息平台和个性化定制服务平台，实现研发设计、计划排产、柔性制造、物流配送和售后服务的是数据采集与分析，提高企业快速、低成本满足用户个性化需求的能力。

（五）远程运维服务

纺织行业中纺织装备和器材的制造智能化引入远程运维新模式，实现生产全周期管理及远程服务等。远程运维服务的重点在于集成应用工业大数据、智能化软件、工业互联网等技术，对纺织装备/产品上传数据进行有效筛选、梳理、存储与管理，并通过数据挖掘、分析，向用户提供日常运行维护、在线检测、预测性维护、故障预警、诊断与修复、运行优化、远程升级等服务；研发纺织产品全生命周期管理系统（PLM）、客户关系管理系统（CRM）、产品研发管理系统信息共享技术。

本章主要专用词汇的英汉对照

专用词汇	英文	专用词汇	英文
机电一体化	mechatronics	可靠性设计	reliability design
光机电一体化	opto-mechatronics	模块化设计	modular design
数字化设计	digital design	集成化设计	integrated design
虚拟设计	virtual design	专利战略	patent strategy
网络协同制造	network collaborative manufacturing	远程运维服务	remote operation and maintenance

☞ **思考题**

1. 简述现代纺织机械设计的发展趋势。
2. 简述纺织智能制造的概念和核心内容。

参考文献

[1] 史志陶. 棉纺工程 [M]. 北京：中国纺织出版社，2004.

[2] 张曙光. 现代棉纺技术 [M]. 上海：东华大学出版社，2007.

[3] 杨建成. 周国庆. 纺织机械原理与现代设计方法 [M]. 北京：海洋出版社，2006.

[4] 郁崇文. 纺纱系统与设备 [M]. 北京：中国纺织出版社，2005.

[5] 陈人哲. 纺织机械设计原理 [M]. 北京：纺织工业出版社，1984.

[6] 陈浦. 纺织工艺 [M]. 上海：上海交通大学出版社，1988.

[7] 杨锁廷. 现代纺纱技术 [M]. 上海：中国纺织出版社，2004.

[8] 王建坤. 新型纺纱技术 [M]. 北京：中国纺织出版社，2019.

[9] 张梅. 现代纺纱设备 [M]. 上海：东华大学出版社，2018.

[10] 谢春萍. 纺纱工程：上 [M].3 版. 北京；中国纺织出版社，2019.

[11] 陈革. 织造机械 [M].2 版. 北京：中国纺织出版社，2009.

[12] 朱苏康，高卫东. 机织学 [M]. 北京：中国纺织出版社，2004.

[13] 高卫东，荣瑞萍，徐山青. 现代织造工艺与装备 [M]. 北京：中国纺织出版社，1998.

[14] 黎想. 碳纤维管状立体织造装备中引纬驱梭机构的设计与分析 [D]. 上海：东华大学，2015.

[15] 周申华. 轻质高强复合材料的三维管状织物圆织法组织研究及其开口引纬机构的设计 [D]. 上海：东华大学，2011.

[16] 龙海如. 针织学 [M].2 版. 北京：中国纺织出版社，2016.

[17] 许吕崧，龙海如. 针织工艺与设备 [M]. 北京：中国纺织出版社，1999.

[18] 许瑞超，张一平. 针织设备与工艺 [M]. 上海：东华大学出版社，2005.

[19] 胡红. 新型横机构造与编织 [M]. 北京：中国纺织出版社，1993.

[20] 蒋高明. 现代经编工艺与设备 [M]. 北京：中国纺织出版社，2001.

[21] 宋广礼. 成形针织产品设计与生产 [M]. 北京：中国纺织出版社，2006.

[22] 潘寿民. 国外新型圆纬机构造调整和使用 [M]. 北京：中国纺织出版社，1992.

[23] 宋广礼. 电脑横机实用手册 [M].2 版. 北京：中国纺织出版社，2013.

[24] 柯勤飞，靳向煜. 非织造学 [M]. 上海：东华大学出版社，2004.

[25] 马建伟，陈韶娟. 非织造布技术概论 [M]. 北京：中国纺织出版社，2008.

[26] 程隆棣. 湿法非织造布工艺、产品及用途 [J]. 维普资讯，1998（3）：5-9.

［27］郭秉臣 . 非织造布学 ［M］. 北京：中国纺织出版社，2002.

［28］王昕 . 湿法无纺布 ［R］. 黑龙江造纸研究所，2006.

［29］沈志明 . 新型非织造布技术 ［M］. 北京：中国纺织出版社，1998.

［30］言宏元 . 非织造工艺学 ［M］. 3 版 . 北京：中国纺织出版社，2020.

［31］焦晓宁，刘建勇 . 非织造布后整理 ［M］. 2 版 . 北京：中国纺织出版社，2015.

［32］刘玉军 . 纺粘和熔喷非织造布手册 ［M］. 北京：中国纺织出版社，2014.

［33］陈立秋 . 染整后整理工艺设备与应用 ［J］. 印染，2005（4）：40-44.

［34］马建伟，毕克鲁，郭秉臣 . 非织造布实用教程 ［M］. 北京：中国纺织出版社，1994.

［35］蔡再生 . 染整概论 ［M］. 北京：中国纺织出版社，2007.

［36］胡平藩 . 织物染整基础 ［M］. 北京：中国纺织出版社，2007.

［37］陈立秋 . 新型染整工艺设备 ［M］. 北京：中国纺织出版社，2002.

［38］廖选亭 . 染整设备 ［M］. 北京：中国纺织出版社，2007.

［39］郑光洪 . 染整概论 ［M］. 北京：中国纺织出版社，2008.

［40］成玲 . 印染机械多电动机同步控制系统 ［J］. 纺织学报，2005，26（1）：97-99.

［41］王毅波 . 多电动机同步控制技术发展简介 ［J］. 微特电动机，2019，47（8）：69-73.

［42］薛金秋 . 化纤机械 ［M］. 北京：中国纺织出版社，1998.

［43］郭大生，王文科 . 聚酯纤维科学与工程 ［M］. 北京：中国纺织出版社，2001.

［44］杨东浩 . 纤维纺丝工艺与质量控制 ［M］. 北京：中国纺织出版社，2008.

［45］高雨声 . 化纤设备 ［M］. 北京：中国纺织工业出版社，1989.

［46］沈新元 . 化学纤维手册 ［M］. 北京：中国纺织出版社，2008.

［47］肖长发 . 化学纤维概论 ［M］. 北京：中国纺织出版社，2005.

［48］《中国智能制造绿皮书》编委会 . 中国智能制造绿皮书：2017 ［M］. 北京：电子工业出版社，2017.

［49］中国科协智能制造学会联合体 . 中国智能制造重点领域发展报告：2018 ［M］. 北京：机械工业出版社，2018.